国家级示范性高等院校精品教材

电工电子与控制技术

主　编　丁一凡

副主编　晏永红　刘　静

内 容 提 要

本书分为三篇：第一篇为电路基础，包含电路及其基本定律、电路分析基础和正弦交流电路等 3 章；第二篇为电子技术，包含半导体器件基础、晶体管基本放大电路、集成运算放大器的应用、直流电源、数字逻辑基础、逻辑代数与逻辑门电路、组合逻辑电路、时序逻辑电路和数模（D/A）与模数（A/D）转换器等 9 章；第三篇为电气控制技术，包含常用低压电器、基本电气控制线路及应用和可编程控制器（PLC）的原理及应用等 3 章。

本书基本涵盖了电工电子技术四个方面（电路基础、模拟电子技术、数字电子技术和电气控制技术及 PLC）的实用知识。既可作为应用型高等院校非电类工科本、专科学生的教材，也可作为希望全面了解电类知识的自学者的入门教材或参考用书。

图书在版编目（CIP）数据

电工电子与控制技术/丁一凡主编．—天津：天津大学出版社，2011.2（2018.7 重印）

国家级示范性高等院校精品教材

ISBN 978-7-5618-3871-6

Ⅰ．① 电… Ⅱ．① 丁… Ⅲ．① 电工技术—高等学校—教材 ② 电子技术—高等学校—教材 ③ 自动控制—高等学校—教材 Ⅳ．① TM ② TN ③ TP273

中国版本图书馆 CIP 数据核字（2011）第 024993 号

出版发行 天津大学出版社

地　　址 天津市卫津路 92 号天津大学内（邮编：300072）

电　　话 发行部：022-27403647

网　　址 publish.tju.edu.cn

印　　刷 北京虎彩文化传播有限公司

经　　销 全国各地新华书店

开　　本 185mm×260mm

印　　张 19.5

字　　数 487 千

版　　次 2011 年 2 月第 1 版

印　　次 2018 年 7 月第 3 次

定　　价 38.00 元

前　言

电工技术和电子技术的应用范围非常广泛，与一切新的科学技术有着密切的关系。因此对于各类非电专业的学生来说，电工电子技术课程是一门重要的技术基础课程，不仅为后续的专业课程和毕业后从事有关电的工作打基础，更为学生的自学、深造、拓宽视野及创新打基础。该课程包含电路基础、模拟电子技术、数字电子技术和电气控制技术及 PLC 等四个方面的内容。

然而，随着各学校教学改革的不断深入，课程门数和课时数量都在不断地减少，在非电专业中通常只设一门课程，课时数往往不超过 80 学时。因此在教学组织过程，尤其是教材的选择过程中，经常会遇到难以找到面向应用而且涵盖上述四个方面内容的教材的困难。为此，我们根据自身的教学经验，在确保教学体系完整性的基础上，以培养应用型人才和保证实用性为目标，对难度过大的理论推导等内容进行精简，对实用性不强的部分进行压缩，突出对基础知识及实验和实践方面的要求，并以此作为编写理念组织编写了本书。在书中标出了部分可选章节，可由教师根据具体情况选择，在 64～80 学时内完成教学。

本书在内容编排上，力争做到体系完整、结构清晰、实例丰富、理论知识讲解循序渐进，尽可能使学生或自学者对于电类课程的基础知识有一个全面的了解和掌握，具有很强的实用性。本书既可作为应用型高等院校非电类工科本、专科学生的教材，也可作为希望全面了解电类知识的自学者的入门教材或参考用书。本书还配套有同步实验指导教材，可供有关教学单位选择使用。

在本书的编写过程中，丁一凡老师负责全书的总策划，完成了第 9～11 章的编写工作，并承担全书的统稿和校改工作；晏永红老师完成了第 1～8 章和第 12 章的编写工作，刘静老师负责第 13～15 章的编写工作。此外，武汉工业学院工商学院信息工程系的王珊珊、汪媛、张荆沙等老师为本书的编写提出了宝贵的意见和建议，梁丽娟、陈亮和王翠玉老师对书中的部分习题与案例进行了核实与验证。在此，向他们表示由衷的感谢。

由于编者水平有限，书中错误和不足之处在所难免，真诚地希望广大读者予以批评指正。

编　者

2010 年 11 月　于武汉

目　录

第一篇　电路基础

第二篇　电子技术

第三篇 电气控制技术

第一篇 电路基础

第1章 电路及其基本定律

随着科学技术的发展，电的应用越来越广泛，电路的形式更是多种多样，人们对电路知识的了解也越来越多。本章从人类最先发现和利用的直流电路开始，介绍电路的基本概念和基本知识，是整个课程的理论基础。

1.1 电路的基本概念

1.1.1 电路的概念

电路即电流流过的通路。如果通路中流过的电流是直流电流，就称为直流电路；如果通路中流过的电流是交流电流，则称为交流电路；如果交流电流按正弦规律变化，就称为正弦交流电路。电路的基本功能是实现电能的传输和分配或者电信号的产生、传输、处理及利用。

1.1.2 电路的组成

将一些电气设备或元器件按一定方式连接而形成电流流过的通路，以完成不同功能的需要。功能不同，电路的连接方式就不同，但不论电路的具体形式和复杂程度如何变化，它们都是由一些最基本的部件组成的。以最常用的台灯电路为例，其电路示意如图1-1所示。

电路的基本部件由三大部分组成。

1．电源

电源（信号源）是将其他形式的能量转换成电能，为电路提供电能的部件。例如，把化学能转换成电能的电池，把机械能转换成电能的发电机，将声音转换成电信号的话筒等。

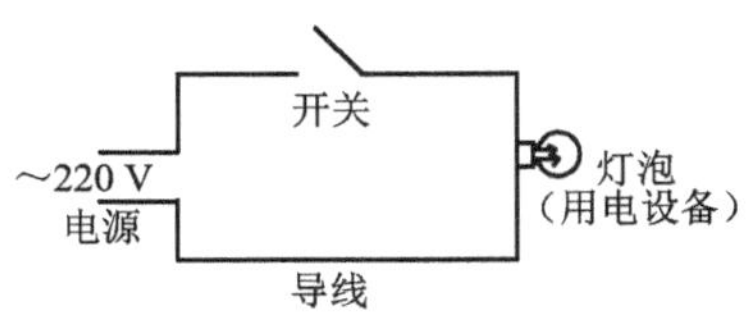

图1-1 电路的组成

2．负载

负载是电路中的用电设备，它把电能转换成其他形式的能量。例如，台灯将电能转换成光能和热能，扬声器将电能转换成声能等。

3．中间环节

中间环节是连接电源（信号源）和负载的元件或部件，起输送电能、分配电能、保护或传递信息的作用。例如，导线、开关、熔断器等。

1.1.3 电路模型

实际电路都是由一些按需要起不同作用的电路元件或器件组成，如发电机、变压器、电动机、电池、晶体管以及各种电阻器和电容器等，它们的电磁性质较为复杂。最为人熟悉的白炽灯，除了具有消耗电能的性质（电阻性）外，当通有电流时还会产生磁场，也就是说它还具有电感性，但它的电感微小，可忽略不计，于是可以认为白炽灯是电阻元件。

为了便于对实际电路进行分析和用数学方法描述，可以将种类繁多、形式多样的实际元件理想化（或称模型化），即在一定条件下突出其主要的电磁性质，忽略其次要因素，把它近似看作理想电路元件。由一些理想电路元件所组成的电路，就是实际电路的电路模型，它是对实际电路电磁性质的科学抽象和概括。例如，图 1-2（c）是图 1-2（a）的电路模型，图 1-2（b）是图 1-2（a）的原理图。后文所分析的都是电路模型，简称电路。在电路图中，各种电路元件用规定的图形符号表示。

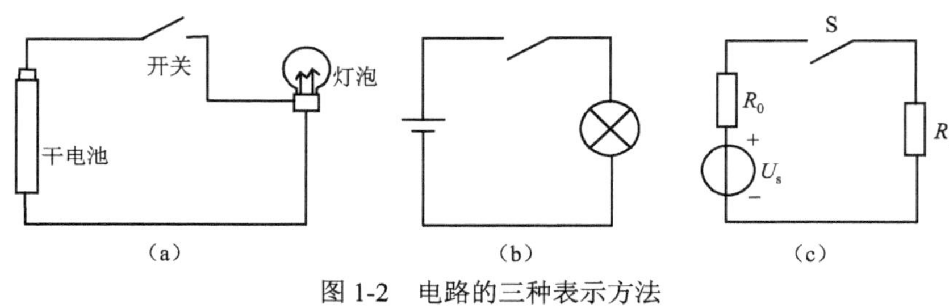

图 1-2 电路的三种表示方法

（a）实际电路 （b）原理图 （c）电路模型

1.2 电路中的基本物理量

1.2.1 电流

1．电流的定义

电流是指单位时间内流过电路中某一截面的净电荷量。

2．电流的符号

电路中用 I 表示不随时间变化的电流，用 i 表示随时间变化的电流。

3．电流的大小

用电流强度来衡量电流的强弱。电流强度是指单位时间内通过导体横截面积的电荷量，电流强度简称电流，其定义式为

$$i=\frac{\mathrm{d}q}{\mathrm{d}t} \tag{1-1}$$

4．电流的单位

电流的单位是安培（A），是国际单位制（SI）中的七个基本单位之一，它表示每秒流过 1 C 的净电荷。

5．电流的方向

规定正电荷流动的方向为电流的方向（称为真实方向）。分析电路时用箭头或双下标来指电流的方向。

6．电流的参考方向

在分析电路之前，电流的真实方向一般是未知的，还可能是随时间变化的。为了用代数量表示电流，必须事先规定一个参考方向（即符号为正时电流的方向），称为电流的参考方向。电路中用箭头标示。

在电路中，每条通路的电流方向只有两个可能的选择。因此，可以用代数量来表示有方向的电流，符号表示方向，绝对值表示大小。

电流的参考方向是人为定义的，而电流的实际方向则是受电路约束客观存在并确定的。当参考方向与实际方向一致时，电流的代数值符号为正；反之为负。若分析电路后确定的电流符号为正，则表明电流的参考方向就是实际方向；反之则表明电流的参考方向与实际方向相反，如图 1-3 所示。

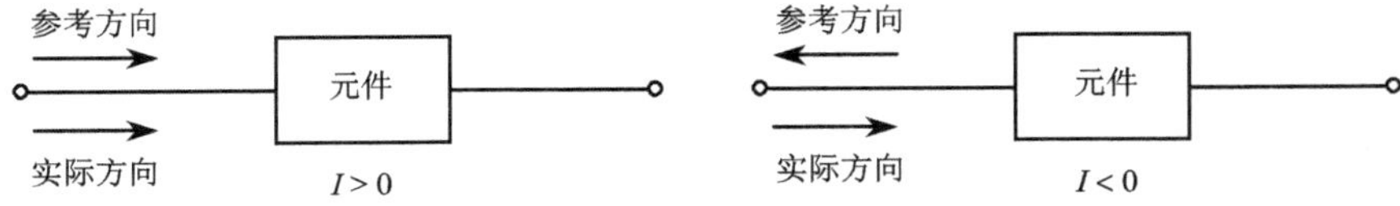

图 1-3　电流实际方向与参考方向

1.2.2　电压

图 1-4 是一个由干电池和白炽灯组成的简单电路。电池的电动势为 E。

1．电动势

电动势是描述电源中非电场力对电荷做功的物理量，在数值上等于非电场力在电源内部将单位正电荷从负极移至正极所做的功，单位为伏特（V）。图 1-4 中，在电动势 E 的作用下，白炽灯两端得到电压 U_{ab} 并有电流 I 流过。

2．电位

电位是外力将单位正电荷从起点移动到参考点（0 电位）所做的功。a 点的电位记为 V_a。

3．电压

电压是电路中两点间的电位差，数值上等于电场力把单位正电荷从起点 a 移到终点 b 所做的功，即

$$U_{ab}=V_a-V_b \tag{1-2}$$

电压的方向从高电位指向低电位，是电位降低的方向。

电动势的方向则是从低电位指向高电位，是电位升高的方向。

在分析计算时，必须预先假定电压或电动势的参考方向。在电路中，电压的参考方向可用（+）（–）表示其高低电位，由高电位指向低电位。有时也用箭头表示或用双下标表示，

如 U_{ab} 表示电压参考方向由 a 指向 b。为了分析方便，如果电压、电动势的实际方向为已知，就常以其实际方向作为参考，如图 1-5 所示。

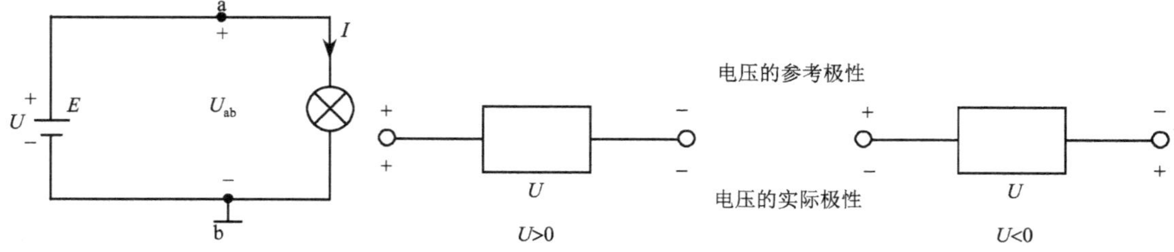

图 1-4　白炽灯电路　　　图 1-5　电压实际方向与参考方向

4．关联参考方向

同一电路元件上既有电流参考方向，也有电压参考方向。作为参考方向，它们都是人为假设出来的，两者之间没有实际联系。在电路分析中，在一个元件上定义两个独立的参考方向是不合适的。为了分析方便，对同一电路元件或电路部分，电压和电流的参考方向应保持一致，即电流从假设的高电位点“+”流向低电位点“−”，称为关联参考方向，如图 1-6（a）所示；相反，如果电压和电流的参考方向不一致，则称为非关联参考方向，如图 1-6（b）所示。若无特别需要，一般采用关联的参考方向，这样在电路中只需要标出一个参考方向即可。

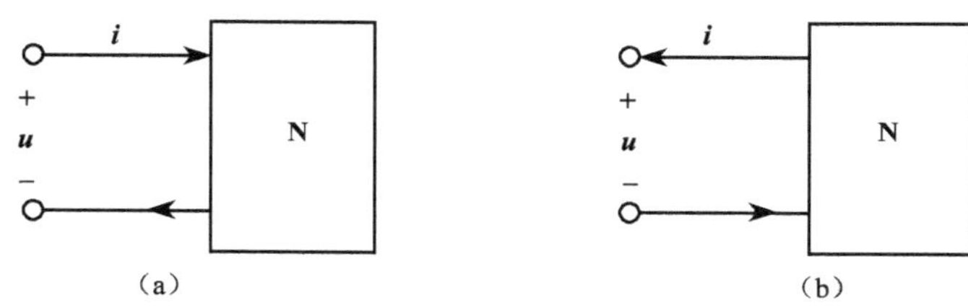

图 1-6　关联参考方向

（a）关联参考方向　（b）非关联参考方向

例 1-1　如图 1-7 所示，已知电压源 U_1=2 V，U_2=4 V，分别求以 a 为参考点和以 b 为参考点时，各点电位及 U_{ab} 和 U_{bc}。

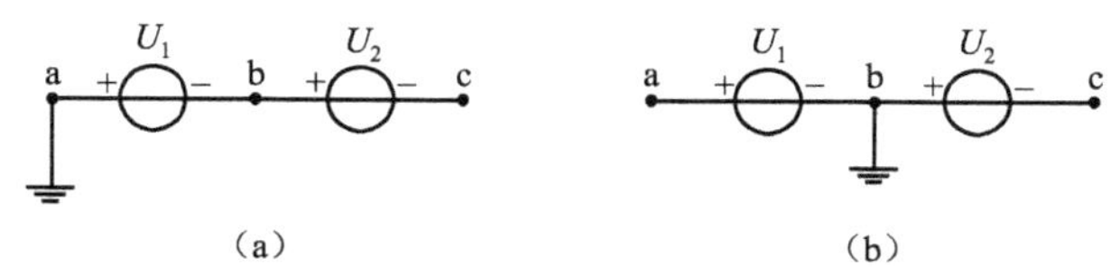

图 1-7　例 1-1 图

（a）以 a 为参考点　（b）以 b 为参考点

解： 1）取 a 为参考点，如图 1-7（a）所示，

$V_a=0\quad V_b=-U_1=-2\text{ V}\quad V_c=-(U_1+U_2)=-(2+4)=-6\text{ V}$

$U_{ab}=V_a-V_b=0-(-2)=2\text{ V}\quad U_{bc}=V_b-V_c=-2-(-6)=4\text{ V}$

2）取 b 点为参考点，如图 1-7（b）所示，

$V_a=U_1=2\text{ V}\quad V_b=0\quad V_c=-U_2=-4\text{ V}$

$U_{ab}=V_a-V_b=2-0=2\text{ V}$　$U_{bc}=V_b-V_c=0-(-4)=4\text{ V}$

由此可见，电位与参考点的选取有关，参考点不同，各点电位不同；而电压与参考点的选取无关，参考点不同，两点之间的电压不变。但电压的参考极性不同，则符号不同。

1.2.3 功率

如果某个元件的电流和电压分别为 i 和 u，而且电流和电压的参考方向关联，则功率

$$P=ui \tag{1-3}$$

功率的单位为瓦特（W）。

在电压和电流参考方向关联时，根据式（1-3）计算的功率为正值，表示该元件吸收功率（即消耗电能或吸收电能）；若为负值，则表示输出功率（即输出电能）。

习惯上对电源的端电压和流过电源的电流采用非关联参考方向。例如在图 1-4（b）中，按所示电流参考方向，电流从电池的“−”端流向“+”端，此时电池的端电压 $U=E$（忽略电池的内阻），乘积 UI 表示电源向外电路（白炽灯）所提供（输出）的功率大小。

例 1-2　在图 1-8 所示的电路中，求各元件的功率，并说明哪些是负载，哪些是电源。

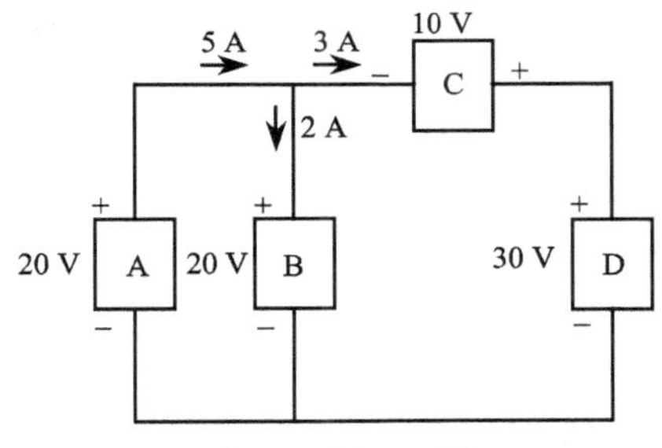

图 1-8　例 1-2 图

解： A、C 元件采用非关联参考方向，B、D 元件采用关联参考方向。

$P_A=-20\times5=-100\text{ W}<0$　　（是电源）

$P_B=2\times20=40\text{ W}>0$　　（是负载）

$P_C=-10\times3=-30\text{ W}<0$　　（是电源）

$P_D=3\times30=90\text{ W}>0$　　（是负载）

$P_A+P_C+P_B+P_D=0$

因此，电路中所有电源产生的功率等于所有负载吸收的功率，达到功率平衡。

1.3 基本电路元件

1.3.1 电阻

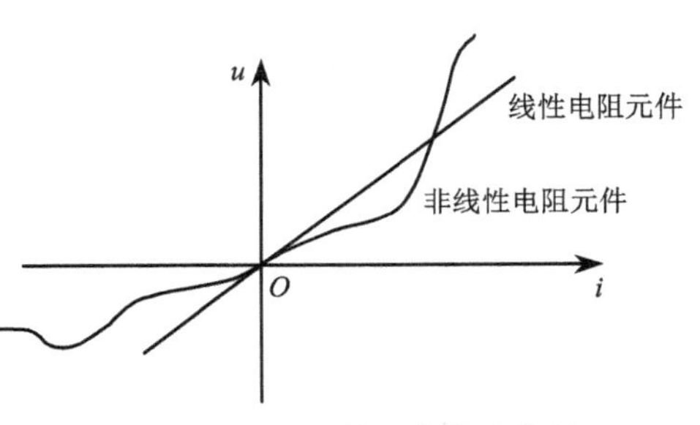

图 1-9　电阻元件及其伏安特性

电阻是表征电路中阻碍电流流动特性的参数，而电阻元件是表征电路中消耗电能的理想元件。电阻元件的特性由 u—i 平面上的一条曲线表示，如图 1-9

所示。当这条曲线是一条过原点的直线时，称为线性电阻。本课程中若无特别声明，电阻元件均指线性电阻。

在采用关联参考方向时，任意瞬间（线性）电阻两端的电压和流过它的电流遵循欧姆定律，即

$$u=Ri \tag{1-4}$$

电阻元件的功率为

$$P=ui=i^2R=\frac{u^2}{R} \tag{1-5}$$

1.3.2 电容

电容元件是一种表征电路元件储存电荷特性的理想元件，其原始模型为两块金属极板中间用绝缘介质隔开的平板电容器，如图 1-10（a）所示。当在两极板上加上电压后，极板上分别积聚着等量的正、负电荷，在两个极板之间产生电场（E）。积聚的电荷越多，所形成的电场就越强，电容元件所储存的电场能也就越大。

存储在极板上的电荷量 q 与两极板之间的电压 u 满足代数关系，用 q—u 上的一条曲线 $f_C(q，u)=0$ 描述，如图 1-10（b）所示。当这条曲线是一条过原点的直线时，称为线性电容。本课程中若无特别声明，电容元件均指线性电容。

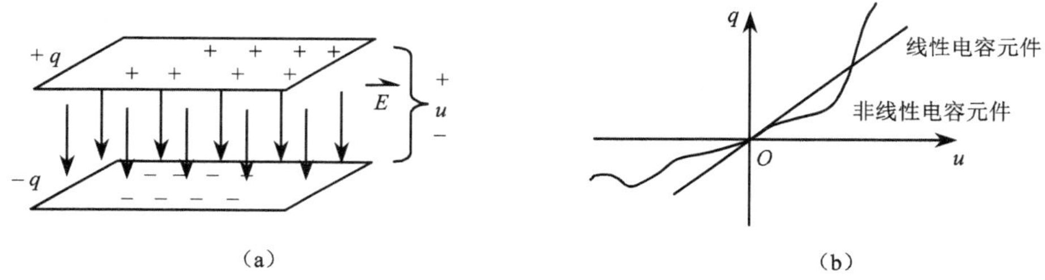

图 1-10　电容元件及其伏安特性

（a）电容元件的原始模型　（b）电容元件的伏安特性

电容元件的参数为特性曲线的斜率，记作 C，称为电容元件的电容（量），单位为法拉（F）。法拉的单位很大，实用中常采用微法 μF（10^{-6} F）和皮法 pF（10^{-12} F）。电容元件的符号如图 1-11 所示。

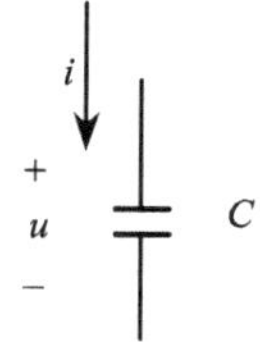

图 1-11　电容元件的符号

$$C=\frac{q}{u} \tag{1-6}$$

当电路中有电流流入电容时，极板上的电荷量 q 将发生变化，电容的端电压 u 也将随之发生变化，根据电流的定义

$$i(t)=\frac{\mathrm{d}q(t)}{\mathrm{d}t}=C\frac{\mathrm{d}u(t)}{\mathrm{d}t} \tag{1-7}$$

可知，在关联参考方向下，电容元件的电流与其电压的导数（变化率）成正比，而与电容元件端电压的绝对值无关。这说明电容元件是一种动态元件，当电容两端电压不随时间变化（即直流）时，则电压的导数为零，也就是没有电流流过电容元件。因此，电容在直流情况下相当于开路，或者说电容具有隔离直流的作用。需要注意的是，实际应用时电路不能提供无穷大的充电电流，所以电容两端电压是不能突变的，将式（1-7）两边积分可得

$$\begin{aligned}u(t)&=\frac{1}{C}\int_{-\infty}^{t}i(t)\mathrm{d}t=\frac{1}{C}\int_{-\infty}^{0}i(t)\mathrm{d}t+\frac{1}{C}\int_{0}^{t}i(t)\mathrm{d}t\\&=u(0)+\frac{1}{C}\int_{0}^{t}i(t)\mathrm{d}t\end{aligned} \tag{1-8}$$

式中，u（0）为初始值，即 t=0 时电容两端的电压。这表明，当前状态下电容元件的电压与电路对电容充电的过去状况有关，电容元件具有记忆能力，因此，将其称为记忆元件。

关联参考方向下，电容的瞬时功率为

$$p_{\mathrm{C}}(t)=u(t)\cdot i(t)=C\cdot u(t)\frac{\mathrm{d}u(t)}{\mathrm{d}t} \tag{1-9}$$

电容的瞬时功率在数值上有三种情况。

1）电压绝对值增大，$p>0$，电容吸收电功率并将电能转化为电场能储存起来。

2）电压绝对值减小，$p<0$，电容发出功率，将储存的电场能转化为电能输出。

3）电压绝对值保持不变，$p=0$，此时电容功率为零。

电容是一种储能元件，可以与电路其他部分之间实现能量的相互转换。理想电容元件在这种转换过程中本身并不消耗能量。

1.3.3 电感

电感元件的原始模型是空心线圈，如图 1-12（a）所示。基本特性是线圈中的磁通量 Φ 与流过线圈的电流 i 满足代数关系，用 Φ—i 平面上的一条曲线 f_{L}（Φ, i）=0 描述，如图 1-12（b）所示。当这条曲线是一条过原点的直线时，这种电感元件称为线性电感元件。本课程中若无特别声明，电感元件均指线性电感元件。

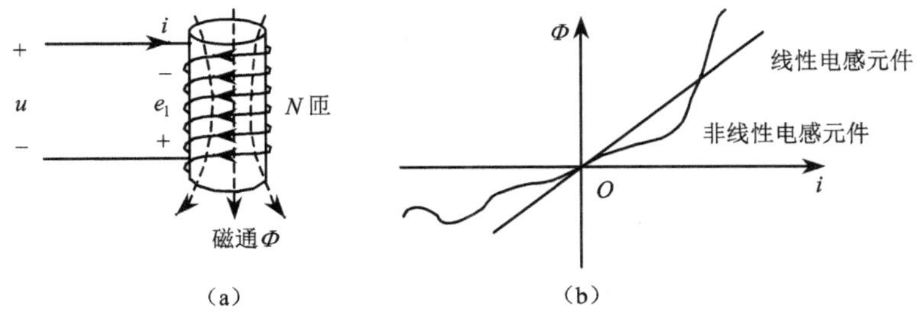

图 1-12　电感元件及其韦安特性

（a）电感元件的原始模型　（b）电感元件的韦安特性

电感元件的符号如图 1-13 所示。

电感元件的参数为特性曲线的斜率，记作 L，称为电感元件的电感（量），单位为亨（利）（H）。亨的单位很大，实用中常采用毫亨 mH（10^{-3} H）和微亨μH（10^{-6} H）。

电感的电压、电流关系为

$$u(t)=\frac{\mathrm{d}\Phi(t)}{\mathrm{d}t}=L\frac{\mathrm{d}i(t)}{\mathrm{d}t} \tag{1-10}$$

式（1-10）表明，电感两端的电压与流过电感的电流变化率成正比，而与电流的大小无关，说明电感也是动态元件。当电感电流不变化即为直流电流时，电感两端的电压为零，也就是说，对直流而言，电感相当于短路。电感也是不能突变的。

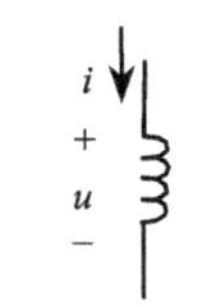

图 1-13　电感的符号

将式（1-10）两边积分，得到电感元件的电流与其端电压的关系为

$$\begin{aligned} i(t)&=\frac{1}{L}\int_{-\infty}^{t}u(t)\mathrm{d}t=\frac{1}{L}\int_{-\infty}^{0}u(t)\mathrm{d}t+\frac{1}{L}\int_{0}^{t}u(t)\mathrm{d}t \\ &=i(0)+\frac{1}{L}\int_{0}^{t}u(t)\mathrm{d}t \end{aligned} \tag{1-11}$$

式中，$i(0)$ 是 t=0 时电感中通过的电流，叫初始值。表明当前状态下电感元件的电流与电路加载到电感的过去状况有关，因此，电感元件也是记忆元件。

关联参考方向下，电感的瞬时功率为

$$p_{\mathrm{L}}(t)=u(t)\cdot i(t)=L\cdot i(t)\frac{\mathrm{d}i(t)}{\mathrm{d}t} \tag{1-12}$$

电感的瞬时功率在数值上有三种情况。

1）电流绝对值增大，$p>0$，电感吸收电功率并将电能转化为磁场能储存起来。

2）电流绝对值减小，$p<0$，电感发出功率，将储存的磁场能转化为电能输出。

3）电流绝对值保持不变，$p=0$，此时电感功率为零。

理想电感元件与外部电路之间实现能量转换，转换过程中电感元件本身不消耗能量，即电感是一个无损耗储能元件。

1.3.4　有源电路元件

三种基本电路元件（电阻、电容、电感）都不能主动向电路提供能量，因此称为无源元件。电路中能向外提供能量的电路元件称为有源电路元件，理想的有源电路元件包括电压源和电流源。

1．理想电压源

理想电压源是一种理想二端元件，不管外部电路状态如何，其端电压总保持定值 U_{s} 或者是一定的时间函数，而与流过它的电流无关。理想电压源的一般符号及直流伏安特性如图 1-14 所示。

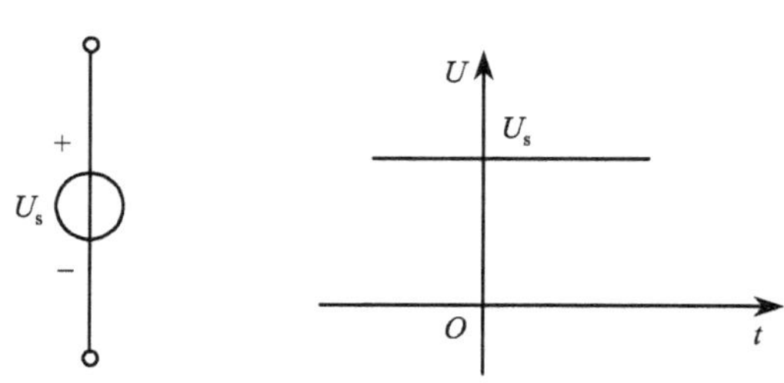

图 1-14　理想电压源符号及伏安特性

2．实际电压源

实际电压源等效电路及伏安特性如图 1-15 所

示。其端电压受电压源内阻影响而减小，其值为

$$U = U_s - U_{R_s} = U - R_s I \tag{1-13}$$

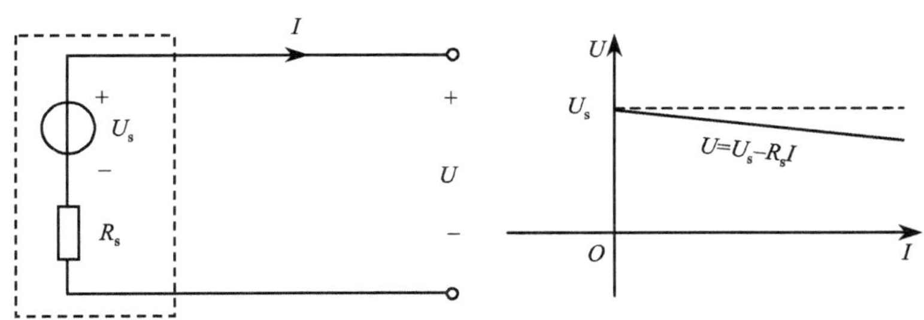

图 1-15　实际电压源等效电路及伏安特性

例 1-3　某电压源的开路电压为 30 V，当外接电阻 R 后，其端电压为 25 V，此时电路中的电流为 5 A，求 R 及电压源内阻 R_s。

解： 根据题意，设电流、电压的参考方向如图 1-16 所示。

由欧姆定律可得

$$R = \frac{U}{I} = \frac{25}{5} = 5\,\Omega$$

根据 $U=U_s-IR_s$ 可得

$$R_s = \frac{U_s - U}{I} = \frac{30-25}{5} = 1\,\Omega$$

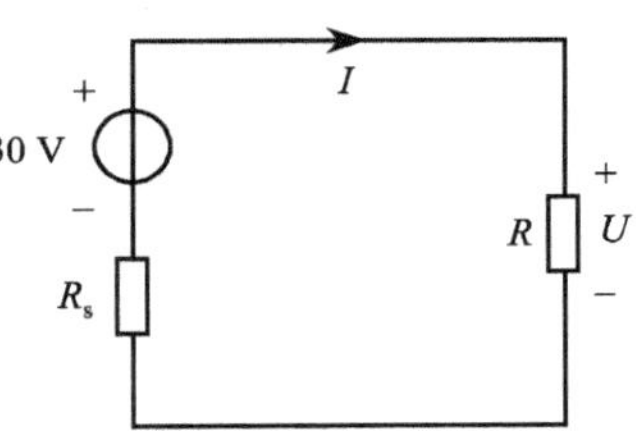

图 1-16　例 1-3 图

3．理想电流源

理想电流源是另一种理想二端元件，不管外部电路状态如何，其输出电流总保持定值 I_s 或一定的时间函数，而与其端电压无关。理想电流源的一般符号及直流伏安特性如图 1-17 所示。

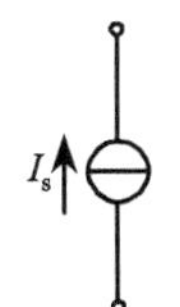

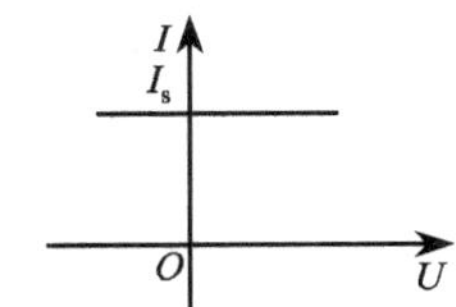

图 1-17　理想电流源符号及伏安特性

4．实际电流源

实际电流源等效电路及伏安特性如图 1-18 所示。

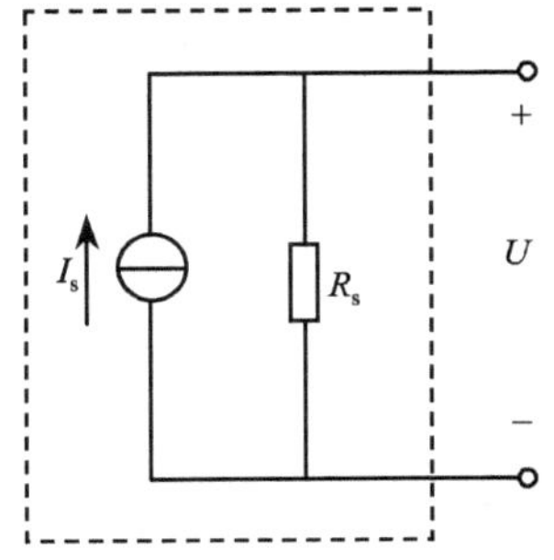

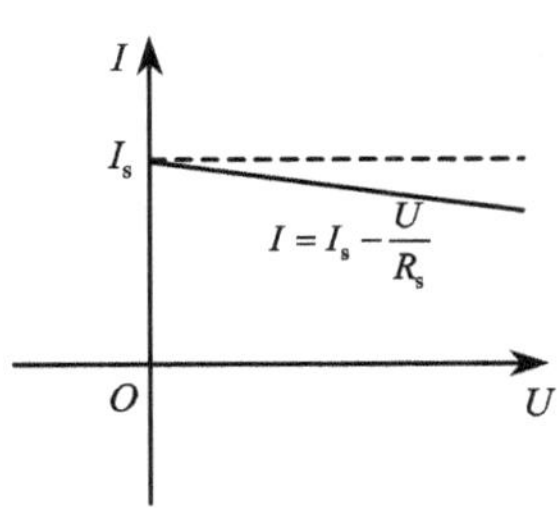

图 1-18　实际电流源等效电路及伏安特性

其输出电流受电流源内阻影响而减小，其值为

$$I = I_s - \frac{U}{R_s} \tag{1-14}$$

例 1-4 在电路图 1-19 中，试求：1）电阻两端的电压；2）1 A 电流源两端的电压及功率。

解：1）由于 5 Ω 电阻与 1 A 电流源相串联，因此流过 5 Ω 电阻的电流就是 1 A，而与 2 V 电压源无关，即

$$U_1=5\times1=5\text{ V}$$

2）1 A 电流源两端的电压包括 5 Ω 电阻上的电压和 2 V 电压源，因此

$$U=U_1+2=5+2=7\text{ V}$$

$$P=1\times7=7\text{ W}$$

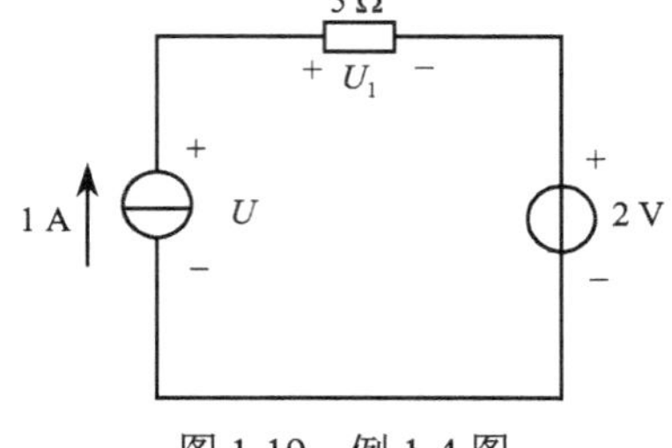

图 1-19　例 1-4 图

1.4　电路的基本工作状态

工作时，根据所接负载不同，电路的工作状态分为三种：开路、短路、负载状态。

1.4.1　开路工作状态

电路外接端未接任何负载，端电流 i=0（开路）时，端口电压由电路内部的电源与结构决定，称为开路电压，记作 u_{oc} 或 U_{oc}，如图 1-20 所示。

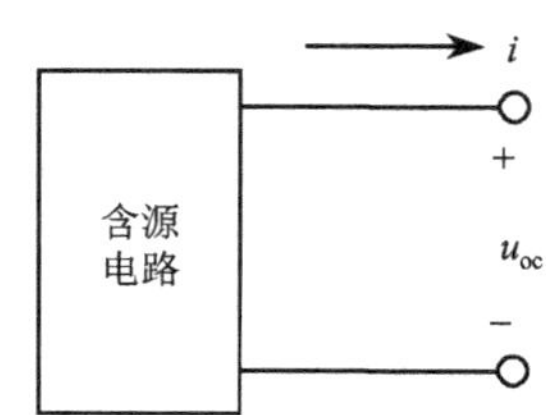

图 1-20　开路工作状态

1.4.2　短路工作状态

电路外接端直接用导线连接，端口电压 u=0（短路）时，端电流由电路内部电源与结构决定，称为短路电流，记作 i_{sc} 或 I_{sc}，如图 1-21 所示。

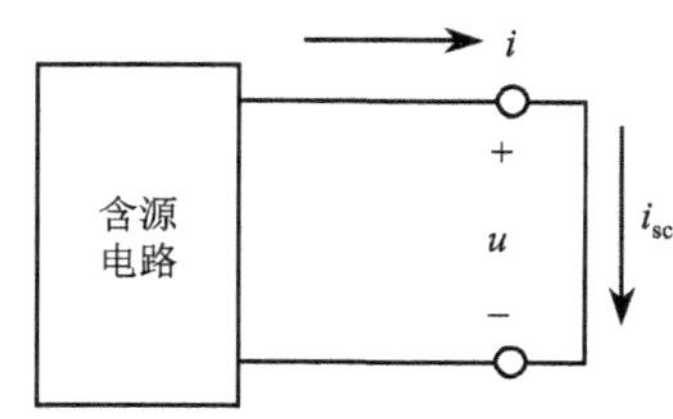

图 1-21　短路工作状态

1.4.3　负载工作状态

当电源接有负载时，电路中有电流流过，此时的状态称为负载状态，如图 1-22 所示。电路中的电流 $I=U_s/(R_s+R_L)$，实际工作中电源（包括内阻）是确定的，所以电流 I 的值取决于负载电阻 R_L 的大小。当电路中的电流等于电源或供电线的设计容量（额定电流）时，称为满载（或称额定状态）；当电路中的电流大于额定电流时，称为过载；当电路中的电流小于额定电流时，称为欠载或轻载。一般来说，电路不宜工作在过载状态，但短时少量的过载还是可以的，长时过载则可能引起事故的发生，是绝不允许的，所以一般电路中都会接入必要的过载保护装置。

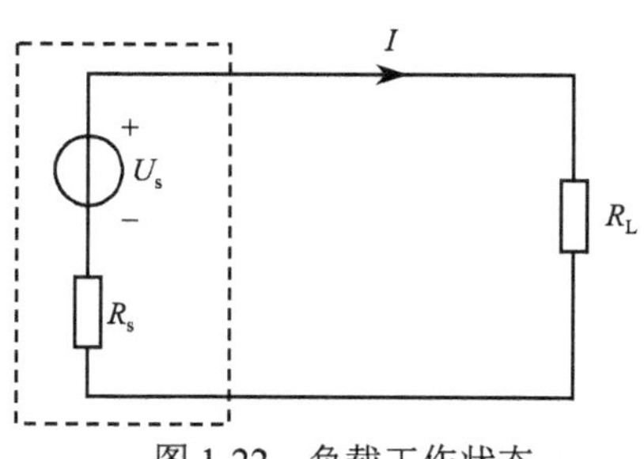

图 1-22　负载工作状态

1.5　电气设备的额定值

电气设备长期、安全工作条件下的最高限值称为额定值。

额定电流：电气设备在长期连续运行或规定工作条件下允许通过的最大电流，用 I_n 表示。

额定电压：根据电气设备所用绝缘材料的耐压程度和容许温升等，规定正常工作时的电压，用 U_n 表示。

额定功率：电气设备在额定电压、额定电流下工作时的功率，用 P_n 表示。

电气设备的额定值是根据设计材料及制造工艺等因素，由制造厂家给出的技术数据。使用电气设备时，一定要注意它的额定值，避免出现不正常的情况和发生事故。

例 1-5　有一盏白炽灯，标有 220 V/60 W 的字样，问：

1）能否将其接到 380 V 的电源上使用？

2）若将它接到 125 V 电源上使用，其实际功率为多少？

解：1）根据白炽灯所标字样，可知白炽灯的额定电压是 220 V，额定功率是 60 W，所以不能将其接到 380 V 的电源上使用，否则会因电压过高而烧毁。

2）在额定电压下，白炽灯的灯丝电阻为

$$R=\frac{U_n^2}{P_n}=\frac{220^2}{60}=807\ \Omega$$

将它接到 125 V 的电源上时，假设白炽灯的电阻不变，则功率

$$P=\frac{U^2}{R}=\frac{125^2}{807}=19.4\ \text{W}$$

从以上计算可知，将白炽灯接到 125 W 上时，虽然能安全工作，但亮度不够，实际功率只有 19.4 W，属于轻载工作状态。

1.6　基尔霍夫定律

1.6.1　电路中的几个专有名词

1．支路

电路中的每一分支称为支路，一条支路流过同一个电流，称为支路电流。图 1-23 中共有五条支路，分别是 ab，bc，cd，cf，be。

2．节点

节点是电路中三条或三条以上支路的连接点，图 1-23 中有三个节点，即 b 点、c 点、e 点（f 点与 e 点同电位）。

3．回路

电路中的任意一个闭合路径都是一个回路。图 1-23 中共有六个回路，分别是 abe，bcfe，cdf，abcfe，abcdfe，bcdfe。

4．网孔

回路中不包含其他支路的最简单的回路称为网孔。图 1-23 中有三个网孔，即 abe，bcfe，cdf。

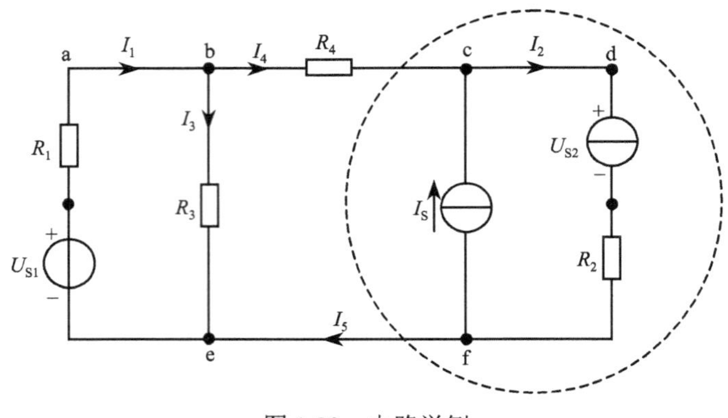

图 1-23　电路举例

1.6.2　基尔霍夫电流定律

基尔霍夫电流定律也叫基尔霍夫第一定律或节点电流定律，简称 KCL。

1．基尔霍夫电流定律的内容

在任一瞬时，流入电路中任一节点的电流之和等于流出该节点的电流之和。例如，图 1-23 中，对 b 点可以写出 $i_1=i_3+i_4$，将此式变形为 $i_3+i_4-i_1=0$。因此，基尔霍夫电流定律也可描述为：在任一瞬时，电路任一节点的电流代数和等于零。如果规定参考方向为流入节点的电流取“+”，流出节点的电流取“−”，则在任一瞬时，对任一节点，节点电流为零，记作$\sum i=0$。

2．基尔霍夫电流定律的推广

基尔霍夫电流定律可以应用于任一闭合面，即在任一瞬间，流入电路中某一闭合面的电流之和等于流出该闭合面的电流之和，如图 1-24 所示。

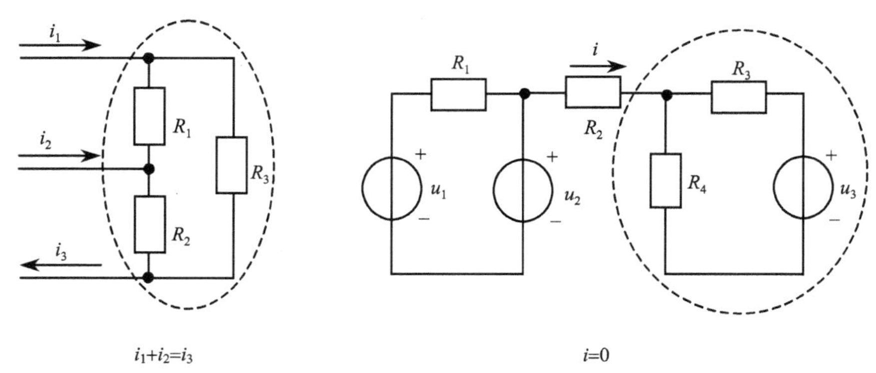

图 1-24　基尔霍夫电流定律的推广

例 1-6　在图 1-25 中，已知 $I_1=3\text{ A}$，$I_4=5\text{ A}$，$I_5=4\text{ A}$，求 I_2，I_3 和 I_6。

解：由基尔霍夫电流定律，节点 a 可列方程 $I_2+I_4=I_1$，得 $I_2=I_1-I_4=-2\text{ A}$；

由 b 点列方程 $I_3+I_5=I_2$，得 $I_3=I_2-I_5=-6\ \mathrm{A}$；

由点画线所示的广义节点列方程 $I_4+I_5=I_6$，得 $I_6=9\ \mathrm{A}$。

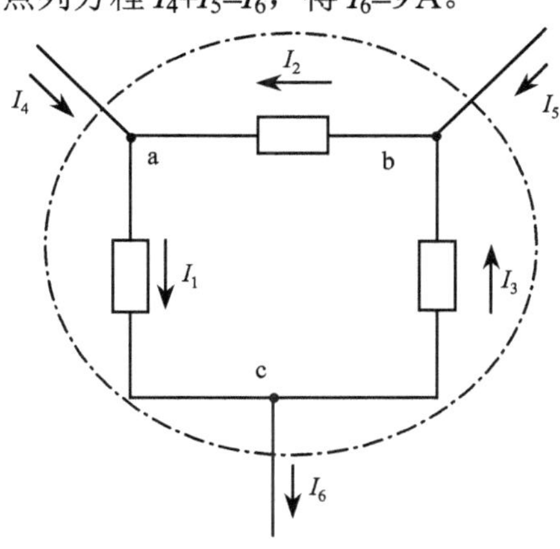

图 1-25　例 1-6 示意图

1.6.3　基尔霍夫电压定律

基尔霍夫电压定律又叫基尔霍夫第二定律或回路电压定律，简称 KVL。

1．基尔霍夫电压定律的内容

在任一瞬时，电路任一回路中各段支路电压的代数和恒等于零，其数学表达式为$\sum u=0$。因此，基尔霍夫电压定律还可以描述为：在任一瞬时，沿任一回路循行方向（顺时针方向或逆时针方向），回路中各段电压的代数和等于零。如果规定电位降取“+”，则电位升取“−”。在图 1-26 中，上回路沿顺时针方向列 KVL 方程：

$$-u_1+u_5=0$$

中回路沿顺时针方向列 KVL 方程：

$$u_1+u_2-u_3+u_4=0$$

右回路沿顺时针方向列 KVL 方程：

$$-u_2+u_6=0$$

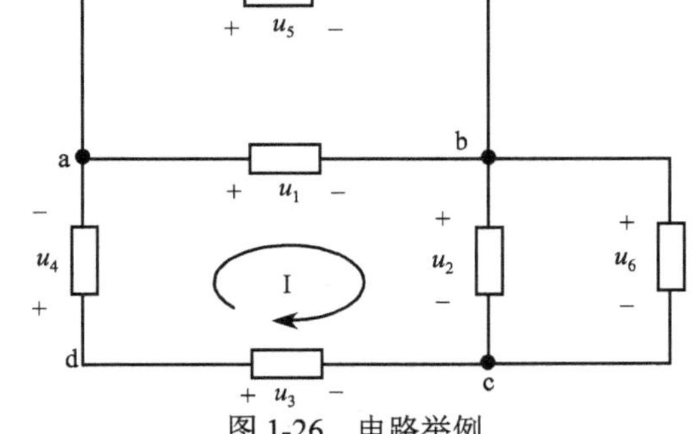

图 1-26　电路举例

2．基尔霍夫电压定律的推广

基尔霍夫电压定律不只适用于实在的闭合回路，也适用于假想的闭合回路，如图 1-27 所示。

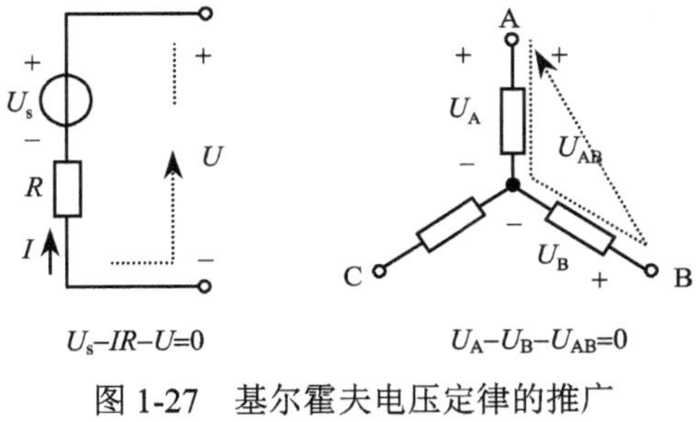

$U_s-IR-U=0$　　　$U_A-U_B-U_{AB}=0$

图 1-27　基尔霍夫电压定律的推广

例 1-7　在图 1-28 中，已知 $u_1=u_3=1\ \mathrm{V}$，$u_2=4\ \mathrm{V}$，$u_4=u_5=2\ \mathrm{V}$，求电压 u_x。

解：对回路 I 与 II 分别列出 KVL 方程：

$$-u_1+u_2+u_6-u_3=0$$

$$-u_6+u_4+u_5-u_x=0$$

将以上两方程相加后得

$$u_x=-u_1+u_2-u_3+u_4+u_5=6\text{ V}$$

应当指出，基尔霍夫定律对于集中参数电路具有普遍适用性，既适用于线性电路，也适用于非线性电路。同时，在电路工作的任一瞬时，随时间变化的电压和电流都满足基尔霍夫定律。

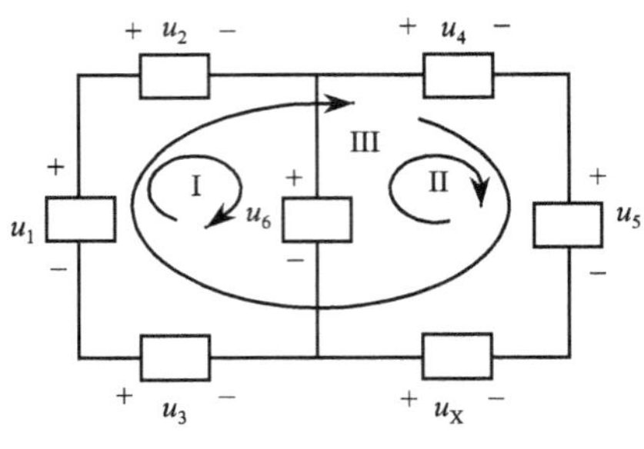

图 1-28　例 1-7 图

习　题　1

1. 一个额定值为 220 V，10 kW 的电阻炉能否接到 220 V，30 kW 的电源上使用？如果将它接到 220 V，5 kW 的电源上，情况又如何？

2. 在题 2 图中，已知 AB 段产生的电功率为 500 W，其他三段消耗的电功率分别为 50 W，400 W，50 W，电流方向如图所示。

1）试标出各段电路两端电压的极性。

2）试计算各段电压的数值。

3. 试求题 3 图中的 U_{ab}。

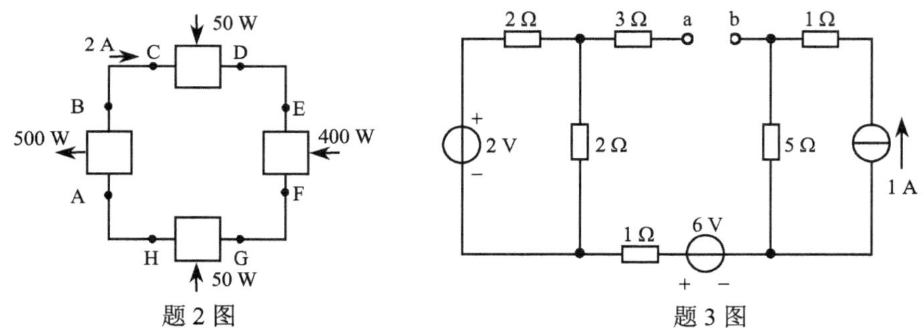

题 2 图　　　　题 3 图

4. 在题 4 图中，已知 U_1=1 V，试求电阻 R。

5. 在题 5 图中，试求各电路中的 U 和 I。

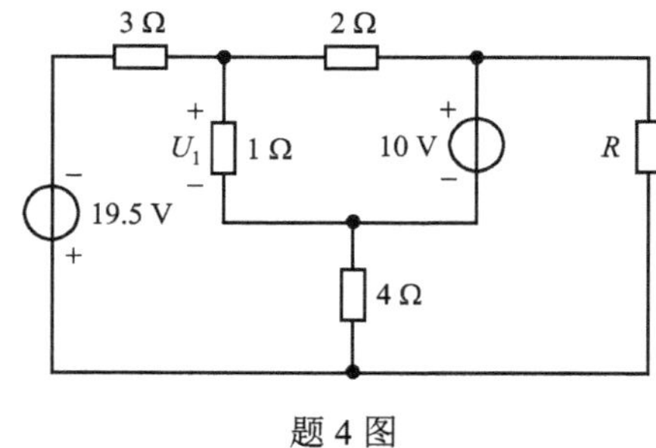

题 4 图

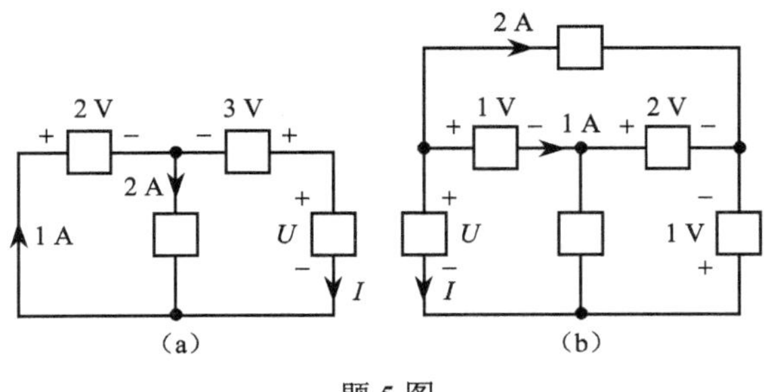

题 5 图

(a) 图 1 (b) 图 2

6．在题 6 图中，已知 U_{s1}=3 V，U_{s2}=2 V，U_{s3}=5 V，R_2=1 Ω，R_3=4 Ω，计算 a，b，d 点的电位（以 c 点为参考点）和电流 I_1，I_2，I_3。

7．求题 7 图中的 I，U_1 和 U_2。

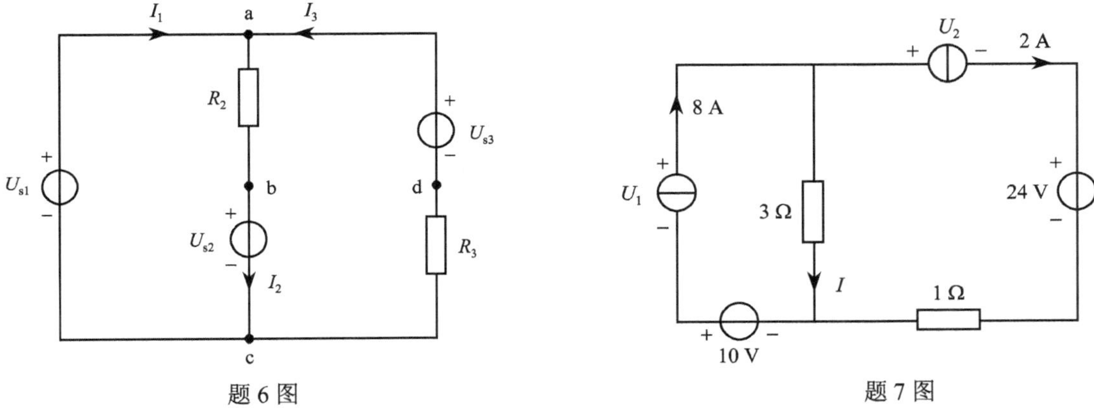

题 6 图　　题 7 图

8．在题 8 图中，已知各点电位为 V_1=20 V，V_2=12 V，V_3=18 V，试求各支路电流。

9．在题 9 图中，分别求开关 S 断开和闭合时 A 点的电位 V_A。

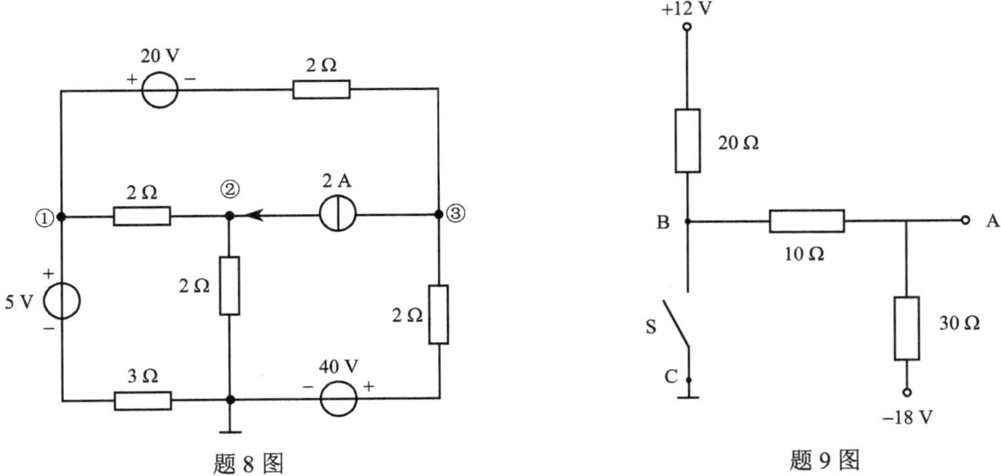

题 8 图　　题 9 图

10．在题 10 图中，已知 E_1=7 V，E_2=16 V，E_3=14 V，R_1=16 Ω，R_2=3 Ω，R_3=9 Ω，

求：1）开关 S 打开时开关两端的电压 $U_{aa'}$；2）开关 S 闭合时流过开关的电流，并说明其实际方向。

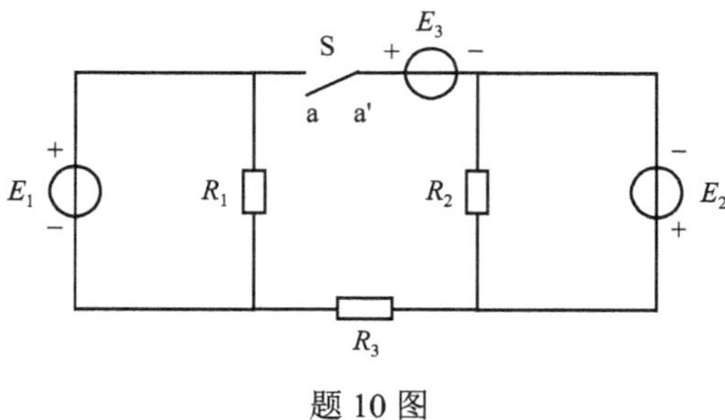

题 10 图

11．在题 11 图中，已知 E_1=6 V，E_2=10 V，R_1=4 Ω，R_2=2 Ω，R_3=4 Ω，R_4=1 Ω，R_5=10 Ω，求电路中 A，B，C 三点的电位。

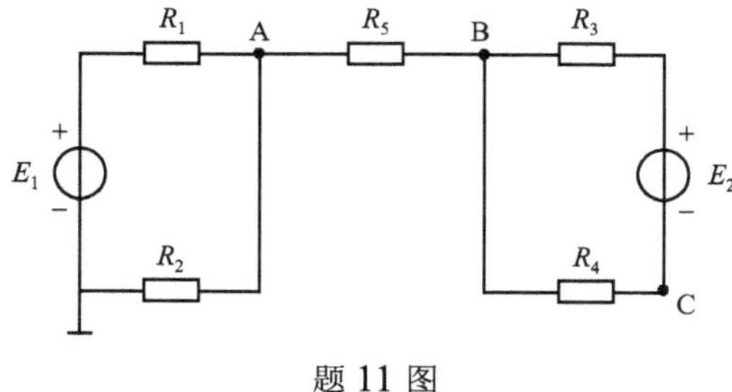

题 11 图

第2章　电路分析基础

在实际工作和生活中，电路的形式是多种多样的，电路的结构也是复杂多变的。对于复杂电路，单凭欧姆定律和基尔霍夫定律进行分析计算是不够的，因此，要寻找分析与计算的简便方法。本章将以电阻电路为例讲解几种常用的分析电路的方法，其中包括等效电路法、支路电流法、网孔电流法、节点电压法以及一些重要的定理，如叠加定理、戴维宁定理等。掌握这些方法是学习后续章节内容的基础。

2.1　等效电路分析法

2.1.1　等效电路的概念

1．二端网络（电路）

任何一个复杂的电路，向外引出两个端钮，且从一个端子流入的电流等于从另一个端子流出的电流，则称这一电路为二端网络（或一端口网络）。若二端网络中含有电源，则称为有源二端网络；若二端网络中不含电源，则称为无源二端网络。图 2-1 中，N_1 是有源二端网络，N_2 是无源二端网络。

2．二端网络等效

两个二端网络，若端口具有相同的电压、电流（伏安关系）关系，则称它们二端网络等效。图 2-2 中，二端网络 N_3 与 N_2 等效，它们对 N_1 的作用完全相同，可以互相替换。

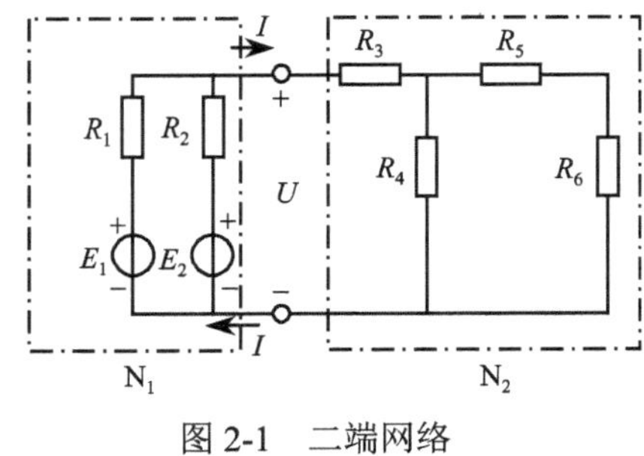

图 2-1　二端网络

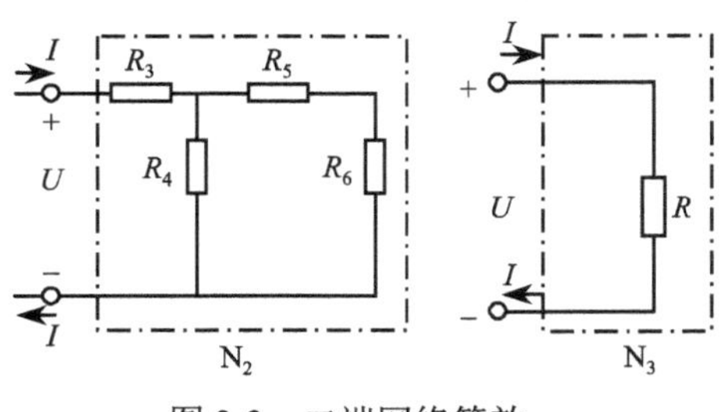

图 2-2　二端网络等效

2.1.2　电阻的串联和并联

1．电阻的串联

（1）电路结构

串联电阻电路结构如图 2-3 所示，其特点如下：

1）各电阻顺序连接，流过同一电流（KCL）；

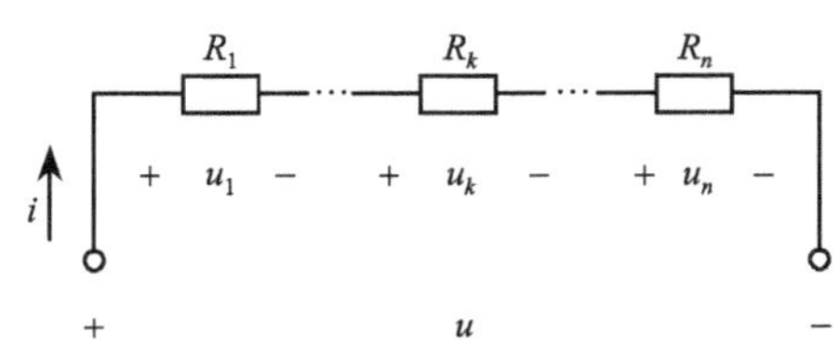

图 2-3　串联电阻电路结构

2）总电压等于各串联电阻的电压之和（KVL），即

$$u=u_1+\cdots+u_k+\cdots+u_n \tag{2-1}$$

（2）等效电阻

根据式（2-1）和欧姆定律可得

$$u=(R_1+\cdots+R_k+\cdots+R_n)\ i=R_{\mathrm{eq}}i$$

$$R_{\mathrm{eq}}=R_1+\cdots+R_k+\cdots+R_n \tag{2-2}$$

式中 R_{eq} 为等效电阻。

结论：串联电阻的总电阻等于各分电阻之和。

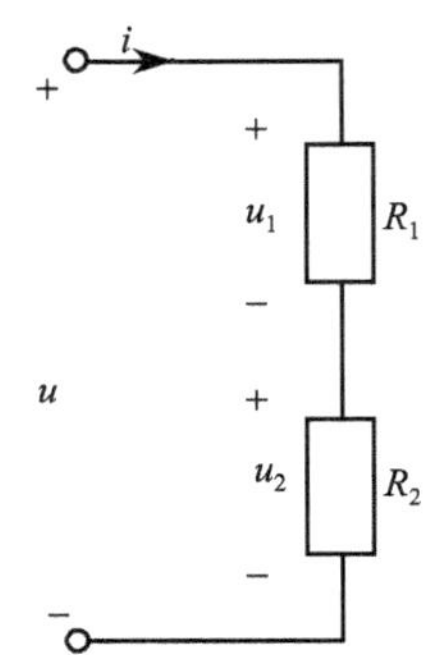

图 2-4　两个串联电阻的分压

（3）串联电阻的分压

两个串联电阻的分压如图 2-4 所示，其值为

$$\left.\begin{aligned} u_1&=\frac{R_1}{R_1+R_2}u \\ u_2&=\frac{R_2}{R_1+R_2}u \end{aligned}\right\} \tag{2-3}$$

（4）功率

串联电阻的总功率等于各电阻功率之和，即

$$P_1=R_1i^2 \qquad P_k=R_ki^2 \qquad P_n=R_ni^2$$

$$P=R_{\mathrm{eq}}i^2=(R_1+\cdots+R_k+\cdots+R_n)\ i^2=P_1+\cdots+P_k+\cdots+P_n \tag{2-4}$$

2．电阻的并联

（1）电路结构

并联电阻电路结构如图 2-5 所示，其特点如下：

1）各电阻两端分别接在一起，两端为同一电压（KVL）；

2）总电流等于流过各并联电阻的电流之和（KCL），即

$$i=i_1+i_2+\cdots+i_k+\cdots+i_n \tag{2-5}$$

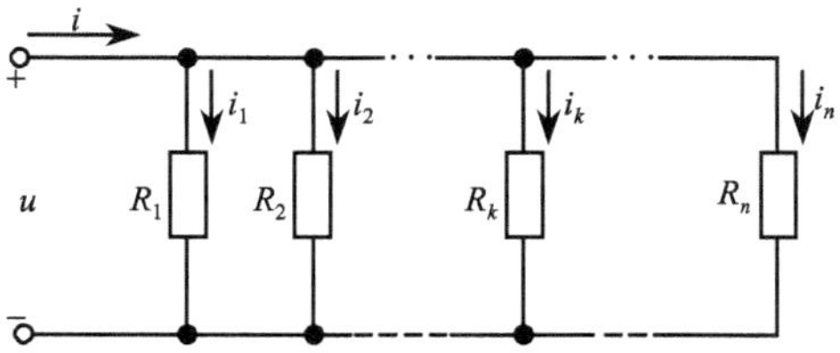

图 2-5　并联电阻电路结构

（2）等效电阻

根据式（2-5）及欧姆定律可得

$$\frac{1}{R}=\frac{1}{R_1}+\frac{1}{R_2}+\cdots+\frac{1}{R_n} \tag{2-6}$$

结论：等效电阻的倒数等于各并联电阻倒数之和。

（3）并联电阻的分流

两个并联电阻的分流如图 2-6 所示，它们的电流值为

$$\left.\begin{aligned} i_1 &= \frac{R_2 i}{R_1 + R_2} \\ i_2 &= \frac{R_1 i}{R_1 + R_2} \end{aligned}\right\} \tag{2-7}$$

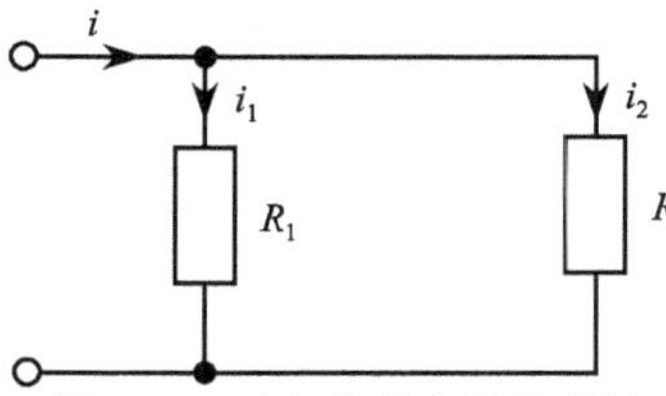

图 2-6　两个并联电阻的分流

（4）功率

并联电阻功率等于各并联电阻功率之和，即

$$\begin{aligned} &P_1 = \frac{U^2}{R_1} \qquad P_2 = \frac{U^2}{R_2} \qquad P_n = \frac{U^2}{R_n} \\ &P = \frac{U^2}{R_{eq}} = U^2\left(\frac{1}{R_1} + \frac{1}{R_2} + \cdots + \frac{1}{R_n}\right) = P_1 + P_2 + \cdots + P_n \end{aligned} \tag{2-8}$$

3．电阻的混联

图 2-7 为电阻的混联。由 a、b 端向里看，R_2 和 R_3，R_4 和 R_5 均连接在相同的两点之间，因此是并联关系，把这 4 个电阻两两并联后各自等效为一个电阻，则电路中不再有其他节点，所以它们的等效电阻与 R_1 和 R_6 相串联，即

$$R_{ab}=R_1+R_6+(R_2//R_3)+(R_4//R_5) \tag{2-9}$$

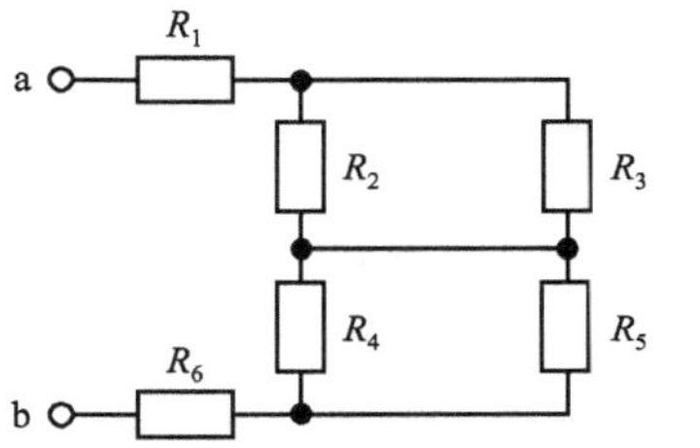

图 2-7　电阻的混联

例 2-1　求图 2-8 中电路的等效电阻 R_{ab}。

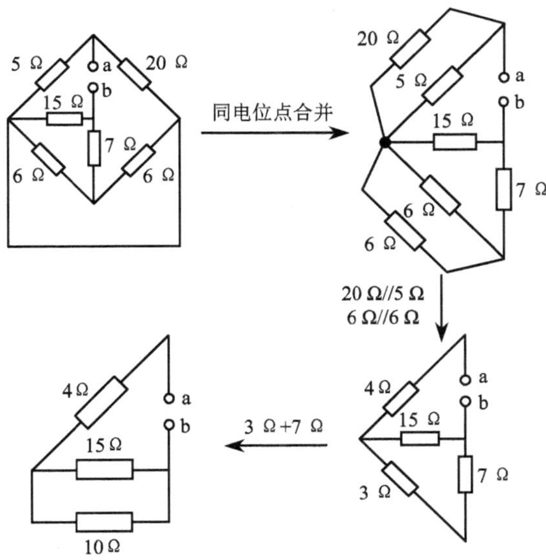

图 2-8　例 2-1 图

解：R_{ab}=（15 Ω//10 Ω）+4 Ω=10 Ω

2.1.3 理想电流源、电压源的串联和并联

1．理想电流源的并联等效

理想电流源的并联等效，如图 2-9 所示。

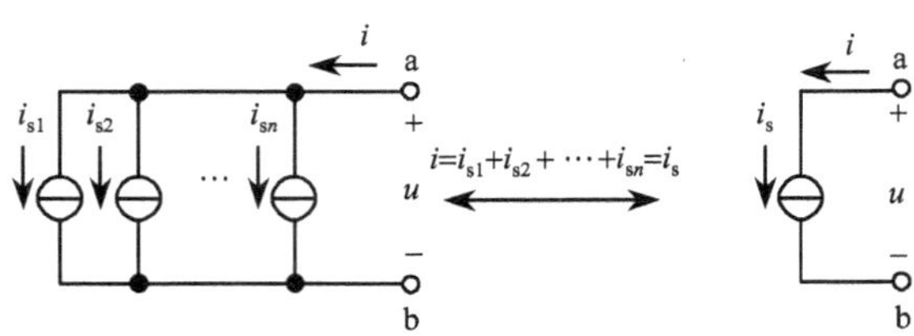

图 2-9　理想电流源并联等效

结论： n 个理想电流源 i_{s1}，i_{s2}，…，i_{sn} 并联，若等效为一个理想电流源，则其数值等于各并联理想电流源数值的代数和，即 $i_s=i_{s1}+i_{s2}+\cdots+i_{sn}$。

2．理想电流源与非电流源支路的串联等效

理想电流源与非电流源支路的串联等效，如图 2-10 所示。

结论： 理想电流源与非电流源支路串联，对外连接端口的电流源特性没有发生改变，所以还是等效为一个理想电流源。

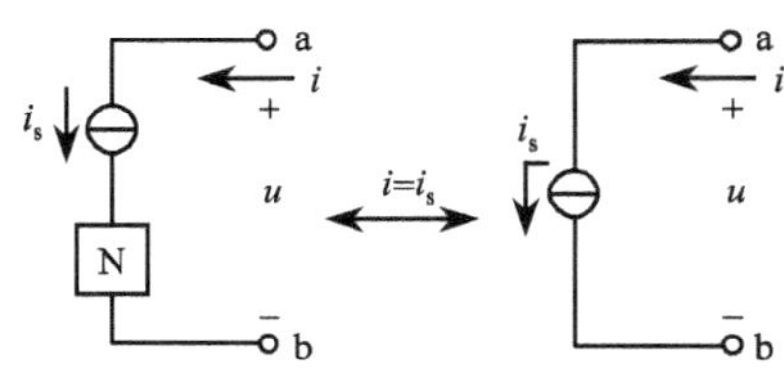

图 2-10　理想电流源与非电流源支路串联等效

3．理想电压源的串联等效

理想电压源的串联等效，如图 2-11 所示。

结论： n 个理想电压源 u_{s1}，u_{s2}，…，u_{sn} 串联，若等效为一个理想电压源，则其数值等于各串联理想电压源数值的代数和，即 $u=u_{s1}+u_{s2}+\cdots+u_{sn}$。

4．理想电压源与非电压源支路的并联等效

理想电压源与非电压源支路的并联等效，如图 2-12 所示。

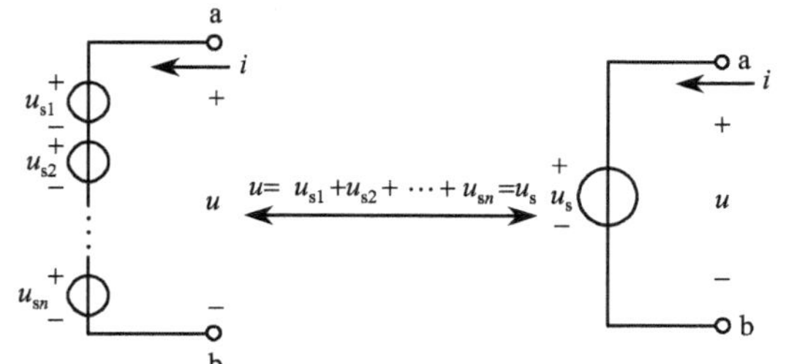

图 2-11　理想电压源串联等效

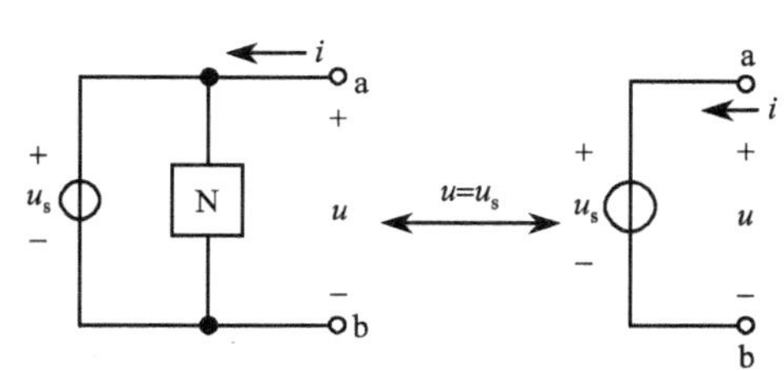

图 2-12　理想电压源与非电压源支路的并联等效

结论： 理想电压源与非电压源支路并联后，其对外连接端口的电压源特性并没有发生改变，所以还是等效为一个理想电压源。

2.1.4　电源模型的等效变换

只要等效变换前后对外电路提供的电压 u 和电流 i 是相同的，那么电压源模型与电流源模型之间就可以进行等效变换。但理想电流源与理想电压源之间不能等效变换。

图 2-13（a）电路的外特性为

$$u=u_s+u_R=u_s+iR \tag{2-10}$$

图 2-13（b）电路的外特性为

$$u=i_RR-i_sR \tag{2-11}$$

要使电压源模型与电流源模型互相等效，它们的外特性必须相等，即式(2-10)和式(2-11)必须相等，因此，两种电源模型等效变换的条件是电源模型中的电阻相等，都为 R，且

$$u_s=i_sR \tag{2-12}$$

（a）　　　（b）

图 2-13　电源模型

（a）电压源模型　（b）电流源模型

例 2-2　电路组成及参数如图 2-14（a）所示。1）试求电流 I_5；2）若 C 点接地，求 A，B，D 三点的电位。

解：对图 2-14 中三个虚线圈中的电源模型进行等效变换，根据式（2-12）得到图 2-14（b）。再对图 2-14（b）中虚线圈中的电源模型进行等效变换得到图 2-14（c）。则

$$I_5=\frac{4+4-4}{4+2+1.5+0.5}=0.5\text{ A}$$

$$U_B=4-2I_5=3\text{ V}$$

$$U_D=1.5I_5=0.75\text{ V}$$

$$U_A=4+0.5I_5+U_D=5\text{ V}$$

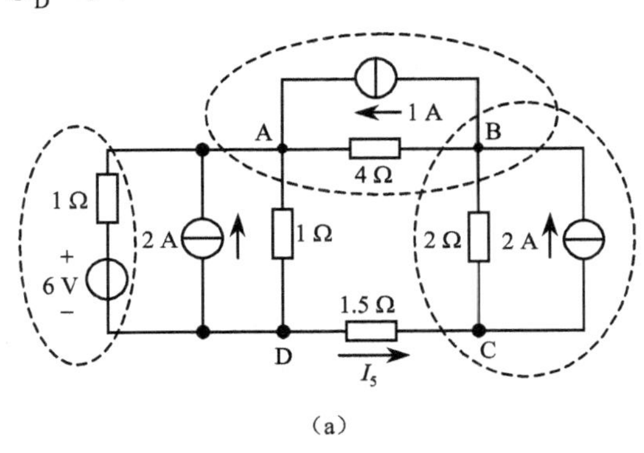

（a）

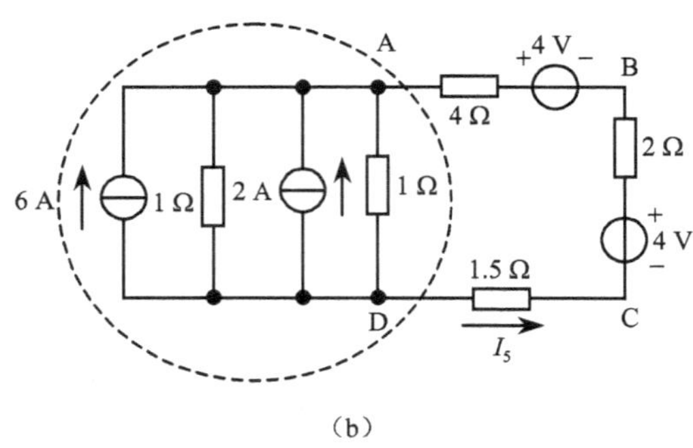

(b)

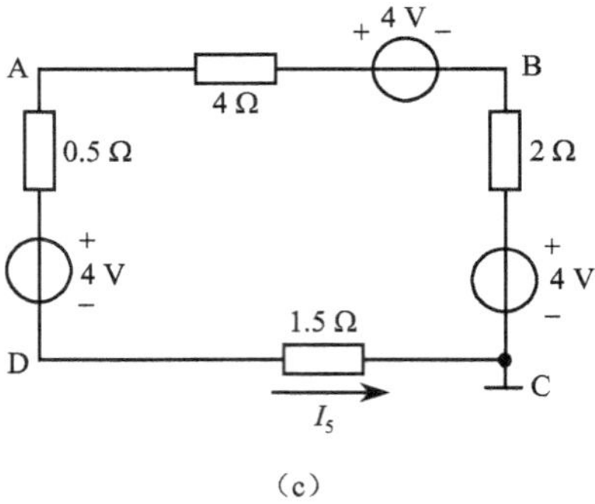

(c)

图 2-14 例 2-2 图

(a) 电路图 (b) 等效变换 1 (c) 等效变换 2

2.2 支路电流分析法

2.2.1 支路电流法

支路电流法是指以电路中各支路电流为未知量，然后应用基尔霍夫电流定律和电压定律分别对节点和回路列出所需要的方程组，而后解出各未知支路电流的方法。

对于任何一个复杂电路，如果以各支路电流为未知量，应用 KCL 和 KVL 列写方程，必须先在电路图上选定好未知支路电流以及电压或电动势的参考方向。

2.2.2 支路电流法分析电路的步骤

下面以图 2-15 为例来讲解支路电流法的步骤。图中，

$$-i_1+i_2+i_6=0$$

$$-i_2+i_3+i_4=0$$

$$-i_3-i_5-i_6=0$$

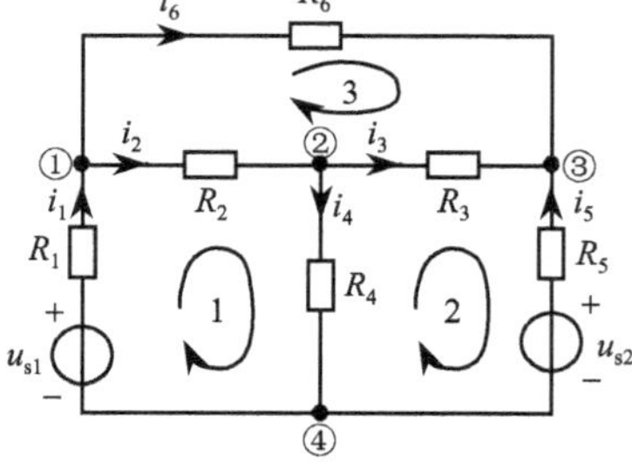

图 2-15 电路举例

1）由电路的支路数 m 确定待求的支路电流数。该电路 $m=6$，则支路电流有 i_1，i_2，…，i_6，共 6 个。

2）节点数 $n=4$，可列出 $n-1$ 个独立的节点方程。

3）根据 KVL 列出回路方程。选取 $g=m-(n-1)$ 个独立的回路，选定绕行方向，由 KVL 列出 g 个独立的回路方程。

$$i_1R_1+i_2R_2+i_4R_4=u_{s1}$$

$$i_3R_3-i_4R_4-i_5R_5=-u_{s2}$$

$$-i_2R_2-i_3R_3+i_6R_6=0$$

4）将 6 个独立方程联立求解，得到各支路电流。如果支路电流的值为正，则表示实际电流方向与参考方向相同；如果某一支路的电流值为负，则表示实际电流的方向与参考方向相反。

5）根据电路的要求，求出其他待求量，如支路或元件上的电压、功率等。

例 2-3　用支路电流法求解图 2-16 中电路各支路电流及各电阻上吸收的功率。

解：1）求各支路电流。该电路有 3 条支路、2 个节点。首先指定各支路电流的参考方向，如图 2-16 中所示，然后列出节点电流方程。

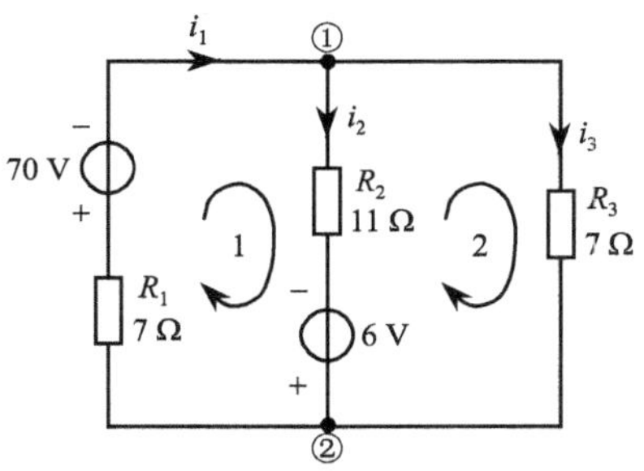

图 2-16　例 2-3 图

节点①：

$$-i_1+i_2+i_3=0$$

选取独立回路，并指定绕行方向，列回路方程。

回路 1：

$$7i_1+11i_2=6-70=-64$$

回路 2：

$$-11i_2+7i_3=-6$$

联立求解，得到

$$i_1=-6\ \text{A}$$

$$i_2=-2\ \text{A}$$

$$i_3=-4\ \text{A}$$

2）求各电阻上吸收的功率。

电阻 R_1 吸收的功率为

$$P_1=(-6)^2\times 7=252\ \text{W}$$

电阻 R_2 吸收的功率为

$$P_2=(-2)^2\times 11=44\ \text{W}$$

电阻 R_3 吸收的功率为

$$P_3=(-4)^2\times 7=112\ \text{W}$$

2.3　网孔电流分析法

2.3.1　网孔电流的概念及特点

如图 2-17 所示，i_1，i_2，i_3，i_4，i_5，i_6 叫支路电流。

网孔电流是指假想的沿网孔边沿流动的电流，如图 2-17 中 i_a，i_b，i_c，其参考方向可以任意选取。

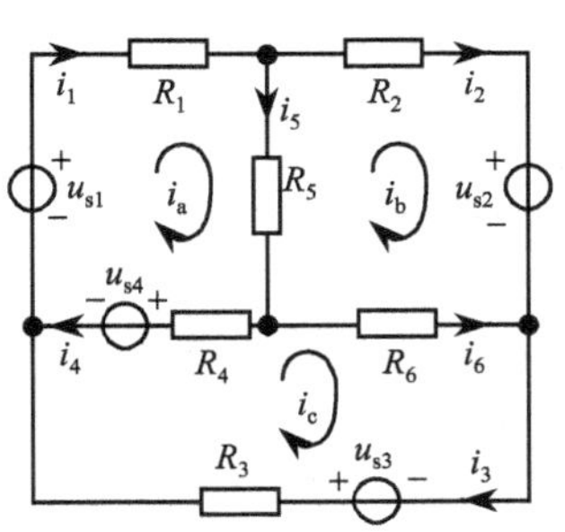

图 2-17　网孔电流

网孔电流具有以下特点：

1）完备性——网孔电流一旦求出，各支路电流就被唯一确定；

2）独立性——网孔电流自动满足 KCL。

以上特点使得求解网孔电流时，不必再列写 KCL 方程，只需列出三个网孔的 KVL 方程。因而可以用较少的方程求出网孔电流，再由网孔电流与支路电流的关系求出各支路电流，这种方法称为网孔分析法。

2.3.2 网孔电流法分析电路的步骤

1．网孔方程及一般形式

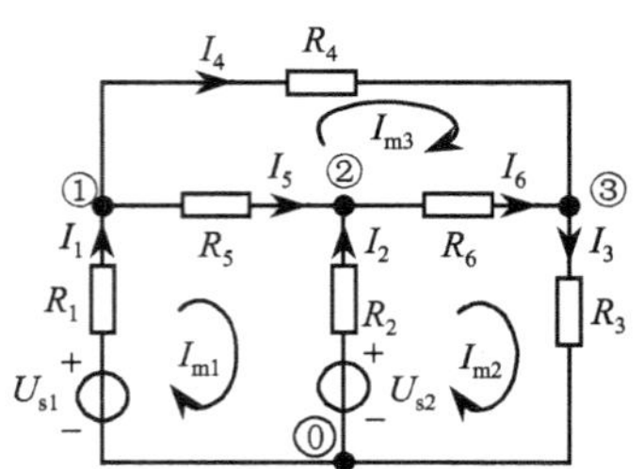

图 2-18　网孔电流分析法

对于 b 条支路、n 个节点的电路，网孔数为 $b-(n-1)$。

在图 2-18 中，有 6 条支路、4 个节点，所以网孔数为 3。设网孔电流为 I_{m1}，I_{m2}，I_{m3}，各支路电流可用网孔电流表示：

$$I_1=I_{m1} \qquad I_2=I_{m2}-I_{m1}$$
$$I_3=I_{m2} \qquad I_4=I_{m3}$$
$$I_5=I_{m1}-I_{m3} \qquad I_6=I_{m2}-I_{m3}$$

电路的网孔方程为

$$R_1I_{m1}+R_5(I_{m1}-I_{m3})+R_2(I_{m1}-I_{m2})=U_{s1}-U_{s2}$$
$$R_2(I_{m2}-I_{m1})+R_6(I_{m2}-I_{m3})+R_3I_{m2}=U_{s2}$$
$$R_4I_{m3}+R_6(I_{m3}-I_{m2})+R_5(I_{m3}-I_{m1})=0$$

整理得

$$(R_1+R_5+R_2)I_{m1}-R_2I_{m2}-R_5I_{m3}=U_{s1}-U_{s2}$$
$$-R_2I_{m1}+(R_2+R_6+R_3)I_{m2}-R_6I_{m3}=U_{s2}$$
$$-R_5I_{m1}-R_6I_{m2}+(R_4+R_5+R_6)I_{m3}=0$$

将上述式子整理得

$$R_{11}I_{m1}+R_{12}I_{m2}+R_{13}I_{m3}=U_{s11}$$
$$R_{21}I_{m1}+R_{22}I_{m2}+R_{23}I_{m3}=U_{s22}$$
$$R_{31}I_{m1}+R_{32}I_{m2}+R_{33}I_{m3}=U_{s33}$$

式中，$R_{11}=(R_1+R_5+R_2)$，$R_{22}=(R_2+R_6+R_3)$，$R_{33}=(R_4+R_5+R_6)$，称为网孔的自电阻，是网孔所有支路电阻之和；$R_{12}=R_{21}=-R_2$，$R_{13}=R_{31}=-R_5$，$R_{23}=R_{32}=-R_6$，称为互电阻，是两网孔共有支路电阻之和。U_{s11}，U_{s22}，U_{s33} 为网孔中电压源的代数和，当电压源的电动势方向与网孔绕行方向相同时取正号，反之取负号。

网孔电流法只适用于分析平面电路。

2．分析电路的步骤

1）若电路中有实际电流源时，应先将其等效变换为电压源。

2）选定网孔绕行方向，编好序号。

3）列写网孔电压方程。

4）求解各网孔电流。

5）标定各支路电流方向，由网孔电流求解支路电流。

例 2-4　用网孔法求图 2-19 中各支路电流。

解： 1）标定网孔绕行方向如图 2-19 所示。

2）列网孔方程如下：

$$(60+20)I_1-20I_2=50-10$$
$$-20I_1+(20+40)I_2-40I_3=10$$
$$-40I_2+(40+40)I_3=40$$

3）联立上述方程求解，得

I_1=0.786 A

I_2=1.143 A

I_3=1.071 A

4）各支路电流为

$I_a=I_1$=0.786 A

$I_b=-I_1+I_2$=0.357 A

$I_c=I_2-I_3$=0.072 A

$I_d=-I_3$=−1.071 A

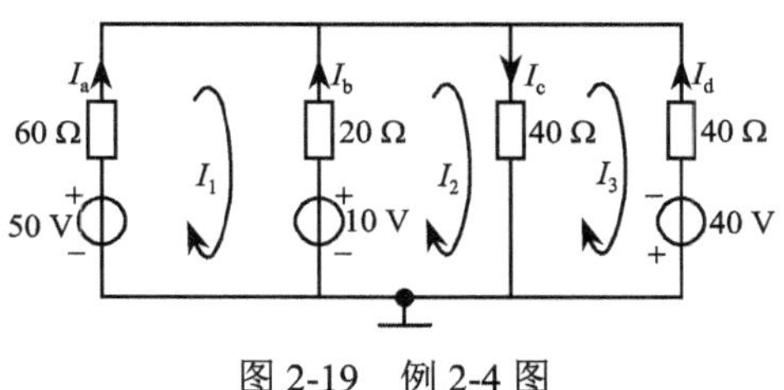

图 2-19 例 2-4 图

例 2-5 图 2-20 为带理想电流源的电路，用网孔电流法求各支路电流。

解：标定网孔序号及网孔电流参考方向，如图 2-20 所示。

列方程如下：

I_{m1}=6 A

$-2I_{m1}+5I_{m3}=-U_x$

$-1I_{m1}+3I_{m2}=U_x$

$I_{m2}-I_{m3}$=2 A

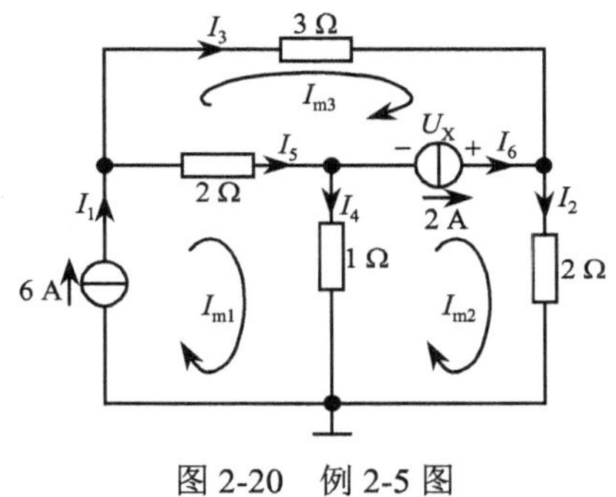

图 2-20 例 2-5 图

联立上述方程求解，得

I_{m2}=3.5 A

I_{m3}=1.5 A

各支路电流分别为

I_1=6 A　I_2=3.5 A　I_3=1.5 A

$I_4=I_{m1}-I_{m2}$=2.5 A　$I_5=I_{m1}-I_{m3}$=4.5 A

$I_6=I_{m2}-I_{m3}$=2 A

2.4 节点电压分析法

2.4.1 节点电压及其相关概念

在电路中任意选择一个节点为非独立节点，称为参考点。其他独立节点与参考点之间的电压，称为该节点的节点电压。

节点电压法是以节点电压为求解电路的未知量，利用基尔霍夫电流定律和欧姆定律导出 n–1 个独立节点电压为未知量的方程，联立求解，得出各节点电压。然后进一步求出各待求量。

节点电压法适用于结构复杂、独立回路选择麻烦以及节点少、回路多的非平面电路的分析求解。对于 n 个节点、m 条支路的电路，节点电压法仅需 n–1 个独立方程。

2.4.2 节点电压法分析电路的步骤

1．节点电压方程

在图 2-21 中，共有 4 个节点。选节点⓪为参考节点，则节点①，②，③的电压分别为

U_{10}，U_{20}，U_{30}。选定各支路电流参考方向，对每个独立节点列 KCL 方程：

$I_1+I_4+I_6=0$

$I_2-I_4+I_5=0$

$I_3-I_5-I_6=0$

各支路电流用相关的节点电压表示为

$$I_1=\frac{U_{10}}{R_1}-I_{s1} \qquad I_4=\frac{U_{10}-U_{20}}{R_4}$$

$$I_2=\frac{U_{20}}{R_2} \qquad I_5=\frac{U_{20}-U_{30}}{R_5}$$

$$I_3=\frac{U_{30}-U_{s3}}{R_3} \qquad I_6=\frac{U_{10}-U_{30}}{R_6}+I_{s6}$$

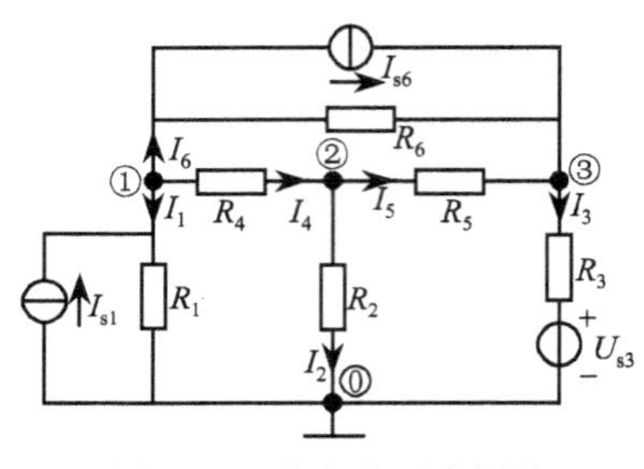

图 2-21　节点电压分析法

代入每个独立节点的 KCL 方程整理得方程组

$$\begin{cases}\left(\frac{1}{R_1}+\frac{1}{R_4}+\frac{1}{R_6}\right)U_{10}-\frac{1}{R_4}U_{20}-\frac{1}{R_6}U_{30}=I_{s1}-I_{s6}\\ -\frac{1}{R_4}U_{10}+\left(\frac{1}{R_2}+\frac{1}{R_4}+\frac{1}{R_5}\right)U_{20}-\frac{1}{R_5}U_{30}=0\\ -\frac{1}{R_6}U_{10}-\frac{1}{R_5}U_{20}+\left(\frac{1}{R_3}+\frac{1}{R_5}+\frac{1}{R_6}\right)U_{30}=I_{s6}+\frac{U_{s3}}{R_3}\end{cases}$$

以上方程组可改写成

$$\begin{cases}(G_1+G_4+G_6)U_{10}-G_4U_{20}-G_6U_{30}=I_{s1}-I_{s6}\\ -G_4U_{10}+(G_2+G_4+G_5)U_{20}-G_5U_{30}=0\\ -G_6U_{10}-G_5U_{20}+(G_3+G_5+G_6)U_{30}=I_{s6}+G_3U_{s3}\end{cases}$$

式中，G_1～G_6 为各支路的电导。

令：$G_{11}=(G_1+G_4+G_6)$　　　　$G_{12}=G_{21}=-G_4$

$G_{22}=(G_2+G_4+G_5)$　　　　$G_{13}=G_{31}=-G_6$

$G_{33}=(G_3+G_5+G_6)$　　　　$G_{23}=G_{32}=-G_5$

其中，G_{11}，G_{12}，G_{33} 为各节点的自电导（自电导总为正），是所有连接到节点的电阻支路的电导之和。G_{12}，G_{21}，G_{13}，G_{31}，G_{23}，G_{32} 为各节点的互电导（互电导总为负），是连接在两个节点之间的电阻支路的电导之和。

节点电压方程可写为如下形式。

节点①：

$G_{11}U_{10}+G_{12}U_{20}+G_{13}U_{30}=I_{s11}$

节点②：

$G_{21}U_{10}+G_{22}U_{20}+G_{23}U_{30}=I_{s22}$

节点③：

$G_{31}U_{10}+G_{32}U_{20}+G_{33}U_{30}=I_{s33}$

式中，I_{s11}，I_{s22}，I_{s33} 为各节点的电流代数和。流入为正，流出为负。

以节点①方程为例，根据上述方程总结出以下快速建立节点电压方程方法。

方程左边，节点①电压 U_{10} 的系数为所有连接到节点①的电阻支路的电导之和，即自电导；节点②电压 U_{20} 的系数为连接在节点①和节点②之间的电阻支路的电导之和的负值，即互电导；节点③电压 U_{30} 的系数为连接在节点①和③之间的电阻支路的电导之和的负值。

方程右边，节点①的右边的常数项为连接到节点①的纯电源支路流入节点①的电源电流的代数和，如果没有纯电源支路接到节点①，则值为 0。

2．**分析电路的步骤**

1）选定参考节点并标出节点序号，将独立节点设为未知量，其参考方向由独立节点指向参考节点。

2）列写节点电压方程。

3）求解各节点电压。

4）标定各支路方向，由节点电压求解支路电压。

5）应用支路的 VCR 关系，由支路电压求解支路电流。

例 2-6　对图 2-22 所示电路，用节点电压法分析求解电源功率。

解：参考点的选择如图 2-22 所示。

根据观察，利用快速建立节点电压方程法分别列出节点①，②，③，④的方程为

$$(1+0.1+0.1)U_1-U_2-0.1U_4=1$$

$$-U_1+(1+1+0.5)U_2-0.5U_3=-0.5$$

$$-0.5U_2+(0.5+0.5+0.25)U_3-0.25U_4=0.5$$

$$-0.1U_1-0.25U_3+(0.1+0.25+0.25)U_4=0$$

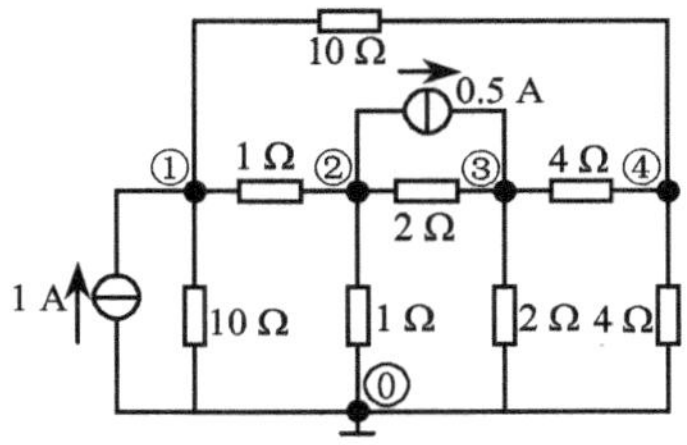

图 2-22　例 2-6 图

联立上述方程求解，得各节点电压为

$$U_1=1.2\text{ V}\qquad U_2=0.4\text{ V}\qquad U_3=0.7\text{ V}\qquad U_4=0.5\text{ V}$$

电源功率为

$$P_{1A}=-1\times U_1=-1.2\text{ W}\qquad P_{0.5A}=0.5\times(U_2-U_3)=-0.15\text{ W}$$

2.5　电路定理

2.5.1　叠加定理

定理内容：在由线性电阻、线性受控源及独立电源组成的电路中，每一个元件的电流或电压都可以看成是每一个独立电源单独作用于电路时，在该元件上产生的电流或电压的代数和。

单独作用时，相当于一个电源作用，其余电源不作用。不作用时，电压源 $U_s=0$，相当于短路；电流源 $I_s=0$，相当于开路。

叠加性是线性电路的根本属性，叠加方法是分析电路的一大基本方法。通过它，可将电路复杂激励的问题转换为简单的单一激励问题，简化响应与激励的关系。

例 2-7　在图 2-23 中，已知：$E_1=5$ V，$I_s=1$ A，$R_1=4\ \Omega$，$R_2=20\ \Omega$，$R_3=3\ \Omega$，$R_4=3\ \Omega$。用叠加定理求电阻 R_4 中的电流。

解：利用叠加定理可知，

电压源单独作用时：

$$I' = \frac{E_1}{R_3 + R_4} = \frac{5}{6}\text{ A}$$

电流源单独作用时：

$$I'' = \frac{R_3}{R_3 + R_4} I_s = \frac{1}{2}\text{ A}$$

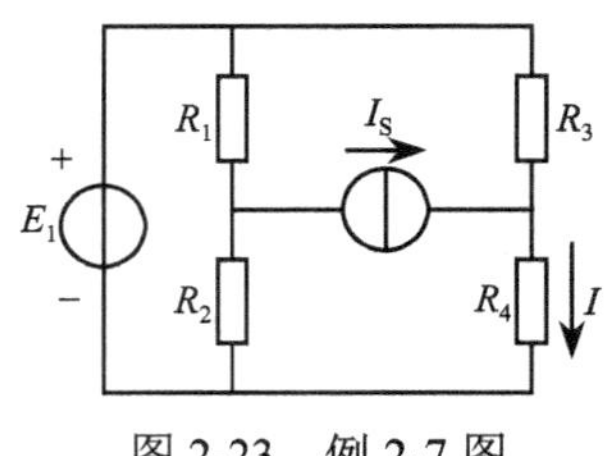

图 2-23　例 2-7 图

则　$$I = I' + I'' = \frac{5}{6} + \frac{1}{2} = \frac{8}{6} = 1.33\text{ A}$$

应用叠加定理时要注意以下问题：

1）叠加定理只适用于求解线性电路的电压和电流；

2）叠加时只将独立电源分别考虑，电路其他部分的结构和参数不变；

3）各独立电源单独分析时，应保留各支路电流、电压的参考方向，以确保最后叠加的各分量具有统一的参考方向；

4）叠加定理是电路线性关系的应用，由于电路中功率与激励电源的关系为二次函数，不具有线性关系，因此，叠加定理只能用于电压或电流的计算，不能直接用来计算功率；

5）运用叠加定理求解时也可以把电源分组求解，每个分电路的电源个数可能不止一个，应将独立电源分成电压源与电流源两组。

例 2-8　用叠加定理计算图 2-24 中 A 点的电位 V_A。

解：+50 V 电源单独作用时，可将−50 V 电源看成短路，I_3'是流过 R_1 电阻的电流在 R_3 上的分流，即

$$I_3' = \frac{50}{R_1 + \frac{R_2 R_3}{R_2 + R_3}} \times \frac{R_2}{R_2 + R_3} = \frac{50}{10 + \frac{5\times 20}{5+20}} \times \frac{5}{5+20} = 0.71\text{ A}$$

−50 V 电源单独作用时，可将+50 V 电源看成短路，I_3'' 是流过 R_2 电阻的电流在 R_3 上的分流，即

$$I_3'' = \frac{-50}{R_2 + \frac{R_1 R_3}{R_1 + R_3}} \times \frac{R_1}{R_1 + R_3} = \frac{-50}{5 + \frac{10\times 20}{10+20}} \times \frac{10}{10+20} = -1.43\text{ A}$$

$$I_3 = I_3' + I_3'' = 0.71 - 1.43 = -0.72\text{ A}$$

$$V_A = R_3 I_3 = -20\times 0.72 = -14.4\text{ V}$$

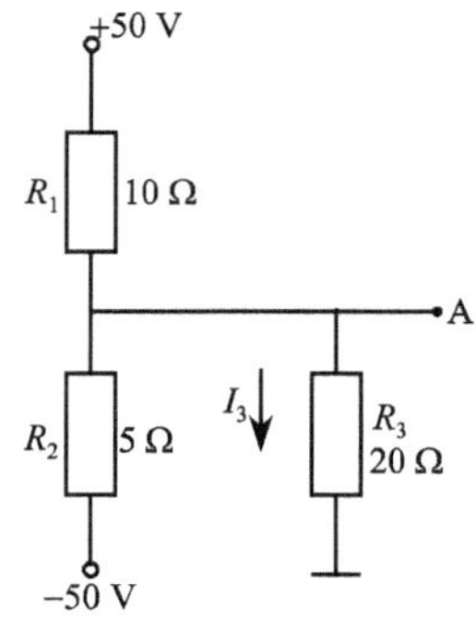

图 2-24　例 2-8 图

2.5.2　戴维宁定理

定理内容：任一线性含独立电源的二端网络对外而言，都可以等效为一个理想电压源与电阻串联构成的实际电压源模型。

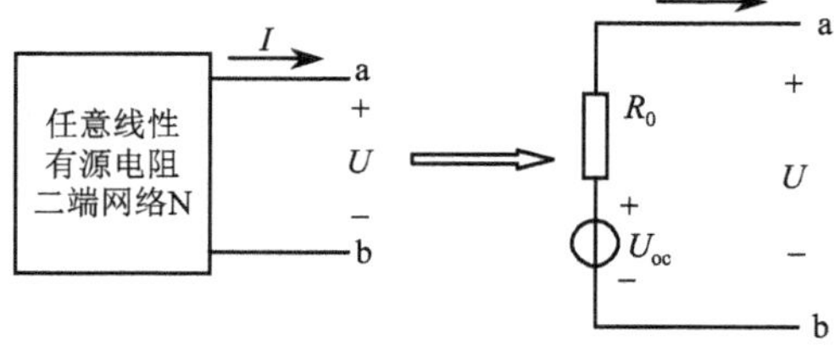

图 2-25　戴维宁定理

如图 2-25 所示，电压源的电压 U_{oc} 等于该网络的端口开路电压，串联电阻 R_0 等于去掉内部独立电源（独立电源置零，即电压源短路，电流源

开路），从端口看进去的等效电阻。其中，U_{oc} 为端口开路时的端电压，称为开路电压；R_0 为网络内部理想电源全部置零后的等效电阻，称为内阻。

例 2-9　在图 2-26（a）中，已知：R_1=5 Ω，R_2=5 Ω，R_3=10 Ω，R_4=5 Ω，U_s=12 V，R_G=10 Ω。试用戴维宁定理求检流计中的电流 I_G。

解：将图 2-26（a）改成图 2-26（b）。

1）求开路电压，如图 2-26（c）所示。

$$I_1=\frac{U_s}{R_1+R_2}=\frac{12}{5+5}=1.2\text{ A}$$

$$I_2=\frac{U_s}{R_3+R_4}=\frac{12}{10+5}=0.8\text{ A}$$

$$U_{oc}=I_1R_2-I_2R_4=1.2\times5-0.8\times5=2\text{ V}$$

2）求等效电源的内阻，如图 2-26（d）所示。

$$R_0=\frac{R_1R_2}{R_1+R_2}+\frac{R_3R_4}{R_3+R_4}=5.8\,\Omega$$

3）求电流计中的电流，如图 2-26（e）所示。

$$I_G=\frac{U_{oc}}{R_0+R_G}=\frac{2}{5.8+10}=0.13\text{ A}$$

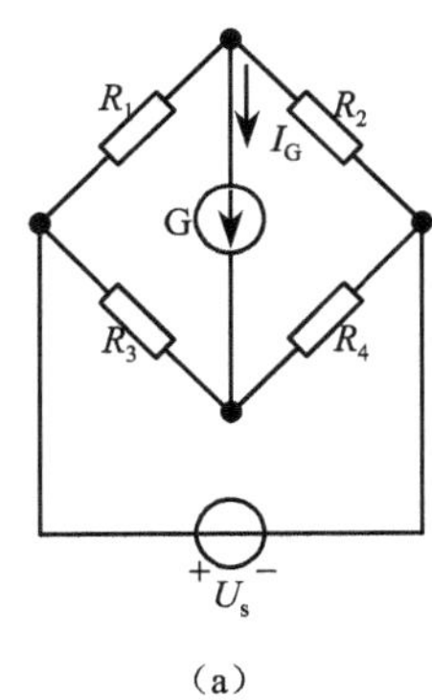

（a）

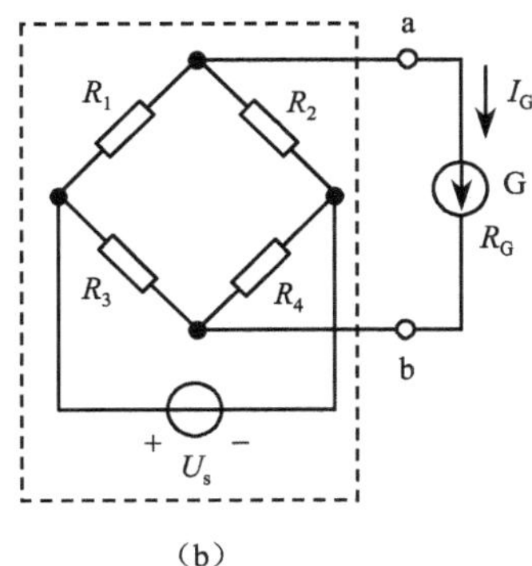

（b）

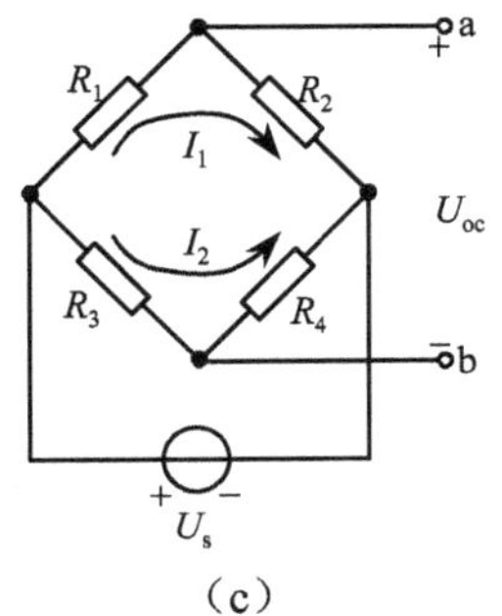

（c）

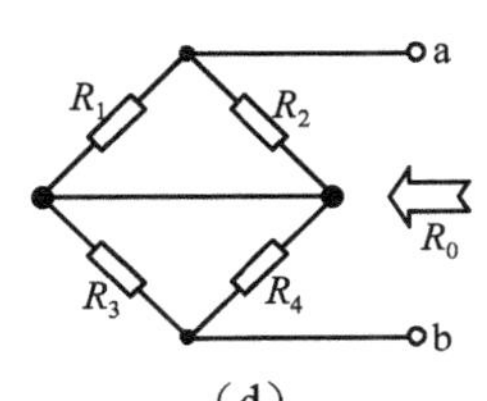

（d）

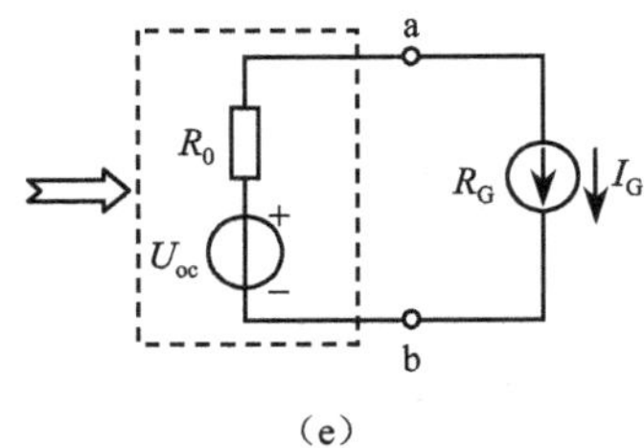

（e）

图 2-26　例 2-9 图

2.5.3 诺顿定理

定理内容：任一线性含源二端网络，对外而言，总可以等效为一电流源与一电阻并联的实际电源的电流源模型。

如图 2-27 所示，电流源的电流 I_{sc} 等于该网络的端口短路电流，并联等效电阻 R_0 为该网络去掉内部独立电源后，从端口处得到的等效电阻。可以利用两种电源模型的等效变换得出诺顿电流源模型。

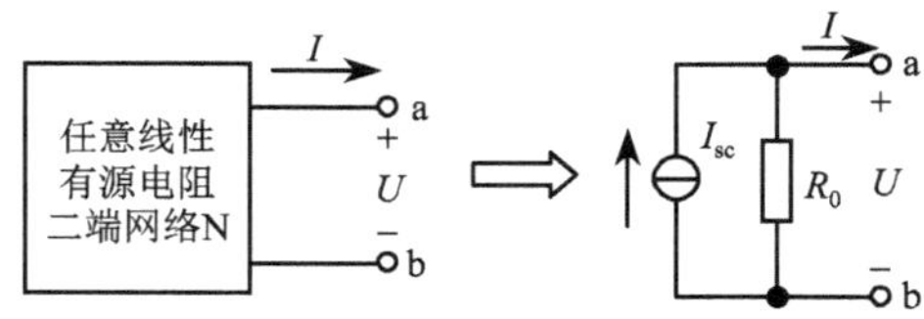

图 2-27 诺顿定理

例 2-10 在图 2-28 中，设 E_1=140 V，E_2=90 V，R_1=20 Ω，R_2=5 Ω，R_3=6 Ω，用诺顿定理计算出支路电流 I_3。

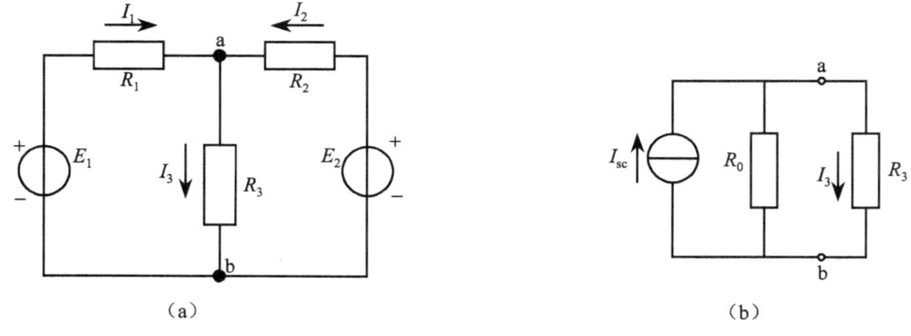

图 2-28 例 2-10 图

（a）电路图 （b）等效图

解： 图 2-28（a）可以等效为图 2-28（b），等效电流源的电流为

$$I_{sc}=\frac{E_1}{R_1}+\frac{E_2}{R_2}=\frac{140}{20}+\frac{90}{5}=25\ \text{A}$$

等效电阻为 $R_1//R_2$，即

$$R_0=\frac{R_1R_2}{R_1+R_2}=\frac{20\times 5}{20+5}=4\ \Omega$$

则

$$I_3=\frac{R_0}{R_0+R_3}I_{sc}=\frac{4}{4+6}\times 25=10\ \text{A}$$

2.5.4 最大功率传输定理

电路中，在电源给定的情况下，负载不同，电源传输给负载的功率也不同。在什么条件下，负载才能获得最大功率？

1．负载获得最大功率的条件

负载连接的线性含源二端网络可用戴维宁等效电路等效，如图 2-29 所示。

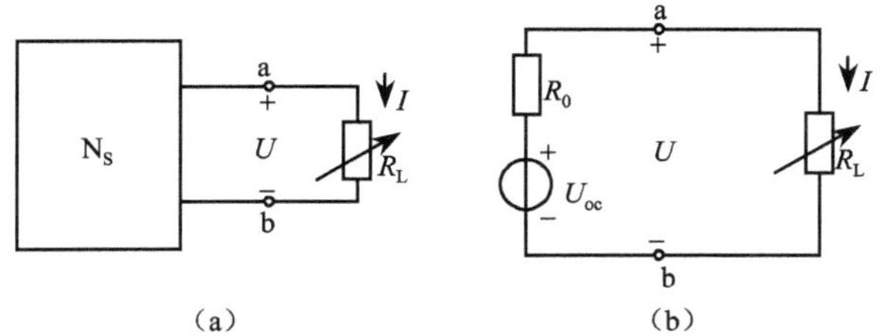

图 2-29　含源二端网络戴维宁等效电路

（a）含源二端网络　（b）戴维宁等效电路

图 2-29（b）为图 2-29（a）的等效电路。U_{oc} 是含源二端网络的开路电压，R_0 是含源二端网络的等效电阻。U_{oc} 和 R_0 均是常数，R_L 可调节。负载获得的功率为

$$P_L = R_L I^2 = R_L\left(\frac{U_{oc}}{R_0+R_L}\right)^2 = \frac{R_L U_{oc}^2}{(R_0+R_L)^2} \tag{2-13}$$

负载功率 P_L 的大小仅取决于负载电阻 R_L。根据数学极值问题可知，负载功率 P_L 最大时，有

$$\frac{d}{dR_L}\left[\frac{R_L U_{oc}^2}{(R_0+R_L)^2}\right]=0 \tag{2-14}$$

解得　　$R_L=R_0$

当 $R_L=R_0$ 时，负载获得的功率 P_L 最大。

2．最大功率传输定理内容

当含源二端网络的开路电压 U_{oc} 和等效电阻 R_0 为常数时，若负载电阻 R_L 与等效电阻 R_0 相等，则负载能从电源获得最大功率。$R_L=R_0$ 是负载获得最大功率的条件，也称为功率匹配。在功率匹配时，负载获得的最大功率为

$$P_{L\max} = \frac{U_{oc}^2}{4R_0} \tag{2-15}$$

注意： 最大功率传输定理是在电源确定的前提下，调节负载电阻获得的，如果 R_L 固定，而 R_0 可以改变，则 R_0 越小，R_L 获得的功率越大，当 R_0=0 时，R_L 获得的功率最大。

例 2-11　在图 2-30（a）中，若电阻 R 可变，问 R 等于多大时，它才能从电路中吸取最大功率，并求此最大功率。

解： 利用电源等效变换可以获得 a—b 左侧等效电源的参数，如图 2-30（b）～图 2-30（f）。

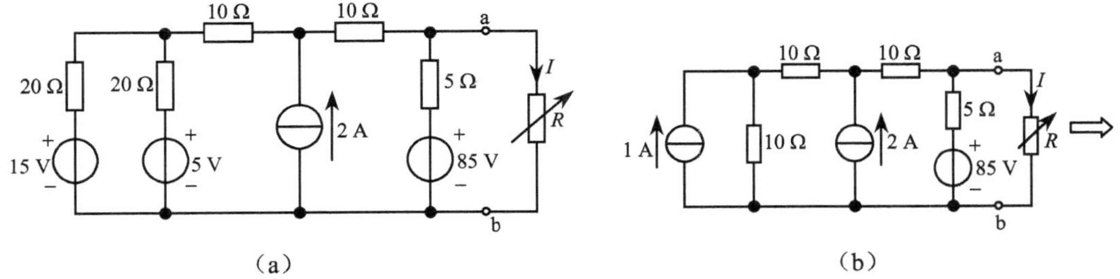

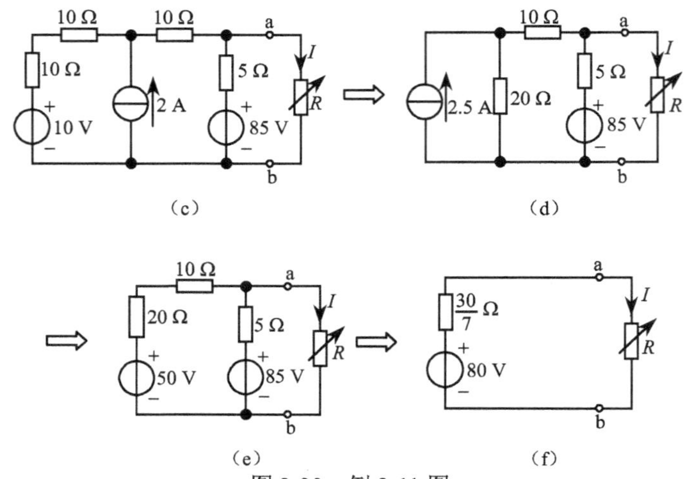

图 2-30　例 2-11 图

(a) 电路图　(b) 等效图 1　(c) 等效图 2　(d) 等效图 3　(e) 等效图 4　(f) 等效图 5

根据最大功率传输定理，当 $R=\frac{30}{7}\,\Omega$ 时，获得最大功率，其值为

$$P_{\text{R max}}=\frac{U_{\text{OC}}}{4R}=\frac{80^2}{4\times\frac{30}{7}}=373\text{ W}$$

习　题　2

1．求题 1 图的等效电阻 R。

2．求题 2 图中的 I_1，I_4，U_4。

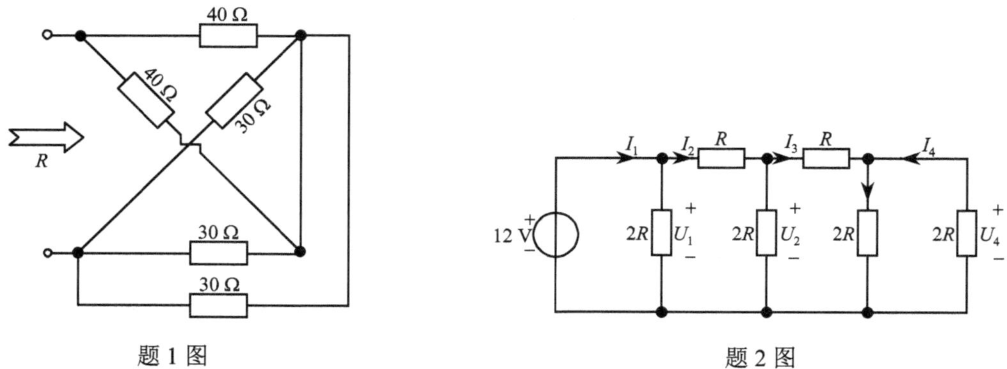

题 1 图　　　　题 2 图

3．求题 3 图中的电流 I。

4．利用两种实际电源模型转换计算题 4 图中的电流 I。

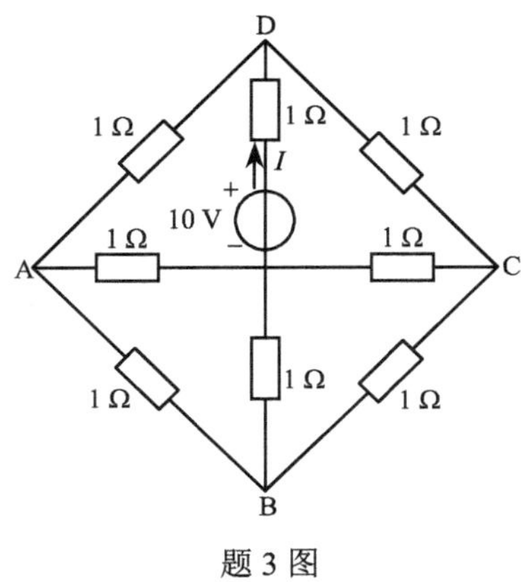

题 3 图

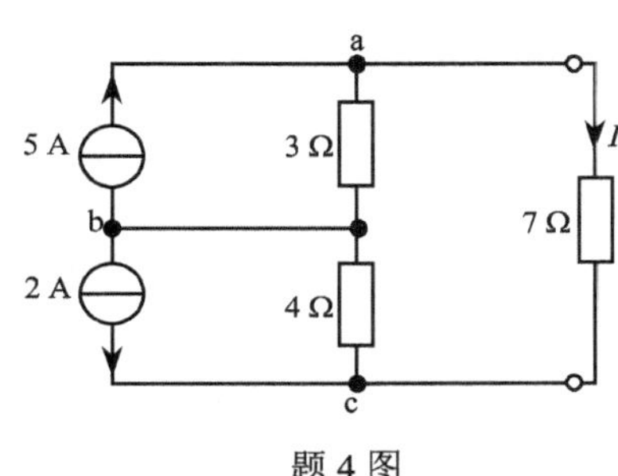

题 4 图

5．求题 5 图中 U_3。

6．求题 6 图中的 U。

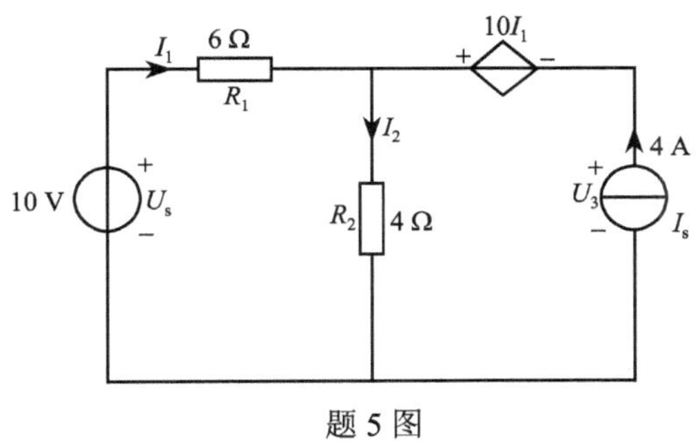

题 5 图

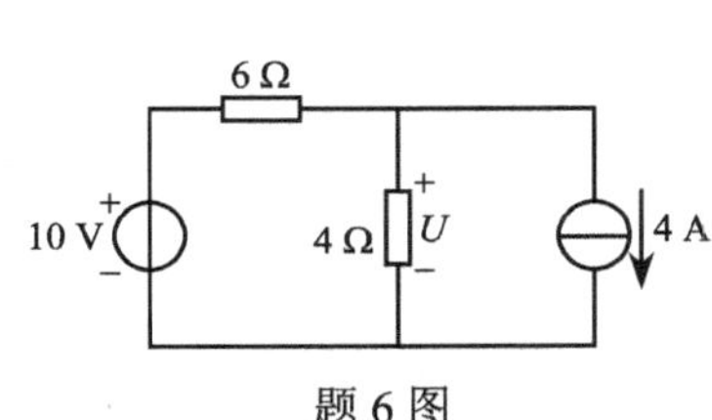

题 6 图

7．求题 7 图中的 U。

8．在题 8 图中，R_1=1 Ω，R_2=2 Ω，R_3=3 Ω，R_4=4 Ω，I_{s5}=5 A，U_{s6}=6 V，用叠加定理计算电源与 R_1 上的功率。

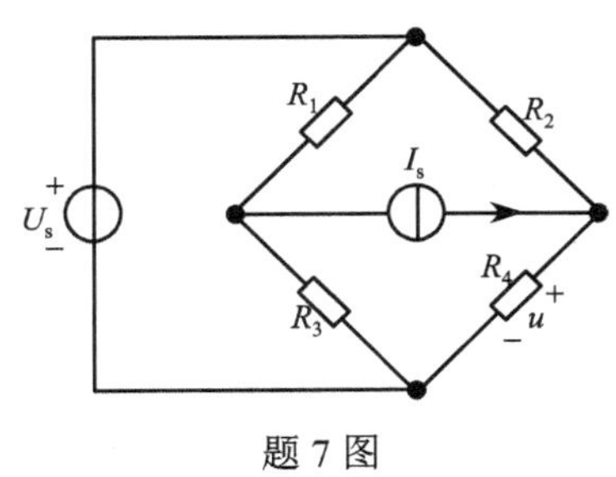

题 7 图

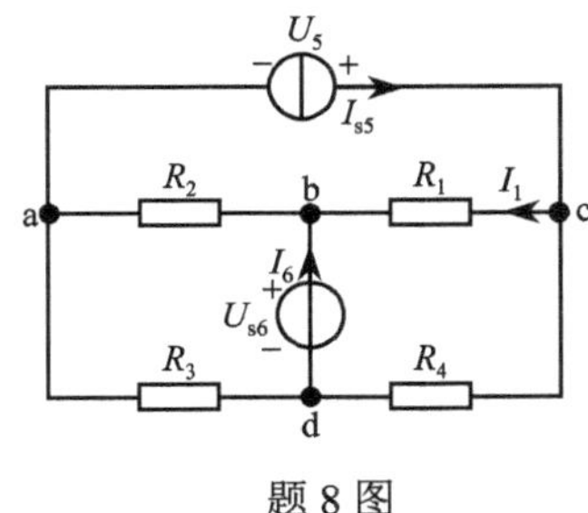

题 8 图

9．在题 9 图中，R_1=1 Ω，R_3=3 Ω，R_4=4 Ω，R_5=5 Ω，U_{s1}=1 V，U_{s3}=3 V，U_{s4}=4 V，U_{s5}=5 V，I_{s2}=2 A，用戴维宁定理求 I_3。

10．列写题 10 图中的节点电压方程。

11．在题 11 图中，试用节点法求电流 I_x。

12．用网孔分析法求题 12 图中各支路电流。

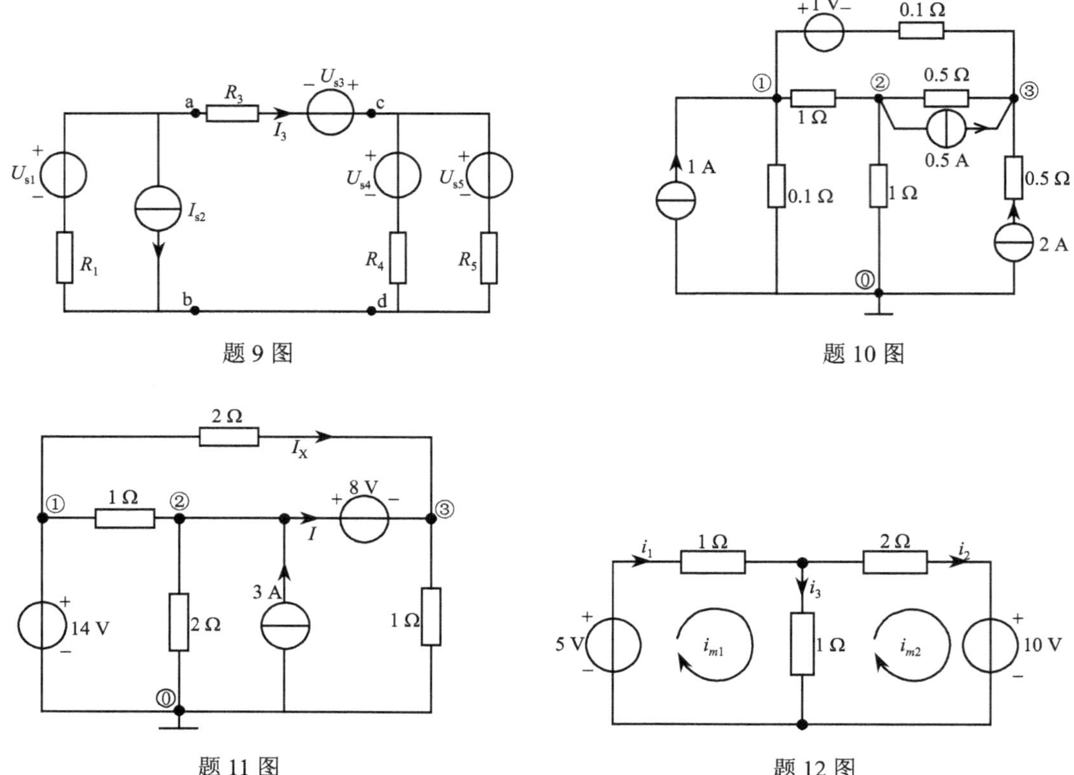

题 9 图　　题 10 图

题 11 图　　题 12 图

13．用网孔分析法求题 13 图中各支路电流。

14．求题 14 图中二端网络的戴维宁等效电路。

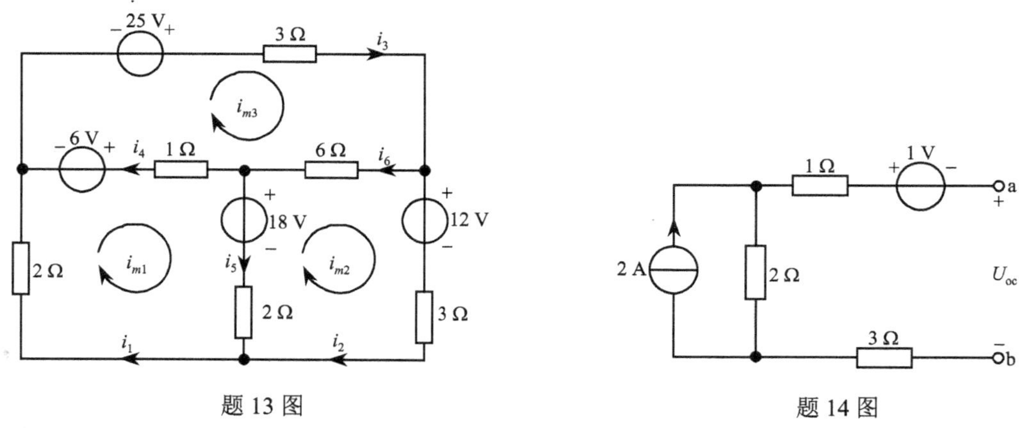

题 13 图　　题 14 图

15．求题 15 图中二端网络的戴维宁等效电路。

16．在题 16 图中，已知 I_C=0.75 I_1，用戴维宁及诺顿定理求其等效电路。

17．在题 17 图中，负载电阻可以任意改变，问 R_L 等于多大时可获得最大功率，并求出该最大功率。

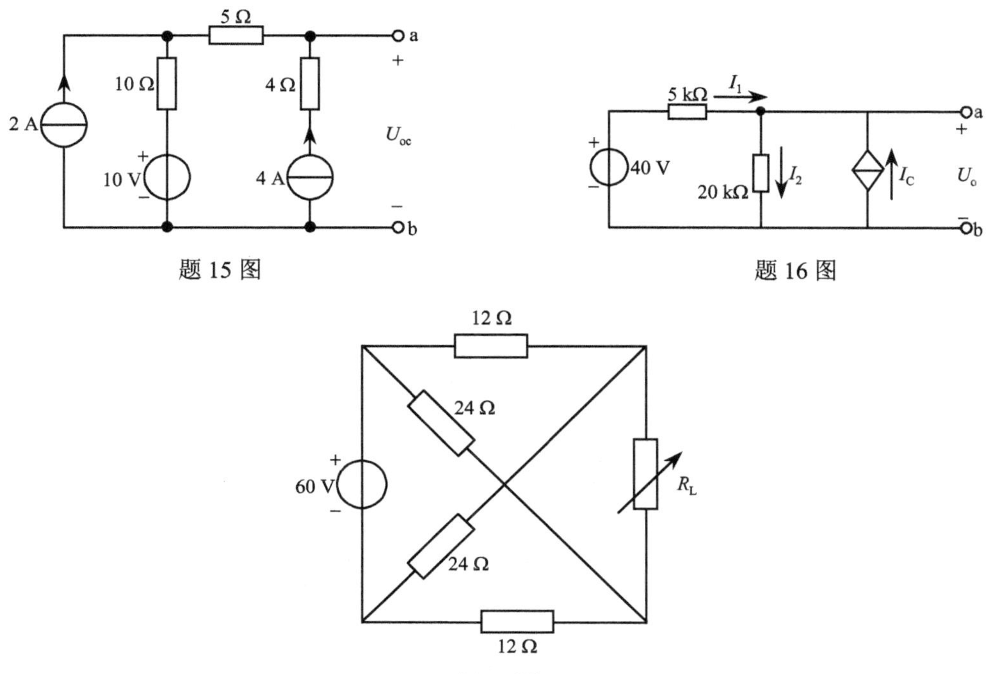

题 15 图

题 16 图

题 17 图

第 3 章　正弦交流电路

正弦交流电具有易于产生且便于远距离传输的优点，同时交流电机和直流电机相比，也具有结构简单、易于控制、成本低、效率高等优势，所以在工业生产和日常生活中正弦交流电得到了广泛应用。

正弦交流电路是指电路中的电压和电流均按正弦规律变化的电路。对正弦电路的分析和研究具有重要的理论和实际意义。一方面，目前世界上绝大部分发电机、输配电线路、用电设备（如电动机等）的电压和电流都是正弦函数的形式。对于这类电路的分析，多数情况下，可以按正弦电路加以分析处理。另一方面，非正弦的周期函数可以分解为频率成整数倍的正弦函数的无穷级数（即傅里叶级数），因此，当非正弦周期函数（往往取有限项正弦级数近似）的电压、电流作用于线性电路时，也可以按正弦电路进行分析处理。

本章主要讨论正弦交流电路的基本知识，阐述正弦交流电路稳态分析的基本理论和基本方法。这里所说的稳态是指线性电路在同频率正弦电源作用相当长时间后，所达到的稳定工作状态。

3.1　正弦交流电的基本概念

正弦稳态电路中的电压或电流的值随时间按正弦规律周期性变化，那么交流电变化的快慢、交变的幅度和交变的起点如何表示？

正弦信号的波形如图 3-1 所示。函数表达式为

$$i(t) = I_m \sin(\omega t + \varphi) \tag{3-1}$$

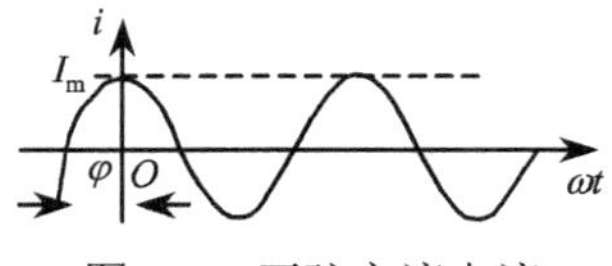

图 3-1　正弦交流电流

式中：振幅 I_m 反映正弦交流电流交变的幅度，角频率 ω 反映正弦交流电变化的快慢，初相位 φ 表示正弦交流电交变的起点。

要完整表示一个正弦电流或电压，需要确定其周期、振幅和初相位，这就是正弦交流电的三要素。

3.1.1　正弦交流电的周期和频率

正弦交流电交变一次所经历的时间称为交流电的周期，用 T 表示，单位是秒（s）。正弦交流电一秒钟所完成的交变次数称为交流电的频率，用 f 表示，单位是赫兹（Hz），简称赫。周期和频率互为倒数，即

$$T = \frac{1}{f} \quad 或 \quad f = \frac{1}{T} \tag{3-2}$$

我国和大多数国家都采用 50 Hz 作为电力标准频率，有些国家（如美国、日本等）采用 60 Hz 作为电力标准频率。电力标准频率也称工频，通常交流电动机和照明负载都用这个频率。在其他各种不同的技术领域还使用着各种不同的频率，例如，高速电动机的电源频率为 150～2 000 Hz，无线电中波的频率为 535～1 605 kHz，调频台的频率为 88～108 MHz，卫星通信的频率为 3.7～4.2 GHz，等等。

正弦交流电变化一个周期，对应的正弦函数就变化 2π弧度，所以正弦量变化的快慢除了用周期和频率表示外，还可以用角频率ω来表示，角频率的单位为弧度每秒（rad/s）。ω、T 和 f 三者之间的关系是

$$\omega=\frac{2\pi}{T}=2\pi f \tag{3-3}$$

显然，周期 T、频率 f 和角频率ω三者之间有固定的换算关系，知道其中任意一个就可以求出另外两个。因此，以下三种正弦量的写法是等效的：

$$i=I_{\rm m}\sin(\omega t+\varphi)=I_{\rm m}\sin(\frac{2\pi}{T}t+\varphi)=I_{\rm m}\sin(2\pi ft+\varphi) \tag{3-4}$$

例 3-1 已知 f=50 Hz，试求 T 和ω。

解：

$$T=\frac{1}{f}=\frac{1}{50}=0.02\ \text{s}$$

$$\omega=2\pi f=2\times3.14\times50=314\ \text{rad/s}$$

3.1.2 正弦交流电的幅值和有效值

正弦量在任一瞬时的值称为瞬时值，用小写字母来表示，如 i、u 分别表示电流和电压的瞬时值。瞬时值中最大的值称为幅值或最大值，用带下标 m 的大写字母表示，如 $I_{\rm m}$、$U_{\rm m}$ 分别表示电流、电压的幅值。

工程应用中正弦电压和电流的大小通常采用有效值来衡量，有效值是从电流的热效应角度来规定的。不论是周期变化的电流还是直流电流，只要它们在相等的时间内通过同一电阻发出的热量相等，就把它们的大小看成是相等的。也就是说，某一周期性电流 i 通过电阻 R 在一个周期内产生的热量，和另一个直流电流 I 通过同样的电阻在相等时间内产生的热量相等，那么这个周期变化的电流 i 的有效值在数值上就等于这个直流电流 I，用公式可以表示为

$$\int_0^T i^2R\mathrm{d}t=I^2RT$$

根据以上所述，可得有效值

$$I=\sqrt{\frac{1}{T}\int_0^T i^2\mathrm{d}t} \tag{3-5}$$

式（3-5）适用于所有周期性变化的量。当电流为正弦量时，即 $i=I_{\rm m}\sin\omega t$ 时，则有

$$I=\sqrt{\frac{1}{T}\int_0^T i^2\mathrm{d}t}=\sqrt{\frac{1}{T}\int_0^T I_{\rm m}{}^2\sin^2\omega t\mathrm{d}t}=\frac{I_{\rm m}}{\sqrt{2}} \tag{3-6}$$

可见，正弦量幅值是有效值的$\sqrt{2}$倍。因此可写成以下等式：

$$i = I_m \sin(\omega t + \varphi) = \sqrt{2} I \sin(\omega t + \varphi) \tag{3-7}$$

按规定，有效值都用大写字母表示（可以带下标，如I_1、I_2、I_R等，但一般不能用 m 作为下标，以示与最大值之间的区别），与表示直流的字母一样。

一般所讲的正弦电压或电流的大小，如交流电压 380 V 或 220 V，都是指有效值。万用表测量得到的交流电压和电流也是有效值。

例 3-2 $u=U_m\sin\omega t$，U_m=311 V，f=50 Hz，试求有效值 U 和 t=0.1 s 时的瞬时值。

解：

$$U = \frac{U_m}{\sqrt{2}} = \frac{311}{\sqrt{2}} = 220\ \text{V}$$

t=0.1 s 时，有

$$u=U_m\sin\omega t=U_m\sin 2\pi ft=311\sin(2\times\pi\times 50\times 0.1)=311\sin 10\pi=0\ \text{V}$$

3.1.3 正弦交流电的相位和相位差

1．初相位

在正弦量的表达式 $i=I_m\sin(\omega t+\varphi)$ 中的（$\omega t+\varphi$）称为正弦量的相位角或相位，其单位为弧度（rad）或度（°）。如果已知某一正弦量在某时刻的相位，就可以确定这个正弦量在该时刻的量值、方向及变化趋势，因此相位表示了正弦量在某时刻的状态。不同的相位对应正弦量的不同状态，从这个意义上讲，相位还表示了正弦量的变化进程。当相位随时间连续变化时，正弦量的瞬时值随之连续变化。

相位角（$\omega t+\varphi$）跟时间有关，当时间 t=0（称为计时起点）时，所对应的相位角称为初相位，其值为φ。显然，要确定正弦量在某一时刻的值，除了跟幅值与角频率有关外，还和初相位有关。初相位φ的取值范围规定为$|\varphi|\leqslant\pi$。其取值有三种情况：$\varphi<0$，$\varphi=0$ 和$\varphi>0$。

2．相位差

线性电路中，如果所有电源都是同频率的正弦量，则电路中的响应电压和电流也是该频率的正弦量。对于同频率的正弦量，可以比较它们的相位差。

设如下两个同频率的正弦量：

$$u=U_m\sin(\omega t+\varphi_1)$$

$$i=I_m\sin(\omega t+\varphi_2)$$

两正弦量间的相位之差，称为相位差。则 u 和 i 的相位差为

$$(\omega t+\varphi_1)-(\omega t+\varphi_2)=\varphi_1-\varphi_2=\varphi \tag{3-8}$$

可见，两个同频率的正弦量的相位差是与时间无关的常量，即等于它们初相位之差。通常，相位差φ的取值范围是$|\varphi|\leqslant\pi$，若不在此范围内，则可加减 2π使其满足$|\varphi|\leqslant\pi$。

若$\varphi>0$，则 u 超前 i，或 i 滞后 u，超前或滞后的角度为φ，如图 3-2（a）所示。

若$\varphi<0$，则 u 滞后 i，或 i 超前 u，超前或滞后的角度为φ。

若$\varphi=0$，则 u 与 i 同相位，简称同相，如图 3-2（b）所示。

若$\varphi=\pm\pi/2$，则称 u 与 i 正交，如图 3-2（c）所示。

若$\varphi=\pm\pi$，称 u 与 i 反相，如图 3-2（d）所示。

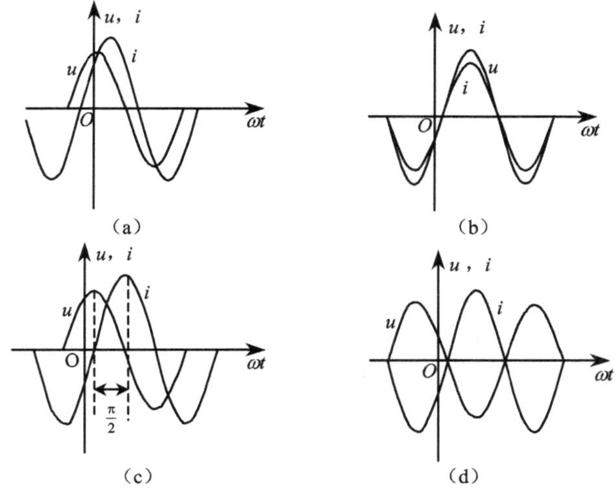

图 3-2　正弦交流电的相位差

（a）$\varphi>0$　（b）$\varphi=0$　（c）$\varphi=\pi/2$　（d）$\varphi=\pi$

必须强调，比较正弦量的相位差时要注意“三同”。

1）同频率。只有同频率的正弦量才有确定的相位关系，它们的相位差才为常数。不同频率正弦量的相位差会随时间而发生变化。

2）同函数。正弦函数和余弦函数都可以用来表示正弦交流电，当进行相位比较时，必须化成同一函数来表达，然后才能进行相位运算。

3）两正弦函数表达式前面的符号应该相同。

例 3-3　已知两电流 $i_1=10\sin(314t+30°)$ A，$i_2=5\cos(314t-20°)$ A，求它们的相位差。

解：先将 i_2 化为正弦表达式，即

$$i_2=5\sin(314t-20°+90°)=5\sin(314t+70°)$$

故 i_1 与 i_2 相位差为

$$\varphi_{12}=\varphi_1-\varphi_2=30°-70°=-40°$$

由此可知，i_1 比 i_2 滞后 40°。

例 3-4　已知两电流 $i_1=10\sin(314t+80°)$A，$i_2=-8\sin(314t+60°)$A，求它们的相位差。

解：先将 i_2 前面的符号化为正号，即

$$i_2=-8\sin(314t+60°)=8\sin(314t+60°-180°)=8\sin(314t-120°)$$

故 i_1 与 i_2 相位差为

$$\varphi_{12}=\varphi_1-\varphi_2=80°-(-120°)=200°$$

由于φ的取值范围为$-180°\sim180°$，故

$$\varphi_{12}=200°-360°=-160°$$

由此可知，i_1 比 i_2 滞后 160°。

在分析或计算交流电路时，往往先选定某一个正弦量为参考量，令其初相位为零，然后

再确定其他正弦量与参考量之间的相位关系。注意，电路中各正弦量之间的相位差并不会因为选择的参考正弦量不同而发生变化。

3.2 正弦交流电的相量表示法

上一节讲过正弦交流电的两种表示方法，一种是波形表示，另一种是函数表达式表示。此外，还可以用复数来表示。用复数表示的正弦量叫相量。用相量表示正弦量的优点是可以简化正弦电流电路的计算，即避免用三角函数进行运算。

1．相量表示法

复数的表示形式有三种。

1）代数式：$A=a+\mathrm{j}b=r(\cos\varphi+\mathrm{j}\sin\varphi)$。

2）指数式：$A=r\mathrm{e}^{\mathrm{j}\varphi}$。

3）极坐标式：$A=r\angle\varphi$。

复数的加减运算可用代数式，复数的乘除运算可用指数式或极坐标式。

正弦量由幅值、初相位和频率三个要素来确定，但在分析线性电路时，正弦激励和响应均为同频率的正弦量，频率是已知的，可不必考虑。因此，一个正弦量由幅值（或有效值）和初相位就可确定了。

相量用字符表示时，是在大写字母上加“•”，这样正弦电压 $u=U_\mathrm{m}\sin(\omega t+\varphi)$ 的相量式就有两种表示方法。

幅值相量

$$\dot{U}_\mathrm{m}=U_\mathrm{m}\mathrm{e}^{\mathrm{j}\varphi}=U_\mathrm{m}\angle\varphi \tag{3-9}$$

有效值相量

$$\dot{U}=U\mathrm{e}^{\mathrm{j}\varphi}=U\angle\varphi \tag{3-10}$$

幅值相量与有效值相量的关系为

$$\dot{U}_\mathrm{m}=U_\mathrm{m}\angle\varphi=\sqrt{2}U\angle\varphi=\sqrt{2}\dot{U} \tag{3-11}$$

例 3-5 试写出代表电流 $i_1=10\sqrt{2}\cos\omega t$ A，$i_2=4\sin(\omega t+45°)$ A 的相量。

解： 将 i_1 化为正弦表示式为

$$i_1=10\sqrt{2}\cos\omega t=10\sqrt{2}\sin(\omega t+90°)\ \mathrm{A}$$

所以最大值相量分别为

$$\dot{I}_\mathrm{1m}=10\sqrt{2}\angle 90°\ \mathrm{A}\qquad \dot{I}_\mathrm{2m}=4\angle 45°\ \mathrm{A}$$

有效值相量分别为

$$\dot{I}_1=\frac{\dot{I}_\mathrm{1m}}{\sqrt{2}}=10\angle 90°\ \mathrm{A}\qquad \dot{I}_2=\frac{\dot{I}_\mathrm{2m}}{\sqrt{2}}=2\sqrt{2}\angle 45°\ \mathrm{A}$$

由于有效值在电路计算中更为实用，所以习惯上常用有效值相量表示正弦交流电。必须注意，相量与正弦交流电之间只是对应关系，而不是相等关系，且相量法只适用于正弦稳态电路的分析。

2．相量图表示

相量是复数，所以相量也可以用复平面上的矢量表示，这种表示相量的矢量图称为相量图，如图 3-3（a）所示。在相量图上能直观地看出各个相量所代表的正弦量的大小和相互之间的相位关系，适当运用相量图，可以给解题带来方便。

参考正弦量的相量为参考相量，其幅角为零，在相量图中，它与实轴平行，如图 3-3（b）中是选定 $\dot{I}$ 为参考相量，电压相量 $\dot{U}$ 比电流相量 $\dot{I}$ 超前 φ_{12} 角的关系不变。

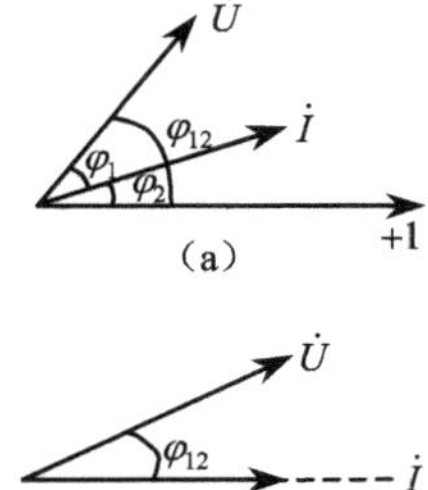

图 3-3　相量图

（a）图 1　（b）图 2

必须注意，只有同频率的正弦量才能画在同一个相量图上。任意一个相量乘以+j 后，即向前（逆时针方向）旋转 90°，相位角+90°；乘以–j90°后，即向后（顺时针方向）旋转90°，相位角–90°。

例3-6　试写出表示电压 $u_{\rm A}=220\sqrt{2}\sin 314t$ V， $u_{\rm B}=220\sqrt{2}\sin(314t-120°)$ V $u_{\rm C}=220\sqrt{2}\sin(314t+120°)$ V 的相量，并画出相量图。

解：相量图如图 3-4 所示。

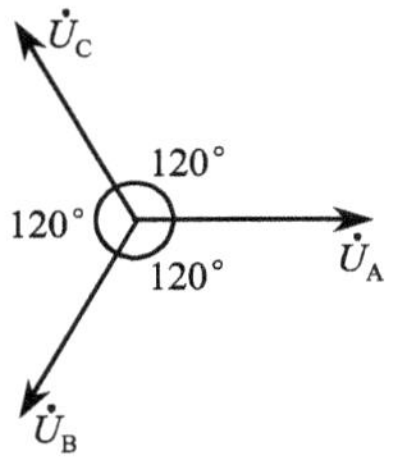

图 3-4　例 3-6 图

$$\dot{U}_{\rm A}=220\underline{/0°}=220{\rm V}$$

$$\dot{U}_{\rm B}=220\underline{/-120°}=-220(\frac{1}{2}+{\rm j}\frac{\sqrt{3}}{2})\ {\rm V}$$

$$\dot{U}_{\rm C}=220\underline{/120°}=220(-\frac{1}{2}+{\rm j}\frac{\sqrt{3}}{2}){\rm V}$$

例 3-7　图 3-5 为正弦交流电路，已知 $u_1=60\sqrt{2}\sin\omega t$ V，$u_2=120\sqrt{2}\sin(\omega t+90°)$ V，$u_3=40\sqrt{2}\sin(\omega t-90°)$ V。试用复数式和相量图求 u。

解：方法一

用相量表示各正弦电压为

$$\dot{U}_1=60\ {\rm V}$$

$$\dot{U}_2=120\underline{/90°}={\rm j}120\ {\rm V}$$

$$\dot{U}_3=40\underline{/-90°}=-{\rm j}40\ {\rm V}$$

$$\begin{aligned}\dot{U}&=\dot{U}_1+\dot{U}_2+\dot{U}_3=60+{\rm j}120-{\rm j}40\\&=60+{\rm j}80=100\underline{/53.1°}\ {\rm V}\end{aligned}$$

根据以上相量式可以写出 u 的三角函数表达式为

$$u=100\sqrt{2}\sin(\omega t+53.1°)\ {\rm V}$$

方法二

作出相量图如图 3-5（b）所示，根据相量图的几何关系得

$$U=\sqrt{U_1^2+(U_2-U_3)^2}=\sqrt{60^2+(120-40)^2}=100\text{ V}$$

$$\varphi=\arctan\left(\frac{U_2-U_3}{U_1}\right)=\arctan\left(\frac{120-40}{60}\right)=53.1°$$

$$u=100\sqrt{2}\sin(\omega t+53.1°)\text{ V}$$

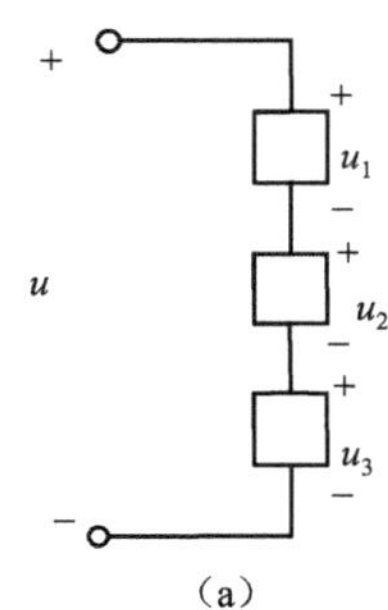

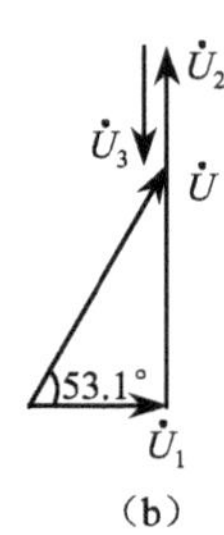

图 3-5　例 3-7 图

（a）电路图　（b）相量图

3.3　正弦稳态电路的分析

3.3.1　元件的相量模型

1．电阻元件

1）电阻元件的时域特性如图 3-6（a）所示，可以表示为

$$u(t)=Ri(t)$$

2）正弦稳态下的电压和电流特性如下。

设 $i(t)=\sqrt{2}I\sin(\omega t+\varphi_2)$，则

$$u(t)=Ri(t)=\sqrt{2}RI\sin(\omega t+\varphi_2)$$

$$=\sqrt{2}U\sin(\omega t+\varphi_1)$$

$$\varphi_1=\varphi_2$$

3）相量模型及特性如图 3-6（b）和图 3-6（c）所示，可以表示为

$$\dot{U}=R\dot{I} \tag{3-12}$$

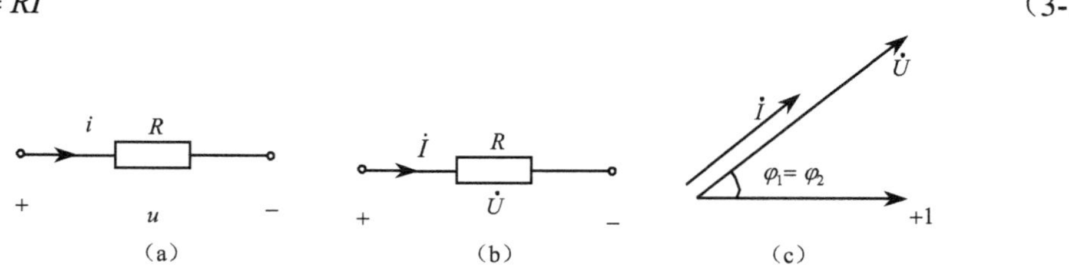

图 3-6　电阻元件的相量图

（a）电阻元件的时域模型　（b）电阻元件的相量模型　（c）电阻元件的相量图

根据时域特性，正弦稳态电阻元件的电压与电流满足三个条件：①同频率；②同相位—— 电阻元件上的电压和电流的相位相同，即 $\varphi_1=\varphi_2$；③电阻元件电压和电流有效值的关系为 $U=RI$。

2．电容元件

1）电容元件的时域特性如图 3-7（a）所示，可以表示为

$$i(t)=\frac{\mathrm{d}q}{\mathrm{d}t}=C\frac{\mathrm{d}u(t)}{\mathrm{d}t}$$

2）正弦稳态下的电压和电流特性如下。

设 $u(t)=\sqrt{2}U\sin(\omega t+\varphi_1)$，则

$$\begin{aligned}i(t)&=C\frac{\mathrm{d}u(t)}{\mathrm{d}t}\\&=\sqrt{2}\omega CU\cos(\omega t+\varphi_1)\\&=\sqrt{2}\omega CU\sin(\omega t+\varphi_1+90^\circ)\\&=\sqrt{2}I\sin(\omega t+\varphi_2)\end{aligned}$$

3）相量模型及特性如图 3-7（b）和图 3-7（c）所示，可以表示为

$$\begin{cases}\dot{I}=\mathrm{j}\omega C\cdot\dot{U}\\ \dot{U}=\dfrac{\dot{I}}{\mathrm{j}\omega C}\end{cases}\tag{3-13}$$

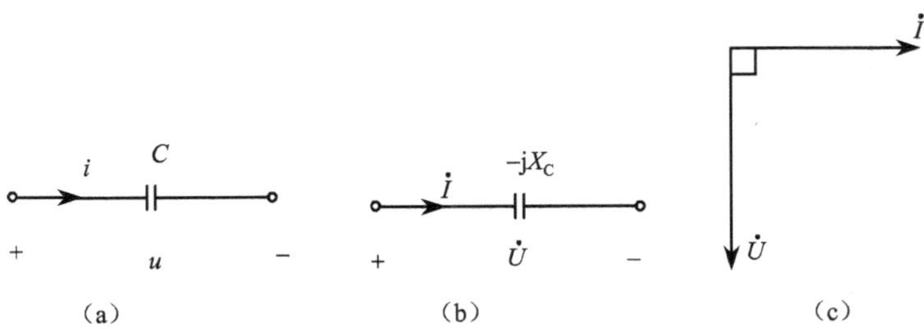

图 3-7 电容元件的相量图

（a）电容元件的时域模型 （b）电容元件的相量模型 （c）电容元件的相量图

根据时域特性，$u(t)$ 和 $i(t)$ 满足三个条件：①同频率；②电容上电压相位滞后电流相位，$\varphi_1=\varphi_2-90^\circ$；③电容上电压和电流的有效值的关系为 $I=\omega CU$。

3．电感元件

1）电感元件的时域特性如图 3-8（a）所示，可以表示为

$$u(t)=\frac{\mathrm{d}\varphi}{\mathrm{d}t}=L\frac{\mathrm{d}i(t)}{\mathrm{d}t}$$

2）正弦稳态下的电压和电流特性如下。

设 $i(t)=\sqrt{2}I\sin(\omega t+\varphi_2)$，则

$$u(t)=L\frac{\mathrm{d}i(t)}{\mathrm{d}t}$$

$$=\sqrt{2}\omega LI\cos(\omega t+\varphi_2)$$
$$=\sqrt{2}\omega LI\sin(\omega t+\varphi_2+90°)$$
$$=\sqrt{2}U\sin(\omega t+\varphi_1)$$

3）相量模型及特性如图 3-8（b）和图 3-8（c）所示，可以表示为

$$\left.\begin{aligned}\dot{U}&=\mathrm{j}\omega L\cdot\dot{I}\\ \dot{I}&=\frac{\dot{U}}{\mathrm{j}\omega L}\end{aligned}\right\}\tag{3-14}$$

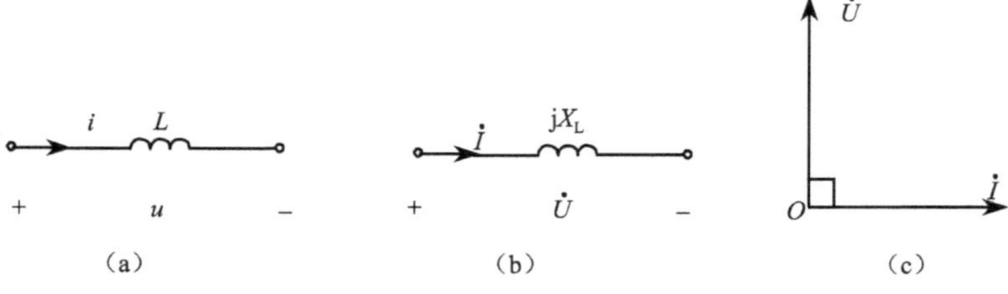

图 3-8　电感元件的相量图

（a）电感元件的时域模型　（b）电感元件的相量模型　（c）电感元件的相量图

根据时域特性，u（t）和 i（t）满足三个条件：①同频率；②电感上电压相位超前电流相位 $\varphi_1=\varphi_2+90°$；③电感上电压与电流的有效值的关系为 $U=\omega LI$。

3.3.2　电路的相量模型

电路的相量模型有如下特点。

1）正弦稳态电路中的所有电源电压和电流、支路电压和电流变量转换为相应的相量。

2）无源元件 R、L 和 C 分别用其相量模型表示。

3）基尔霍夫定律的相量形式有以下两种。

① 时间域。

$$\sum_{\text{任意节点}} i_k(t)=\sum_{\text{任意节点}} I_{\mathrm{m}k}\sin(\omega t+\theta_{i_k})=0\ \text{（KCL）}$$

$$\sum_{\text{任意回路}} u_k(t)=\sum_{\text{任意回路}} U_{\mathrm{m}k}\sin(\omega t+\theta_{u_k})=0\ \text{（KVL）}$$

② 相量域。

$$\sum_{\text{任意节点}} \dot{I}_k=0\ \text{或}\ \sum_{\text{任意节点}} \dot{I}_{\mathrm{m}k}=0\ \text{（KCL）}$$

$$\sum_{\text{任意回路}} \dot{U}_k=0\ \text{或}\ \sum_{\text{任意回路}} \dot{U}_{\mathrm{m}k}=0\ \text{（KVL）}$$

4）广义欧姆定律为

$$\dot{U}=Z\cdot\dot{I}$$

其中，$Z_{\mathrm{R}}=R$，$Z_{\mathrm{L}}=\mathrm{j}\omega L$，$Z_{\mathrm{C}}=\dfrac{1}{\mathrm{j}\omega C}$。

3.3.3　阻抗和导纳

1）阻抗：正弦稳态电路中，无源二端网络（元件）的电压相量与电流相量之比称为该二端网络的阻抗，记作 Z，

$$Z=\frac{\dot{U}}{\dot{I}} \tag{3-15}$$

阻抗具有电阻的量纲，单位为欧姆（Ω）。

2）导纳：正弦稳态电路中，无源二端网络（元件）的电流相量与电压相量之比称为该二端网络的导纳，记作 Y，

$$Y=\frac{\dot{I}}{\dot{U}} \tag{3-16}$$

导纳具有电导的量纲，单位为西门子（S）。

3）阻抗与导纳互为倒数，一般都是复数。

4）一般情况下，阻抗 Z 和导纳 Y 是复数，而且都是频率的函数。

$$Z(\mathrm{j}\omega)=R(\mathrm{j}\omega)+\mathrm{j}X(\mathrm{j}\omega)$$

其中，$R(\mathrm{j}\omega)$为电阻部分，$X(\mathrm{j}\omega)$为电抗部分。

$$Y(\mathrm{j}\omega)=G(\mathrm{j}\omega)+\mathrm{j}B(\mathrm{j}\omega)$$

其中，$G(\mathrm{j}\omega)$为电导部分，$B(\mathrm{j}\omega)$为电纳部分。

复数阻抗和导纳还可以用其模和相角表示。

$$Z(\mathrm{j}\omega)=|Z(\mathrm{j}\omega)|\underline{/\varphi_Z(\mathrm{j}\omega)}$$

其中，$|Z(\mathrm{j}\omega)|$为阻抗的模，$\varphi_Z(\mathrm{j}\omega)$为阻抗角。

$$Y(\mathrm{j}\omega)=|Y(\mathrm{j}\omega)|\underline{/\varphi_Y(\mathrm{j}\omega)}$$

其中，$|Y(\mathrm{j}\omega)|$为导纳的模，$\varphi_Y(\mathrm{j}\omega)$为导纳角。

电阻元件的阻抗为实数，是纯电阻元件，阻抗角为 0°。

电感元件的阻抗为正虚数，是纯电抗元件（感抗 $X_L=\omega L$），阻抗角为 90°。

电容元件的阻抗为负虚数，是纯电抗元件（容抗 $X_C=1/\omega C$），阻抗角为−90°。

3.3.4　阻抗的串联和并联

1．阻抗的串联与分压

阻抗的串联等效如图 3-9 所示。

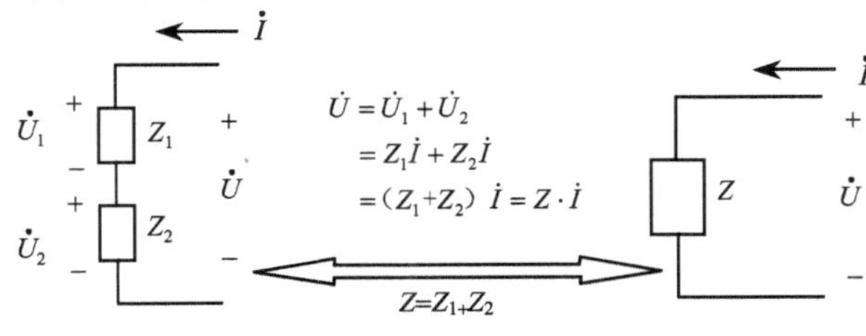

图 3-9　阻抗串联等效

串联阻抗在电路中起分压作用，用公式表示为

$$\left.\begin{aligned}\dot{U}_1 = Z_1 \cdot \dot{I} = \frac{Z_1}{Z} \cdot \dot{U} = \frac{Z_1}{Z_1 + Z_2} \cdot \dot{U} \\ \dot{U}_2 = Z_2 \cdot \dot{I} = \frac{Z_2}{Z} \cdot \dot{U} = \frac{Z_2}{Z_1 + Z_2} \cdot \dot{U}\end{aligned}\right\} \tag{3-17}$$

2．阻抗的并联与分流

阻抗的并联等效如图 3-10 所示。

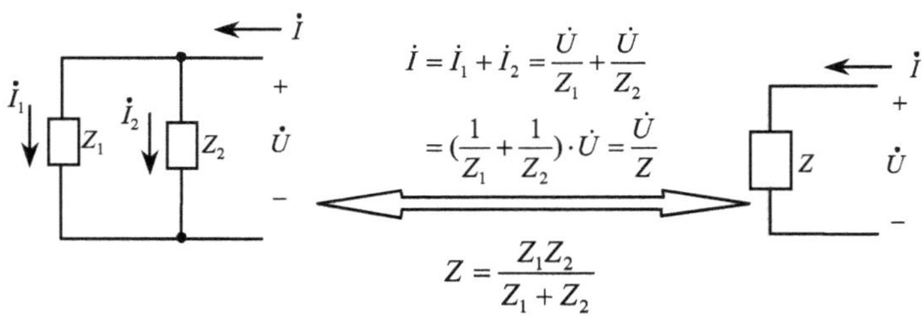

图 3-10　阻抗并联等效

并联阻抗在电路中起分流作用，用公式表示为

$$\left.\begin{aligned}\dot{I}_1 = \frac{U}{Z_1} = \frac{Z}{Z_1} \cdot \dot{I} = \frac{Z_2}{Z_1 + Z_2} \cdot \dot{I} \\ \dot{I}_2 = \frac{\dot{U}}{Z_2} = \frac{Z}{Z_2} \cdot \dot{I} = \frac{Z_1}{Z_1 + Z_2} \cdot \dot{I}\end{aligned}\right\} \tag{3-18}$$

用导纳表示为

$$\left.\begin{aligned}Y = Y_1 + Y_2 \\ \dot{I}_1 = Y_1 \cdot \dot{U} = \frac{Y_1}{Y} \cdot \dot{I} = \frac{Y_1}{Y_1 + Y_2} \cdot \dot{I} \\ \dot{I}_2 = Y_2 \cdot \dot{U} = \frac{Y_2}{Y} \cdot \dot{I} = \frac{Y_2}{Y_1 + Y_2} \cdot \dot{I}\end{aligned}\right\} \tag{3-19}$$

根据以上分析可知，串联时用阻抗表示方便，并联时用导纳表示方便。

例 3-8　在图 3-11 所示的 RLC 串联交流电路中，R=15 Ω，L=12 mH，C=5 μF，接在电压为 $u = 100\sqrt{2}\sin 5\,000t$ V 的电源上，求电路的电流 i 以及电阻、电感、电容上的电压瞬时值。

解： $\dot{U} = 100\underline{/0^\circ}$ V

$R = 15\,\Omega$

$X_L = \omega L = 5\,000 \times 12 \times 10^{-3} = 60\,\Omega$

$$X_C = \frac{1}{\omega C} = \frac{1}{5\,000 \times 5 \times 10^{-6}} = 40\,\Omega$$

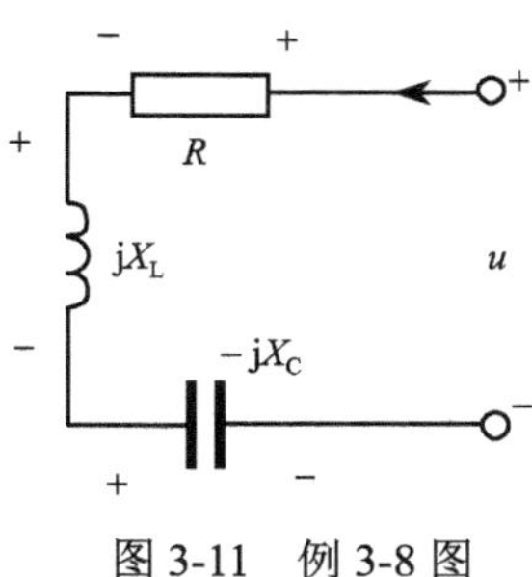

图 3-11　例 3-8 图

总阻抗

$$Z = R + \mathrm{j}\,(X_L - X_C) = 15 + \mathrm{j}20 = 25\angle 53.1^\circ$$

电流有效值相量

$$\dot{I} = \frac{\dot{U}}{Z} = \frac{100\angle 0^\circ}{25\angle 53.1^\circ} = 4\angle -53.1^\circ\ \mathrm{A}$$

各元件电压相量分别为

$$\dot{U}_R = R\dot{I} = 15 \times 4\angle -53.1^\circ = 60\angle -53.1^\circ\ \mathrm{V}$$

$$\dot{U}_L = \mathrm{j}X_L\dot{I} = \mathrm{j}60 \times 4\angle -53.1^\circ = 60\angle 90^\circ \times 4\angle -53.1^\circ = 240\angle 36.9^\circ\mathrm{V}$$

$$\dot{U}_C = -\mathrm{j}X_C\dot{I} = -\mathrm{j}40 \times 4\angle -53.1^\circ = 40\angle -90^\circ \times 4\angle -53.1^\circ = 160\angle -143.1^\circ\ \mathrm{V}$$

各瞬时值表达式为

$$i = 4\sqrt{2}\sin(5\,000t - 53.1^\circ)\ \mathrm{A}$$

$$u_R = 60\sqrt{2}\sin(5\,000t - 53.1^\circ)\ \mathrm{V}$$

$$u_L = 240\sqrt{2}\sin(5\,000t + 36.9^\circ)\ \mathrm{V}$$

$$u_C = 160\sqrt{2}\sin(5\,000t - 143.1^\circ)\ \mathrm{V}$$

例 3-9　在图 3-12 中，R_1=5 Ω，R_2=2 Ω，X_L=35 Ω，X_C=38 Ω，$\dot{I}_s = 5\angle -15^\circ$ A，求等效阻抗 Z 及 $\dot{I}_1$、$\dot{I}_2$ 的值。

解： $Z_1 = R_1 + \mathrm{j}X_L = (5 + \mathrm{j}35)\,\Omega$

$$Z_2 = R_2 - \mathrm{j}X_C = (2 - \mathrm{j}38)\,\Omega$$

$$Z = \frac{Z_1 Z_2}{Z_1 + Z_2} = \frac{(5 + \mathrm{j}35)(2 - \mathrm{j}38)}{5 + \mathrm{j}35 + 2 - \mathrm{j}38} = 176.7\angle 18.08^\circ\,\Omega$$

根据分流公式得

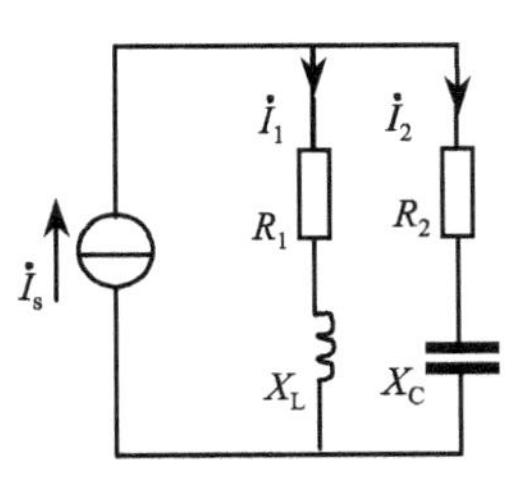

图 3-12　例 3-9 图

$$\dot{I}_1 = \frac{Z_2}{Z_1 + Z_2}\dot{I}_s = \frac{2 - \mathrm{j}38}{5 + \mathrm{j}38 + 2 - \mathrm{j}38} 5\angle -15^\circ = 24.98\angle -78.79^\circ\mathrm{A}$$

则 $\dot{I}_2 = \dot{I}_s - \dot{I}_1 = 5\angle -15^\circ - 24.98\angle -78.79^\circ = 23.20\angle 90.26^\circ\mathrm{A}$

例 3-9 中，I_1、I_2 都大于 I_s，即分支电流都大于总电流。在正弦交流电路中，类似的现象很多，其实这并不奇怪，因为各正弦量之间存在相位差，所以同频率正弦量之和的幅度并不一定增加。

由此可知，与电阻电路类似，阻抗可以进行串联、并联和混联，计算公式也相同。但须注意，阻抗的串联、并联、混联是复数运算，较电阻的运算要复杂。

3.3.5 正弦稳态电路的一般分析

当将电路从时间域模型转换成对应的相量模型后，电路的元件特性和基本定律都可在相量域中得到相同形式的表达。因此，当正弦电路较复杂时，同样可以运用直流电路分析的各类方法（如等效变换法、支路电流法、节点电压法、叠加原理和戴维宁定理等）进行求解。

综上所述，用相量法分析正弦稳态电路的步骤如下。

1）先画出电路的相量模型，即将全部的正弦电压和电流用相应的相量表示，将电阻、电感和电容用阻抗表示。

2）根据相量形式的 VCR、KCL 和 KVL，利用分析电阻电路的思路和方法求解电压和电流相量。

3）由电压和电流的相量式得到电压和电流瞬时表达式。

例 3-10 在图 3-13（a）中，R=5 Ω、X_L=5 Ω、X_C=3 Ω，$u_s=50\sqrt{2}\cos\omega t$ V，$i_s=10\sqrt{2}\cos(\omega t+30°)$ A，求 u_C。

解：先画出等效的相量模型，如图 3-13（b）所示。

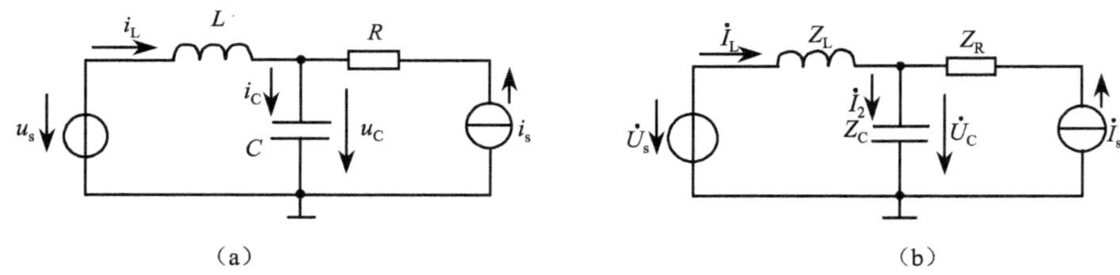

图 3-13 例 3-10 图

（a）时间域电路模型 （b）等效相量模型

由题意可知：

$$Z_R=R=5\ \Omega$$

$$Z_L=jX_L=j5\ \Omega$$

$$Z_C=jX_C=-j3\Omega$$

$$\dot{U}_s=50\angle 0°\ \text{V}$$

$$\dot{I}_s=10\angle 30°=(8.66+j5)\ \text{A}$$

$$(Z_L+Z_C)\ \dot{I}_1+Z_C\dot{I}_s=\dot{U}_s$$

方法一：网孔法（KCL 和 KVL）。

$$\dot{I}_1=\frac{\dot{u}_s-I_C\dot{I}_s}{Z_L+Z_C}=(12.99-j17.5)\ \text{A}$$

$$\dot{U}_C = Z_C(\dot{I}_1+\dot{I}_s) = -37.5 - j64.95 = 75\underline{/-120^\circ}\ \text{V}$$

$$u_C = 75\sqrt{2}\cos(\omega t - 120^\circ)\ \text{V}$$

方法二： 节点法。

$$\left(\frac{1}{Z_L}+\frac{1}{Z_C}+\frac{1}{Z_R}\right)\dot{U}_C = \frac{\dot{U}_s}{Z_L}+\dot{I}_s$$

$$\dot{U}_C = \frac{\dfrac{\dot{U}_s}{Z_L}+\dot{I}_s}{\left(\dfrac{1}{Z_L}+\dfrac{1}{Z_C}+\dfrac{1}{Z_R}\right)} = -37.5 - j64.95 = 75\underline{/-120^\circ}\ \text{V}$$

$$u_C = 75\sqrt{2}\cos(\omega t - 120^\circ)\ \text{V}$$

3.4 交流电路的功率及功率因数

3.4.1 正弦稳态电路的功率

1．瞬时功率

交流电压和电流随时间作周期性变化，所以电路的功率也随时间波动。每一瞬时的功率称为瞬时功率，它是该时刻瞬时电压与电流的乘积。图 3-14 是一个无源二端网络。

设其端口电流和电压分别为

$$i = \sqrt{2}I\sin\omega t$$

$$u = \sqrt{2}U\sin(\omega t + \varphi)$$

式中，φ为无源二端网络的等效阻抗的阻抗角，即电压和电流的相位差。

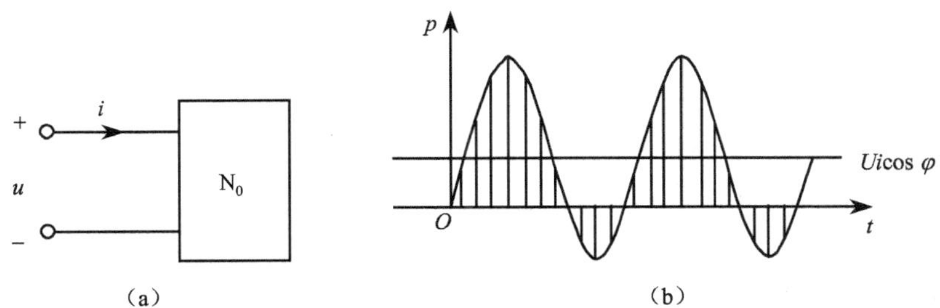

图 3-14 线性无源二端网络的功率

（a）二端网络 （b）功率的波形图

无源二端网络的瞬时功率

$$p = ui = \sqrt{2}U\sin(\omega t + \varphi)\times\sqrt{2}I\sin\omega t = 2UI\sin(\omega t + \varphi)\sin\omega t$$

$$=UI\cos\varphi-UI\cos(2\omega t+\varphi)$$

其波形如图 3-14（b）所示。瞬时功率的特点如下。

1）瞬时功率包含两个分量，一个是恒定不变的分量$UI\cos\varphi$，另一个是以 2ω角频率交变的分量$UI\cos(2\omega t+\varphi)$。

2）瞬时功率有正有负，功率为正时表示电路吸收功率，功率为负表示电路放出功率。这说明电路和电源之间存在着能量的往复交换，其原因是电路中含有储能元件。

2．有功功率

有功功率是指平均功率，即瞬时功率在一个周期内的平均值。我们已经知道，二端网络的瞬时功率 $p=UI\cos\varphi-UI\cos(2\omega t+\varphi)$，将它在一个周期内求平均，即

$$P=\frac{1}{T}\int_0^T p\mathrm{d}t=\frac{1}{T}\int_0^T UI\cos\varphi\mathrm{d}t-\frac{1}{T}\int_0^T UI\cos(2\omega t+\varphi)\,\mathrm{d}t=UI\cos\varphi \qquad (3\text{-}20)$$

上式就是无源二端网络有功功率的计算公式。

把有功功率与直流电路中的功率相比，多了一个因数 $\cos\varphi$，称为功率因数。功率因数角φ即电压与电流的相位差角，也等于无源二端网络等效阻抗的阻抗角。

由式（3-20）可知，单一元件的有功功率表示如下。

电阻：$\varphi=0°$，$\cos\varphi=1$，则 $P_R=U_RI_R=I_R^2R=U_R^2/R$。

电感：$\varphi=90°$，$\cos\varphi=0$，则 $P_L=0$。

电容：$\varphi=-90°$，$\cos\varphi=0$，则 $P_C=0$。

可见，在正弦电路中，有功功率都是被电阻消耗的，电感和电容的有功功率都为零。根据能量守恒，整个电路的有功功率即各电阻消耗的有功功率之和。

3．无功功率

正弦电路中，电抗元件（电感、电容）与电源有能量交换，由于功率交换的平均值为零（电抗元件的有功功率为零），因此用电抗元件与电源功率交换时的最大交换速率来衡量功率交换的大小，称为无功功率，记作 Q。其量纲与有功功率相同，为示区别，规定其单位为乏（var）。无功功率不是网络消耗的功率，是网络与外电路能量交换的最大速率（即功率交换的极值）。

计算无源二端网络无功功率的公式为

$$Q=Ui\sin\varphi \qquad (3\text{-}21)$$

由式（3-21）可知，单一元件的无功功率表示如下。

电阻：$\varphi=0$，$\sin\varphi=0$，则 $Q_R=0$。

电感：$\varphi=90°$，$\sin\varphi=1$，则$Q_L=U_LI_L=I_L^2X_L=U_L^2/X_L$。

电容：$\varphi=-90°$，$\sin\varphi=-1$，则$Q_C=-U_CI_C=-I_C^2X_C=-U_C^2/X_C$。

显然，电阻没有与电源交换能量的电磁特性，其无功功率为零，即电阻上消耗的功率全部是有功功率；而电感和电容分别具有正的和负的无功功率，这里的正负主要是为了区别感性负载与容性负载。整个电路的无功功率守恒，即总的无功功率等于各电抗无功功率之和。

通过以上有功功率和无功功率的讨论，可以总结出如下结论。正弦电路中，电阻只有有功功率，电抗只有无功功率；电路总的有功功率等于电路中各电阻的有功功率之和；电路总的无功功率等于电路中各电抗的无功功率之和。

4．视在功率

电源（如发电机）的作用是向负载提供电能，使负载两端形成一定的电压并向负载输送一定的电流。电源向负载提供功率的能力的大小用额定电压与额定电流乘积来表示，称为视在功率，记作 S。它等于电压有效值与电流有效值的乘积，即

$$S=UI \tag{3-22}$$

视在功率具有功率的量纲，但为了与有功功率和无功功率区别，其单位用伏安（VA）或千伏安（kVA）表示。

电源的额定视在功率与负载无关，但视在功率中有多少是有功功率，多少是无功功率，与负载的功率因数有关。

由于 $S=UI$，$P=UI\cos\varphi$，$Q=UI\sin\varphi$，因此

$$P=S\cos\varphi \tag{3-23}$$

$$Q=S\sin\varphi \tag{3-24}$$

$$S^2=P^2+Q^2 \tag{3-25}$$

电源视在功率一定的情况下，负载的功率因数越低，有功功率就越少。

要注意的是，电路中总视在功率并不等于各视在功率之和，即 $S\neq S_1+S_2+\cdots+S_n$。

3.4.2　功率因数的提高

从前述已经知道，电路的视在功率 $S=UI$，而有功功率

$$P=UI\cos\varphi=S\cos\varphi$$

其中，$\cos\varphi$为功率因数。单一电阻的阻抗角为零，因此其功率因数为 1；而电感和电容的阻抗角分别为 90° 和−90°，因此它们的功率因数为 0。一般地，当二端网络的阻抗角不等于零即电压、电流不同相时，电路中就会出现与网络外部的能量交换即无功功率，无功功率的大小为 $UI\sin\varphi$。无功功率的出现会引起下面两个问题。

1）发电设备的容量不能充分利用。发电设备的容量是由其额定电压 U_n 和额定电流 I_n 决定的，如果向功率因数不等于 1 的负载供电，实际有功功率仅为 $U_nI_n\cos\varphi$。显然，负载功率因数越小，发电设备的容量就越不能被充分利用。

2）功率因数越低，则输电线路的损耗越大。由于 $I=P/(U\cos\varphi)$，可见功率因数越低，为了达到相同的有功功率，线路上的电流就越大，线路损耗也就越大。

按供用电规则，高压供电的工业企业的平均功率因数不得低于 0.95，其他单位不得低于 0.9。

功率因数不等于 1，也就是负载的阻抗角不等于零，即负载呈感性或容性。要提高功率因数，只要在负载上加入与其电抗性质相反的电抗元件即可。加入的方法一般是与负载并联，这样不会影响负载的工作电压。实际使用中，负载大多呈感性（如电动机等），因此，在负载上并联电容以增大功率因数的方法具有很大的实际意义。一般在用户端（如电动机内）或变电所并联电容。

由 $P=UI\cos\varphi$，$Q=UI\sin\varphi$，可知 $Q=P\tan\varphi$。若感性负载原功率因数角为φ_1，要把功率因数角减小至φ_2，由图 3-15 可知需并联的电容的无功功率应为

$$Q_C=P(\tan\varphi_2-\tan\varphi_1) \tag{3-26}$$

设电压为 U，频率为 f，则并联的电容容量应满足

$$Q_C = -UI_C = -\frac{U^2}{X_C} = -2\pi fCU^2$$

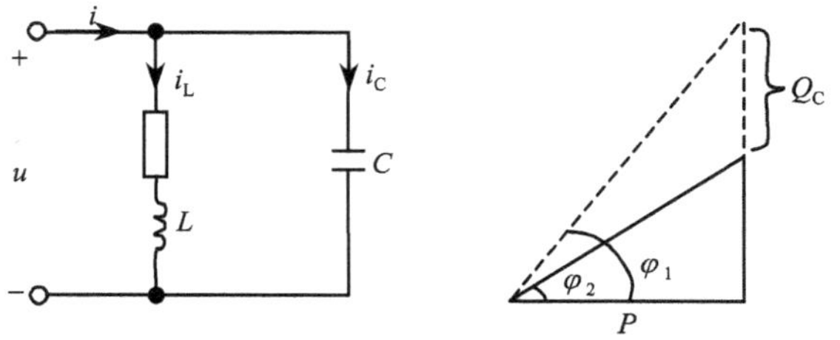

图 3-15　感性负载功率因数的提高方法

电容大小应为

$$C = \frac{P}{2\pi fU^2}(\tan\varphi_1 - \tan\varphi_2) \tag{3-27}$$

例 3-11　在图 3-15 中，感性负载的功率 P=10 kW，功率因数 $\cos\varphi_1$=0.6，接在电压 U=220 V 的电源上，电源频率 f=50 Hz。若要将功率因数提高到 $\cos\varphi$=0.95，试求与负载并联的电容的大小和并联前后的线路电流。

解：功率因数 $\cos\varphi_1$=0.6，感性负载 φ>0，则 φ_1=53°。

功率因数 $\cos\varphi$=0.95，则 φ=18°。

因此所需电容

$$C = \frac{P}{2\pi fU^2}(\tan\varphi_1 - \tan\varphi) = \frac{10\times10^3}{2\times3.14\times50\times220^2}(\tan53° - \tan18°) = 656\ \mu\text{F}$$

并联电容前线路电流

$$I_L = \frac{P}{U\cos\varphi_1} = \frac{10\times10^3}{220\times0.6} = 75.6\ \text{A}$$

并联电容后线路电流

$$I = \frac{P}{U\cos\varphi} = \frac{10\times10^3}{220\times0.95} = 47.8\ \text{A}$$

可以看到，功率因数提高后，线路电流明显减小，从而可降低线路上的损耗。

例 3-12　12 W 的日光灯接于 220 V，f=50 Hz 的交流电源上，正常工作时其两端电压为 100 V，则镇流器需要多大的电感量？功率因数为多少？当 $\cos\varphi$=0.9 时需补偿多大的电容器？

解：正常工作的日光灯可等效为纯电阻元件，镇流器可等效为电感元件，日光灯与镇流器串联连接于 220 V 交流电源上，如图 3-16 所示。

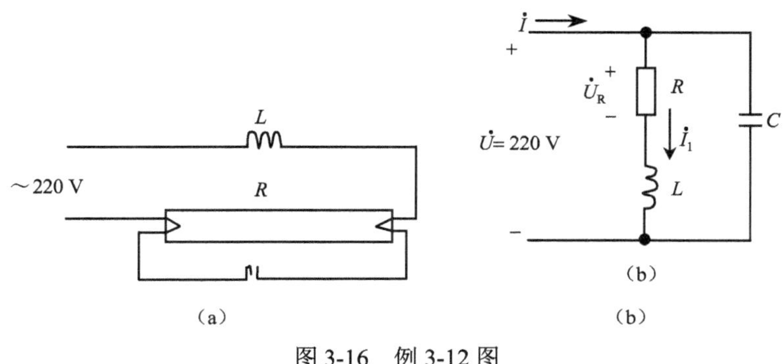

图 3-16 例 3-12 图

（a）模拟图 （b）等效相量图

$$U_L = \sqrt{220^2 - 100^2} = 196\,\text{V}$$

$$I_1 = \frac{P}{U_R} = \frac{12}{100} = 0.12\,\text{A}$$

$$L = \frac{U_L}{2\pi f I_1} = 5.2\,\text{H}$$

$$\cos\varphi = \frac{U_R}{U} = \frac{100}{220} = 0.455 \qquad \varphi = 62.96°$$

$$\cos\varphi_1 = 0.9 \qquad \varphi_1 = 25.84°$$

$$C = \frac{P}{\omega U^2}(\tan\varphi - \tan\varphi_1) = \frac{12}{314 \times 220^2}(\tan 62.96° - \tan 25.84°) = 1.16\,\mu\text{F}$$

3.5 电路的谐振

在交流电路中，电容元件的容抗和电感元件的感抗都与频率有关，若电源（激励）的频率改变（幅值不变），电路各处的电压、电流（响应）的大小和相位就会发生变化。响应与频率的关系称为频率特性或频率响应。在电力系统中，频率一般是固定的，但在电子技术和控制系统中，经常要研究在不同频率下电路的工作情况。特别是当电源的频率是某些特定值时，电路可能出现谐振现象。

在具有电感元件和电容元件的电路中，电路两端的电压与其中的电流一般是不同相的。如果调节电路的参数或电源的频率而使它们同相，这时就发生了谐振现象。研究谐振的目的是要认识这种客观现象，在实践中既要适时利用谐振特性，同时又要预防它所产生的危害。按发生谐振的电路的不同，谐振现象可分为串联谐振和并联谐振。

3.5.1 串联谐振

1．串联谐振的条件

图 3-17 是一个线圈和电容器串联的电路模型，其串联等效阻抗

$$Z=R+\mathrm{j}(X_L-X_C)=R+\mathrm{j}X$$

而阻抗角

$$\varphi=\arctan\frac{X}{R}=\arctan\frac{X_L-X_C}{R}$$

电路谐振时电压与电流同相，即阻抗角为零，由此可得串联谐振条件是

$$X_L=\omega L=\frac{1}{\omega C}=X_C$$

满足上式的角频率ω_0或f_0称为电路的固有频率，也称谐振频率。其数值为

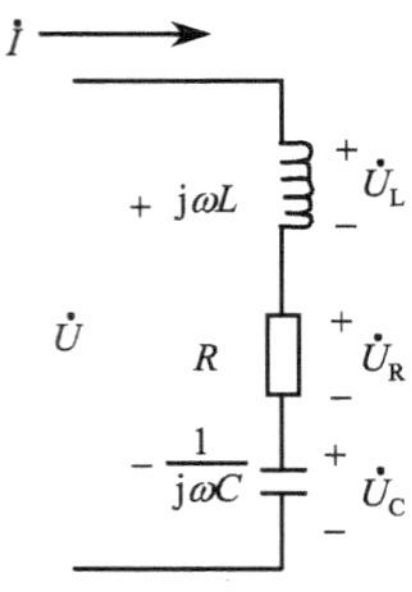

图 3-17　串联谐振

$$\omega_0=\frac{1}{\sqrt{LC}}\quad 或\quad f_0=\frac{1}{2\pi\sqrt{LC}} \tag{3-22}$$

当电源的频率等于固有频率时，电路就发生谐振。使电路发生谐振的过程称为调谐。既可以调节电源的频率使其等于固有频率，也可以调节L或C（常用调节C的办法，如收音机调谐电路）使电路固有频率等于电源频率。

2．串联谐振的特征

1）电路的阻抗$|Z|=\sqrt{R^2+(X_L-X_C)^2}=R$，其值最小。因此，在电压不变的情况下，此时电路中的电流将达到最大，即

$$I=I_0=\frac{U}{R} \tag{3-29}$$

2）总阻抗$Z=R$，电路呈电阻性，总电压与电流同相。

3）由于$X_L=X_C$，所以$\dot{U}_L=-\dot{U}_C$，即$\dot{U}_L$与$\dot{U}_C$的有效值相等，相位相反，互相抵消，所以串联谐振也称电压谐振。此时电阻上的电压等于电源电压，即$\dot{U}_R=\dot{U}$。谐振时电压相量图如图 3-17 所示。通常把串联谐振时U_L或U_C与U的比值称为串联谐振的品质因数，也称Q值。

$$Q=\frac{U_L}{U}=\frac{U_C}{U}=\frac{\omega_0 L}{R}=\frac{1}{\omega_0 CR}=\frac{1}{R}\sqrt{\frac{L}{C}} \tag{3-30}$$

电路的损耗电阻R一般较小，所以Q值较大（一般为几十到几百），谐振时U_L和U_C就会远大于电源电压U。如果电压过高，就可能损坏电感或电容的绝缘，因此，在电力工程中一般应避免发生谐振，但在无线电工程中则常利用谐振以获得较高的电压。

例 3-12　将一线圈（L=4 mH，R=50 Ω）与电容器（C=160 pF）串联，接在U=25 V 的正弦电源上。求：1）求谐振频率，并求谐振发生时的电流和电容上的电压的大小；2）当电源频率在谐振频率上再增加 10%时，求电流与电容上的电压的大小。

解： 1）谐振频率

$$f_0=\frac{1}{2\pi\sqrt{LC}}=\frac{1}{2\times3.14\times\sqrt{4\times10^{-3}\times160\times10^{-12}}}=200\,\mathrm{kHz}$$

谐振发生时的电流

$$I_0=\frac{U}{R}=\frac{25}{50}=0.5\ \text{A}$$

电容电压

$$U_{\text{C}}=I_0X_{\text{C}}=\frac{I_0}{2\pi f_0C}=\frac{0.5}{2\times3.14\times200\times10^3\times160\times10^{-12}}=2\,500\ \text{V}$$

2）当频率增加 10%时，此时 f=220 kHz，则

$X_{\text{L}}=2\pi fL=2\times3.14\times220\times10^3\times4\times10^{-3}=5\,500\ \Omega$

$$X_{\text{C}}=\frac{1}{2\pi fC}=\frac{1}{2\times3.14\times220\times10^3\times160\times10^{-12}}=4\,500\ \Omega$$

$$|Z|=\sqrt{R^2+(X_{\text{L}}-X_{\text{C}})^2}=\sqrt{50^2+(5\,500-4\,500)^2}\approx1\,000\ \Omega$$

$$I=\frac{U}{|Z|}=\frac{25}{1\,000}=0.025\ \text{A}$$

$$U_{\text{C}}=IX_{\text{C}}=0.025\times4\,500=112.5\ \text{V}$$

可见，频率变化 10%时，电流和电容（电感）上的电压发生了较大的变化（只有原来的 5%），受到了抑制，这是谐振电路的一般特性，称为选频特性。品质因数越大的电路，选频特性越好。

3.5.2 并联谐振

并联谐振电路如图 3-18 所示。

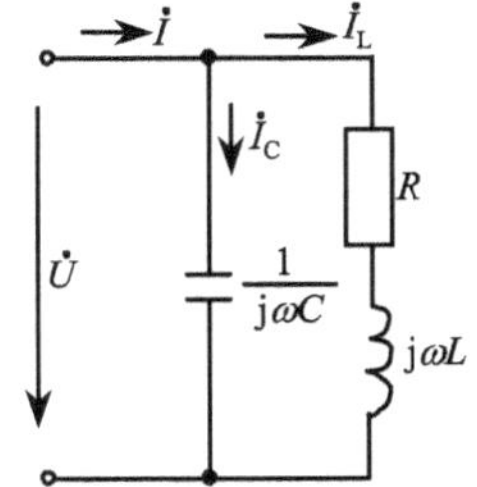

图 3-18　并联谐振电路

LC 并联电路的等效阻抗为

$$Z=\frac{\frac{1}{\text{j}\omega C}(R+\text{j}\omega L)}{\frac{1}{\text{j}\omega C}+R+\text{j}\omega L}=\frac{R+\text{j}\omega L}{1+\text{j}\omega RC-\omega^2LC}$$

通常要求线圈的电阻很小，所以谐振发生时 $\omega L>>R$，则上式可写成

$$Z\approx\frac{\text{j}\omega L}{1+\text{j}\omega RC-\omega^2LC}=\frac{1}{\frac{RC}{L}+\text{j}\left(\omega C-\frac{1}{\omega L}\right)}$$

谐振时电压与电流同相，即阻抗角应为零，由此可得

$$\omega_0C-\frac{1}{\omega_0L}\approx0$$

即并联谐振频率

$$\omega_0=\frac{1}{\sqrt{LC}}\quad 或\quad f_0=\frac{1}{2\pi\sqrt{LC}}\tag{3-31}$$

显然，并联谐振频率与串联谐振频率相等。

并联谐振有以下特性。

1）谐振发生时，总阻抗最大，$Z_0 = L/(RC)$，因此，在电源电压一定的情况下，总电流最小。

2）电压与电流同相，电路呈电阻性，总功率为零，电路与电源之间不发生能量互换。

3）电感支路与电容支路的无功电流有效值相等，相位相反，一般其值要比总电流大很多倍，故并联谐振也称电流谐振。

并联谐振在电子技术中也得到了广泛应用。例如，利用并联谐振高阻抗的特点可制成选频放大器、振荡器、滤波器等。图 3-19 是一个并联谐振选频放大器，超外差收音机的中频（465 kHz）放大器就是利用这种电路达到选频目的的。图中 T 为三极管，它可以近似地看成恒流源，它的输出电流与外电路的阻抗无关，所以阻抗愈大，阻抗两端的电压就愈高。如果晶体管的并联谐振选频电路输出电流中包含有多种不同频率，而 LC 并联谐振电路只对固有频率 f_0 呈现很高阻抗，该频率的信号就会在 ab 端出现很高的电压。对其他非中频信号，电路呈现低阻抗，所以电压很低，受到抑制。这样，通过这一并联谐振就达到了选频目的。

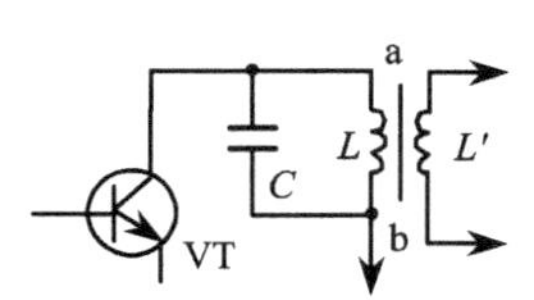

图 3-19　并联谐振选频放大器

3.6　三相交流电路

3.6.1　三相电源

几乎所有发电和输电都采用三相制，工作频率为 50 Hz 或 60 Hz，需要单相或两相可以直接从三相电源获得，无须单独产生；三相电源的每一瞬时功率恒定（无波动），因此，功率传输平稳，且避免了三相设备的振动；同样能量的功率传输，三相比单相更经济（节省输电线材）。基于以上的优势，三相交流电路广泛应用于生产实践。

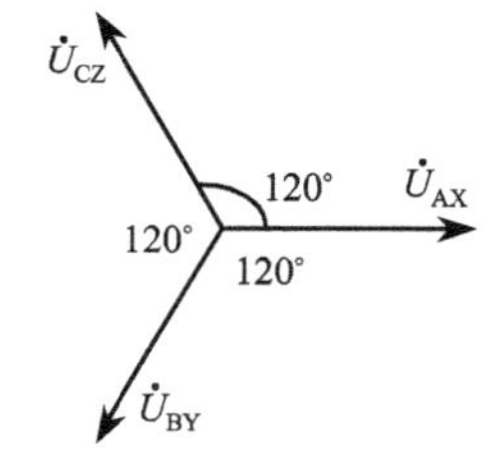

图 3-20　三相电源的相量图

1．三相电源的产生

由三相发电机产生的三个频率和幅度相同且初相位互差 120° 的正弦电源，分别称为 AX，BY，CZ 三相电源，其相量图如图 3-20 所示。

三相电源的数学表达为

$$u_{AX} = U_m \sin \omega t$$

$$u_{BY} = U_m \sin(\omega t - 120°)$$

$$u_{CZ} = U_m \sin(\omega t - 240°) = U_m \sin(\omega t + 120°)$$

$$u_{AX} + u_{BY} + u_{CZ} = 0$$

三相电源的相量表示为

$$\dot{U}_{AX}=U\angle 0^\circ=U$$
$$\dot{U}_{BY}=U\angle -120^\circ=\dot{U}_{AX}\angle -120^\circ$$
$$\dot{U}_{CZ}=U\angle +120^\circ=\dot{U}_{BY}\angle -120^\circ=\dot{U}_{AX}\angle +120^\circ$$
$$\dot{U}_{AX}+\dot{U}_{BY}+\dot{U}_{CZ}=0$$

2．三相电源的连接

（1）星形（Y）连接

如图 3-21 所示，星形连接中三个电源的末端 X，Y，Z 连在一起称为中性点或零点，用 N 表示，从中性点 N 引出的导线称为中性线，也叫零线；从三个电源的始端 A，B，C 引出的三根导线称为相线或端线，也叫火线。

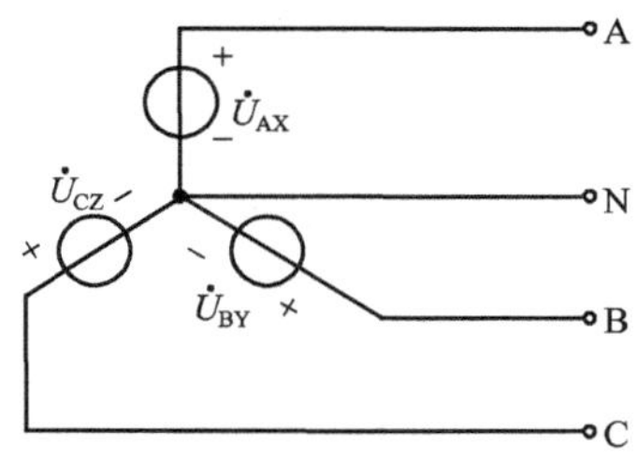

图 3-21　电源星形连接

线电压是指三相电源的三根相线 A，B，C 间的电压；相电压是指三相电压的三根相线 A，B，C 分别与中性点 N 之间的电压。

$$\dot{U}_{AB}=\dot{U}_{AN}-\dot{U}_{BN}=\sqrt{3}\dot{U}_{AN}\angle 30^\circ$$
$$\dot{U}_{BC}=\dot{U}_{BN}-\dot{U}_{CN}=\sqrt{3}\dot{U}_{BN}\angle 30^\circ$$
$$\dot{U}_{CA}=\dot{U}_{CN}-\dot{U}_{AN}=\sqrt{3}\dot{U}_{CN}\angle 30^\circ$$

线电压的幅度是相电压的 $\sqrt{3}$ 倍，线电压相位比对应的相电压相位超前 30°。星形连接电源的相量图如图 3-22 所示。

在低压配电系统中，一般采用星形连接，引出三根相线和一根中性线，称为三相四线制供电。在我国低压配电系统中，相电压为 220 V，线电压则为 380 V，通常表示为 220/380 V。

（2）三角形（△）连接

如图 3-23 所示，三角形连接是将三个电源的始端和末端首尾相接，故三角形连接的电源的线电压和相电压相同，即

$$\dot{U}_{AB}=\dot{U}_{AX}\qquad \dot{U}_{BC}=\dot{U}_{BY}\qquad \dot{U}_{CA}=\dot{U}_{CZ}$$

三相电源三角形连接时，三个相电源（绕组）本身构成了一个回路，三个相电源必须严格对称，否则，将形成严重回流，造成发电机绕组过热。

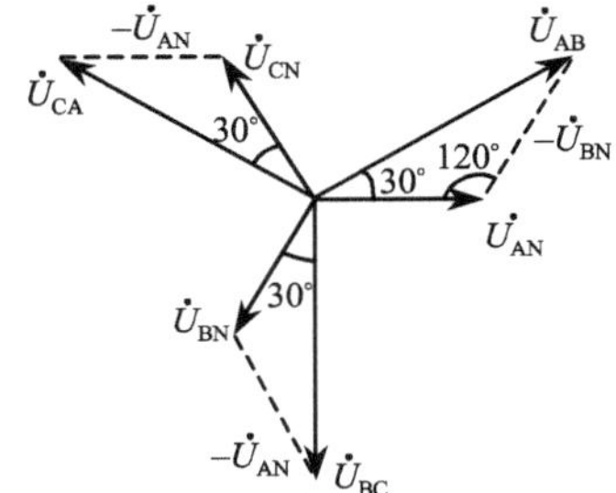

图 3-22　星形连接电源的相量图

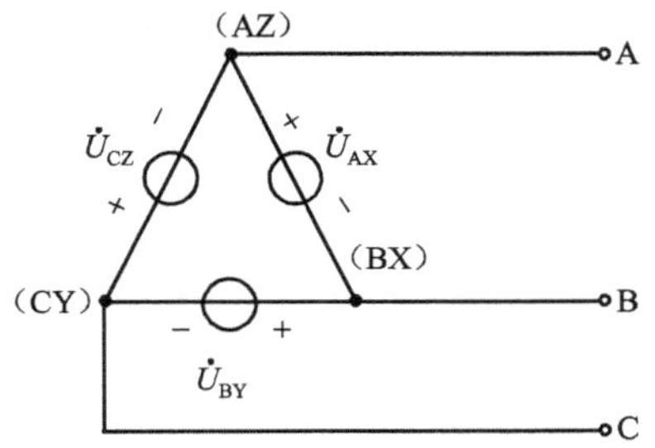

图 3-23　电源三角形连接

3.6.2 负载星形连接的三相电路

负载星形连接电路如图 3-24 所示。

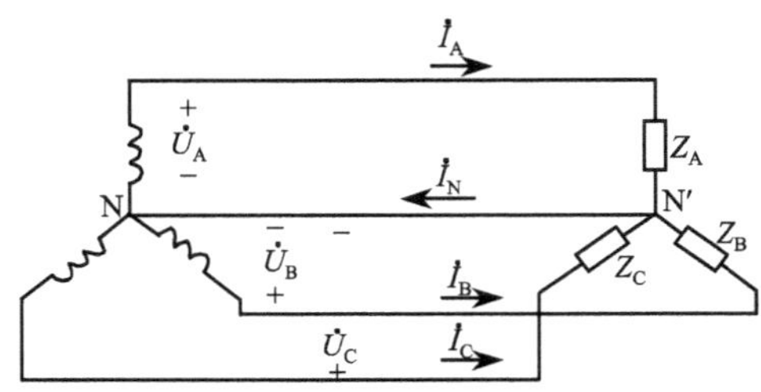

图 3-24　负载星形连接

相电流是指流过每相负载的电流，线电流是指流过相线的电流 $\dot{I}_A$、$\dot{I}_B$、$\dot{I}_C$。从图上可知：

相电流=线电流

负载端的线电压=电源线电压

负载端的相电压=电源线相电压

$$\dot{I}_A=\frac{\dot{U}_A}{Z_A}\quad \dot{I}_B=\frac{\dot{U}_B}{Z_B}\quad \dot{I}_C=\frac{\dot{U}_C}{Z_C}$$

$$\dot{I}_N=\dot{I}_A+\dot{I}_B+\dot{I}_C$$

结论：

1）若负载对称（Z_A=Z_B=Z_C=Z），则三相电流也对称。（*只需计算一相电流，其他两相电流可根据对称性直接写出）

中线电流 $\dot{I}_N=\dot{I}_A+\dot{I}_B+\dot{I}_C=0$。（*零线可以取消—— 三相三线制）

2）负载不对称时，各相需单独计算。

设电源相电压 $\dot{U}_A$ 为参考正弦量，则

$$\dot{U}_A=U_A\underline{/0^\circ}$$
$$\dot{U}_B=U_B\underline{/-120^\circ}$$
$$\dot{U}_C=U_C\underline{/120^\circ}$$

每相负载电流可分别求出。

中线电流 $\dot{I}_N=\dot{I}_A+\dot{I}_B+\dot{I}_C\neq 0$。（必须有中线—— 三相四线制）

例 3-13　星形连接的三相电路中，电源电压对称，设电源线电压 $u_{AB}=380\sqrt{2}\sin(314t+30^\circ)$ V。1）负载为电灯组，若 $R_A=R_B=R_C=5\,\Omega$，求线电流及中线电流 I_N；2）若 R_A=5 Ω，R_B=10 Ω，R_C=20 Ω，求线电流及中线电流。

解： $\dot{U}_{AB}=380\underline{/30^\circ}$ V　$\dot{U}_A=220\underline{/0^\circ}$ V

1）线电流 $\dot{I}_A=\dfrac{\dot{U}_A}{R_A}=\dfrac{220\underline{/0^\circ}}{5}=44\underline{/0^\circ}$ A

因三相对称，则

$$\dot{I}_B = 44\angle{-120^\circ}\text{ A} \quad \dot{I}_C = 44\angle{120^\circ}\text{ A}$$

中线电流 $\dot{I}_N = \dot{I}_A + \dot{I}_B + \dot{I}_C = 0$

2）三相负载不对称时（R_A=5 Ω，R_B=10 Ω，R_C=20 Ω），分别计算各线电流。

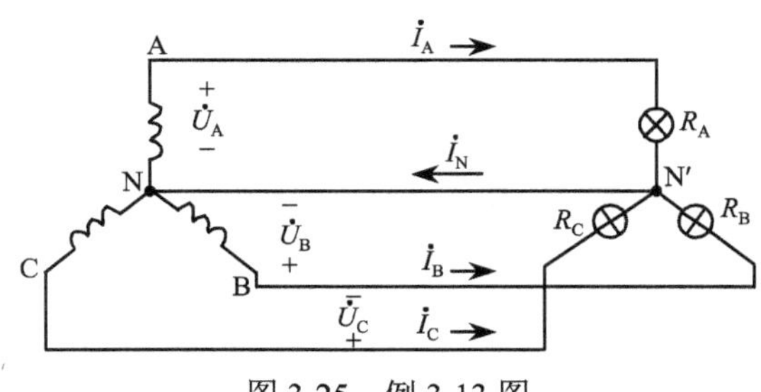

图 3-25　例 3-13 图

$$\dot{I}_A = \frac{\dot{U}_A}{R_A} = \frac{220\angle{0^\circ}}{5} = 44\angle{0^\circ}\text{ A}$$

$$\dot{I}_B = \frac{\dot{U}_B}{R_B} = \frac{220\angle{-120^\circ}}{10} = 22\angle{-120^\circ}\text{ A}$$

$$\dot{I}_C = \frac{\dot{U}_C}{R_C} = \frac{220\angle{120^\circ}}{20} = 11\angle{120^\circ}\text{ A}$$

中线电流 $\dot{I}_N = \dot{I}_A + \dot{I}_B + \dot{I}_C = 44\angle{0^\circ} + 22\angle{-120^\circ} + 11\angle{120^\circ} = 29\angle{-19^\circ}\text{ A}$

3.6.3　负载三角形连接的三相电路

负载三角形连接如图 3-26 所示。线电压=相电压，即 $\dot{U}_l = \dot{U}_p$。

由图 3-26 可知

$$\dot{I}_{AB} = \frac{\dot{U}_{AB}}{Z_{AB}} \quad \dot{I}_{BC} = \frac{\dot{U}_{BC}}{Z_{BC}} \quad \dot{I}_{CA} = \frac{\dot{U}_{CA}}{Z_{CA}}$$

线电流 $\dot{I}_A = \dot{I}_{AB} - \dot{I}_{CA} \quad \dot{I}_B = \dot{I}_{BC} - \dot{I}_{AB} \quad \dot{I}_C = \dot{I}_{CA} - \dot{I}_{BC}$

结论：

1）若负载对称，则相电流和线电流对称。$I_l = \sqrt{3}I_P$，I_l 滞后于与之对应的 $I_p 30^\circ$。

2）若负载不对称，由于电源电压对称，故负载的相电压对称，但相电流和线电流不对称。

三相负载接成星形还是三角形，取决于电源电压和负载的额定相电压。例如，电源的线电压为 380 V，而某三相异步电动机的额定相电压也为 380 V，电动机的三相绕组就应接成三角形，此时每相绕组的电压就是 380 V；如果这台电动机的额定相电压为 220 V，电动机的三相绕组就应接成星形，此时每相绕组的电压都是 220 V，否则，就会烧毁电动机。综上所述，计算对称负载时，有以下三种情况。

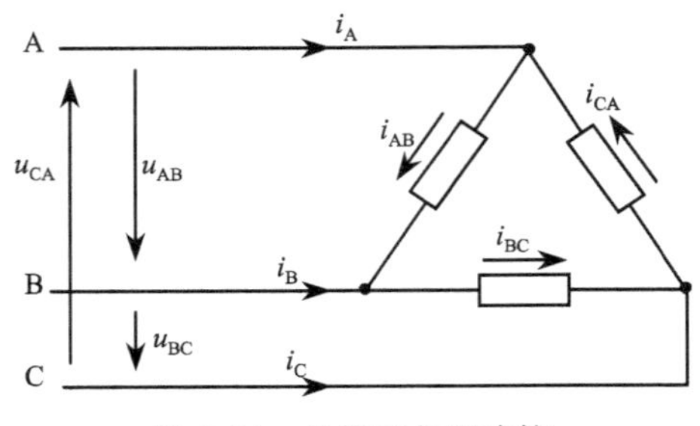

图 3-26　负载三角形连接

1）若负载接成对称星形，常用以下关系：

$$\left.\begin{array}{l} I_1 = I_p \\ U_1 = \sqrt{3}U_p \end{array}\right\} \qquad (3\text{-}32)$$

2）若负载接成对称三角形，常用以下关系：

$$\left.\begin{array}{l} U_1 = U_p \\ I_1 = \sqrt{3}I_p \end{array}\right\} \qquad (3\text{-}33)$$

3）若为单相多台负载，则负载应尽量均匀地分布在三相上。

3.6.4　三相电路的功率

无论负载为 Y 形或△形连接，每相负载的有功功率都应为

$P_p=U_pI_p\cos\varphi_p$（φ_p 为负载阻抗角）

三相负载对称时，各相有功功率相同，三相负载总功率

$P_\Sigma=3P_p=3U_pI_p\cos\varphi_p$

对于 Y 形连接，有

$$U_1 = \sqrt{3}\,U_p \quad I_1 = I_p$$

$$P_\Sigma = 3U_pI_p\cos\varphi_p = \sqrt{3}\,U_1I_1\cos\varphi_p$$

对于三角形连接，有

$$U_1 = U_p \quad I_1 = \sqrt{3}\,I_p$$

$$P_\Sigma = 3U_pI_p\cos\varphi_p = \sqrt{3}U_1I_1\cos\varphi_p$$

可见，对称三相电路三相总有功功率计算公式与接法无关。

同样，对称三相电路的无功功率、视在功率也有相同的结果。

无功功率为

$$Q_{\Sigma}=Q_{A}+Q_{B}+Q_{C}$$

$$=3U_{p}I_{p}\sin\varphi_{p}$$
$$=\sqrt{3}\,U_{l}I_{l}\sin\varphi_{p}$$

视在功率为

$$S_{\Sigma}=\sqrt{P_{\Sigma}+Q_{\Sigma}}=\sqrt{3}U_{l}I_{l\sin}\varphi_{p}$$

对于不对称的三相负载，功率计算没有统一的公式，必须按照功率守恒原则进行计算。

例 3-14　有一三相电动机，每相的等效电阻 R=29 Ω，等效感抗 X_L=21.8 Ω，试求下列两种情况下电动机的相电流、线电流以及从电源输入的功率。1）绕组连成星形接于 U_l=380 V 的三相电源上；2）绕组连成三角形接于 U_l=220 V 的三相电源上。

解： 1）$I_{l}=I_{p}=\dfrac{U_{p}}{|Z|}=\dfrac{220}{\sqrt{29^{2}+21.8^{2}}}=6.1\text{ A}$

$P=3U_{p}I_{p}\cos\varphi=3\times220\times6.1\times0.8=3.2\text{ kW}$

2）$I_{p}=\dfrac{U_{p}}{|Z|}=\dfrac{220}{\sqrt{29^{2}+21.8^{2}}}=6.1\text{ A}$

$I_{l}=\sqrt{3}I_{p}=10.5\text{ A}$

$P=\sqrt{3}U_{l}I_{l}\cos\varphi=\sqrt{3}\times220\times10.5\times0.8=3.2\text{ kW}$

习　题　3

1．已知两个正弦电压的瞬时表达式分别为 $u_{1}=220\sqrt{2}\sin 314t$ V，$u_{2}=220\sqrt{2}\sin(314t-90°)$ V，试求：

1）画出两个电压的相量图，说明它们的超前、滞后关系；

2）用相量法计算 $\dot{U}_{12}=\dot{U}_{1}-\dot{U}_{2}$，在相量图上画出 $\dot{U}_{12}$，并写出 U_{12} 的瞬时表达式。

2．有一电容器 C=8 μF，当将其接到电压为 400 V，频率分别为 50 Hz、500 Hz 的正弦交流电源上，试求该电容的容抗及电路中的电流，并以电压为参考相量绘出相量图。

3．在题 3 图中，电流源 $i_s(t)=2\sin(\omega t+30°)$ A，频率 f=200 Hz，电阻 R=10 Ω，电感 L=0.01 H，电容 C=80 μF，求各元件电压的瞬时值和相量表达式。

4．求题 4 图中二端口网络的输入阻抗 Z_{ab}。

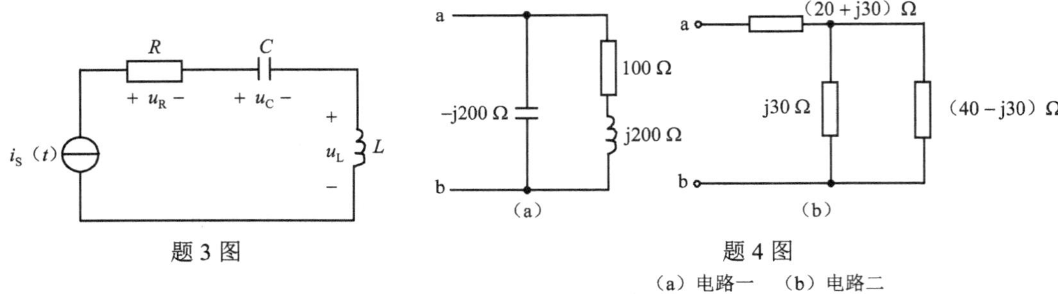

题 3 图

题 4 图

（a）电路一　（b）电路二

5．在题 5 图中，已知 U=220 V，R=22 Ω，X_L=22 Ω，X_C=11 Ω，试求电流 I_R、I_L、I_C 及 I。

6．一个电感线圈若接在 U=220 V 的直流电源上，电流为 20 A，若接在 f=50 HZ，U=220 V 的交流电源上，则电流为 28.2 A，求该线圈的电阻值和电感量。

7．有一电阻值为 20 Ω、电感值为 250 mH 的电感线圈，它与 40 Ω电阻器和 28 μF 的电容器串联后，外接 220 V、50 Hz 的正弦交流电源，如题 7 图所示，试求该电路的电流和三个元件的端电压，并绘出它们的相量图。

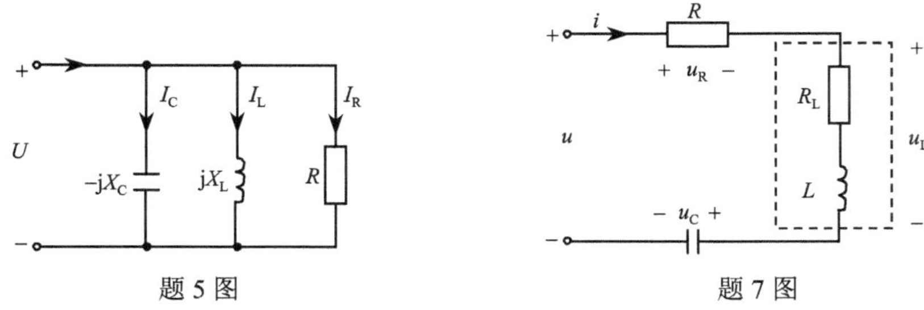

题 5 图

题 7 图

8．有一只 40 W 的日光灯，灯管电阻为 300 Ω，镇流器感抗为 520 Ω，接入的交流工频电源电压为 220 V，试问：灯管的电流是多少？电压与电流的相位差是多少？灯管和镇流器的电压有效值各是多少？

9．在题 9 图中，已知 R=2 Ω，ωL=2 Ω，1/(ωC)=2 Ω，$\dot{U}_C = 10\angle 45^\circ$ V。求各元件的电压、电流，并画出电路的相量图。

10．在题 10 图中，已知 U_R=U_L=10 V，R=X_C=10 Ω。求 I_s。

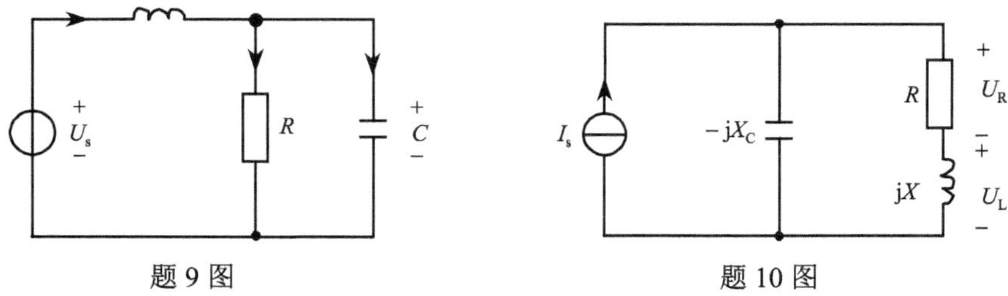

题 9 图

题 10 图

11．在题 11 图中，已知 $u_s = 25\sqrt{2}\sin 2t$ V，R=3 Ω，L=2 H，C=0.125 F，试求电流 i 及电压 u_{ab}。

12．在题 12 图中，已知 $i_s = 10\sqrt{2}\sin 2t$ A，R=0.5 Ω，L=0.25 H，C=1 F，求电流 i 及电压 u。

13．在题 13 图中，R=1 Ω，L=2 mH，$u=100\sqrt{2}\sin 1\,000t$ V，调节 C 使得开关 S 断开和接通时电流表读数不变，求这时的 C 值。

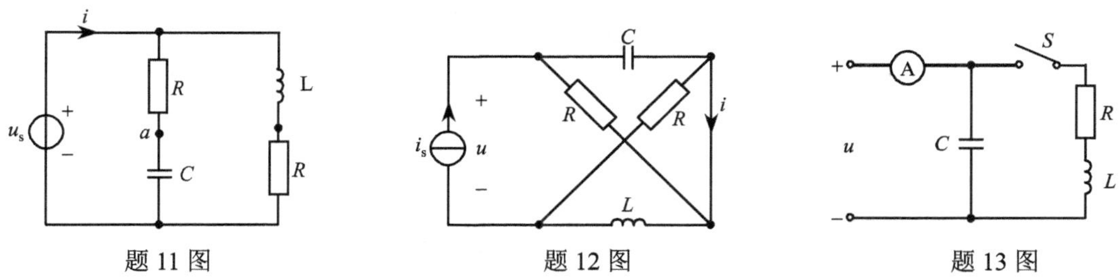

题 11 图　　题 12 图　　题 13 图

14．一正弦电压源 $\dot{U}_s=130\underline{/\pi/2}$ V，ω=100 rad/s。若将该电压源分别加于元件① R=50 Ω，② L=20 mH，③ C=400 μF，求：1）各电流相量，并画出相量图；2）各元件的有功功率和无功功率。

15．有一额定电压为 220 V、额定功率为 200 W 的灯泡，接在 $u=220\sqrt{2}\sin 314t$ V 的电源上，问：流过灯泡的电流是多少？灯泡的热态电阻多大？若把该灯泡错接在 127 V 的交流电源上，灯泡的电流和功率各为多少？

16．试用相量法求题 16 图中的电流相量 $\dot{I}_1,\dot{I}_2,\dot{I}$，有功功率 P，无功功率 Q，视在功率 S 和功率因数 $\cos\varphi$。

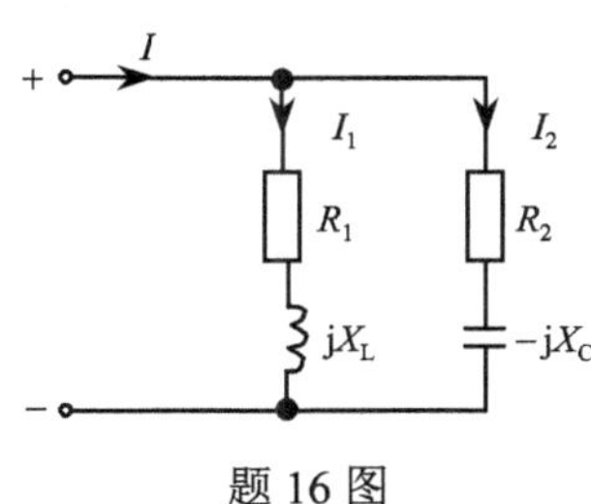

题 16 图

第二篇 电子技术

第4章 半导体器件基础

半导体器件由于体积小、耗电少、效率高、寿命长、工作可靠、价格低廉等优点，目前几乎在所有的科学技术领域中都获得了极为广泛的应用。半导体二极管和三极管是电子技术中最基本的半导体电子器件，它们的基本结构、工作原理、特性和参数是学习电子技术和分析电子电路的基础，而半导体的导电特性和 PN 结的基本原理是我们了解半导体二极管和三极管的基础。因此，本章从介绍半导体基础知识开始，逐步深入地讲解半导体二极管和三极管的结构、工作原理、特性曲线和主要参数。

4.1 半导体基础知识

4.1.1 半导体的特点及类别

1．半导体的特点

自然界中的物质，按导电能力可分为三大类：导体、半导体和绝缘体。

半导体是一种导电能力介于导体和绝缘体之间的物质，常用的半导体材料有锗、硅、硒、砷化镓等。半导体的导电具有以下特点。

1）掺杂性。在半导体中掺入杂质后可使其导电能力激增。在纯净的半导体材料（本征半导体）中掺入微量的某种杂质元素后，其导电能力将猛增几十万到几百万倍。例如，在纯硅中加入 1%的硼，即可使其电阻率从 $0.214\times10^6\ \Omega\cdot m$ 减小到 $0.4\ \Omega\cdot m$，利用这种特性可制成各种不同的半导体器件，如二极管、三极管、场效应管、晶闸管等。

2）光敏性。某些半导体材料受到光照射时，其导电能力将显著增强。例如，硫化镉材料在有光照和无光照的条件下，其电阻率有几十到几百倍的差别。利用半导体的光敏特性，可以制成各种光敏器件，如光敏电阻、光电管等。

3）热敏性。当温度升高时，其电阻率减小，导电能力显著增强。例如纯锗，当温度从 200 ℃升高到 300 ℃时，其电阻率约降低一半。利用半导体的这种热敏特性，可以制成各种热敏器件，用于温度变化的检测。但是，半导体器件对温度变化的敏感也常会严重影响其正常工作。

2．本征半导体

不含杂质且具有完整晶体结构的半导体称为本征半导体。最常用的本征半导体是锗和硅晶体。

图 4-1 是硅晶体原子结构示意图。在温度为 0 K（热力学温度）且没有其他外部能量作用时，本征半导体共价键中的价电子被束缚得很紧，不能成为自由电子，这时的半导体不导电，在导电性能上相当于绝缘体。

当半导体的温度升高或给半导体施加能量（如光照）时，就会使共价键中的某些价电子获得足够的能量而挣脱共价键的束缚，成为自由电子，这个过程称为激发。

价电子脱离共价键成为自由电子后，在原来的位置上就留下一个空位，称为空穴。如图 4-2 所示，空穴出现以后，邻近的束缚电子可能获取足够的能量来填补这个空穴，而在这个束缚电子的原位置又出现一个新的空位，另一个束缚电子又会填补这个新的空位，这样就形成束缚电子填补空穴的运动。为了区别自由电子的运动，称此束缚电子填补空穴的运动为空穴运动。

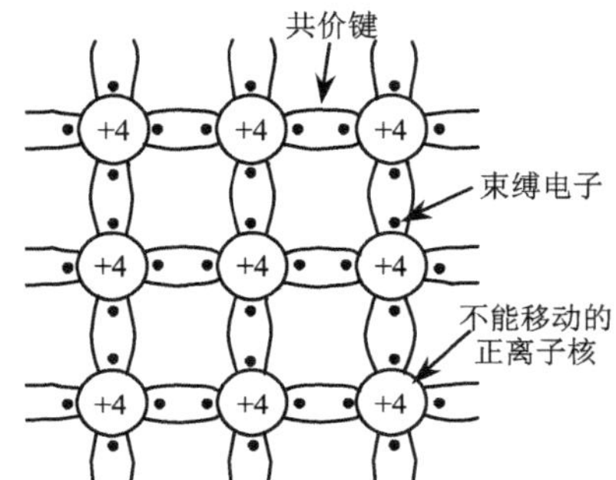

图 4-1　本征半导体原子结构示意图

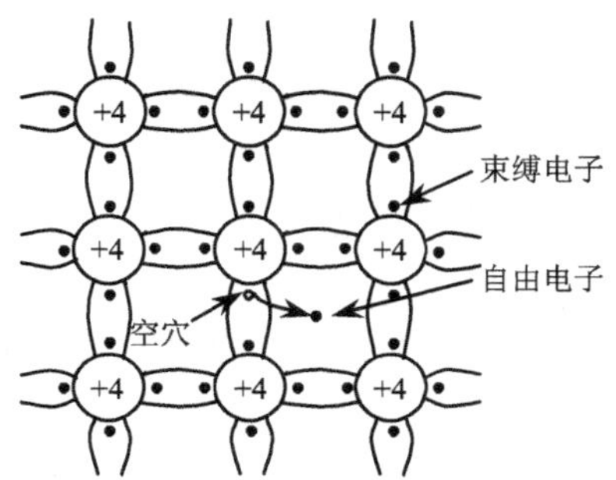

图 4-2　自由电子和空穴的形成

空穴的出现是半导体导电区别于导体导电的一个主要特征。

1）半导体中存在两种载流子，一种是带负电的自由电子，另一种是带正电的空穴，它们都可以运载电荷形成电流。

2）本征半导体中，自由电子和空穴相伴产生，数目相同。

3）一定温度下，本征半导体中电子空穴对的产生与复合相对平衡，电子空穴对的数目相对稳定。

4）温度升高，激发的电子空穴对数目增加，半导体的导电能力增强。

3．N 型半导体和 P 型半导体

在本征半导体中加入微量杂质，可使其导电性能显著改变。根据掺入杂质的性质不同，杂质半导体分为两类：N 型（电子型）半导体和 P 型（空穴型）半导体。

（1）N 型半导体

在硅（或锗）半导体晶体中，掺入微量的五价元素，如磷（P）、砷（As）等，则构成 N 型半导体。

五价的元素具有五个价电子，它们进入硅（或锗）半导体晶体中，五价的原子取代四价的硅（或锗）原子，在与相邻的硅（或锗）原子组成共价键时，因为多一个价电子不受共价键的束缚，很容易成为自由电子，于是半导体中自由电子的数目大量增加。自由电子参与移动后，在原来的位置上留下一个不能移动的正离子，半导体仍然呈现电中性，但此时没有相应的空穴产生。

（2）P 型半导体

在硅（或锗）半导体晶体中，掺入微量的三价元素，如硼（B）、铟（In）等，则构成

P 型半导体。

三价的元素只有三个价电子，在与相邻的硅（或锗）原子组成共价键时，由于缺少一个价电子，在晶体中便产生一个空位，邻近的束缚电子如果获得足够的能量，有可能填补这个空位，使原子成为一个不能移动的负离子，半导体仍然呈现电中性，但与此同时没有相应的自由电子产生。

由此可知，在晶体中掺入微量的某种元素，可使晶体中的自由电子或空穴数量剧增，这样，既可提高半导体的导电能力，又可控制半导体中自由电子和空穴浓度的相对比例。P 型半导体中，空穴为多数载流子（多子），自由电子为少数载流子（少子）；主要靠空穴导电。N 型半导体中，自由电子为多数载流子（多子），空穴为少数载流子（少子）；主要靠自由电子导电。

4.1.2 PN 结及其单向导电性

1．PN 结的形成

利用掺杂工艺，将 P 型半导体与 N 型半导体制作在同一块硅片上，在它们的交界处则会由于载流子的浓度差引起载流子的扩散运动。

交界处 P 型区的空穴浓度远大于 N 型区的空穴浓度，因此，空穴将由 P 型区向 N 型区扩散，于是，在交界处 P 型一侧留下带负电荷的离子（空间电荷）。同理，交界处 N 型的自由电子浓度远大于 P 型区的自由电子浓度，因而电子将由 N 型区向 P 型区扩散，并在 N 型区一侧留下带正电荷的离子。于是在 P 型区和 N 型区的交界面上产生一个空间电荷区，形成一个电场，称为内电场。电场方向是由正电荷区指向负电荷区，即由 N 型区指向 P 型区，如图 4-3 所示。

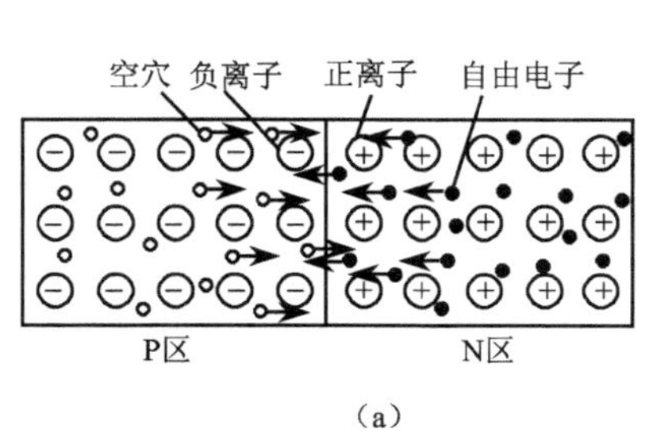

（a）

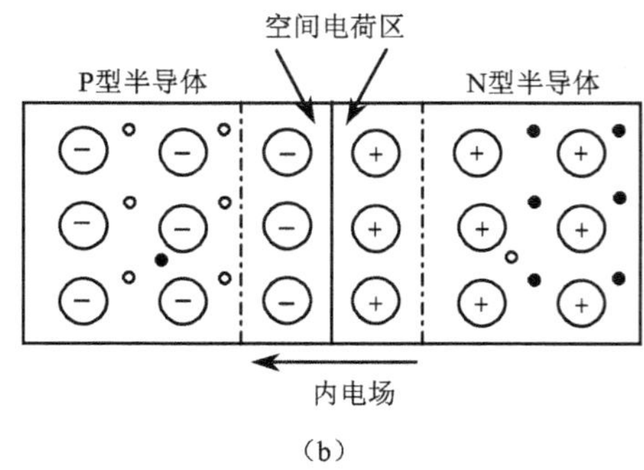

（b）

图 4-3　PN 结示意图

（a）P 区和 N 区载流子的扩散运动　（b）PN 结的形成及其内电场

内电场的方向会对多数载流子的扩散运动起阻碍作用。同时，内电场可推动少数载流子（P 区的自由电子和 N 区的空穴）越过空间电荷区，进入对方。少数载流子在内电场作用下有规则的运动称为漂移运动。漂移运动和扩散运动的方向相反。当扩散运动和漂移运动达到平衡时，电荷区的宽度便基本稳定下来，这个空间电荷区称为 PN 结。PN 结内电场的电位差约为零点几伏，宽度一般为几微米到几十微米。

2．PN 结的单向导电性

如果在 PN 结两端加上电压，就会打破载流子扩散运动和漂移运动原有的动态平衡。当在 PN 结两端加不同极性的电压时，PN 结会呈现出不同的导电性能。

（1）外加正向电压

PN 结 P 端接高电位，N 端接低电位，称为 PN 结外加正向电压，又称 PN 结正向偏置，简称正偏，如图 4-4 所示。外电场与内电场的方向相反，空间电荷区变窄，内电场被削弱，多子扩散得到加强，少子漂移将被削弱，扩散电流大大超过漂移电流，最后形成较大的正向电流。在一定范围内，外加电压越大，外电场越强，正向电流就越大，即 PN 结呈现低的电阻，处于正向导通状态。

（2）外加反向电压

PN 结 P 端接低电位，N 端接高电位，称 PN 结外加反向电压，又称 PN 结反向偏置，简称反偏，如图 4-5 所示。外电场与内电场方向一致，空间电荷区变宽，内电场增强，不利于多子的扩散，有利于少子的漂移。这样在电路中形成了基于少子漂移的反向电流。由于少子数量很少，因此反向电流很小。

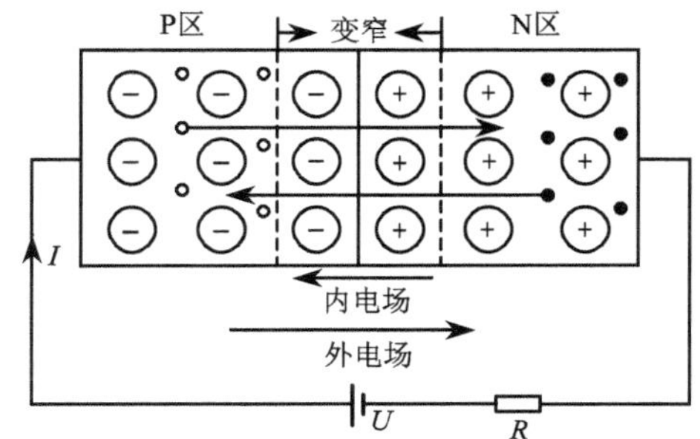

图 4-4　PN 结外加正向电压

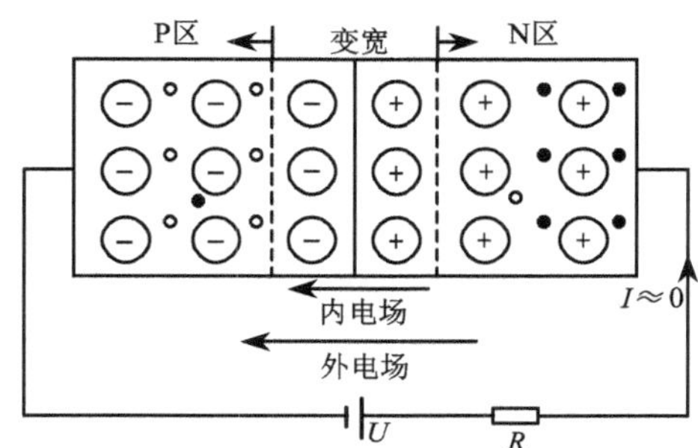

图 4-5　PN 结外加反向电压

由此可知，PN 结正向偏置时，PN 结导通，其正向电阻很低，正向电流较大；PN 结反向偏置时，PN 结截止，其反向电阻很高，反向电流很小。这就是 PN 结的单向导电性，是 PN 结的基本特性。

4.2　半导体二极管

4.2.1　半导体二极管的结构

1．二极管的结构

半导体二极管的主要构成部分是一个 PN 结。在一个 PN 结两端接上相应的电极引线，外面用金属（或玻璃、塑料）管壳封装起来，就成为半导体二极管。从 P 端引出的电极称为阳极，从 N 端引出的电极称为阴极。常用半导体二极管的外形结构如图 4-6 所示。

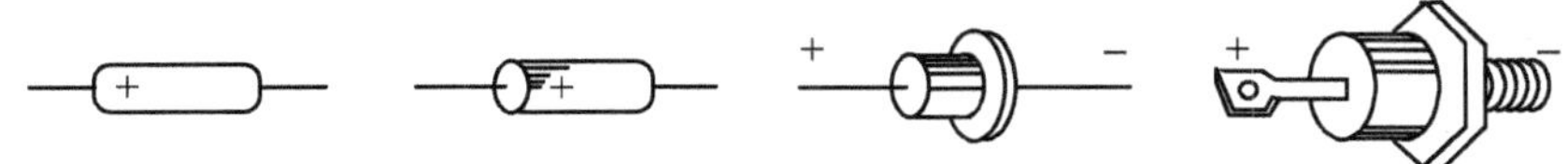

图 4-6　常用半导体二极管的外形结构

按照内部结构的不同，二极管可分为点接触型、面接触型和平面型等类型。

PN 结内的正负离子层相当于存储的正负电荷，与极板电容器带电的作用相似，因此 PN

结具有电容效应，这种电容称为结电容或极间电容。

点接触型二极管的结构如图 4-7（a）所示，它是由一根很细的金属丝和一块半导体熔接在一起而构成的 PN 结，结面积很小，因而极间电容很小，适用于高频工作，但不能通过较大电流，主要用于高频检波、脉冲数字电路，也可用于小电流整流电路。

面接触型和平面型二极管的结构分别如图 4-7（b）和图 4-7（c）所示，其 PN 结结面积大，因而极间电容也大，一般用于整流电路，而不宜用于高频电路中。

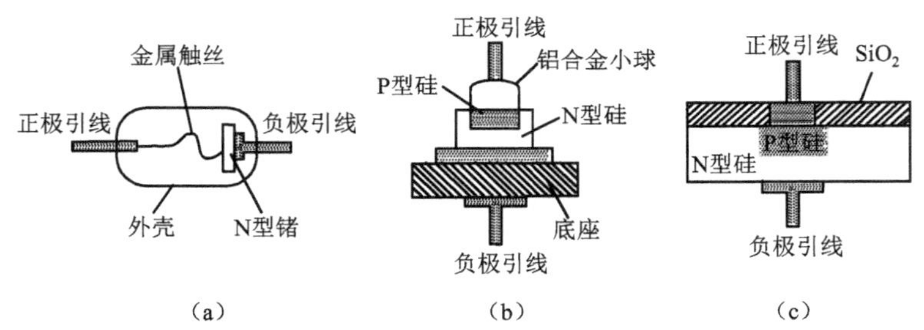

图 4-7　半导体二极管的结构

（a）点接触型　（b）面接触型　（c）平面型

按照所用半导体材料的不同，二极管又分为硅二极管和锗二极管。一般锗二极管多为点接触型，硅二极管多为面接触型。

按照应用的不同，二极管可分为整流、检波、开关、稳压、发光、光电、快恢复和变容二极管等。

图 4-8 是二极管的图形符号，三角形箭头表示电流的导通方向，VD 是二极管的文字符号。

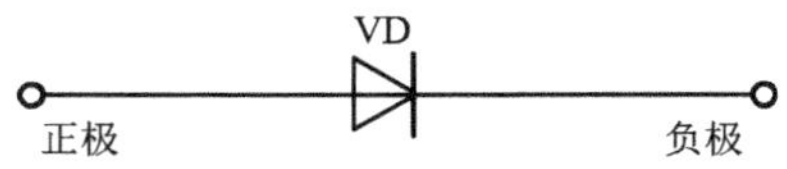

图 4-8　二极管的图形和文字符号

4.2.2　半导体二极管的伏安特性及主要参数

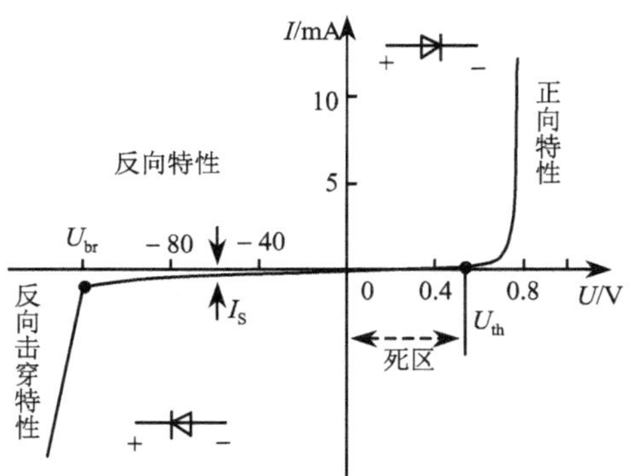

图 4-9　二极管的伏安特性曲线

1．二极管的伏安特性

二极管两端的电压 U 与流过二极管的电流 I 之间的关系曲线称为二极管的伏安特性，如图 4-9 所示。

（1）正向特性

二极管外加正向电压时，电流和电压的关系称为二极管的正向特性。如图 4-9 所示，当二极管所加正向电压比较小时（$0<U<U_{th}$），二

极管上的电流为 0，管子仍截止，此区域称为死区，U_{th} 称为死区电压（门坎电压）。硅二极管的死区电压约为 0.5 V，锗二极管的死区电压约为 0.1 V。

当正向电压超过死区电压以后，PN 结内电场被大大削弱，电流急剧增加，二极管处于正向导通。此时，二极管的电阻变得很小，其压降也很小，一般硅管的正向压降为 0.6～0.7 V，锗管的正向压降为 0.2～0.3 V。

（2）反向特性

二极管外加反向电压时，电流和电压的关系称为二极管的反向特性。由图 4-9 可知，二极管外加反向电压时，反向电流很小（$I \approx -I_s$），而且在相当宽的反向电压范围内，反向电流几乎不变，因此，称此电流值为二极管的反向饱和电流。

（3）反向击穿特性

由图 4-9 可知，当反向电压的值增大到 U_{br} 时，反向电压值稍有增加，反向电流便会急剧增大，此现象被称为反向击穿，U_{br} 为反向击穿电压。利用二极管的反向击穿特性，可以做成稳压二极管，但一般的二极管不允许工作在反向击穿区。

2．二极管的主要参数

二极管的参数是表征二极管的性能及其适用范围的数据，是选择和使用二极管的重要参考依据。二极管的主要参数有以下 4 个。

（1）最大整流电流 I_f

最大整流电流 I_f 是指二极管长期连续工作时，允许通过二极管的最大正向电流的平均值。使用时应注意，通过二极管的平均电流不能超过规定的最大整流电流值。

（2）最高反向击穿电压 U_{br}

最高反向击穿电压是指二极管不被击穿所容许的最高反向电压，一般是反向击穿电压的 1/3～1/2。使用时，管子上的实际反向电压不能超过规定的最高反向工作电压值。

（3）最大反向饱和电流 I_s

最大反向饱和电流是指二极管加最高反向工作电压时的反向电流。其值越小，说明二极管的单向导电性越好。反向电流受温度影响很大，温度越高，其值越大，故硅管的温度稳定性比锗管好。

（4）最高工作频率

由于 PN 结存在结电容，高频电流很容易从结电容通过，从而失去单向导电性，因此规定二极管有一个最高工作频率。

3．二极管的测试

（1）二极管极性的判定

将万用表的红、黑表笔分别接二极管的两个电极，若测得的电阻值很小（几千欧以下），则黑表笔所接电极为二极管正极，红表笔所接电极为二极管的负极；若测得的阻值很大（几百千欧以上），则黑表笔所接电极为二极管负极，红表笔所接电极为二极管的正极，如图 4-10 所示。

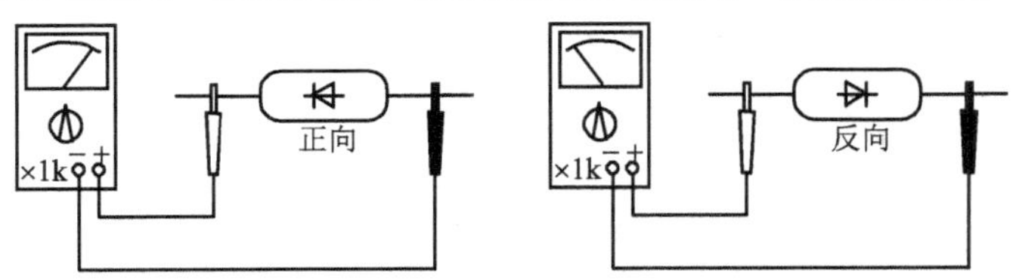

图 4-10　二极管的极性的测试

（2）二极管好坏的判定

若测得的反向电阻很大（几百千欧以上），正向电阻很小（几千欧以下），表明二极管性能良好。

若测得的反向电阻和正向电阻都很小，表明二极管短路，已损坏。

若测得的反向电阻和正向电阻都很大，表明二极管断路，已损坏。

4.2.3 特殊二极管

1．稳压二极管

稳压二极管又名齐纳二极管，简称稳压管，是一种用特殊工艺制作的面接触型硅半导体二极管。这种管子的杂质浓度比较大，容易发生击穿，击穿时的电压基本上不随电流的变化而变化，从而达到稳压的目的。稳压管工作于反向击穿区。

（1）稳压管的伏安特性和符号

图 4-11 为稳压管的伏安特性和符号。

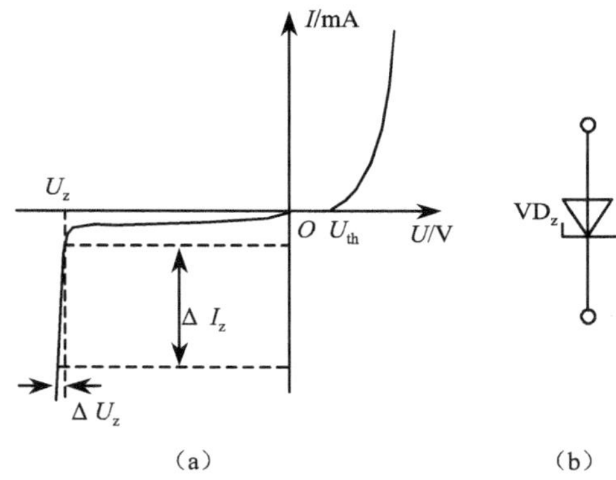

图 4-11　稳压二极管的伏安特性和符号

（a）伏安特性　（b）符号

（2）稳压管的主要参数

1）稳定电压 U_z。它是指当稳压管中的电流为规定值时，电路中稳压管两端产生的稳定电压值。

2）稳定电流 I_z。它是指稳压管工作在稳压状态时，稳压管中流过的电流。有最小稳定电流 I_{zmin} 和最大稳定电流 I_{zmax} 之分。

3）耗散功率 P_m。它是指稳压管正常工作时，管子上允许的最大耗散功率。

（3）应用稳压管应注意的问题

1）稳压管稳压时，一定要外加反向电压，保证管子工作在反向击穿区。当外加的反向电压值大于或等于 U_z 时，才能起到稳压作用；若外加的电压值小于 U_z，稳压二极管相当于普通的二极管。

2）在稳压管稳压电路中，一定要配合限流电阻的使用，保证稳压管中流过的电流在规定的范围之内。

2．发光二极管

发光二极管是一种光发射器件，英文缩写是 LED。此类管子通常由镓（Ga）、砷（As）、磷（P）等元素的化合物制成，管子正向导通，当导通电流足够大时，能把电能直接转换为光能，发出光来。目前发光二极管的颜色有红、黄、橙、绿、白和蓝 6 种，所发光的颜色主要取决于制作管子的材料。例如，用砷化镓发出红光，而用磷化镓则发出绿光。其中白色发光二极管是新型产品，主要应用在手机背光灯、液晶显示器背光灯、照明等领域。

发光二极管工作时导通电压比普通二极管大，其工作电压因材料的不同而不同，一般为 1.7～2.4 V。普通绿、黄、红、橙色发光二极管工作电压约为 2 V；白色发光二极管的工作电压通常高于 2.4 V；蓝色发光二极管的工作电压一般高于 3.3 V。发光二极管的工作电流一般在 2～25 mA。

发光二极管应用非常广泛，常用做各种电子设备如仪器仪表、计算机、电视机等的电源指示灯和信号指示灯，还可以做成七段数码显示器等。发光二极管的另一个重要用途是将电信号转为光信号。普通发光二极管的结构和符号如图 4-12 所示。

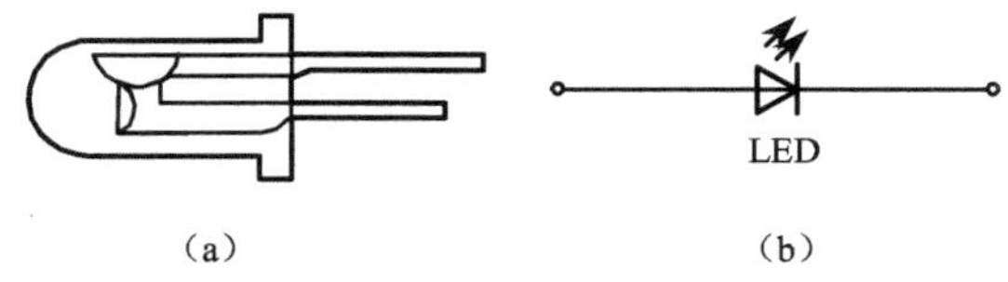

（a）　（b）

图 4-12　发光二极管的外形和符号

（a）结构　（b）符号

3．光电二极管

光电二极管又称为光敏二极管，是一种光接收器件，其 PN 结工作在反偏状态，可以将光能转换为电能，实现光电转换。

图 4-13 为光电二极管的基本电路和符号。

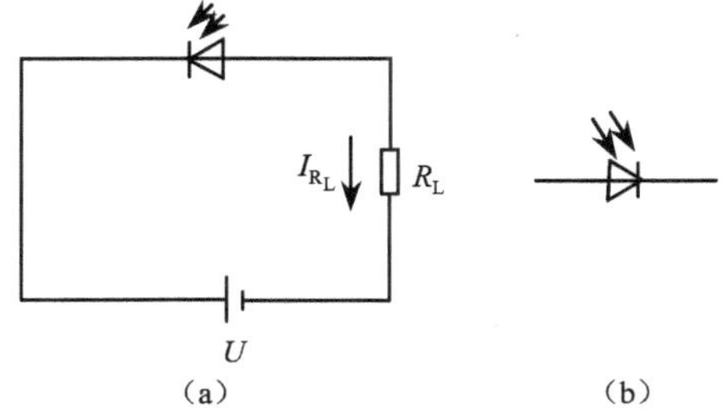

（a）　（b）

图 4-13　光电二极管的基本电路和符号

（a）基本电路　（b）符号

4．光耦合器

光耦合器是把发光二极管和光电三极管组合在一起的光电转换器件。图 4-14 为光耦合器的一般符号。

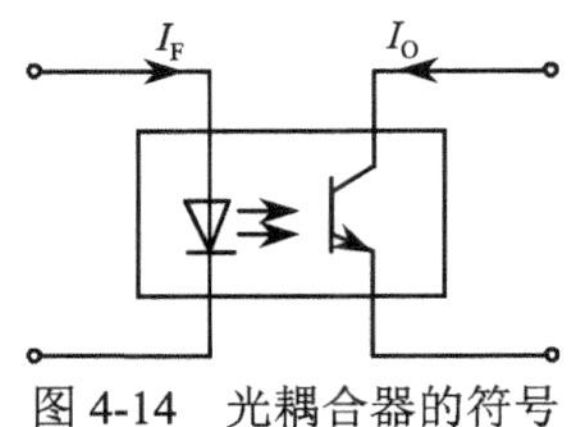

图 4-14　光耦合器的符号

4.3 晶体三极管

半导体三极管又称晶体三极管（以下称三极管），一般简称晶体管或双极型晶体管。

4.3.1 晶体管的基本结构

三极管都是通过一定的工艺在一块半导体基片上制成两个 PN 结，再引出三个电极，然后用管壳封装而成，因此，它是一种具有两个 PN 结的半导体器件。

三极管从结构上来讲分为两类：NPN 型三极管和 PNP 型三极管。图 4-15 为三极管的结构示意图和符号。符号中发射极上的箭头方向表示发射结正偏时电流的流向。

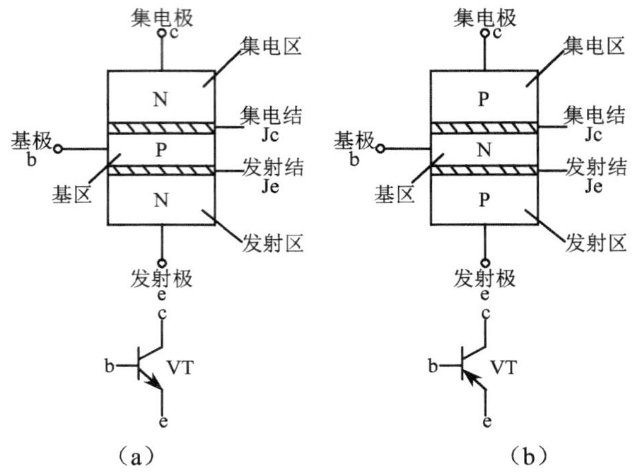

图 4-15 三极管的结构示意图和符号

（a）NPN 型 （b）PNP 型

在制作三极管时，中间薄层半导体厚度只有几微米至几十微米，掺入杂质最少，因而多数载流子浓度最低，称为基区。基区两边为同型半导体，但两者掺入杂质的浓度不同，因而多数载流子的浓度不同。多数载流子浓度大的一边称为发射区，是用来发射多数载流子的，另一边多数载流子浓度较小的半导体称为集电区，是用来收集载流子的。发射区与基区交界处的 PN 结称为发射结，基区与集电区交界处的 PN 结称为集电结。集电结面积比发射结的面积大，以保证集电区能有效地收集载流子。从发射区、基区和集电区引出的三个电极分别称为发射极、基极和集电极，并分别用字母 e、b、c 表示。

三极管可以由半导体硅材料制成，称为硅三极管；也可以由锗材料制成，称为锗三极管。

三极管从应用的角度讲，种类很多。根据工作频率分为高频管、低频管和开关管；根据工作功率分为大功率管、中功率管和小功率管。常见的三极管外形如图 4-16 所示。

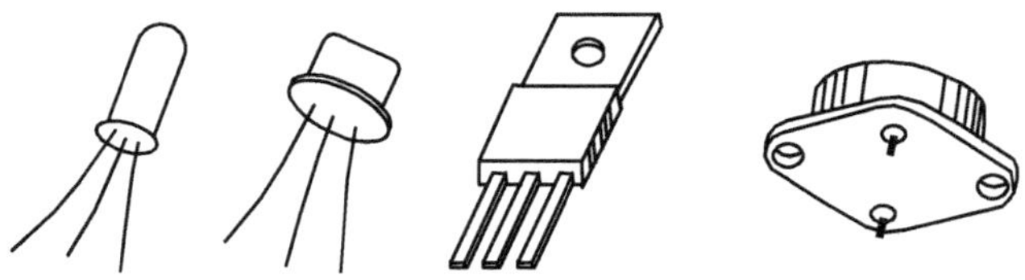

图 4-16 常见的晶体管外形

4.3.2　晶体管的工作原理

三极管最重要的特性是具有电流放大作用。NPN 型三极管和 PNP 型三极管的工作原理类似，但在使用时电源极性连接不同，下面以 NPN 型三极管为例来分析三极管的工作原理。

要实现三极管的电流放大作用，首先要给三极管各电极加上正确的电压。三极管实现放大的外部条件是：发射结必须加正向电压（正偏），而集电结必须加反向电压（反偏）。

为了了解三极管的电流分配原则及其放大原理，首先做一个实验。实验电路如图 4-17 所示。在电路中，要给三极管的发射结加正向电压，集电结加反向电压，保证三极管能起到放大作用。改变可变电阻 R_P 的值，则基极电流 I_B、集电极电流 I_C 和发射极电流 I_E 都发生变化，测量结果列于表 4-1 中，电流的方向如图 4-17 所示。

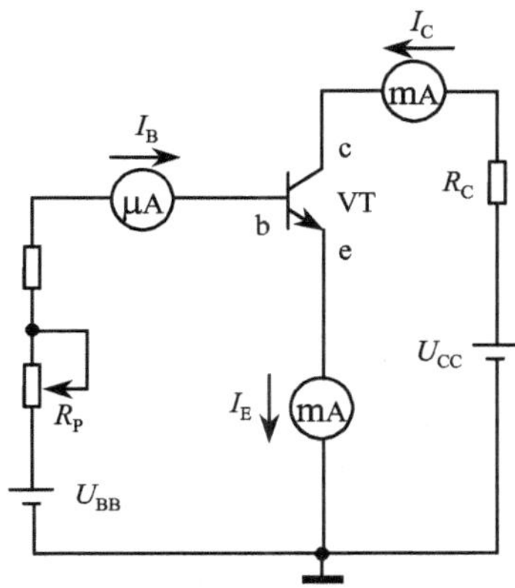

图 4-17　三极管电流放大作用实验电路

表 4-1　三极管各极电流测量值

I_B/mA	0	0.02	0.04	0.06	0.08	0.10
I_C/mA	< 0.001	0.70	1.50	2.30	3.10	3.95
I_E/mA	< 0.001	0.72	1.54	2.36	3.18	4.05

对表中数据进行分析，得出以下结论。

1）实验数据中的每一列数据均满足关系 $I_E=I_C+I_B$，此结果符合基尔霍夫电流定律。

2）I_C 稍小于 I_E，而比 I_B 大得多，I_C 与 I_B 的比值远大于 1，且在一定范围内基本不变。例如，由表中第 4 列和第 5 列的数据可得

$$\frac{I_C}{I_B}=\frac{1.50}{0.04}=37.5 \qquad \frac{I_C}{I_B}=\frac{2.30}{0.06}=38.3$$

当基极电流ΔI_B 发生微小变化时，集电极电流ΔI_C 则发生较大的变化。例如，由表中第 4 列和第 5 列数据可得

$$\frac{\Delta I_C}{\Delta I_B}=\frac{2.30-1.50}{0.06-0.04}=40$$

这就是三极管的电流放大作用。集电极电流 I_C 与基极电流 I_B 的比值称为共发射极直流电流放大系数。用 $\overline{\beta}$ 表示，即

$$\overline{\beta}=\frac{I_C}{I_B} \tag{4-1}$$

集电极电流变化量ΔI_C与基极电流变化量ΔI_B的比值称为共发射极交流电流放大系数，用 β 表示，即

$$\beta=\frac{\Delta I_C}{\Delta I_B} \tag{4-2}$$

在一定范围内 $\overline{\beta}$ 与β 的值相差很小，所以有

$$I_C \approx \beta I_B \tag{4-3}$$

$$I_E \approx (\beta+1)\ I_B \tag{4-4}$$

三极管的放大作用还可通过三极管内部载流子的运动过程来说明。图 4-18 为三极管内部载流子的传输与电流分配示意图。

由于发射结外加正向电压，多数载流子的扩散运动加强，因此发射区的多数载流子（自由电子）不断通过发射结进入基区，并且电源不断地向发射区补充电子，形成发射极电流 I_E。同时，基区的多数载流子（空穴）也向发射区扩散，但因基区的空穴浓度远低于发射区的自由电子浓度，所形成的空穴电流很小，可以忽略不计，故 I_E 主要是电子电流，其方向与自由电子运动方向相反，自发射极流出。

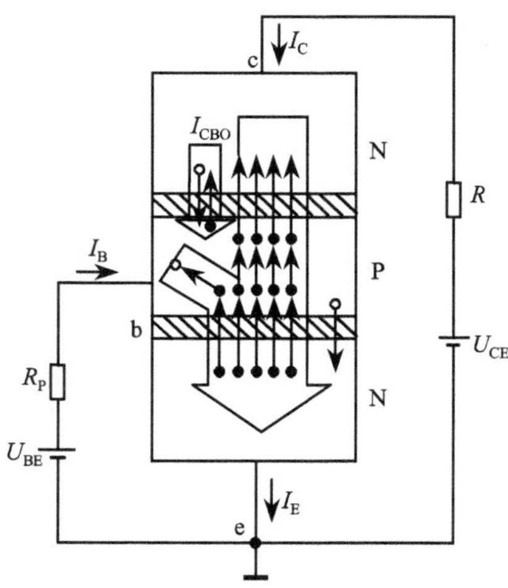

图 4-18 三极管内部载流子的传输与电流分配

从发射区扩散到基区的自由电子由于浓度的差别，将向集电结的方向继续扩散。在扩散过程中，一部分自由电子将与基区中的空穴相遇而复合，而基极电源又不断地向基区补充空穴，以补充基区中被复合掉的空穴，于是形成了基极电流 I_B。因基区很薄且空穴

浓度低，所以 I_B 很小。

由于基区为 P 型区，从发射区扩散过来的自由电子在基区内成了非平衡少数载流子。当它们到达集电结边缘时，在集电结反向电压的作用下，很容易漂移过集电结而被集电区收集，形成集电极电流 I_C。

结论：

1）要使三极管具有放大作用，一方面要使发射区的多数载流子的浓度远大于基区的多数载流子浓度，另一方面，发射结必须正向偏置，而集电结必须反向偏置。

2）一般有 β>>1，通常认为 $\overline{\beta} \approx \beta$。

3）三极管的电流分配及放大关系式为

$$I_E=I_C+I_B \quad I_C=\beta I_B$$

4.3.3 晶体管的特性曲线

三极管的特性曲线是指三极管的各电极电压与电流之间的关系曲线，它反映出三极管的特性，是分析三极管放大电路的重要依据。它可以用专用的图示仪进行显示，也可以通过实验测量得到。以 NPN 型硅三极管为例，其常用的特性曲线有以下两种。

1．输入特性曲线

输入特性曲线是指集电极与发射极之间的电压 U_{CE} 为某一常数时，输入回路中基极电流 I_B 与基极—发射极电压 U_{BE} 之间的关系曲线。实验测得三极管的输入特性曲线如图 4-19 所示。

由输入特性曲线可见，当 U_{BE} 较小时，I_B=0，I_B=0 的这段区域称为死区。这表明三极管的输入特性曲线与二极管的正向伏安特性曲线相似，也有一段死区。当发射结外加电压 U_{BE} 大于死区电压时，三极管才会出现 i_B。硅管死区电压大约为 0.5 V，锗管死区电压大约为 0.2 V。在三极管正常工作情况下，硅管发射结压降 U_{BE} 为 0.6～0.7 V，锗管的 U_{BE} 为 0.2～0.3 V。此处电压值均为绝对值。

2．输出特性曲线

输出特性曲线是指在基极电流 I_B 为常数时，三极管的输出回路（集电极回路）中集电极电流 I_C 与集电极—发射极电压 U_{CE} 之间的关系曲线。实验测得三极管的输出特性曲线如图 4-20 所示。

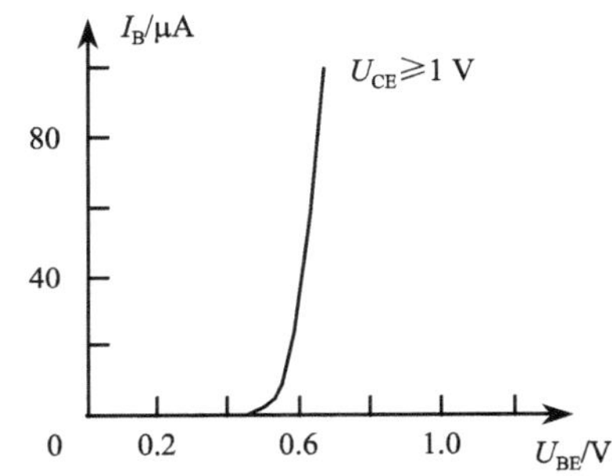

图 4-19 三极管的输入特性曲线

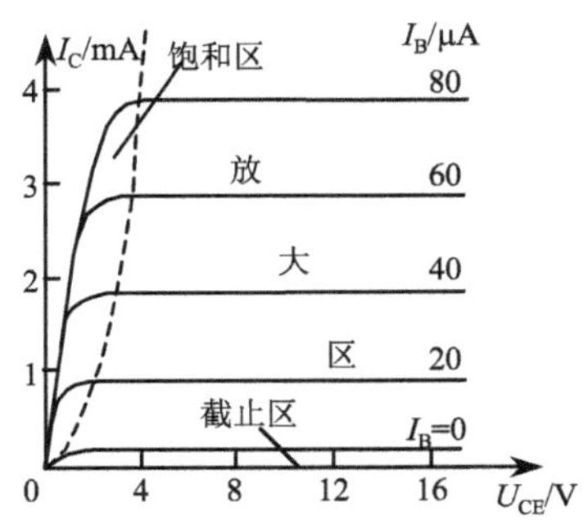

图 4-20 三极管的输出特性曲线

一般把三极管的输出特性分为 3 个工作区域。

（1）截止区

三极管工作在截止状态时，具有以下特点。

1）发射结和集电结均反向偏置。

2）若不计穿透电流 I_{CEO}，I_B、I_C 近似为 0。

3）三极管的集电极和发射极之间电阻很大，三极管相当于一个断开开关。

（2）放大区

在图 4-20 中，输出特性曲线近似平坦的区域称为放大区。三极管工作在放大区时，具有以下特点。

1）三极管的发射结正向偏置，集电结反向偏置。

2）基极电流 I_B 微小的变化会引起集电极电流 I_C 较大的变化，且存在 $I_C=\beta I_B$。

3）对于 NPN 型的三极管，有 $U_C > U_B > U_E$。

4）对于 NPN 型硅三极管，发射结电压 $U_{BE} \approx 0.7$ V；对于 NPN 型锗三极管，$U_{BE} \approx 0.2$ V。

（3）饱和区

三极管工作在饱和状态时具有以下特点。

1）三极管的发射结和集电结均正向偏置。

2）三极管的电流放大能力下降，通常有 $I_C < \beta I_B$。

3）U_{CE} 的值很小，称此时的电压 U_{CE} 为三极管的饱和压降，用 U_{CES} 表示。一般硅三极管的 U_{CES} 约为 0.3 V，锗三极管的 U_{CES} 约为 0.1 V。

4）三极管的集电极和发射极近似短接，三极管相当于一个导通开关。

三极管作为开关使用时，通常工作在截止区和饱和区；作为放大元件使用时，一般要工作在放大区。

4.3.4 晶体管的主要参数

三极管的参数很多，如电流放大系数、极间反向电流、集电极最大允许电流、集—射极反向击穿电压、集电极最大允许耗散功率、耗散功率等，这些参数可以通过查半导体手册得到。三极管的参数是正确选定三极管的重要依据，下面介绍三极管的几个重要参数。

1．电流放大系数

电流放大系数是表示三极管放大能力的重要参数。

共发射极直流电流放大系数 $\overline{\beta}$ 是在无输入信号的情况下三极管处于直流工作状态（称为静态）时，表示电流放大能力的参数，其值

$$\overline{\beta} = \frac{I_C}{I_B}$$

共发射极交流电流放大系数 β 是在三极管工作在有信号输入的情况下处于交流工作状态（称为动态）时，基极电流的变化量 Δi_B 引起集电极电流的变化量 Δi_C。因此，β 表示三极管处于交流工作状态时的电流放大能力。其值

$$\beta = \frac{\Delta i_C}{\Delta i_B}$$

显然$\overline{\beta}$与β的含义不同，但两者数值较为接近，所以在电路分析估算时，常用$\overline{\beta} \approx \beta$这个近似关系。由于制造工艺的分散性，即使相同型号的三极管，β值也存在差异。常用的三极管的β值在 20～100 的范围。

2．极间反向电流

（1）集—基极反向饱和电流 I_{CBO}

I_{CBO} 是在发射极开路的情况下，集电极与基极间加反向电压时的反向电流。它实际上和单个 PN 结的反向电流是一样的，因此受温度的影响较大。在一定温度下，I_{CBO} 基本上是个常数，称为反向饱和电流。室温下，小功率锗管的 I_{CBO} 为几微安到几十微安，小功率硅管的 I_{CBO} 小于 1 μA。显然，I_{CBO} 越小，管子的稳定性越好。在温度变化范围大的工作环境下应选用硅管。

（2）集—射极反向穿透电流 I_{CEO}

I_{CEO} 是在基极开路的情况下，集电极与发射极间加上一定的反向电压时的集电极电流。由于这个电流是从集电区穿过基区流到发射区，所以称为穿透电流。根据载流子在三极管内部的运动规律及电流分配关系可知

$$I_{CEO} = (\overline{\beta} + 1)\ I_{CBO} \tag{4-5}$$

在共发射极电路中，当有基极电流 I_B 存在并考虑穿透电流 I_{CEO} 时，集电极电流 I_C 的精确表达式为

$$I_C = \overline{\beta} I_B + I_{CEO} \tag{4-6}$$

$\overline{\beta}$和 I_{CEO} 都要随温度升高而增大，故 I_C 也要增加，所以三极管的温度稳定性较差。I_{CEO} 和 I_{CBO} 都是衡量三极管稳定性的重要参数，但 I_{CEO} 比 I_{CBO} 对温度的敏感性更强，因而对三极管的工作影响也更大。小功率锗管的 I_{CEO} 为几十微安到几百微安，硅管在几微安以下。由于 I_{CEO} 与$\overline{\beta}$及 I_{CBO} 有关，因此在选用三极管时，要使 I_{CBO} 尽可能小些，而$\overline{\beta}$值以不超过 100 为宜。

3．极限参数

（1）集电极最大允许电流 I_{CM}

集电极电流超过某一定值时，电流放大系数β值就要下降。I_{CM} 就是β下降到其正常值的 2/3 时的集电极电流。

（2）集—射极反向击穿电压 $U_{(BR)CEO}$

$U_{(BR)CEO}$ 是在基极开路时加在集—射极间的最大允许电压。当三极管的集—射极电压 U_{CE} 大于 $U_{(BR)CEO}$ 时，I_{CEO} 突然剧增，说明三极管已被击穿。手册中给出的 $U_{(BR)CEO}$ 一般是常温时的值，在较高温度下，$U_{(BR)CEO}$ 的值将要降低，使用时应特别注意。

（3）集电极最大允许耗散功率 P_{CM}

当集电极电流通过集电结时，要消耗功率而使集电结发热；若集电结温度过高，则会引起三极管参数的变化，甚至烧坏管子。因此，规定当三极管因受热而引起参数变化不超过允许值时集电极所消耗的最大功率为集电极最大允许耗散功率 P_{CM}。

$$P_{CM}=i_C u_{CE}$$

在三极管的输出特性曲线上画出一条 P_{CM} 曲线，称为集电极功耗曲线，如图 4-21 所示。它是一条双曲线，在曲线的右侧，集电极耗散功率大于 P_{CM}，这个区域称为过损耗区；在曲线的左侧，集电极耗散功率小于 P_{CM}。这样，由 I_{CM}、$U_{(BR)CEO}$、P_{CM} 三者共同确定了三极管的安全工作区。P_{CM} 值与环境温度有关，温度越高，则 P_{CM} 值越小。为了提高 P_{CM} 的值，常采用散热装置。

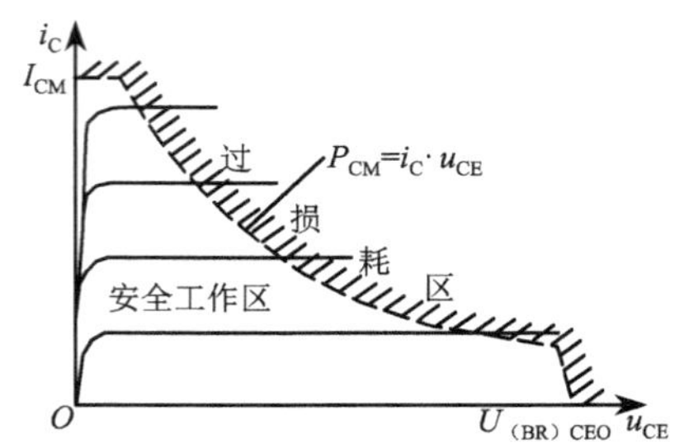

图 4-21　三极管的极限参数及安全工作区

*4.4　场效应管

场效应管是一种电压控制器件，是利用输入回路的电场效应来控制输出回路电流的一种半导体器件。场效应管工作时，内部参与导电的只有多子一种载流子，因此又称为单极性器件。

根据结构不同，场效应管分为两大类，结型场效应管和绝缘栅场效应管。本节侧重介绍绝缘栅场效应管。绝缘栅场效应管是由金属（Metal）、氧化物（Oxide）和半导体（Semiconductor）材料构成的，因此又叫 MOS 管。MOS 场效管具有制造工艺简单、占用芯片面积小、器件的特性便于控制等特点。因此，MOS 管是当前制造超大规模集成电路的主要有源器件，并且许多有发展前景的新电路技术已被开发出来。

绝缘栅场效应管分为增强型和耗尽型两种，每一种又包括 N 沟道和 P 沟道两种类型。可见，MOS 场效应管共有 4 种类型，分别为 N 沟道增强型（NEMOS）、P 沟道增强型（PEMOS）、N 沟道耗尽型（NDMOS）和 P 沟道耗尽型（PDMOS）。

4.4.1　场效应管的基本结构

以 N 沟道增强型 MOS 管为例。它是以 P 型半导体作为衬底，再在衬底上扩散两个 N^+ 区（高掺杂），分别为源区和漏区。源区和漏区分别与 P 型衬底形成两个 PN 结。在 P 型衬底表面生长着一薄层的二氧化硅（SiO_2）绝缘层，并在两个 N^+ 区之间的绝缘层上覆盖一层金属，然后在上面引出电极为栅极（G）。源区和漏区引出的电极分别为源极（S）和漏极（D），而从衬底通过 P 引线引出的电极称为衬底极（B）。

图 4-22 为 N 沟道增强型 MOS 管的结构与符号。符号中的箭头表示从 P 区（衬底）指向 N 区（N 沟道），虚线表示增强型。

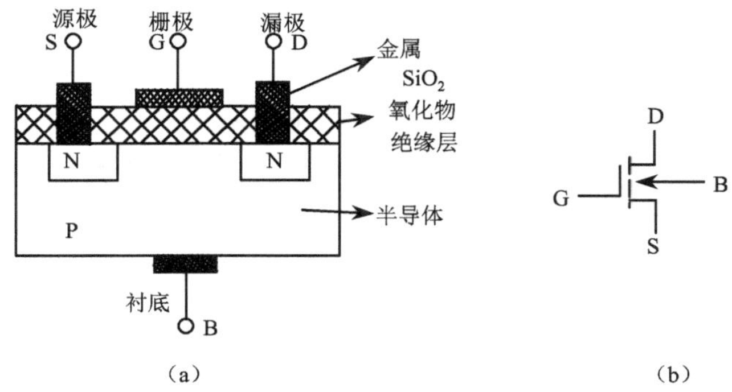

图 4-22　N 沟道增强型 MOS 管的结构与符号

（a）结构　（b）符号

4.4.2　场效应管的工作原理

当 U_{GS}=0 V 时，漏源极之间相当于两个背靠背的二极管，在 D、S 之间加上电压也不会形成电流，即管子截止，如图 4-23（a）所示。

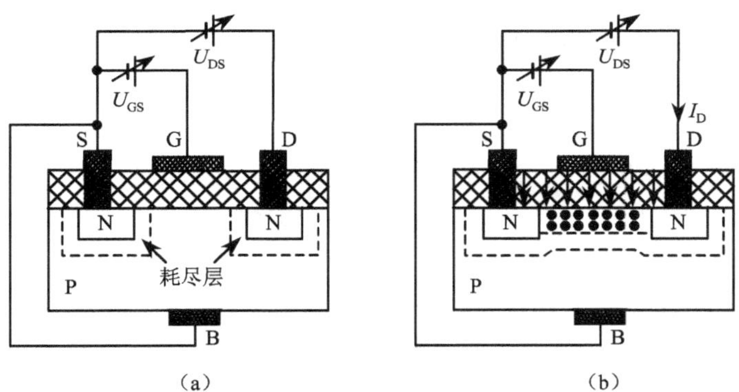

图 4-23　N 沟道增强型 MOS 管加栅源电压 U_{GS}

（a）U_{GS}=0　（b）U_{GS}>0

当 U_{GS}>0 V 时，垂直于衬底的表面电场将靠近栅极下方的空穴向下排斥到耗尽层。

再增加 U_{GS}，垂直于衬底的表面电场增强，将 P 区少子电子聚集到 P 区表面，从而形成导电沟道，如果此时加漏源电压 U_{DS}，就可以形成漏极电流 I_D，如图 4-23（b）所示。

刚刚产生沟道所需的栅源电压 U_{DS} 为开启电压（U_T）。

N 沟道增强型 MOS 管的基本特性如下。

1）$U_{GS}<U_{GS(th)}$，管子截止；$U_{GS}>U_{GS(th)}$，管子导通。

2）U_{GS} 越大，沟道越宽，在相同的漏源电压 U_{DS} 作用下，漏极电流 I_D 越大。

场效应管具有输入阻抗高、耗电少、噪声小、热稳定性好、抗辐射能力强等优点，在放大器的前级或环境条件变化较大的场合得到广泛应用。

4.4.3 场效应管的特性和主要参数

1．特性曲线

由于 MOS 管的栅极是绝缘的，栅极电流 $I_G \approx 0$，因此不讨论 I_G 和 U_{GS} 之间的关系。I_D 和 U_{DS}、U_{GS} 之间的关系可用输出特性和转移特性来表示。

输出特性是指以 U_{GS} 为参变量，I_D 和 U_{DS} 之间的关系；转移特性是指以 U_{DS} 为参变量，I_D 和 U_{GS} 之间的关系，如图 4-24 所示。

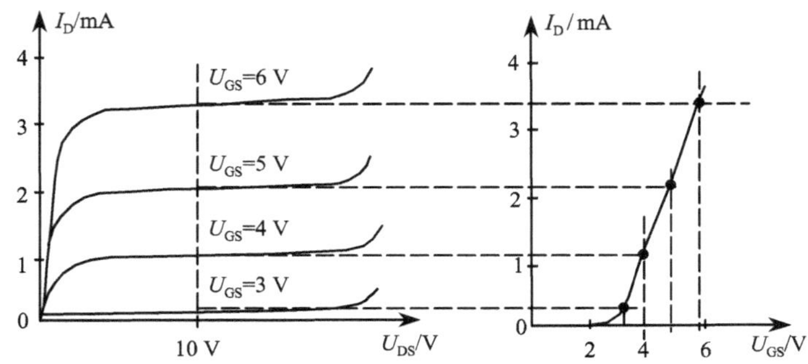

图 4-24　场效应管的输出特性曲线和转移特性曲线

2．主要参数

1）夹断电压 $U_{GS(off)}$ 和开启电压 $U_{GS(th)}$。夹断电压是耗尽型 MOS 管的参数，开启电压是增强型 MOS 管的参数。

2）饱和漏极电流 I_{DSS}。I_{DSS} 是耗尽型 MOS 管的参数。

3）栅源直流输入电阻 R_{GS}。R_{GS} 是栅源电压和栅极电流的比值。

4）最大漏源击穿电压 $U_{(BR)DS}$。$U_{(BR)DS}$ 是指漏极和源极之间的击穿电压，即 I_D 开始急剧上升时的 U_{DS} 值。

5）最大漏极电流 I_{DM} 和最大耗散功率 P_{DM}。

6）低频跨导 g_m。在 U_{DS} 为某一固定值时，漏极电流的微小变化和相应的栅源输入电压变化量之比，即

$$g_m = \frac{\Delta I_D}{\Delta U_{GS}} \tag{4-7}$$

习 题 4

1．有两个三极管，一个的β=200，I_{CEO}=100 μA，另一个的β=60，I_{CEO}=15 μA，哪一个管子的工作稳定性较好？

2．一个三极管，I_{B1}=20 μA，I_{C1}=2 mA；I_{B2}=40 μA，I_{C2}=4 mA，求其β值。

3．对一个接于电路中无型号标志的三极管，测得三个引脚上的对地电位分别为 U_A=11.6 V，U_B=2 V，U_C=2.7 V，试判断该三极管的类型及 A，B，C 三个引脚分别为哪个电极。

4．二极管电路如题 4 图所示，试判断图中的二极管是导通还是截止，并求 AO 两端电

压 U_{AO}。（设二极管导通时管压降忽略不计）

5．在题 5 图中，电源 u_S 为正弦波电压，试绘出负载 R_L 两端的电压波形。（设二极管是理想的）

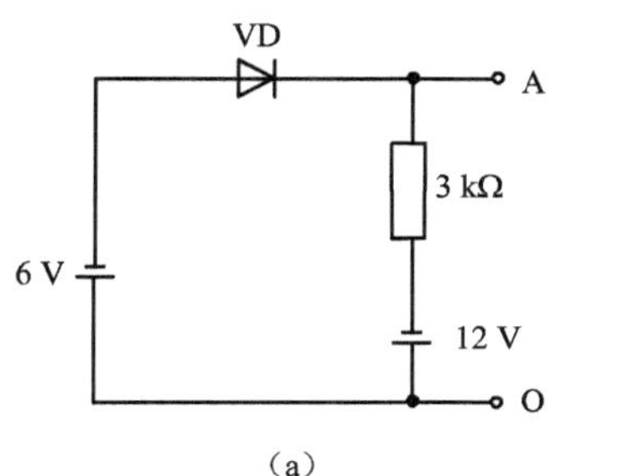

（a）

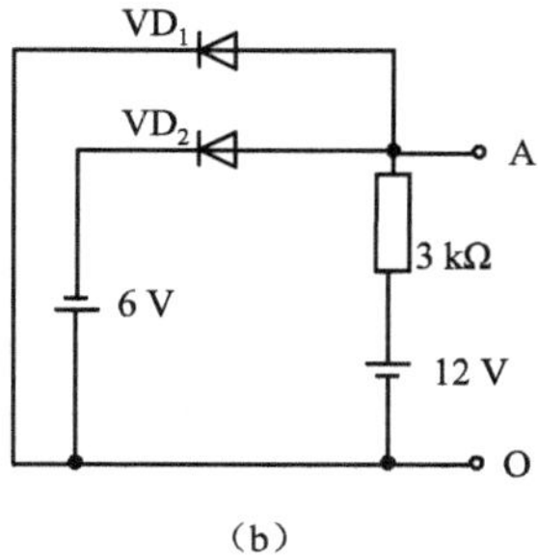

（b）

题 4 图

（a）情况 1　（b）情况 2

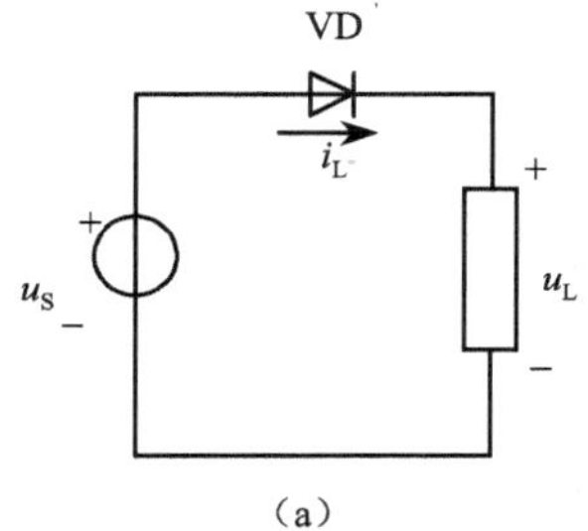

（a）

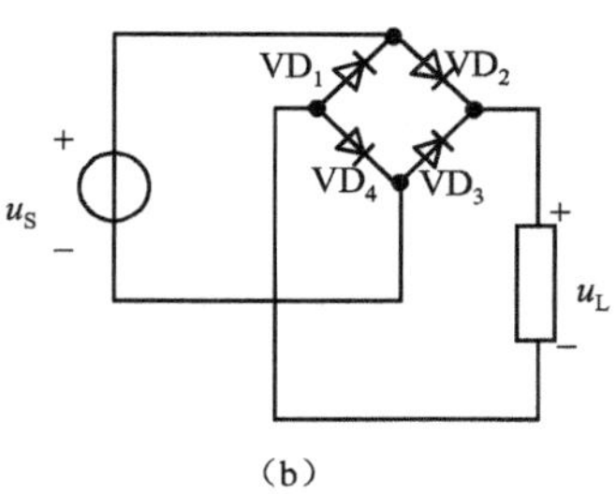

（b）

题 5 图

（a）情况 1　（b）情况 2

6．在题 6 图中，VD_1，VD_2 为硅二极管，当 $u_i = 6\sin \omega t$ V 时，试分析输出电压 u_o 的波形。

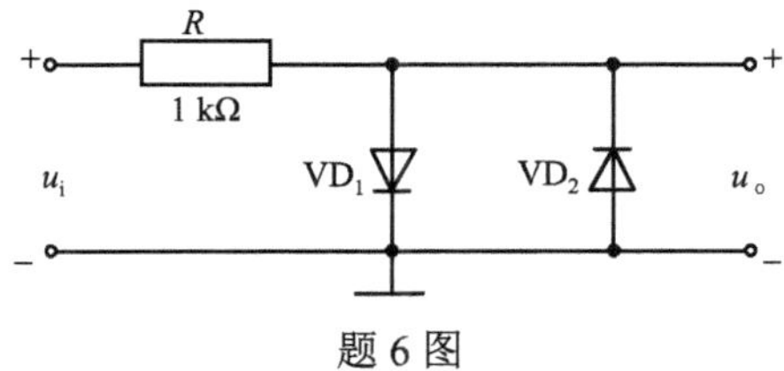

题 6 图

7．二极管电路如题 7 图（a）所示，设输入电压 u_i（t）波形如题 7 图（b）所示，在 $0<t<5$ ms 的时间间隔内，试绘出 u_o（t）的波形。（设二极管是理想的）

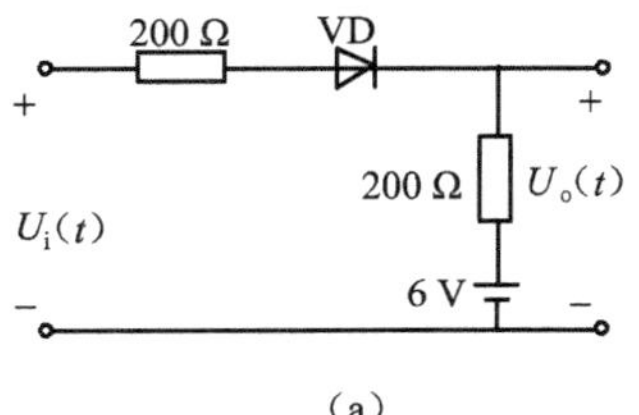

（a）

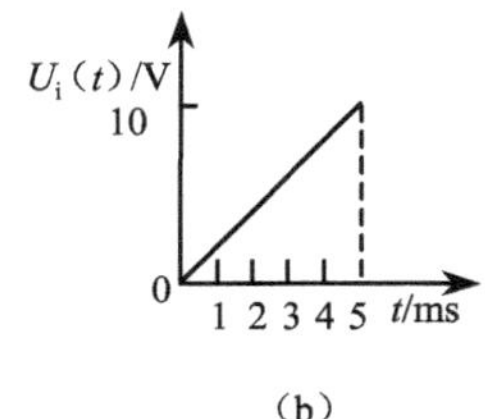

（b）

题 7 图

（a）电路图　（b）输入电压波形图

8. 在题 8 图中，试求下列几种情况下输出端电位 U_o 及各元件中通过的电流：1) U_A=10 V，U_B=0 V；2) U_A=6 V，U_B=5.8 V；3) U_A=U_B=5 V。（设二极管的正向电阻为零，反向电阻为无穷大）

9. 在题 9 图中，E=20 V，R_1=900 Ω，R_2=1 100 Ω，稳压管 VD_Z 的稳定电压 U_Z=10 V，最大稳定电流 I_{ZM}=8 mA。试求稳压管中通过的电流 I_Z，并判断是否超过 I_{ZM}。如果超过，应如何处理？

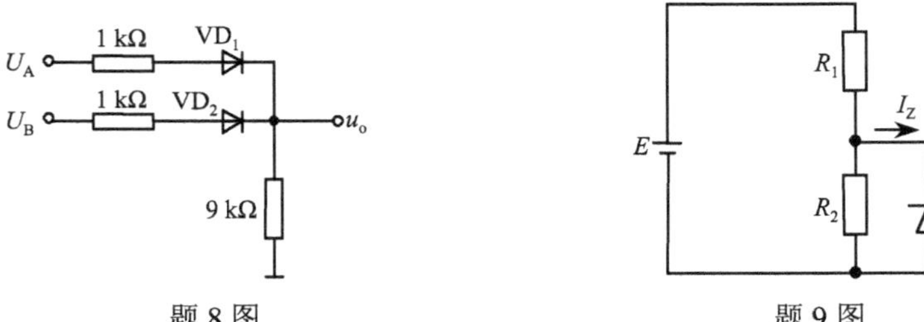

题 8 图　　题 9 图

10. 将一个 PNP 型三极管接成共发射极放大电路，三极管与电源 E_B 与 E_C 的正负极应如何连接，为什么？画出电路图。试分析 PNP 型三极管内部载流子的运动过程。

11. 有一个三极管接在电路中，测出它的三个电极的对地电位分别为−9 V，−6 V，−6.2 V。试说明这个管子是硅管还是锗管，是 NPN 型还是 PNP 型，并判别基极、发射极和集电极。

12. 有两个三极管，一个管子 $\overline{\beta}=50$，I_{CBO}=2 μA；另一个管子 $\overline{\beta}=80$，I_{CBO}=12 μA。如果其他参数相同，选用哪个子管子较好？为什么？

第5章　晶体管基本放大电路

放大电路（亦称放大器）是一种应用极为广泛的电子电路。在电视、广播、自动控制、通信、测量仪表以及其他各种电子设备中，是必不可少的重要组成部分。它的主要功能是将微弱的电信号（电压、电流、功率）进行放大，以满足人们的实际需要。

放大电路是模拟电子电路中最重要的单元电路之一，它放大的实质是能量的控制和转换。在输入信号作用下，放大电路将直流电源所提供的能量转换成负载（如扬声器）所获得的能量，这个能量大于信号源所提供的能量。因此放大电路的基本特征是功率放大，即负载上总是获得比输入信号大得多的电压或电流信号，也可能兼而有之。那么，由谁来控制能量转换呢？答案是有源器件，即三极管和场效应管等。本章讨论由三极管和场效应管组成的基本放大电路的工作原理，重点讲解放大电路的基本分析方法。

5.1　共射极放大电路

5.1.1　电路的基本结构

共射极放大电路的工作原理如图5-1所示。其中，晶体管VT为放大元件，$i_C=\beta i_B$，保证集电结反偏，发射结正偏，使晶体管工作在放大区；基极电源E_B与基极电阻R_b使发射结处于正偏，并提供大小适当的基极电流；集电极电源E_C为电路提供能量，并保证集电结反偏；集电极电阻R_c将电流放大转变为电压放大；耦合电容C_1、C_2隔离输入、输出与放大电路的直流联系，使交流信号顺利输入、输出。

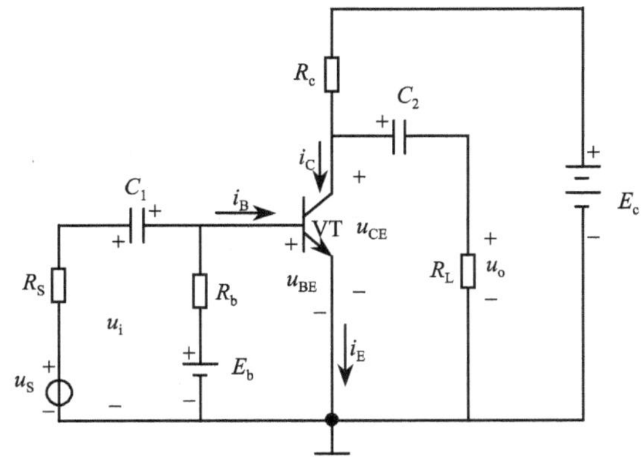

图5-1　共发射极放大电路的工作原理

电路中，直流量用大写字母、大写下标表示，如I_B；交流量用小写字母、小写下标表示，如i_b；混合量用小写字母、大写下标表示，如i_B。

在电子电路中，一般画成单电源供电的电路，如图5-2所示。

放大电路的分析分为静态和动态两种情况。静态是指未加输入信号时放大器的工作状态，动态是指加上输入信号时放大器的工作状态。

静态分析主要是分析电路中有源器件的静态工作点的直流电压和直流电流，确定其是否处于放大状态。动态分析主要是估算放大电路的各项动态技术指标，如电压放大倍数、输入电阻、输出电阻、输出最大功率等。下面分别介绍放大电路的静态分析和动态分析。

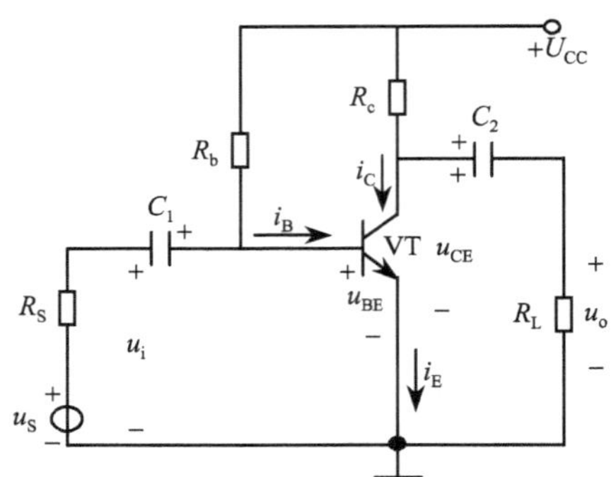

图 5-2 单电源供电共发射极放大电路

5.1.2 放大电路的静态分析

在图 5-2 中，当 u_i=0 时，放大电路中没有交流成分，称为静态工作状态，这时耦合电容 C_1、C_2 视为开路，直流通路如图 5-3 所示。其中，基极电流 I_B，集电极电流 I_C 以及集电极和发射极间电压 U_{CE} 只有直流成分，没有交流输出，用 I_{BQ}、I_{CQ}、U_{CEQ} 表示。它们在三极管特性曲线上所确定的点称为静态工作点，用 Q 表示。

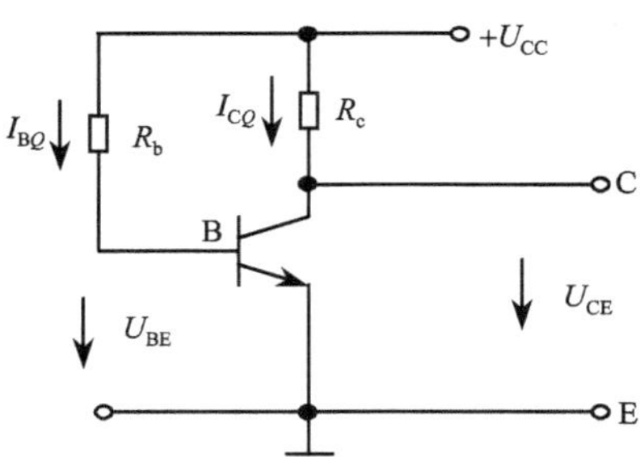

图 5-3 共射极放大电路的直流通路

1．估算法确定静态工作点

由图 5-3 所示的直流通路可得，静态时的基极电流

$$I_{BQ}=\frac{U_{CC}-U_{BE}}{R_b}\approx\frac{U_{CC}}{R_b} \tag{5-1}$$

其中，U_{BE}（硅管约 0.7 V）比 U_{CC} 小得多，可忽略不计。

由 I_{BQ} 可得出静态时的集电极电流

$$I_C\approx\beta I_B \tag{5-2}$$

静态时的集—射极电压

$$U_{CE}=U_{CC}-I_C R_c \tag{5-3}$$

2．图解法确定静态工作点

由式（5-3）可得，当 I_C=0 时，U_{CE}=U_{CC}；当 U_{CE}=0 时，$I_C=U_{CC}/R_c$。由此可在图 5-4 所示的晶体管输出特性曲线上作出一条直线，称为直流负载线。直流负载线与晶体管的某条输出特性曲线（由 I_B 确定）的交点 Q，称为放大电路的静态工作点，由图上的静态工作点得出放大电路的电压和电流的静态值。

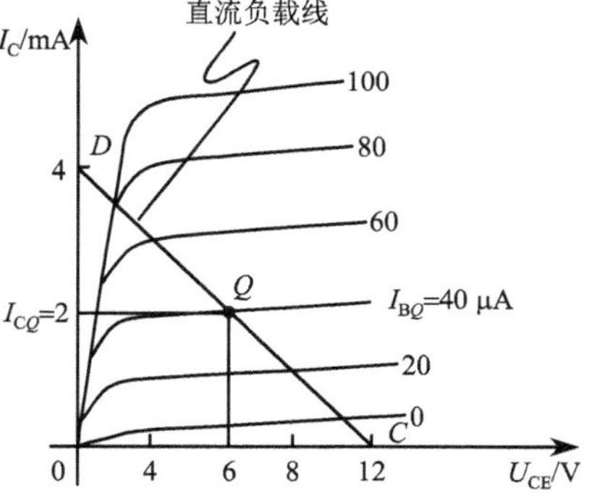

图 5-4 用图解法确定放大电路的静态

由图 5-4 可知，基极电流 I_B 的大小不同，静态工作点在负载线上的位置就不同，对晶体管工作状态的要求不同，要有一个相应不同的合适的工作点，这可以通过改变 I_B 的大小来获得。因此，I_B 很重要，它确

定晶体管的工作状态，称为偏置电流。产生偏流的电路称为偏置电路，在图 5-3 中，通常通过改变偏置电阻 R_b 的阻值来调整偏流 I_B 的大小。

例 5-1　用图解法求图 5-5 的静态工作点。

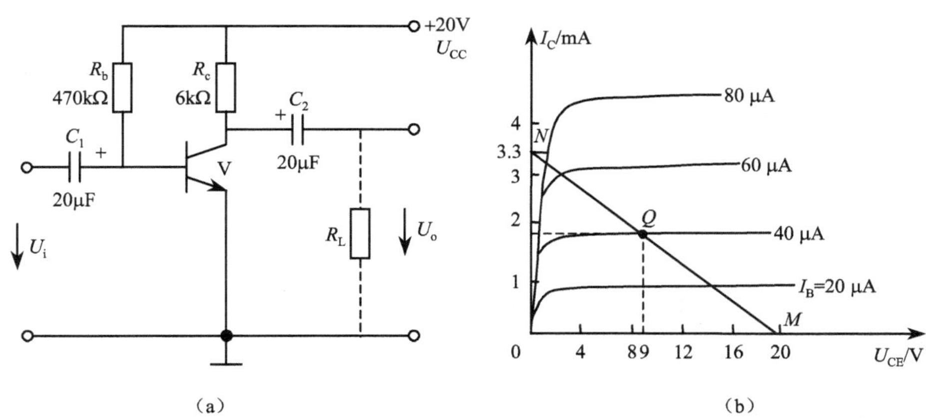

（a）　　（b）

图 5-5　例 5-1 图

（a）电路图　（b）静态工作点分析

解：1）作直流负载线。

当 I_C=0 时，$U_{CE}=U_{CC}$=20 V，即 M（20，0）；

当 U_{CE}=0 时，$I_C=\dfrac{U_{CC}}{R_c}=\dfrac{20}{6}=3.3\ \text{mA}$，即 N（0，3.3）；

将 M、N 连接，即直流负载线。

2）求静态偏流。

$$I_{BQ}=\frac{U_{CC}-U_{BE}}{R_b}=\frac{20-0.7}{470\times10^3}\approx4\times10^{-5}\ \text{A}=40\ \mu\text{A}$$

如图 5-6（b）所示，I_{BQ}=40 μA 的输出特性曲线与直流负载线 MN 交于 Q（9，1.8），即静态值 I_{BQ}=40 μA，I_{CQ}=1.8 mA。

5.1.3　放大电路的动态分析

当放大电路有输入信号时，晶体管的各个电流和电压都含有直流分量和交流分量。直流分量一般即为静态值，由上述静态分析来确定，动态分析是在静态值确定后分析信号的传输情况，考虑的只是电流和电压的交流分量。微变等效电路法和图解法是动态分析的两种方法。

1．微变等效电路法

微变等效电路法，就是把非线性元件晶体管线性化，将晶体管所组成的放大电路等效为一个线性电路，用分析线性电路的方法来分析放大电路。

（1）晶体管的微变等效电路

1）晶体管输入端等效。

图 5-6（a）是三极管的输入特性曲线，是非线性的。如果输入信号很小，可近似地认为在静态工作点 Q 附近的工作段是直线。在图 5-7 中，当 U_{CE} 为常数时，从 b、e 看进去三极

管就是一个线性电阻，其值

$$r_{be}=\frac{\Delta U_{BE}}{\Delta I_B} \tag{5-4}$$

式中，r_{be}为晶体管输入电阻。在手册中r_{be}常用h_{be}表示，一般为数百欧至数千欧。低频小功率晶体管的输入电阻常用式为

$$r_{be}=r_{bb'}+\frac{(\beta+1)\times 26(\text{mV})}{I_E(\text{mA})} \tag{5-5}$$

式中，一般$r_{bb'}$取300 Ω，I_E为射极静态电流。

2）晶体管输出端等效。

图5-6（b）是三极管的输出特性曲线族，若动态是在小范围内，特性曲线不但互相平行、间隔均匀，且与U_{CE}轴线平行。当U_{CE}为常数时，从输出端c、e极看，三极管就成了一个受控电流源，如图5-7所示，则

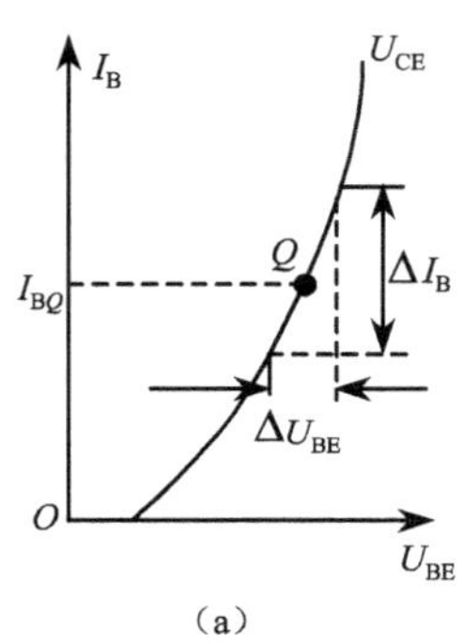

（a）

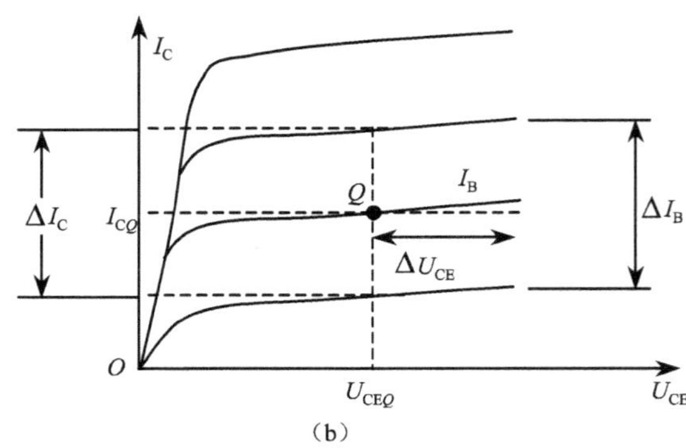

（b）

图5-6　三极管特性曲线

（a）输入特性曲线　（b）输出特性曲线

$$\Delta I_C=\beta\Delta I_B$$

因此，晶体管的输出电路可用一等效恒流源$i_C=\beta i_B$代替，以表示晶体管的电流控制作用。当$i_B=0$时，βi_B不存在，所以它不是一个独立电源，而是受输入电流i_B控制的受控电源，简称受控电流源。

此外，在图5-6（b）中，晶体管的输出特性曲线不完全与横轴平行，当I_B为常数时，

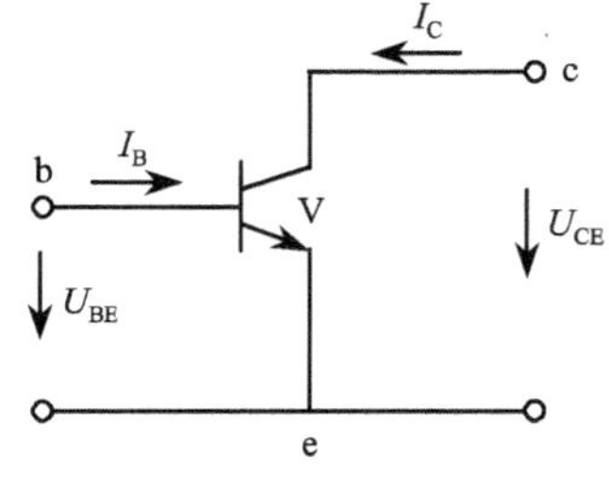

图5-7　晶体三极管

$$r_{ce}=\frac{\Delta U_{CE}}{\Delta I_C} \tag{5-6}$$

式中，r_{ce}为晶体管的输出电阻，在小信号的条件下，r_{ce}是一个常数。如果把晶体管的输出电路看作电流源，r_{ce}就是电源的内阻，所以在等效电路中与受控恒流源βi_B并联。由于r_{ce}阻值

很高，为几千欧到几百千欧，流过的电流很小，所以在微变等效电路中可忽略不计。图 5-8 是晶体管的交流小信号微变等效电路模型。

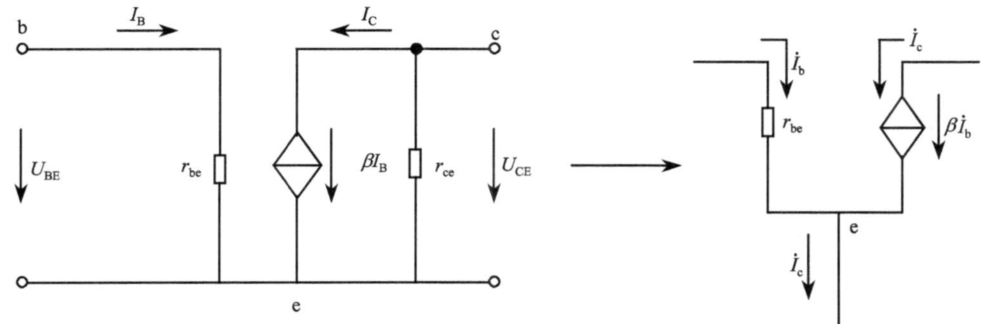

图 5-8　晶体管小信号微变等效模型

（2）放大电路的微变等效电路

通过放大电路的交流通路和三极管的微变等效，可得出放大电路的微变等效电路，如图 5-9 所示。

（3）用微变等效电路求动态指标

1）电压放大倍数。设在图 5-9（b）中输入为正弦信号，因为

$$U_i=I_b r_{be}$$

$$U_o=-I_c R'_L=-\beta I_b R'_L$$

$$A_u=\frac{U_o}{U_i}=-\beta R'_L/r_{be} \tag{5-7}$$

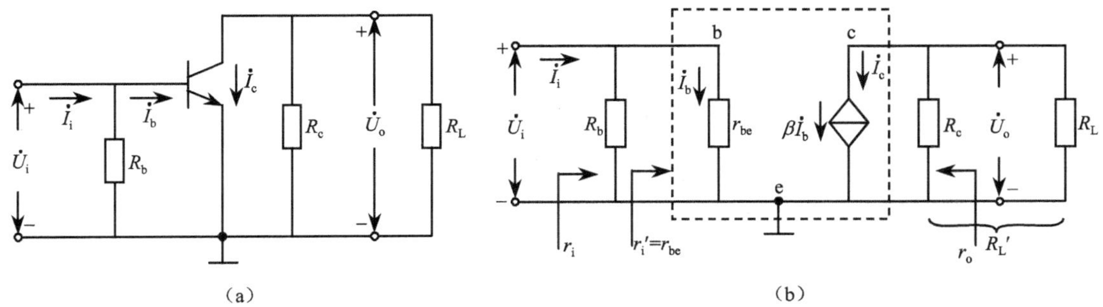

图 5-9　基本放大电路的交流通路及微变等效电路

（a）交流通路　（b）微变等效电路

当负载开路时，有

$$A_u=\frac{-\beta R_c}{r_{be}} \tag{5-8}$$

式中，$R'_L=R_L // R_c$。

2）输入电阻 r_i 是指电路的动态输入电阻，由图 5-9（b）中可看出

$$r_{\mathrm{i}}=\frac{U_{\mathrm{i}}}{I_{\mathrm{i}}}=R_{\mathrm{b}}//r_{\mathrm{be}}\approx r_{\mathrm{be}} \tag{5-9}$$

3）输出电阻 r_{o} 是指由输出端向放大电路内部看到的动态电阻，因 r_{ce} 远大于 R_{c}，所以

$$r_{\mathrm{o}}=r_{\mathrm{ce}}//R_{\mathrm{c}}\approx R_{\mathrm{c}} \tag{5-10}$$

例 5-2 在图 5-10（a）中，β=50，U_{BE}=0.7 V，试求：1）静态工作点参数 $I_{\mathrm{B}Q}$，$I_{\mathrm{C}Q}$，$U_{\mathrm{CE}Q}$，U_{o} 值；2）计算动态指标 A_u，r_{i}，r_{o} 的值。

解：1）求静态工作点参数。

$$I_{\mathrm{B}Q}=\frac{U_{\mathrm{CC}}-0.7}{R_{\mathrm{b}}}=\frac{12-0.7}{280\times10^{3}}\approx4\times10^{-2}\,\mathrm{A}=0.04\,\mathrm{mA}=40\,\mu\mathrm{A}$$

$$I_{\mathrm{C}Q}=\beta I_{\mathrm{B}Q}=50\times0.04\times10^{-3}=2\times10^{-3}\,\mathrm{A}=2\,\mathrm{mA}$$

$$U_{\mathrm{CE}Q}=U_{\mathrm{CC}}-I_{\mathrm{C}Q}R_{\mathrm{c}}=12-2\times10^{-3}\times3\times10^{3}=6\,\mathrm{V}$$

微变等效电路如图 5-10（b）所示。

$$r_{\mathrm{be}}=300+\frac{(\beta+1)26(\mathrm{mV})}{I_{\mathrm{E}}}=300+\frac{51\times26(\mathrm{mV})}{2(\mathrm{mA})}$$

$$=963\,\Omega\approx0.96\,\mathrm{k}\Omega$$

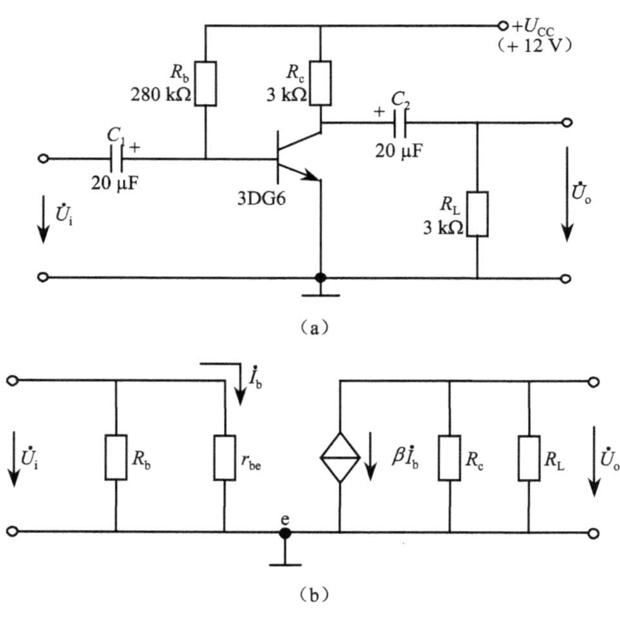

图 5-10 用微变等效电路求动态指标

（a）原理图 （b）微变等效电路

2）计算动态指标。

$$A_u=\frac{-\beta R'_{\mathrm{L}}}{r_{\mathrm{be}}}=\frac{-50\times(3//3)}{0.96}=-78.1$$

$r_i = R_b // r_{be} \approx r_{be} = 0.96\ \text{k}\Omega$

$r_o \approx R_c = 3\ \text{k}\Omega$

（4）放大电路的频率特性。

放大电路的耦合电容 C_1 和 C_2 以及晶体管的结电容，它们的容抗随频率而变化，使 u_o 因不同频率而大小、相位均不同，根据实验得到交流电路的频率特性如图 5-11 所示。

当放大倍数从 A_m 下降到 $0.707A_m$ 时，在高频段和低频段所对应的频率分别称为上限截止频率 f_H 和下限截止频率 f_L。f_H 和 f_L 之间形成的频带宽度称为通频带，记为 f_{BW}，

$$f_{BW} = f_H - f_L \tag{5-11}$$

通频带越宽表明放大电路对不同频率信号的适应能力越强。但是通频带宽度也不是越宽越好，超出信号所需要的宽度，一是增加成本，二是把信号以外的干扰和噪声信号一起放大，这样必定引起波形的失真。失真是指输出信号的波形与输入信号波形不一样，这种由电压放大倍数随频率变化而引起的失真称为频率失真。为了不引起频率失真，输入信号的频率宽度应在放大电路的通频带内。同时应根据信号的频带宽度来要求放大电路应有的通频带。

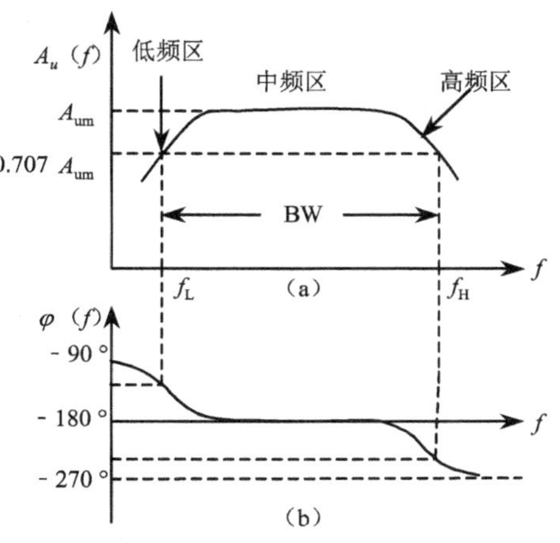

图 5-11　放大电路的频率特性

（a）幅频特性　（b）相频特性

2．图解法

图解法动态分析的目的是观察放大电路的工作情况，研究放大电路的非线性失真并求解最大不失真电压幅值。动态分析的对象是交流通路，分析的关键是作交流负载线。

（1）根据输入信号 u_i 在输入特性曲线上求 i_B

如图 5-12 所示，当 u_i 足够小时，输入特性的工作范围很小，可近似看作线性段，因此，交流电流 i_B 也是按正弦规律变化。根据 $u_{BE} = U_{BE} + u_i$ 的变化规律，在输入特性上可画出对应的 i_B 波形。

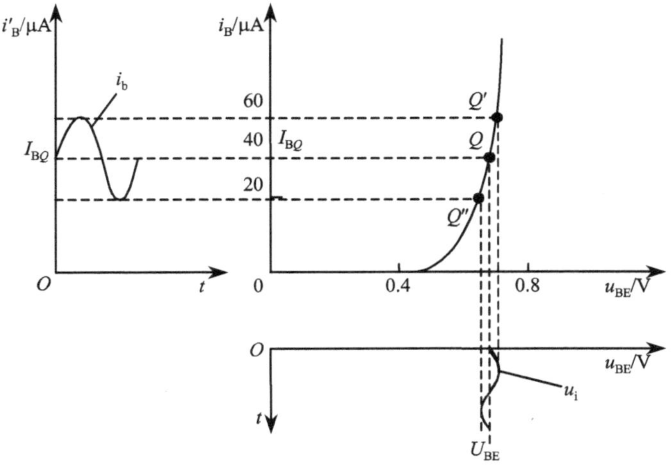

图 5-12　由 u_i 求 i_B 的图解法

（2）根据 i_B 在输出特性曲线上求 i_C 和 u_{CE}

1）在输出特性上作交流负载线。将图 5-2 所示单管共射放大电路的交流通路画于图 5-9（a）。由图可见

$$u_o = u_{CE} = -i_C R'_L$$

所以，输出回路中交流分量的电压与电流的关系可用斜率为$-1/R'_L$的直线来表示，这条直线称为交流负载线。由于 $R'_L=R_c//R_L$，所以通常 R'_L 小于 R_c，交流负载线比直流负载线斜率更大。

交流负载线的做法包括两步。①通过静态分析作出直流负载线，确定静态工作点 Q。交流负载线和直流负载线必然在 Q 点相交。这是因为在线性工作范围内，输入电压在变化过程中一定经过零点。在输入电压 $u_i=0$ 的瞬间，放大电路工作在静态工作点 Q。因此在 $u_i=0$ 时刻，Q 点既是动态工作中的一点，又是静态工作中的一点。这样，这一时刻的 i_C 和 u_{CE} 应同时在两条负载线上，那么，只有两条负载线的交点才满足条件。②确定交流负载线上的另一点。若令 $i_C=0$，那么在输出特性的横轴上截取 $u_{CE}=U_{CE}+I_{CQ}R'_L$，即得交流负载线上的另一点 P。连接 PQ 并延长就是所要作的交流负载线，如图 5-13 所示。

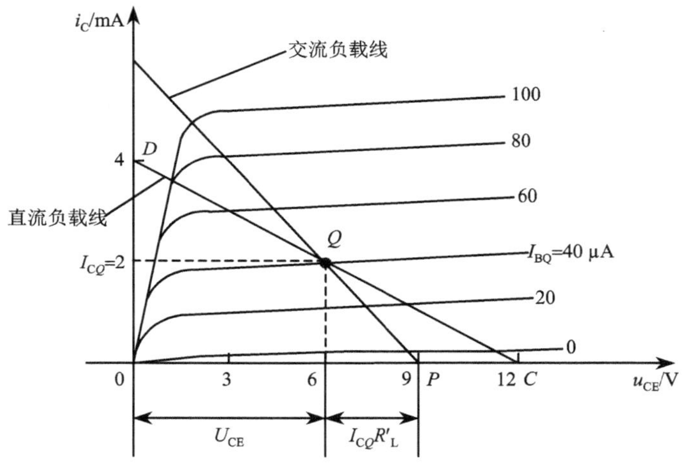

图 5-13　交流负载线作法

2）根据 i_B 波形和交流负载线，求 i_C 和 u_{CE} 波形。前面由输入特性得到基极电流 i_B 波形，在 i_B 作用下，i_C 和 u_{CE} 的动态关系是由交流负载线来描述的。当 i_B 在 60～20 μA 之间变动时，输出特性与交流负载线的交点也随之改变，设对应于 i_B=60μA 的那条输出特性曲线与交流负载线的交点为 Q'，对应于 i_B=20 μA 的那条输出特性曲线与交流负载线的交点为 Q''，则放大电路的工作点随着 i_B 的变化将沿着交流负载线在 Q'～Q''之间移动，因此直线段 $Q'Q''$是工作点运动的轨迹，常称为动态工作范围，如图 5-14 所示。

由图 5-14 可知

$$i_C=I_{CQ}+i_c \quad u_{CE}=U_{CE}+u_{ce}$$

输出电压 u_o 是 u_{CE} 的交流成分，即 $u_o=u_{ce}$，并且相位与输入相反，所以共射极放大电路又叫反相电压放大器。

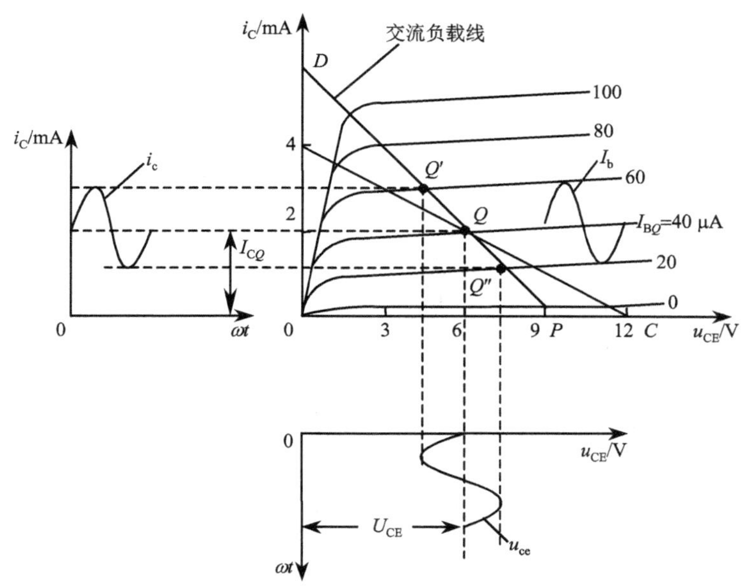

图 5-14　放大电路有输入信号时的图解分析

3．波形的非线性失真分析

（1）截止失真和饱和失真

当输入电压为正弦波时，若静态工作点合适且输入信号幅值较小，则三极管工作在放大区，集电极电流 i_C 随基极电流 i_B 按 β 倍变化，输出电压是一个被放大了的正弦波，且与输入电压相位相反。如果静态工作点 Q 过低，在输入信号的负半周的某段时间内，三极管基极与发射极之间的电压 u_{BE} 小于导通电压 u_{on}，三极管进入截止区，因此，基极电流 i_b 和集电极电流 i_C 波形将产生底部失真，输出电压 u_o 波形产生顶部失真，如图 5-15（a）所示。这种由于管子截止所引起的失真称为**截止失真**。

如果静态工作点 Q 过高，在输入信号的正半周靠近峰值的某段时间内，三极管工作点进入饱和区，基极电流 i_b 增大，集电极电流 i_C 不再随着增大，使集电极电流 i_C 波形产生顶部失真，输出电压 u_o 波形产生底部失真，如图 5-15（b）所示。这种由于管子饱和所引起的失真称为**饱和失真**。

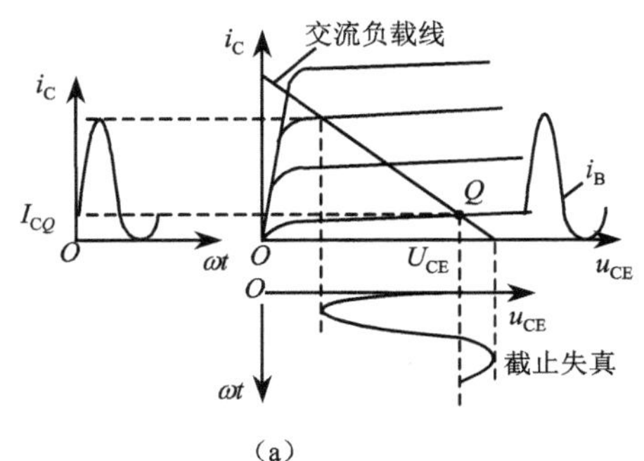

（a）

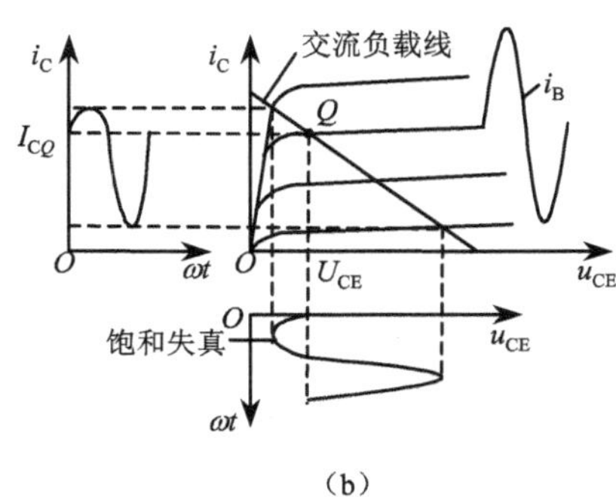

（b）

图 5-15　静态工作点对非线性失真的影响

（a）截止失真　（b）饱和失真

上述两种失真都是由于静态工作点选择不当或输入信号幅度过大，使三极管工作在特性曲线的非线性部分所引起的失真，因此统称为**非线性失真**。一般来说，如果希望输出幅度大而失真小，工作点最好选在交流负载线的中点。

5.1.4 静态工作点的稳定

静态工作点不仅决定了输出波形是否失真，而且还影响电压放大倍数及输入电阻等动态参数，所以在设计和调试放大电路时，必须设置一个合适的静态工作点 Q。影响工作点不稳定的原因很多，如电源电压变化、电路参数变化、管子老化等，但最主要的是由于三极管的参数（I_{CBO}、U_{BE}、β 等）随温度的变化而造成静态工作点的不稳定。

前面所讨论的共发射极基本放大电路中，当电源电压 U_{CC} 和集电极电阻 R_c 确定后，放大电路的 Q 点就由基极电流 I_B 决定，这个电流称为偏流，而获得偏流的电路称为偏置电路。又由于当 R_b 数值确定后，基极电流 I_B 就固定了，因此又称为固定偏置的放大电路。

在固定偏置的放大电路中，静态工作点 Q 是由基极偏流 I_{BQ} 和直流负载线共同决定的。虽然 I_{BQ}（$I_{BQ}\approx U_{CC}/R_b$）和直流负载线斜率（$-1/R_c$）不随温度变化，但是当温度升高时，β 增大，I_C 随之增大，输出特性曲线上移，如静态工作点由 Q 点移到 Q_1 点而接近于饱和区。当输入信号较大时必将出现饱和失真。反之，当温度降低时，Q 点将沿直流负载线下移，靠近截止区，易出现截止失真。

在实际使用的放大电路中，除了选用受温度影响比较小的硅三极管和改善工作环境温度外，最主要的是找出一种能够自动调节 Q 点位置的偏置电路，使 Q 点能够稳定在合适的位置上。图 5-16 为 Q 点稳定的分压式偏置电路。

在图 5-16（b）中，B 点的电流方程为

$$I_2=I_1+I_{BQ}$$

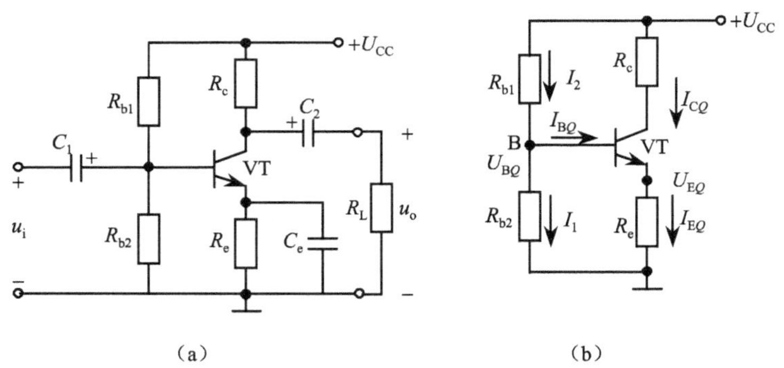

图 5-16　分压式偏置电路

（a）分压式偏置电路原理图　（b）分压式偏置电路的直流通路

为了稳定 Q 点，通常情况下，参数的选取应满足 $I_1>>I_{BQ}$，因此，$I_2\approx I_1$，则 B 点的电位

$$U_{BQ}\approx\frac{R_{b2}}{R_{b1}+R_{b2}}\cdot U_{CC} \tag{5-12}$$

式（5-12）表明基极电位只取决于直流电压源和基极电阻值，而与三极管参数无关，即不受环境温度的影响。

如果温度升高引起集电极电流 I_{CQ} 增大，那么，发射极电流 I_{EQ} 也相应增大，发射极电阻 R_e 上的电压 $U_{EQ}=I_{EQ}R_e$ 也随之增大；由于 U_{BQ} 基本不变，因此当 U_{EQ} 增大时，$U_{BEQ}=U_{BQ}-U_{EQ}$ 减小。根据三极管的输入特性，基极电流 I_{BQ} 减小，I_{CQ} 也随之减小。这样由于发射极电阻的作用，牵制了 I_{CQ} 的增大，最终使 Q 点趋于稳定。上述变化过程可表示为

$$t(℃)\uparrow\rightarrow I_{CQ}\uparrow\rightarrow I_{EQ}\uparrow\rightarrow U_{EQ}\uparrow\rightarrow U_{BE}\downarrow\rightarrow I_{BQ}\downarrow\rightarrow I_{CQ}\downarrow$$

可以看出这种自动调节过程实际上是将输出电流 I_{CQ} 通过发射极电阻 R_e 引到输入端，使输入电压 U_{BE} 变化，而达到稳定工作点的目的。显然，R_e 越大，R_e 上的压降越大，自动调节能力越强，电路稳定性越好。但是，R_e 太大，会使电压放大倍数下降，所以 R_e 应适当取值。如果电路满足 $U_{BQ}>>U_{BE}$，则 $U_{BQ}\approx U_{EQ}=I_{EQ}R_e$，这时

$$I_{CQ}\approx I_{EQ}=\frac{U_{BQ}}{R_e}=\frac{R_{b1}U_{CC}}{(R_{b1}+R_{b2})\ R_e}$$

综上所述，只要电路满足 $I_1>>I_{BQ}$，$U_{BQ}>>U_{BE}$ 这两个条件，那么，就可以认为 I_{CQ} 主要由外电路参数 U_{CC}，R_{b1}，R_{b2} 和 R_e 决定，与三极管的参数几乎无关。这不仅提高了静态工作点的稳定性，并且在更换三极管时，不必重新调整工作点，给批量生产带来了很大方便。在兼顾其他指标的情况下，通常选用 I_1 为（5～10）I_{BQ}，U_{BQ} 为（5～10）U_{BE}。

另外，为了不削弱交流信号的放大作用，通常在电阻 R_e 的两端并联一个大电容 C_e，C_e 称为射极旁路电容。由于 C_e 具有"隔直流，通交流"的作用，因此它对静态工作点没有影响，但是对交流信号起旁路作用，即交流信号作用时，C_e 将 R_e 短接，使发射极电阻 R_e 上没有交流信号，防止了放大倍数的下降。

1）分压式射极偏置电路的静态分析。根据图 5-16（b）分压式射极偏置电路的直流通路分析得

$$I_{CQ}\approx I_{EQ}=\frac{U_{BQ}-U_{BE}}{R_e}\tag{5-13}$$

$$U_{CE}=U_{CC}-I_{CQ}\ (R_c+R_e)\tag{5-14}$$

$$I_{BQ}=\frac{I_{CQ}}{\beta}\tag{5-15}$$

2）分压式射极偏置电路的动态分析。根据 5-9（b）的交流通路分析得

$$\dot{A}_u=\frac{\dot{U}_o}{\dot{U}_i}=-\frac{\beta R'_L}{r_{be}}\tag{5-16}$$

$$R'_L=R_c//R_L\tag{5-17}$$

$$r_i = \frac{\dot{U}_i}{\dot{I}} = R_{b1} // R_{b2} // r_{be} \quad (5\text{-}18)$$

$$r_o = R_c \quad (5\text{-}19)$$

例 5-3 电路如图 5-17（a）所示，已知三极管为硅管，U_{BE}=0.7 V，β=50。1）求放大器的静态工作点；2）画出放大器的微变等效电路（有 C_e、无 C_e）；3）求放大器的电压放大倍数 A_u（有 C_e、无 C_e）；4）求放大器的输入、输出电阻（有 C_e、无 C_e）；5）若测得输出波形如图 5-17（b）所示，判断放大器出现的是何失真，如何消除失真？6）若输入信号为 $u_i = 10\sqrt{2}\sin 3140t$ mV，输出正常波形，则 U_o 多大？

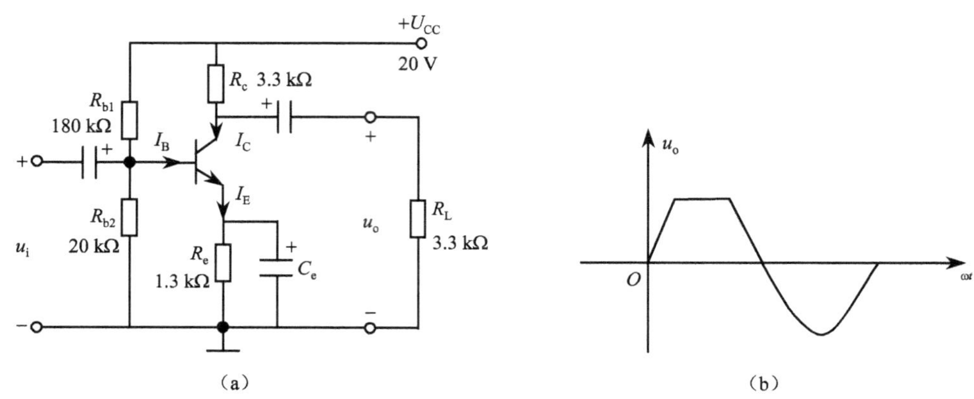

图 5-17 例 5-3 图（1）

（a）电路图 （b）输出波形

解： 1）放大器的静态工作点为

$$U_B = \frac{R_{b2}}{R_{b1} + R_{b2}} U_{CC} = \frac{20}{180 + 20} \times 20 = 2\text{ V}$$

$$I_E \frac{U_B - U_{BE}}{R_e} = 1\text{ mA}$$

$$I_B = \frac{I_E}{1+\beta} = 0.02\text{ mA} = 20\,\mu\text{A}$$

$$I_C = \beta I_B = 1\text{ mA}$$

$$U_{CE} = U_{CC} - I_C R_c - I_E R_e = 15.4\text{ V}$$

2）有 C_e 时微变等效电路如图 5-18（a）所示，无 C_e 时微变等效电路如图 5-18（b）所示。

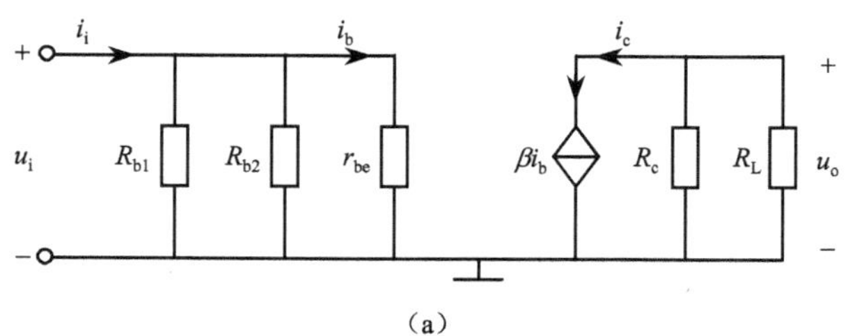

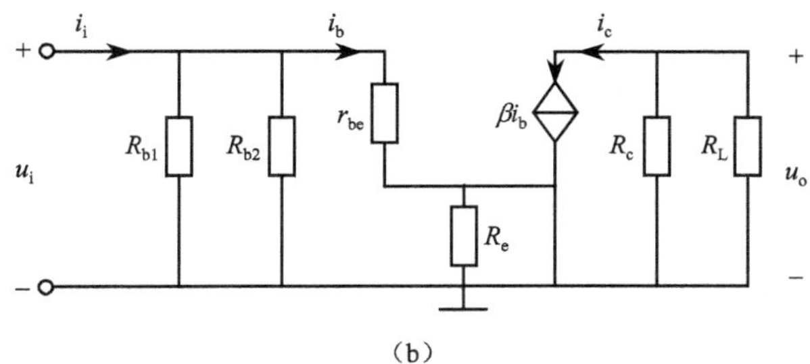

图 5-18　例 5-3 图（2）

（a）微变等效电路（有 C_e）　（b）微变等效电路（无 C_e）

3）$r_{be}=200+\beta\dfrac{26}{I_C}=1\,526\ \Omega$

$$R'_L=R_c\,//\,R_L=1.65\ \text{k}\Omega$$

有 C_e 时，

$$A_u=-\beta\frac{R'_L}{r_{be}}=-50\frac{1.65}{1.526}\approx-54$$

无 C_e 时，

$$A_u=-\beta\frac{R'_L}{r_{be}+(1+\beta)\ R_e}\approx-1.2$$

4）有 C_E 时，

$r_i=R_{b1}//R_{b2}//r_{be}\approx r_{be}=1.5\ \text{k}\Omega$

$r_o=R_c=3.3\ \text{k}\Omega$

无 C_E 时，

$r_i=R_{b1}//R_{b2}//[r_{be}+（1+\beta）R_e]=14.2\ \text{k}\Omega$

$r_o=R_c=3.3\ \text{k}\Omega$

5）因为共射极单级放大器的 u_o 与 u_i 反相，据 u_o 的波形可以判断出 u_i 的波形如图 5-19 所示，因此可以判断出：由于放大器的静态工作点太低，在 u_i 的前半个周期，当 $u_i>u_{BE}$ 时，三极管发生了截止，使 u_o 失真，因此该失真为截止失真。

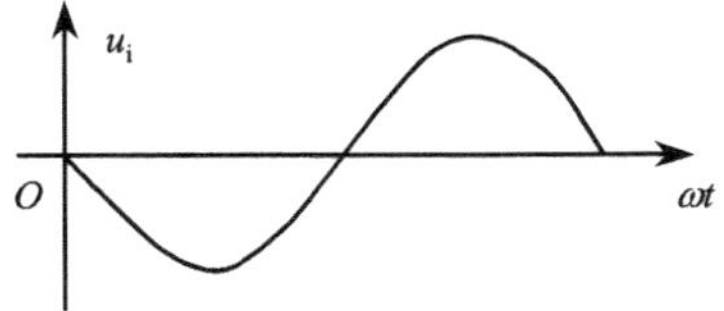

图 5-19　例 5-3 图（3）

若要消除失真必须改变 R_{b1} 与 R_{b2} 的比例，适当抬高放大器的静态工作点，如适当调节 R_{b1} 使其变小，则抬高了 I_B。

6）$|A_u|=\dfrac{U_o}{U_i}=54$

$U_o=|A_u|U_i=54\times10=540\ \text{mV}$

5.2 共集电极放大电路

5.2.1 共集电极放大电路的基本结构

共集电极放大电路如图 5-20（a）所示，图 5-20（b）和图 5-20（c）分别是它的直流通路和交流通路。由交流通路可见，输入信号从基极与集电极（即地）之间加入，输出信号从发射极与集电极之间取出。集电极是输入、输出回路的公共端，所以称为共集电极放大电路。又因为输出信号从发射极引出，故又称射极输出器。

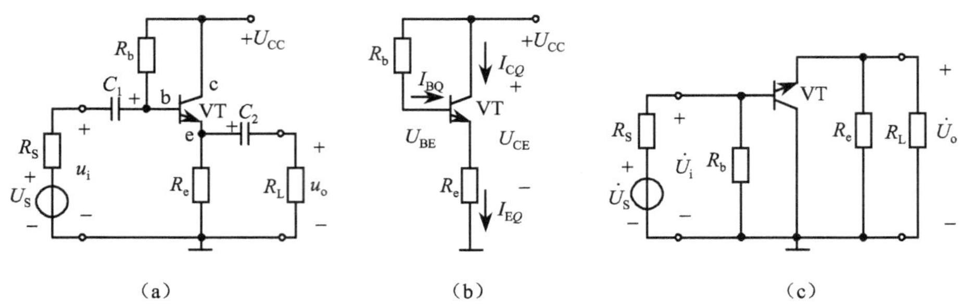

图 5-20 基本共集电极放大电路

（a）电路图 （b）直流通路 （c）交流通路

5.2.2 共集电极放大电路的静态分析

根据图 5-20（b）的直流通路，可列出输入回路方程

$$U_{CC}=I_{BQ}R_b+U_{BE}+I_{EQ}R_e \tag{5-20}$$

由于 $I_{EQ}=(1+\beta)I_{BQ}$，所以

$$I_{BQ}=\frac{U_{CC}-U_{BE}}{R_b+(1+\beta)R_e} \tag{5-21}$$

$$I_{CQ}=\beta I_{BQ} \tag{5-22}$$

$$U_{CE}=U_{CC}-I_{EQ}R_e\approx U_{CC}-I_{CQ}R_e \tag{5-23}$$

5.2.3 共集电极放大电路的动态分析

1．电压放大倍数

由图 5-20（c）可得

$$\left.\begin{aligned}&\dot{U}_o=\dot{I}_e(R_e//R_L)=\dot{I}_eR_L'=(1+\beta)\ \dot{I}_bR_L'\\&\dot{U}_i=\dot{I}_br_{be}+\dot{I}_eR_L'=\dot{I}_br_{be}+(1+\beta)\ \dot{I}_bR_L'\\&\dot{A}_u=\frac{\dot{U}_o}{\dot{U}_i}=\frac{(1+\beta)\ R'_L}{r_{be}+(1+\beta)\ R'_L}\end{aligned}\right\}\tag{5-24}$$

式（5-24）表明，$\dot{A}_u$ 大于 0 且小于 1，说明输出电压与输入电压同相，并且 $U_o<U_i$。通常（$1+\beta$）$R'_L>>r_{be}$，则 $\dot{A}_u\approx1$，即 $\dot{U}_o\approx\dot{U}_i$，因此射极输出器又称为射极跟随器。虽然电压放大倍数约为 1，电路没有电压放大能力，但是，输出电流 $\dot{I}_e$ 远远大于输入电流 $\dot{I}_b$，所以具有电流放大作用。可见，无论是电压放大或电流放大，放大电路都可实现功率放大。

2．输入电阻

若暂不考虑 R_b，则输入电阻

$$R_i'=\frac{\dot{U}_i}{\dot{I}_b}=\frac{\dot{I}_br_{be}+(1+\beta)\ \dot{I}_bR'_L}{\dot{I}_b}=r_{be}+(1+\beta)\ R'_L\tag{5-25}$$

式中 $R'_L=R_e//R_L$，由于流过 R'_L 上的电流 $\dot{I}_e$ 比 $\dot{I}_b$ 大（$1+\beta$）倍，所以把发射极回路的电阻 R'_L 折算到基极回路应扩大（$1+\beta$）倍，因此共集电极放大电路的输入电阻比共射放大电路的输入电阻大得多。

现将 R_b 考虑进去计算输入电阻，即从 R_b 两端看进去的输入电阻为

$$R_i=\frac{\dot{U}_i}{\dot{I}_i}=\frac{\dot{U}_i}{\dot{I}_{R_b}+\dot{I}_b}=\frac{\dot{U}_i}{\dot{U}_i/R_b+\dot{U}_i/R_i'}=R_b//R_i'$$

因此共集电极放大电路的输入电阻

$$R_i=\frac{\dot{U}_i}{\dot{I}_i}=R_b//[r_{be}+(1+\beta)\ R'_L]\tag{5-26}$$

3．输出电阻

输出电阻

$$R_o=\frac{\dot{U}_o}{\dot{I}_o}=R_e//\frac{(r_{be}+R_s')}{1+\beta}\tag{5-27}$$

式中 $R_s'=R_s//R_{be}$。

综上所述，共集电极放大电路的输入电阻大、输出电阻小，因而从信号源索取的电流小、带负载能力强，故常用作多级放大电路的输入级和输出级。

5.3 共基极放大电路

共基极放大电路如图 5-21 所示。

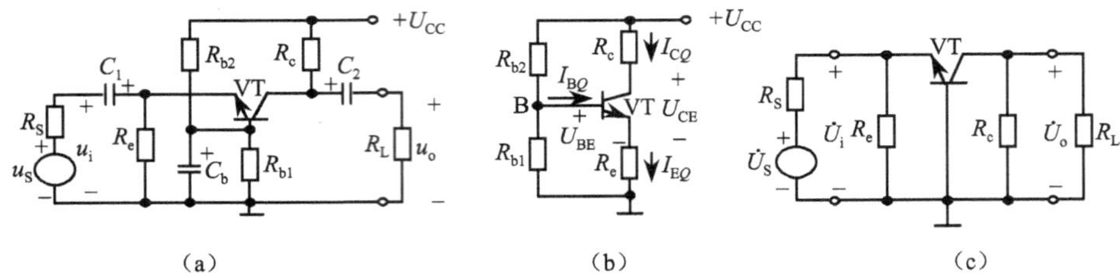

图 5-21 共基极放大电路

(a) 电路图 (b) 直流通路 (c) 交流通路

1．静态分析

$$I_{BQ}=\frac{U_{BB}-U_{BE}}{R_b+(1+\beta)R_e} \tag{5-28}$$

$$I_{CQ}=\beta I_{BQ} \tag{5-29}$$

$$U_{CE}\approx U_{CC}-I_{CQ}(R_c+R_e) \tag{5-30}$$

2．动态分析

$$\dot{A}_u=\frac{\dot{U}_o}{\dot{U}_i}=\frac{-\beta\dot{I}_b R'_L}{-\dot{I}_b r_{be}}=\frac{\beta R'_L}{r_{be}} \tag{5-31}$$

$$r_i=\frac{\dot{U}_i}{\dot{I}_e}=R_e//R'_i=R_e//(\frac{r_{be}}{1+\beta}) \tag{5-32}$$

$$r_o\approx R_c \tag{5-33}$$

表 5-1 对三极管放大电路三种基本组态进行了比较。

表 5-1 三极管放大电路三种基本组态的比较

	共发射极电路	共集电极电路	共基极电路
电路形式	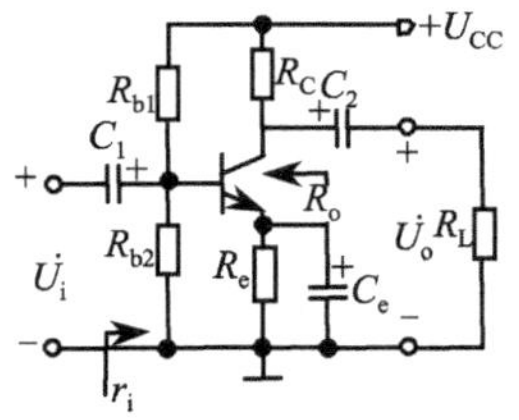	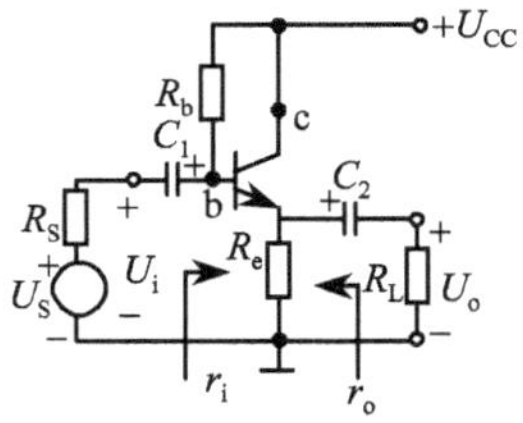	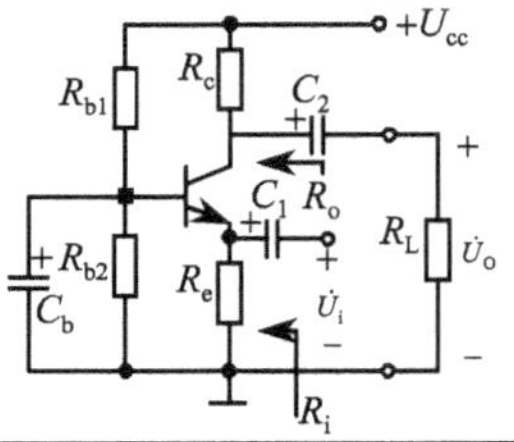
A_u	$-\frac{\beta R'_L}{r_{be}}$	$\frac{(1+\beta)R'_L}{r_{be}+(1+\beta)R'_L}\approx 1$	$\frac{\beta R'_L}{r_{be}}$
r_i	$R_{b1}//R_{b2}//R_{be}$	$R_b//[r_{be}+(1+\beta)R'_L]$ (大)	$R_e//(\frac{r_{be}}{1+\beta})$ (小)
r_o	R_c	$R_e//(\frac{r_{be}+R_b//R_S}{1+\beta})$ (小)	R_c
应用	一般放大，多级放大器的中间级	输入级、输出级或阻抗变换、缓冲（隔离）级	高频放大、宽频带放大振荡及恒流电源

*5.4　多极放大电路

当一级放大电路的放大倍数不能满足要求时，可以将若干个基本放大电路级联起来组成多级放大电路。放大电路的级间连接称为耦合，对耦合方式的基本要求是：信号的损失要尽可能小，各级放大电路都有合适的静态工作点。

5.4.1　多级放大电路耦合方式

放大电路的级间耦合方式有阻容耦合、直接耦合和变压器耦合三种方式。但由于变压器比较笨重，所以变压器耦合方式已很少运用。图 5-22 为多级放大电路。

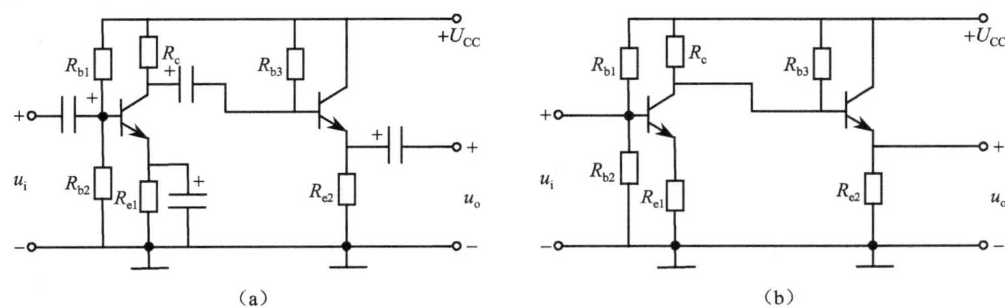

图 5-22　多级放大电路耦合

（a）阻容耦合　（b）直接耦合

5.4.2　多级放大电路分析

1．静态分析

阻容耦合式：由于耦合电容的隔直作用，各级有各自独立的静态工作点，可分别按前述方法求解。阻容耦合多级放大器只能放大交流信号。

直接耦合式：由于前后级直接相连，故前后级的工作点相互制约，必须配合妥当，不能独立求解各级静态工作点。直接耦合多级放大器可放大交、直流信号，但存在着“零点漂移”。尤其第一级的“零点漂移”可被逐级放大，致使放大器无法区分信号电压和漂移电压而不能正常放大。

2．动态分析

1）电压放大倍数：$A_u=A_{u1}\cdot A_{u2}$。

注意：A_{u1} 和 A_{u2} 的计算公式视该级的具体电路而定，但要注意后级的输入电阻 r_{i2} 就是前级的负载电阻 R_{L1}，前级的输出电阻 r_{o1} 就是后级的信号源内阻 R_{S2}，即

$$R_{L1}=r_{i2} \qquad R_{S2}=r_{o1}$$

2）输入电阻：一般是第一级的输入电阻，即 $r_i=r_{i1}$。

3）输出电阻：一般是最后一级的输出电阻，即 $r_o=r_{o2}$。

例 5-4 一个两极放大电路如图 5-23 所示，已知晶体管的 β_1=40，β_2=50，r_{be1}=1.7 kΩ，r_{be2}=1.1 kΩ，R_{b1}=56 kΩ，R_{e1}=5.6 kΩ，R_{b2}=20 kΩ，R_{b3}=10 kΩ，R_c=3 kΩ，R_{e2}=1.5 kΩ。求该放大电路的总电压放大倍数、输入电阻和输出电阻。

解： 第一级放大电路为共集电极放大电路，因此电压放大倍数

$$\dot{A}_{u1}=\frac{\dot{U}_o}{\dot{U}_i}=\frac{(1+\beta_1)\ R'_L}{r_{be}+(1+\beta_1)\ R'_L}\approx 1$$

第二级放大电路为共发射极放大电路，因此电压放大倍数

$$A_{u2}=-\beta_2\frac{R_c}{r_{be}}=-50\times\frac{3}{1.1}=-136.36$$

总电压放大倍数

$$\dot{A}_u=\dot{A}_{u1}\cdot A_{u2}=-136.36$$

第二级的输入电阻

$$r_{i2}=R_{b2}//R_{b3}//r_{be2}=20//10//1.1=0.94\ \text{k}\Omega$$

第一级总负载电阻

$$R'_{L1}=R_{e1}//r_{i2}=5.6//0.94=0.8\ \text{k}\Omega$$

放大电路的输入电阻

$$r_i=r_{i1}=R_{b1}//[r_{be1}+(1+\beta_1)\ R'_{L1}]=56//[1.7+(1+40)\times 0.8]=21.35\ \text{k}\Omega$$

放大电路的输出电阻

$$R_o=r_{o2}=R_c=3\ \text{k}\Omega$$

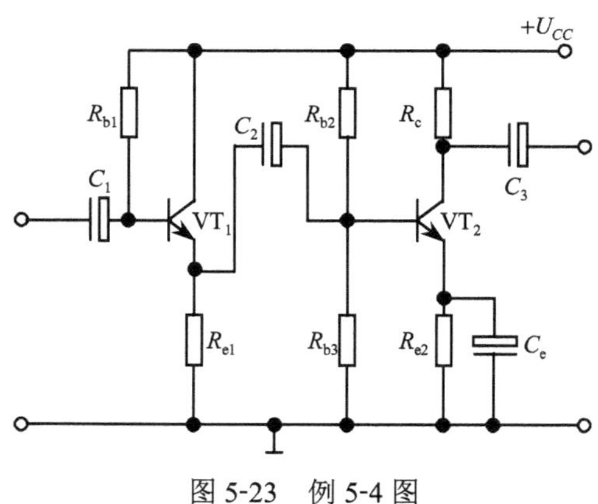

图 5-23 例 5-4 图

5.5 差动放大电路

一个理想的放大电路，当输入信号为零时，其输出电压应保持不变（不一定是零）。但实际上，由于环境温度的变化，输出电压并不保持恒定，而在缓慢地、无规则地变化着，这种现象称为零点漂移（或称零漂），它影响放大电路的工作。

差动放大电路的特点是具有抑制零点漂移的能力。

5.5.1　差动放大电路的基本结构

差动放大电路由两个晶体管组成，电路结构对称，如图 5-24 所示，左右两边的集电极电阻 R_c 阻值相等，R_e 是两边发射极的公共电阻，该电路采用双电源供电，信号分别从两个基极与地之间输入，从两个集电极之间输出。

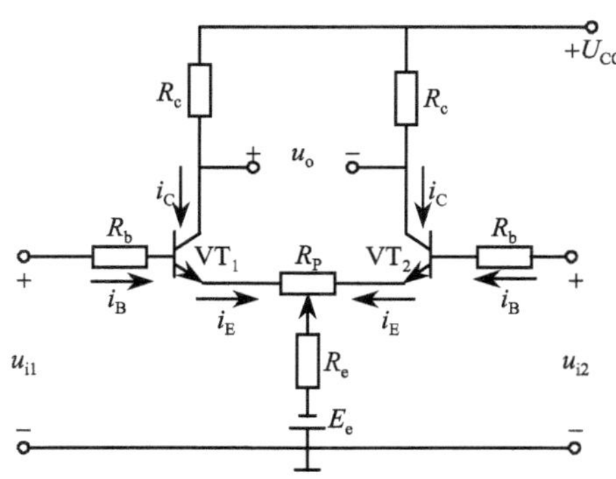

图 5-24　基本差动放大电路

5.5.2　电路的分析

1．静态分析

在静态时，$u_{i1}=u_{i2}=0$，两输入端与地之间可视为短路，则

$$I_{C1}=I_{C2} \qquad U_{C1}=U_{C2}$$

故输出电压

$$u_o=U_{C1}-U_{C2}=0$$

R_e 是为了稳定和获得合适的静态工作点，负电源 E_e 用来抵偿 R_e 上的直流压降。

由于电路难以做到完全对称，静态时输出电压不一定等于零，所以在两管发射极之间设置一个调零电位器 R_P。

2．动态分析

（1）差模输入与差模特性

差模输入是大小相同、极性相反的一对输入信号，即

$$u_{i1}=-u_{i2}$$

差模输入电压

$$u_{id}=u_{i1}-u_{i2}=2u_{i1}$$

使得

$$i_{C1}=-i_{C2} \qquad u_{o1}=-u_{o2}$$

差模输出电压

$$u_{od}=u_{C1}-u_{C2}=2u_{o1}$$

差模电压放大倍数

$$A_{ud}=\frac{u_{od}}{u_{id}}=A_{ud1}=-\beta\frac{R_c}{r_{be}}$$

带 R_L 时，

$$A_{ud}=-\beta\frac{R'_L}{r_{be}} \qquad R'_L=R_c // \frac{1}{2}R_L$$

差模输入电阻

$$R_{id}=2r_{be}$$

差模输出电阻

$$R_{od}=2R_c$$

（2）共模输入与共模特性

共模输入是大小相同、极性相同的一对输入信号，即

$$u_{i1}=u_{i2}$$

共模输入电压

$$u_{ic}=u_{i1}=u_{i2}$$

使得

$$i_{E1}=i_{E2} \qquad u_E=2i_{E1}R_{el}$$

共模输出电压

$$u_{oc}=u_{C1}-u_{C2}$$

共模电压放大倍数

$$A_{uc}=\frac{u_{oc}}{u_{ic}}\approx 0$$

共模拟制比

$$K_{CMR}=\left|\frac{A_{ud}}{A_{uc}}\right|$$

5.6 功率放大电路

5.6.1 功率放大电路的特点

功率放大电路的作用是作为放大电路的输出级驱动执行机构，如使扬声器发声、继电器动作、仪表指针偏转等。

1．功率放大电路的分析方法

电压放大电路的作用是放大电压，工作在小信号状态，动态分析主要采用小信号模型等效电路分析法。功率放大电路的特点是工作在大信号状态，输出电压和输出电流都很大，分析时主要使用的方法是图解法。

2．功率放大电路的要求

1）在不失真的前提下尽可能地输出较大的功率，具有较高的效率。

2）功率放大电路中要求电流、电压都比较大，必须注意电路参数不能超过晶体管的极限值。

3）信号幅度比较大，必须注意防止波形的非线性失真。

4）电源提供的能量尽可能转换给负载，减少晶体管及线路上的损失，即注意提高电路的效率。

3．功率放大电路的主要技术指标

最大输出功率 P_{om} 是在电路参数确定的情况下负载可能获得的最大交流功率。

$$P_{om}=U_oI_o=\frac{U_{om}}{\sqrt{2}}\cdot\frac{U_{om}}{\sqrt{2}R_L}=\frac{U^2_{om}}{2R_L} \tag{5-34}$$

其中，U_o 和 I_o 分别为输出电压和输出电流的交流有效值。

转换效率 η 是功率放大电路的最大输出功率 P_{om} 和电源所提供的直流功率 P_E 之比，即

$$\eta=\frac{P_{om}}{P_E} \tag{5-35}$$

4．放大器的工作状态

放大器的工作状态有三种：甲类、乙类、甲乙类。

甲类放大电路晶体管在整个周期内均处于放大区；甲类放大电路晶体管的集电极都有较大的静态电流，晶体管的损耗功率较大，甲类工作状态放大电路的效率很低，如图 5-25（a）所示。

乙类放大电路晶体管只有半个信号周期处于放大区，另半个周期处于截止区，管子导通角等于 180°，如图 5-25（b）所示。

甲乙类放大电路晶体管超过半个信号周期处于放大区，管子导通角大于 180°，如图 5-25（c）所示。

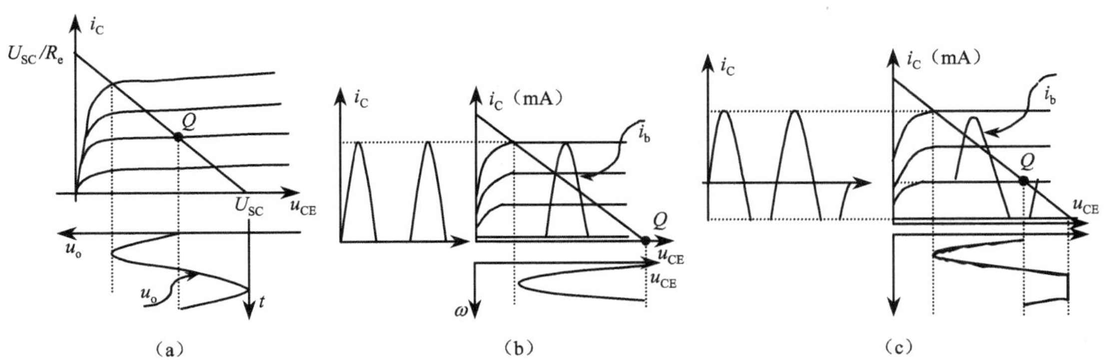

图 5-25　功率放大电路的工作状态

（a）甲类　（b）乙类　（c）甲乙类

晶体管工作在甲乙类或乙类状态，节省了电路处于静态时集电结所消耗的功率，可以提

高效率，但输出波形会产生严重失真。解决的办法是采用互补对称功率放大电路，它工作在甲乙类或乙类状态，既能提高效率，又能减小信号波形的失真，因而得以广泛应用。

5.6.2 互补对称功率放大电路

1．电路组成

双电源的互补对称功率放大电路（OCL 电路）如图 5-26 所示。互补对称：电路中采用两个晶体管 NPN、PNP 各一只，两管特性一致，组成互补对称式射极输出器。

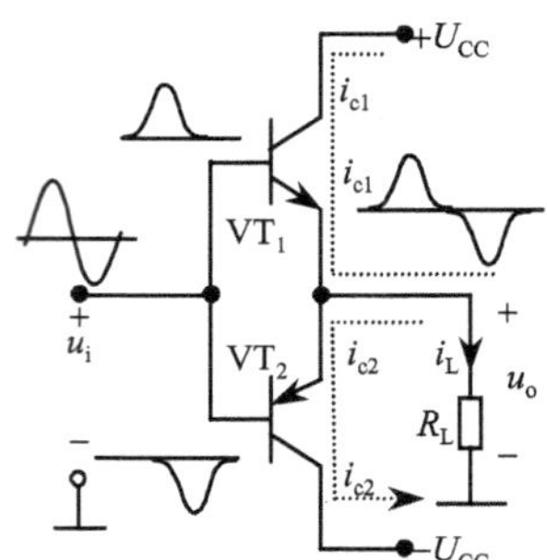

图 5-26 互补对称功率放大电路

2．工作原理

设 u_i 为正弦波。

静态时：

u_i=0 V →i_{c1}，i_{c2} 均为 0（乙类工作状态）→u_o=0 V。

动态时：

u_i >0 V→VT_1 导通，VT_2 截止→i_L=i_{c1}；

u_i <0 V→VT_1 截止，VT_2 导通→i_L=i_{c2}。

VT_1，VT_2 两个管子交替工作，在负载上得到完整的正弦波。但因为晶体管存在死区电压，所以输出电压波形存在交越失真，如图 5-27 所示。

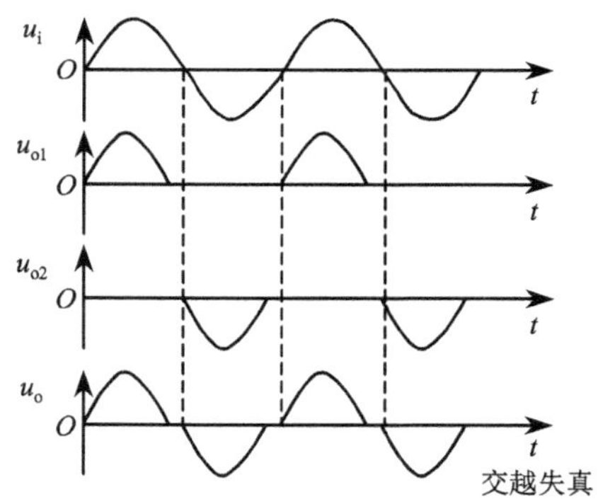

图 5-27 互补对称功率放大输出波形

为了消除交越失真，可使两管工作在临界导通或微弱导通状态，避开死区，通常在 VT_1 和 VT_2 两管的基极之间串接两只二极管（VD_1，VD_2），如图 5-28 所示。

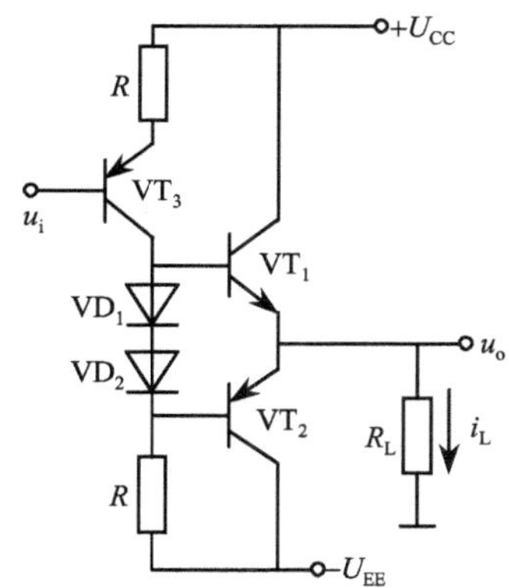

图 5-28　消除交越失真的功率放大电路

3．各项指标计算

（1）输出功率

输出功率

$$P_o = U_o I_o = \frac{U_{om}}{\sqrt{2}} \cdot \frac{U_{om}}{\sqrt{2} \cdot R_L} = \frac{U^2{}_{om}}{2R_L}$$

最大不失真输出功率

$$P_{omax} = \frac{(U_{CC} - U_{CES})^2}{2R_L} \approx \frac{U_{CC}{}^2}{2R_L}$$

（2）电源供给的功率

电源供给的功率

$$P_E = P_o + P_T = \frac{2U_{CC}U_{om}}{\pi R_L}$$

当 $U_{om} \approx U_{CC}$ 时，$P_{Em} = \frac{2}{\pi} \cdot \frac{U_{CC}{}^2}{R_L}$

（3）效率

效率

$$\eta = \frac{P_o}{P_E} = \frac{\pi}{4} \cdot \frac{U_{om}}{U_{CC}}$$

当 $U_{om} \approx U_{CC}$ 时，最高效率

$$\eta_{max} = \frac{\pi}{4} \approx 78.5\%$$

选功率管的原则如下：

1）$P_{CM} \geqslant P_{T1max} = 0.2P_{om}$；

2）$|U_{(BR)CEO}| \geqslant 2U_{CC}$。

5.7 负反馈在放大电路中的应用

5.7.1 放大电路中负反馈的概念

1．反馈的概念

所谓反馈就是在电路中把输出量（电压或电流）的一部分或全部以某种方式送回输入端，使原来输入信号增大或减小，并因此影响放大电路某些性能的过程。反馈放大电路的方框图如图 5-29 所示。

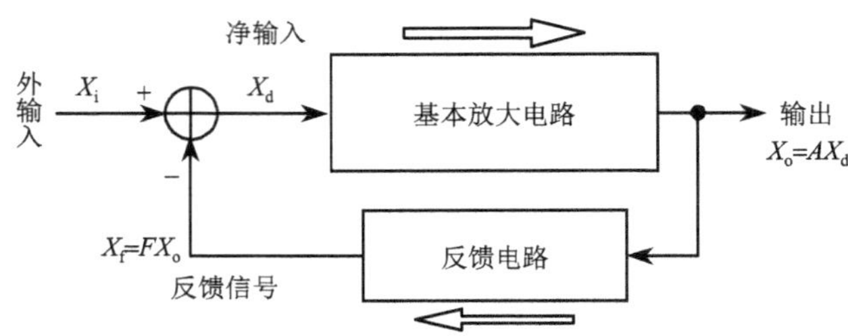

图 5-29　反馈放大电路的方框图

在图 5-29 中，净输入信号

$$\dot{X}_d=\dot{X}_i-\dot{X}_f$$

若 $\dot{X}_i$ 与 $\dot{X}_f$ 同相，反馈信号削弱了净输入信号，为负反馈；

若 $\dot{X}_i$ 与 $\dot{X}_f$ 反相，反馈信号增强了净输入信号，为正反馈。

2．反馈的作用

两种反馈对放大电路具有不同的作用。正反馈加强信号，可用于振荡器。负反馈具有自动调节作用，稳定静态工作点，稳定放大倍数，提高输入电阻，降低输出电阻，扩展通频带。

5.7.2 负反馈的类型及其判别

可以从不同的角度对反馈进行分类。按反馈的极性可分为正反馈和负反馈；按反馈信号与输出信号的关系可分为电压反馈和电流反馈；按反馈信号与输入信号的关系可分为串联反馈和并联反馈；按反馈信号的成分可分为直流反馈和交流反馈。

1．反馈的类型

（1）电压反馈与电流反馈

若反馈信号与输出电压成正比，则称为电压反馈；若反馈信号与输出电流成正比，则称为电流反馈。从另一个角度来说，如果反馈是从输出电压采样，就称为电压反馈；如果是从输出电流采样，则称为电流反馈。显然，作为采样对象的输出量一旦消失，则反馈信号也必然随之消失。反馈电路如图 5-30 所示。

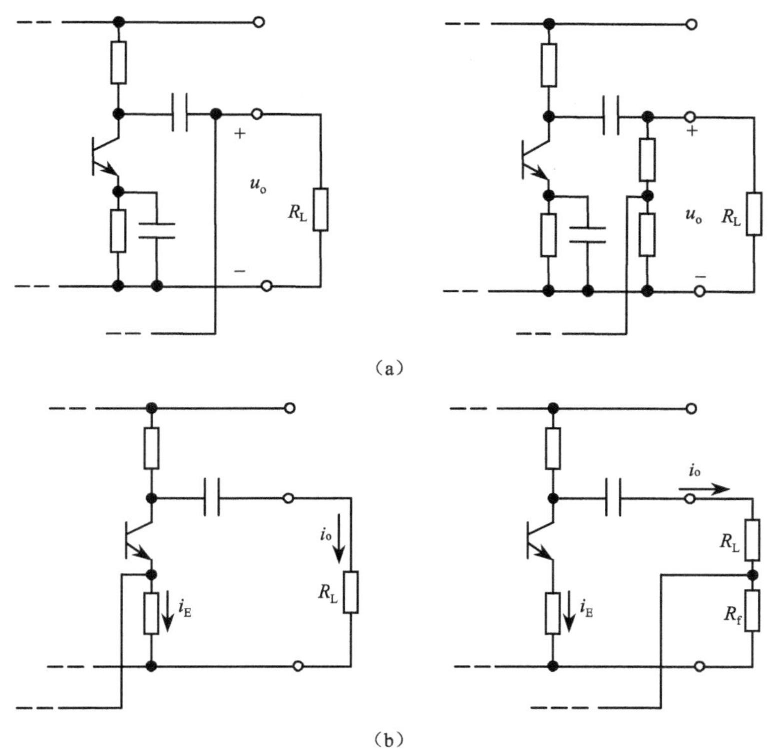

图 5-30　电压反馈与电流反馈

（a）电压反馈的两种采样形式　（b）电流反馈的两种采样形式

（2）串联反馈与并联反馈

串联反馈是指反馈信号与输入信号串联，即反馈电压信号与输入信号电压比较。

并联反馈是指反馈信号与输入信号并联，即反馈信号电流与输入信号电流比较。

由图 5-31 可知，并联反馈的反馈信号一般回馈至输入端的基极；串联反馈的反馈信号一般回馈至输入端的发射极。

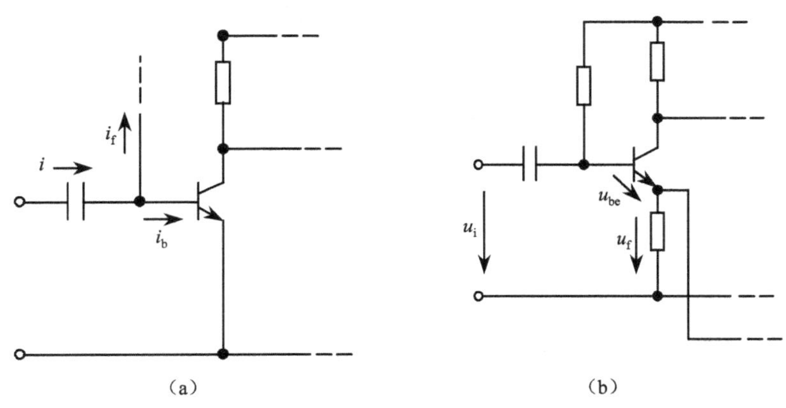

图 5-31　并联反馈与串联反馈

（a）并联反馈主要形式　（b）串联反馈主要形式

（3）交流反馈与直流反馈

有的反馈只对交流信号起作用，有的反馈只对直流信号起作用，有的反馈对交、直流信号均起作用。若反馈的信号仅有交流成分，如在反馈网络中串接电容（c），则仅对输入回路中的交流成分有影响，这就是交流反馈，如图 5-32（a）所示；若反馈的信号仅有直流成分，如在反馈元件的两端并联旁路电容（c），则仅对输入回路中的直流成分有影响，这就是直流反馈，如图 5-32（b）所示。

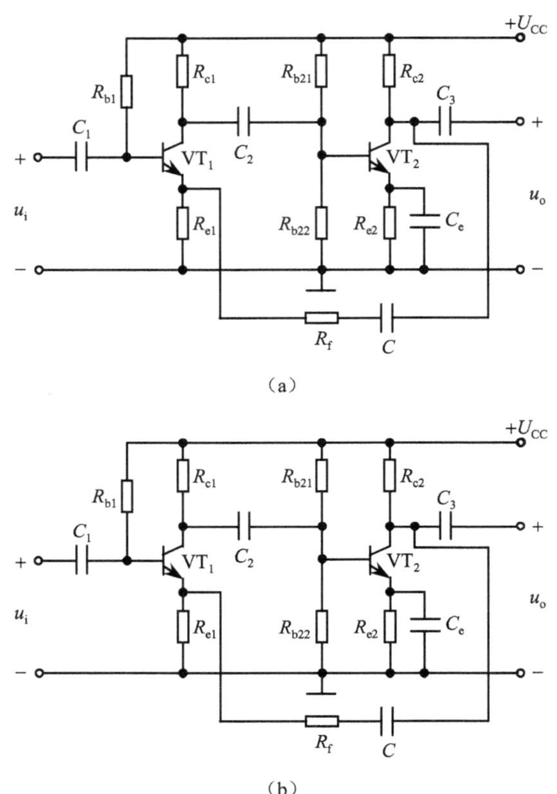

图 5-32　交流反馈与直流反馈

（a）交流反馈　（b）直流反馈

除了以上的分类方法外，在实际放大电路中反馈还有其他形式，如在多级放大电路中，可以分为局部反馈和级间反馈等。本节重点讲解交流负反馈，根据反馈信号在输出端的采样方式和在输入端的回馈方式的不同，共有四种组态：电压串联负反馈、电压并联负反馈、电流串联负反馈和电流并联负反馈。图 5-33 为交流负反馈四种组态的方框图。

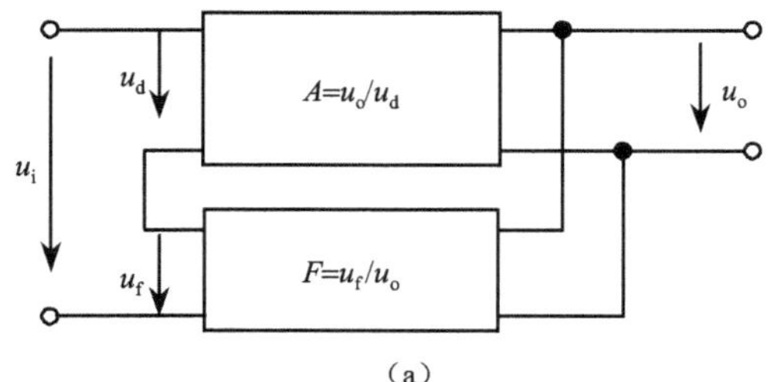

（a）

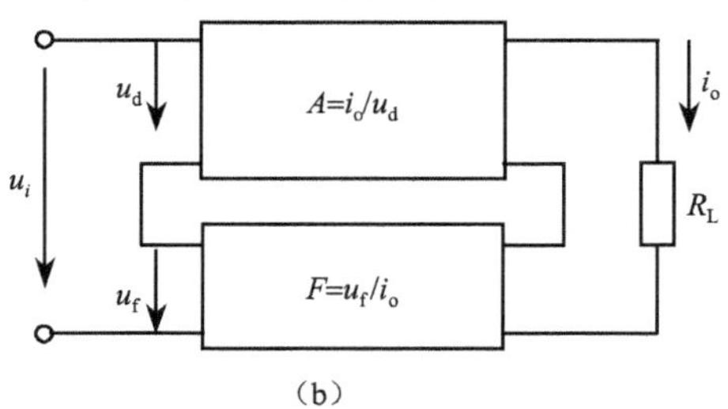

（b）

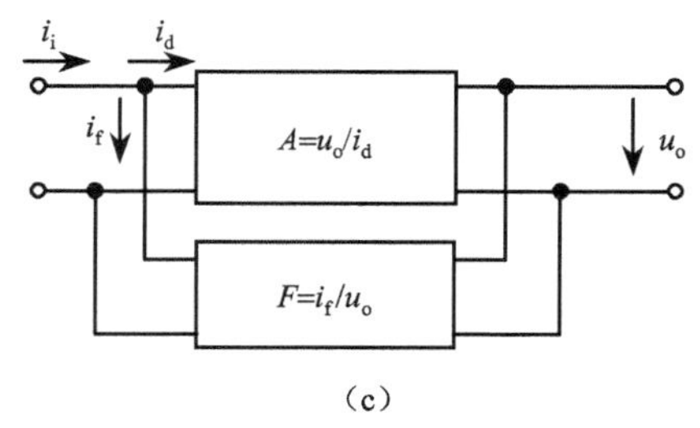

（c）

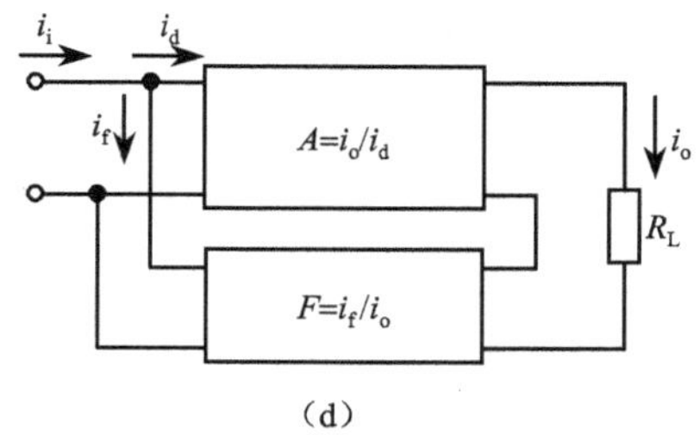

（d）

图 5-33 交流负反馈的四种组态

（a）电压串联负反馈 （b）电流串联负反馈 （c）电压并联负反馈 （d）电流并联负反馈

2．反馈的判别

（1）判断电路中有无反馈

若放大电路中存在将输出回路与输入回路相连接的通路或输入输出回路中存在公共支路，并由此影响了放大电路的净输入，则说明电路中有反馈。

（2）判别电路是正反馈还是负反馈

瞬时极性法是判别电路中反馈极性的基本方法。这种方法是先假定输入信号为某一瞬时极性（一般设为对地为正的极性），然后再根据各级输入、输出之间的相位关系（对分立元件放大器，共射反相，共集、共基同相；对集成运放，U_o与U_-反相，与U_+同相），依次推断其他有关各点受瞬时输入信号作用所呈现的瞬时极性（用（+）表示升高，（−）表示降低），最后看反馈到输入端的作用是加强了还是削弱了净输入信号。使净输入信号加强的为正反馈，削弱的为负反馈。

（3）判别反馈组态类型

开路短路法：

如果负载短路后反馈消失——电压反馈；

如果负载开路后反馈消失——电流反馈；

如果输入端开路反馈消失——串联反馈；

如果输入端短路反馈消失——并联反馈。

连接位置判别法：

反馈支路与电压输出端（负载端）在同一位置——电压反馈；

反馈支路与电压输出端（负载端）不在同一位置——电流反馈；

反馈支路与信号电压输入在同一位置——并联反馈；

反馈支路与信号电压输入不在同一位置——串联反馈。

例 5-5 判断图 5-34 所示电路的反馈类型。

解：电路图 5-34 中的反馈元件是 R_e，根据瞬时极性法判断，$\dot{U}_{BE}=\dot{U}_i-\dot{U}_f$，使 U_{BE}减小，故为负反馈。

因 $U_f=U_o$，U_f与 U_o成正比，故为电压反馈。

因 U_f与 U_o在输入端是以电压形式相加减，故为串联反馈。

所以该电路为电压串联负反馈。

例 5-6 判断图 5-35 中电路的反馈类型。

解：电路中的反馈元件是 R_f 和 R_{e2}，从瞬时极性判断，使净输入电流减小，故为负反馈。

因输出电流 $I_o=I_{e2}$ 越大，反馈电流 I_f 越大，使净输入电流 I_b 越小。

因反馈信号 I_f 大小与 I_o 成正比，是电流负反馈。

反馈信号 I_f 和输入信号 I_i 在输入端是以电流形式相加减，故为并联反馈。

该反馈支路只有交流负反馈，所以该电路是电流并联交流负反馈。

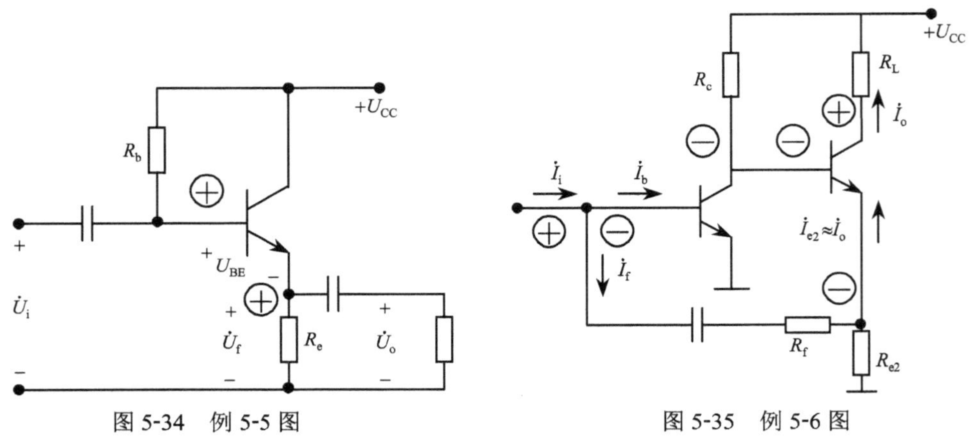

图 5-34 例 5-5 图　　图 5-35 例 5-6 图

5.7.3 负反馈对放大电路工作性能的影响

从图 5-36 分析，负反馈放大电路有以下性能：①基本放大电路的放大特性为 $X_o=AX_d$；②反馈网络的反馈特性为 $X_f=FX_o$；③反馈放大电路的输入叠加关系为 $X_d=X_i-X_f$；④放大电路开环增益为 $A_o=X_f/X_d=AF$；⑤反馈放大电路的闭环增益为 $A_f=\dfrac{X_o}{X_i}=\dfrac{A}{1+AF}$。

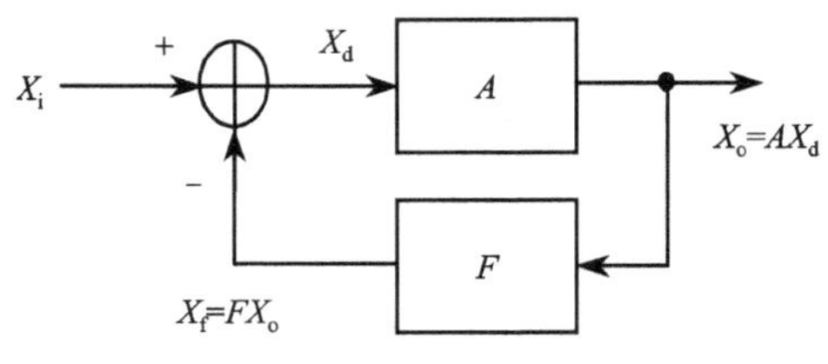

图 5-36 反馈放大电路

由于反馈放大电路中引入的反馈类型不同，必将引起以上各量的变化，下面就分别加以说明。

1．提高放大倍数的稳定性

1）$A_f=\dfrac{A_o}{1+A_oF}$ 中，

$$A_oF=\frac{X_o}{X_d}\cdot\frac{X_f}{X_o}=\frac{X_f}{X_d}$$

X_f、X_d同相，所以$|A_oF|>0$。则有$|A_f|<|A_o|$，闭环的放大倍数比开环的放大倍数小，也就是说加入负反馈后，放大电路的放大倍数下降了。

2）$|A_f|=\frac{|A_o|}{1+|A_oF|}$　　$\frac{d|A_f|}{A_f}=\frac{d|A_o|}{A_o}\cdot\frac{1}{1+|A_oF|}$

上式说明，闭环放大倍数 A_f 的相对变化量 $\frac{d|A_f|}{A_f}$ 仅为未引入反馈时开环放大倍数 A 的 $\frac{1}{1+|AF|}$，也就是说负反馈放大倍数的稳定性是无反馈的 $1+|AF|$倍。应该指出 A_f的稳定，是以降低放大电路的放大倍数为代价的，A_f减小到 A 的 $\frac{1}{1+|AF|}$，才使放大倍数的稳定性提高到 A 的 $1+|AF|$倍。

3）若$|A_oF|>>1$ 称为深度负反馈，此时 $A_f=\frac{1}{F}$ 在深度负反馈的情况下，放大倍数只与反馈网络有关。把$|1+AF|$称为反馈深度，其值越大，负反馈的作用越强，A_f就越小。

引入负反馈后，虽然放大倍数下降了，但却换来了改善放大电路工作性能的许多好处，所以在实用放大电路中，总是根据需要引入各种负反馈，而引入负反馈引起的放大倍数下降，则通过增多放大电路的级数来提高。

2．减小非线性失真

图 5-37（a）是没有反馈的电路，由于工作点选择不合适，或输入信号过大，都将引起输出波形的非线性失真。但引入负反馈后，反馈信号把输出波形的失真馈送回输入端，经过和输入信号的比较，使电路的净输入信号也发生某种程度的失真，再经过放大之后，就使输出信号的失真得到一定程度的补偿。但这种补偿，是负反馈利用失真了的波形来改善的结果，所以负反馈只能减小失真，不能完全消除失真，如图 5-37（b）所示。

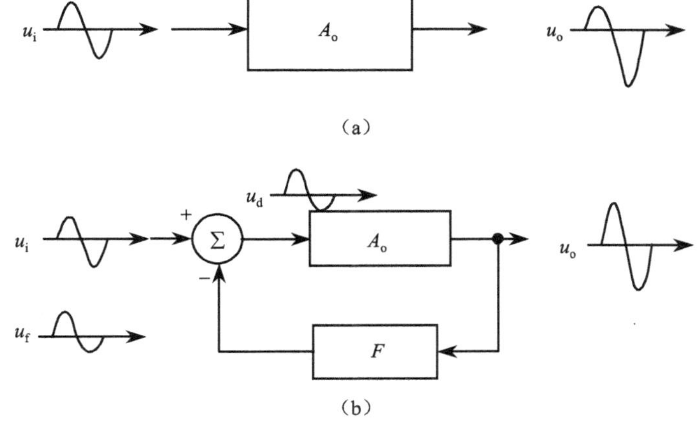

图 5-37　利用负反馈减小波形非线性失真

（a）加入负反馈前　（b）加入负反馈后

3．对放大电路输入电阻的影响

输入电阻是从放大电路输入端看进去的等效电阻，因而负反馈对输入电阻的影响，取决于基本放大电路与反馈回路在输入端的连接方式，即取决于电路引入的是串联反馈还是并联反馈。

1）串联负反馈使电路的输入电阻增加：

$$r_{if}=(1+A_oF)\,r_i$$

串联负反馈相当于在输入回路中串联了一个电阻，故输入电阻增加。

2）并联负反馈使电路的输入电阻减小：

$$r_{if}=\frac{r_i}{(1+A_oF)}$$

并联负反馈相当于在输入回路中并联了一条支路，故输入电阻减小。

4．对放大电路输出电阻的影响

输出电阻是从放大电路输出端看进去的等效电阻，因而负反馈对输出电阻的影响取决于电路引入的是电压反馈还是电流反馈。

1）电压负反馈使电路的输出电阻减小。电压反馈的放大电路具有稳定输出电压的作用，即具有恒压输出的特性，而恒压源的内阻是很小的，所以电压反馈的放大电路的输出电阻也很小。

2）电流负反馈使电路的输出电阻增加。电流反馈的放大电路具有稳定输出电流的作用，即具有恒流输出的特性，由于恒流源的内阻很大，所以电流反馈的放大电路的输出电阻较高。

习 题 5

1．晶体管放大电路如题 1 图所示，已知 U_{CC}=12 V，R_c=3 kΩ，R_b=240 Ω，β=60，U_{BE}=0.7 V，试画出直流通路图，估算静态值 I_B，I_C 和 U_{CE}。

2．在上题中，改变 R_b 使 U_{CE}=3 V，R_b 应等于多少？改变 R_b 使 I_C=1.5 mA，R_b 应等于多少？

3．在题 1 图中，若 U_{CC}=10 V，晶体管的β为 100，要求 U_{CE}=5 V，I_C=2 mA，试求 R_c，R_b 的阻值。

4．画出题 1 图的微变等效电路，分别求以下两种情况的电压放大倍数 A_u：1）负载电阻 R_L 开路；2）R_L=6 kΩ。

5．题 1 图电路在以下两种情况下，输入正弦信号后，输出电压波形均出现失真：1）$U_{CE}\leqslant 1$，2）$U_{CE}\approx U_{CC}$。试分别说明这两种情况输出电压波形出现的是什么失真，画出各自的输出电压波形，并说明可以怎样调节 R_b 来改善失真。

6．题 6 图中，已知 U_{CC}=12 V，R_{b1}=68 kΩ，R_{b2}=22 kΩ，R_c=3 kΩ，R_e=2 kΩ，R_L=6 kΩ，β=60。

1）计算静态值 I_B，I_C，U_{CE}（U_{BE}=0.7 V）。

2）画出微变等效电路，求电压放大倍数 A_u，输入电阻 r_i 和输出电阻 r_o。

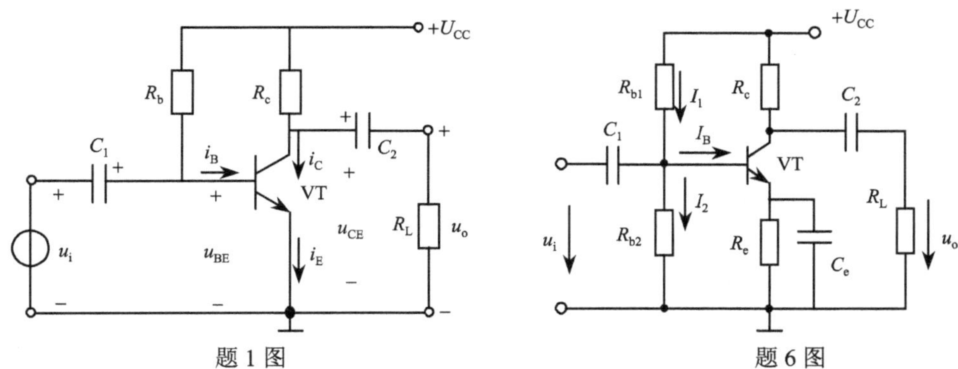

题 1 图　　　　　　　　题 6 图

7．在题 6 图中，若旁路电容 C_e 断开，1）静态值有无改变？2）画出此时的微变等效电路，求电压放大倍数 A_u，输入电阻 r_i 和输出电阻 r_o，看它们有无改变，并说明射极电阻 R_E 对它们的影响。

8．射极输出器如题 8 图所示，已知 U_{CC}=12 V，R_b=100 kΩ，R_e=2 kΩ，R_c=100 Ω，β=100，R_L=4 kΩ。1）计算静态值 I_B，I_C，U_{CE}（U_{BE}=0.7 V）。2）画出微变等效电路，求电压放大倍数 A_u，输入电阻 r_i 和输出电阻 r_o。

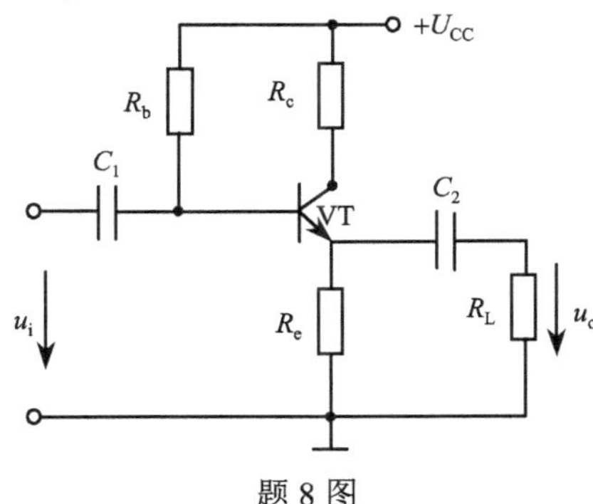

题 8 图

9．求题 9 图中两级放大电路的电压放大倍数 A_u，输入电阻 r_i 和输出电阻 r_o。

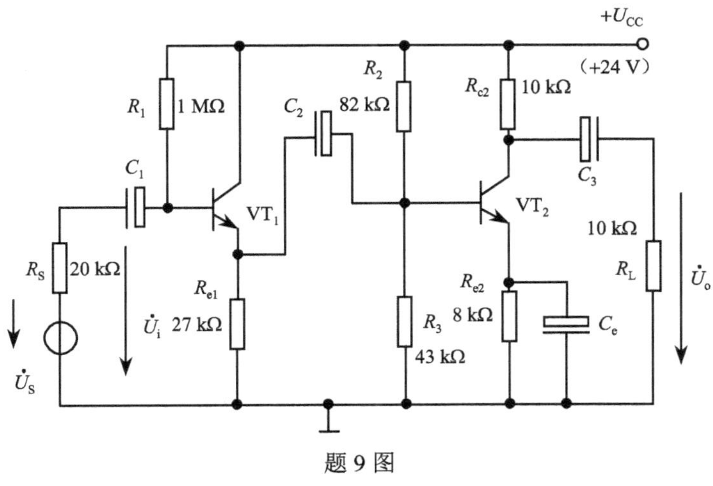

题 9 图

10．题 10 图是两级阻容耦合电压放大电路，已知 U_{CC}=12 V，R_1=20 kΩ，R_2=15 kΩ，R_3=3 kΩ，R_4=4 kΩ，R_5=120 kΩ，R_6=3 kΩ，R_L=1.5 kΩ，$\beta_1=\beta_2$=100，$r_{bb'1}=r_{bb'2}$=5 Ω，$U_{BE1}=U_{BE2}$=0.6 V。求 1）前后级放大电路的静态值；2）放大电路各级的电压放大倍数 A_{u1}，A_{u2} 和总的电压放大倍数 A_{uo}；3）电路的输入电阻 r_i 和输出电阻 r_o。

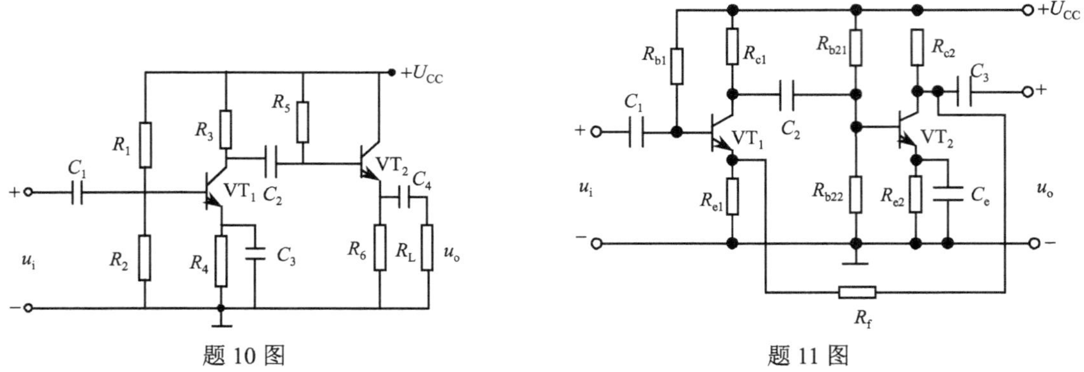

题 10 图　　　　题 11 图

11．在题 11 图所示的两级放大电路中：1）说明哪些是直流负反馈，哪些是交流负反馈，并说明其类型；2）如果 R_f 不接在 VT_2 的集电极，而是接在 C_3 和 U_o 的正极之间，两者有何不同？3）如果 R_f 的另一端不接在 VT_1 的发射极，而是接在它的基极，有何不同？是否会变为正反馈？

12．判断题 12 图中，哪些元件起交流负反馈作用？哪些元件起直流负反馈作用？如果是负反馈，属于哪一类型？

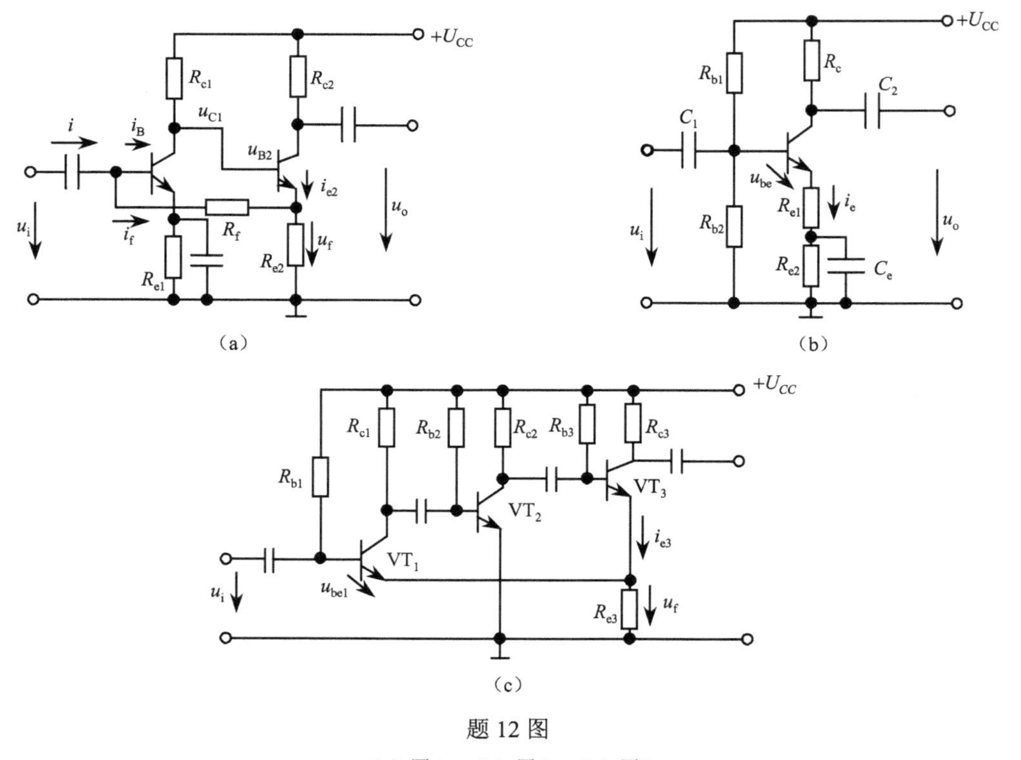

题 12 图

（a）图 1　（b）图 2　（c）图 3

13．如果需要实现下列要求，交流放大电路中应引入哪种类型的负反馈？

1）要求输出电压 U_o 基本稳定，并能提高输入电阻；

2）要求输出电流 I_o 基本稳定，并能提高输入电阻；

3）要求提高输入电阻，减少输出电阻。

14．在题 14 图中，设晶体管 β=100，U_{BE}=0.7 V，U_{CES}=0.5 V，I_{CEO}=0，电容 C 对交流视为短路。输入信号 U_i 为正弦波。1）计算电路可能达到的最大不失真输出功率 P_{om}。2）此时 R_b 应调节到什么数值？3）此时电路的效率 η 是多少？并与工作在乙类的互补对称电路的效率相比较。

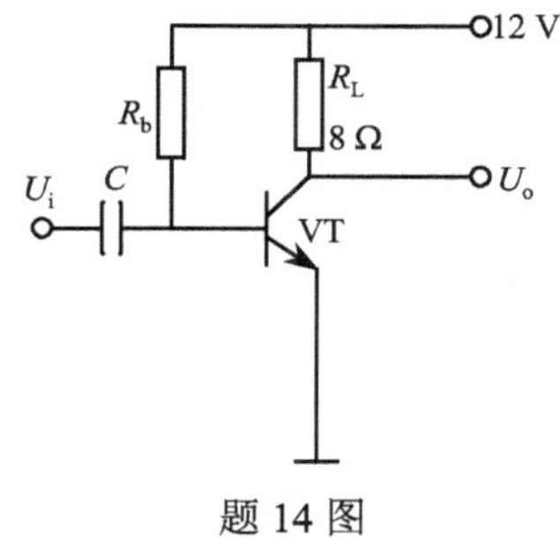

题 14 图

第 6 章　集成运算放大器的应用

集成电路是利用半导体制造工艺，将整个电路所含有的元器件及相互连接的导线全部制作在一块半导体基片上，并封装在管壳内，能完成特定功能的电路块。

集成电路按功能可分为模拟集成电路和数字集成电路两大类。模拟集成电路品种繁多，主要有集成运算放大器、集成功率放大器和集成稳压器等，其中应用最广泛的是集成运算放大器。

6.1　集成运算放大器概述

集成运算放大器实质上是一种高放大倍数、多级直接耦合的放大电路。集成运算放大器工作在放大区时，其输入与输出呈线性关系，所以又称线性集成电路。早期集成运算放大器主要用于模拟计算机中，进行线性和非线性的各种计算，故称为运算放大器。但目前的集成运算放大器已经可以处理各种模拟信号，实现放大、振荡、调制，模拟信号的加、减、乘、除以及比较等。此外，集成运算放大器还广泛应用于脉冲电路。因此，模拟集成运算放大器的意义已远不止是“运算”了，但其名称却一直沿用至今。

6.1.1　集成运算放大器的组成及特点

根据功能，集成运算放大器内部由 5 部分组成，如图 6-1 所示。

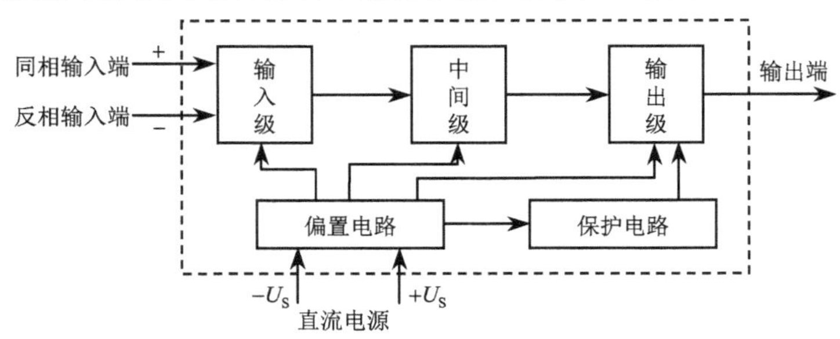

图 6-1　集成运算放大器的组成

输入级：尽量减小零点漂移，提高共模抑制比 K_{CMRR}，输入阻抗尽可能大。一般采用双端输入差分放大电路结构。

中间级：提供足够大的电压放大倍数，同时把双端输入转换为单端输出。一般采用共射（源）或共基极电压放大电路。

输出级：主要提高带负载的能力，给出足够的输出电流，输出阻抗小。一般采用直接耦合推挽功率放大电路。

偏置电路：提供直流低电阻、交流高阻抗，提高放大电路的放大能力和共模抑制能力，一般采用镜像恒流源电路。

保护电路：提供过流、过压保护，避免电路受到损坏。

集成运算放大器的特点如下。

1）集成运算放大器中基本没有电感、大容量电容和大阻值电阻，电阻值一般在几十欧到几十千欧之间，放大电路中的级间耦合都采用直接耦合。必须使用电感、电容元件时，一般采用外接的方法。

2）集成运算放大器的输入级采用差分放大电路，输入阻抗高、零点漂移小，对共模干扰信号有很强的抑制能力。

3）集成运算放大器的开环增益很高。这样，在应用时可以加上深度负反馈，使它具有增益稳定、非线性失真小等特性，更重要的是能在它的深度负反馈中接入各种线性或非线性的元件，以构成具有各种各样特性的电路。

4）集成运算放大器还具有可靠性高、寿命长、体积小、重量轻和耗电少等特点。

集成运算放大器的电路符号如图 6-2 所示，外形如图 6-3 所示。图中，u_+ 为同相输入端，u_- 为反相输入端，三角形表示放大器，A_{uo} 是未接反馈电路时的电压放大倍数，称为开环放大倍数。且满足

$$u_o = A_{uo}（u_+ - u_-）。 \quad (6-1)$$

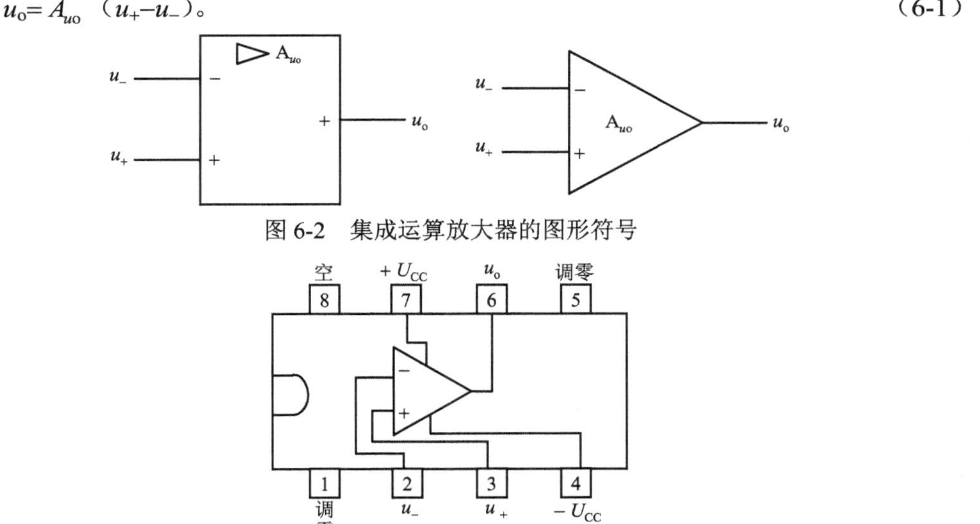

图 6-2　集成运算放大器的图形符号

图 6-3　双列直插式单运放外部引脚（μA741）

6.1.2　集成运算放大器的电压传输特性和等效电路模型

集成运算放大器的输出信号与输入信号之间的关系曲线称为传输特性。集成运算放大器的电压传输特性如图 6-4 所示，输入差模电压的线性工作范围很小（小于 1 mV）。集成运算放大器的电压传输特性分成三段。

1）线性工作区：$u_o = A_{uo}（u_+ - u_-）$。

2）正饱和：$u_o = +U_{om}$。

3）负饱和：$u_o = -U_{om}$。

集成运算放大器的等效电路模型如图 6-5 所示。

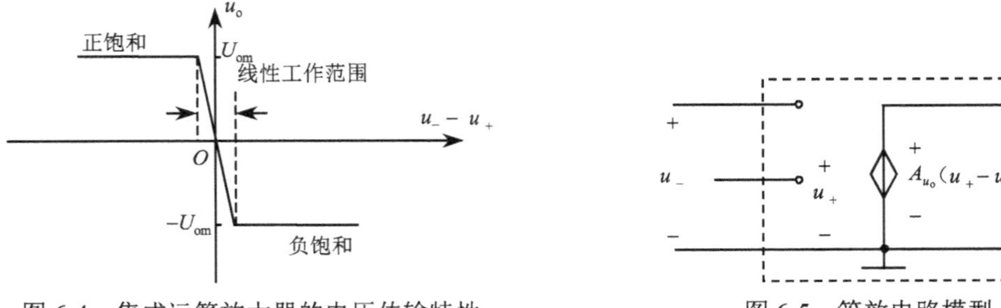

图 6-4　集成运算放大器的电压传输特性　　　图 6-5　等效电路模型

6.1.3　集成运算放大器的理想化

理想化集成运算放大器满足三个条件：①开环电压放大倍数很大，近似为无穷大，即 $A_{uo}\to\infty$；②输入电阻阻值很高，近似为 $r_{id}\to\infty$；③输出电阻阻值很小，$r_o\to 0$，可以忽略不计。

将运算放大器理想化后，分析运算放大器构成的线性电路时，运算放大器有以下特征。

1）由于 $A_{uo}\to\infty$，所以有 $u_i=\dfrac{u_o}{A_{uo}}\approx 0$，即集成运放两个输入端之间的电压接近于零，但又不是短路，故称为“虚短”，即

$$u_+=u_- \tag{6-2}$$

2）若同相输入端接地（$u_+=0$），则反相输入端近似等于零，称为“虚地”，即

$$u_+=u_-=0 \tag{6-3}$$

3）由于运算放大器的输入电阻很高，故 $i_i=\dfrac{u_i}{r_i}=0$，可以认为反相输入端和同相输入端的输入电流近似为零，即

$$i_+=i_-=0 \tag{6-4}$$

上式表明，流入集成运算放大器的两个输入端的电流为零，但不是真正的断开，故称为“虚断”。

6.1.4　常用集成运算放大器及其主要参数

集成运算放大器的发展，大致可分为以下几个阶段。

1）上世纪 60 年代初出现原始型“单片集成”运放 μA702。

2）1965 年出现了第一代集成运放，如 μA709。

3）1966 年出现了第二代集成运放，如 μA741。

4）1972 年出现了第三代集成运放，如 AD508。

5）1973 年出现了第四代集成运放，如 HA2 900。

目前，集成运放还在向低漂移、低功耗、高速度、高输入阻抗、高放大倍数和高输出功率等高指标的方向发展。

集成运算放大器的主要技术指标有以下几个。

1）开环电压增益 A_{uo}：80～140 dB（10^4～10^7）。

2）输入偏置电流 I_{iB}：在标称电源电压及温度 25℃下，使运算放大器静态输出电压为零时流入（或流出）的电流平均值。BJT（双极型晶体管）：10～100 nA；FET（场效应管）：1～10 pA。

3）输入失调电压 U_{io}：要让输出电压为零，必须在输入端加上一个补偿电压，即输入失调电压，其值一般为±（1～10）mV。

4）输入失调电流 I_{io}：输入失调电流是衡量集成运算放大器两个偏置电流不对称程度的指标，一般定义为在标称电源电压及室温下，输入信号为零时，运算放大器两输入端偏置电流的差值，其值一般为 0.05～0.1 I_{iB}。

5）最大输出电压 U_{om}：又称输出电压摆幅，定义为运算放大器在额定电源电压和额定负载下，不出现明显失真时所得到的最大的峰值输出电压。其值一般比电源电压低 2～4 V（输出管饱和电压）。

6.2　集成运放的线性应用

要保证运算放大器工作在线性区，在电路结构上必须存在从输出端到输入端的负反馈支路，使净输入信号幅度足够小，集成运算放大器的输出处于最大输出电压的范围内。

集成运算放大器线性应用电路通常采用六步分析法。

第一步：利用 $i_+=0$，由电路求出同相输入端电压 u_+。

第二步：利用 $u_+=u_-$，确定反相输入端电压 u_-。

第三步：利用已知电压 u_-，由电路求出电流 i_1。

第四步：利用 $i_-=0$，求出电流 i_f。

第五步：由电路的特性和 u_-确定输出电压 u_o。

第六步：检验输出电压是否在线性范围内，即 $|u_o|<U_{om}$。

6.2.1　比例运算电路

比例运算是指集成运算放大器的输出电压和输入电压存在比例关系。由于运算放大器有两个输入端，所以比例运算分为反相比例运算和同相比例运算。

1．反向比例运算电路

反相比例运算电路如图 6-6 所示。

由 $i_+=0$ 可知

$$u_-=0\text{ V}$$

$$u_-=u_+=0\text{ V}\text{（虚地）}$$

$$i_1=\frac{u_i}{R_1}$$

又因 $i_-=0$，故有

$$i_f=i_1=\frac{u_i}{R_1}$$

$$u_o=u_- - R_f\cdot i_f=-\frac{R_f}{R_1}u_i$$

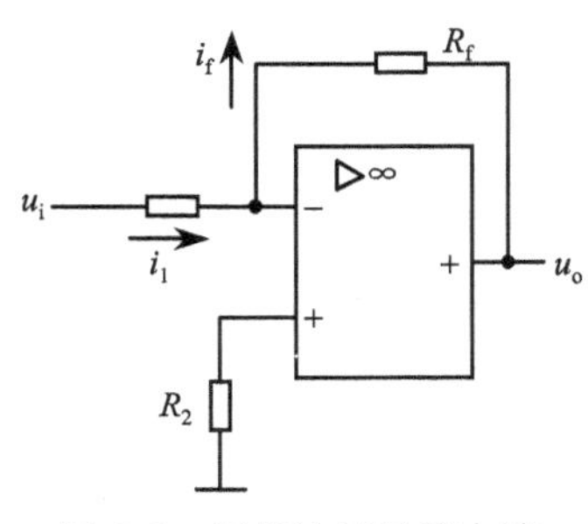

图 6-6　反相比例运算电路

线性工作输入范围为

$$|u_i| < \frac{R_1}{R_f} U_{om}$$

闭环增益

$$A_{uf} = -\frac{R_f}{R_1}$$

输入电阻

$$r_i = R_1$$

输出电阻

$$r_o = 0$$

平衡电阻 R_2，作用是消除静态基极电流对输出电压的影响，$R_2=R_1//R_f$。

2．同相比例运算电路

同相比例运算电路如图 6-7 所示。

由 $i_+=0$ 可知

$$u_+ = \frac{R_3}{R_2 + R_3} u_i$$

$$u_- = u_+ = \frac{R_3}{R_2 + R_3} u_i$$

$$i_1 = -\frac{u_-}{R_1} = \frac{-R_3}{R_2 + R_3} \cdot \frac{u_i}{R_1}$$

$$i_f = -\frac{u_o - u_-}{R_f}$$

根据虚断 $i_1=i_f$ 可得

$$u_o = (1 + \frac{R_f}{R_1}) \frac{R_3}{R_2 + R_3} u_i$$

$$A_{uf} = (1 + \frac{R_f}{R_1}) \frac{R_3}{R_2 + R_3}$$

$$r_i = R_2 + R_3 \qquad r_o = 0$$

$$R_2 // R_3 = R_1 // R_f$$

图 6-8 为电压跟随器，是同相比例运算电路的一个特例，此时 $R_1=R_3=\infty$，$R_f=0$，则 $A_u=1$。

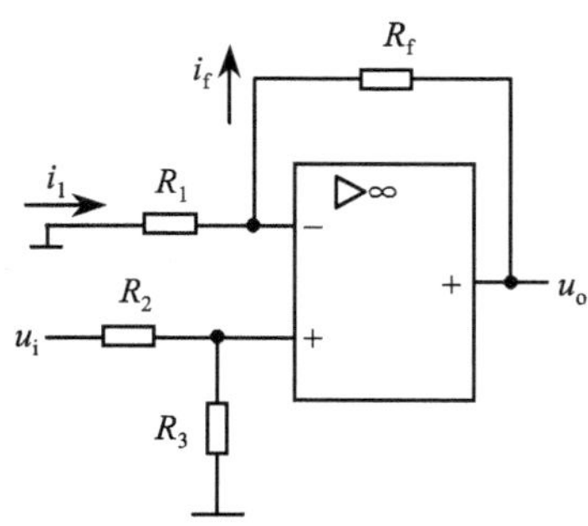

图 6-7　同相比例运算电路

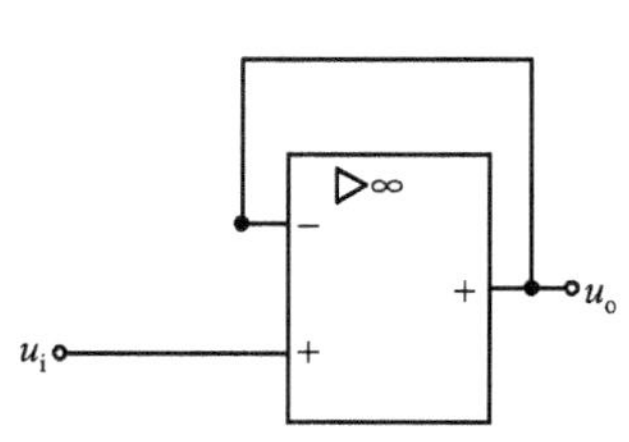

图 6-8　电压跟随器

6.2.2 加法运算电路

1．反相加法运算

反相加法运算电路如图 6-9 所示。在反相输入端可以加若干输入信号，输出电压与它们之间的关系就构成反相加法运算。

$$u_+ = u_- = 0$$

$$i_+ = i_- = 0 \quad i_1 + i_2 = i_f$$

$$\frac{u_{i1}}{R_1} + \frac{u_{i2}}{R_2} = \frac{-u_o}{R_f}$$

$$u_o = -(\frac{R_f}{R_1}u_{i1} + \frac{R_f}{R_2}u_{i2})$$

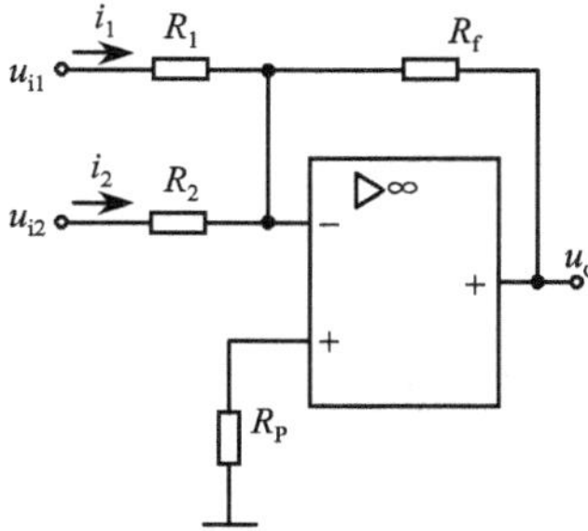

图 6-9　反相加法运算电路

若 $R_1=R_2=R$，则有

$$u_o = -\frac{R_f}{R}(u_{i1} + u_{i2})$$

为了保证运放的差分输入电路的对称性，静态时要求外接等效电阻应相等，因此平衡电阻

$$R_P = R_1 // R_2 // R_f$$

2．同相加法运算

同相加法运算电路如图 6-10 所示，在运算放大器的同相输入端加若干输入信号，反相输入端通过电阻 R_3 接地，输出电压与各输入电压之间的关系就构成同相加法运算。

由 $i_{i1} + i_{i2} = i_+ = 0$ 可知

$$\frac{u_{i1} - u_+}{R_1} + \frac{u_{i2} - u_+}{R_2} = 0 \Longrightarrow \frac{u_{i1}}{R_1} + \frac{u_{i2}}{R_2} = u_+(\frac{1}{R_1} + \frac{1}{R_2}) \Longrightarrow u_+ = \frac{\frac{u_{i1}}{R_1} + \frac{u_{i2}}{R_2}}{\frac{1}{R_1} + \frac{1}{R_2}}$$

因 $i_f = i_1 = -\frac{u_-}{R_3}$，而 $i_f = \frac{u_- - u_o}{R_f}$，所以

$$u_- = \frac{R_3}{R_3 + R_f}u_o$$

又因 $u_- = u_+$，故

$$\frac{\frac{u_{i1}}{R_1} + \frac{u_{i2}}{R_2}}{\frac{1}{R_1} + \frac{1}{R_2}} = \frac{R_3}{R_3 + R_f}u_o \Longrightarrow u_o = (1 + \frac{R_f}{R_3})\frac{\frac{u_{i1}}{R_1} + \frac{u_{i2}}{R_2}}{\frac{1}{R_1} + \frac{1}{R_2}}$$

若使 $R_1=R_2$，且 $R_f=R_3$，则有

$$u_o = u_{i1} + u_{i2}$$

平衡电阻为

$$R_1//R_2=R_3//R_f$$

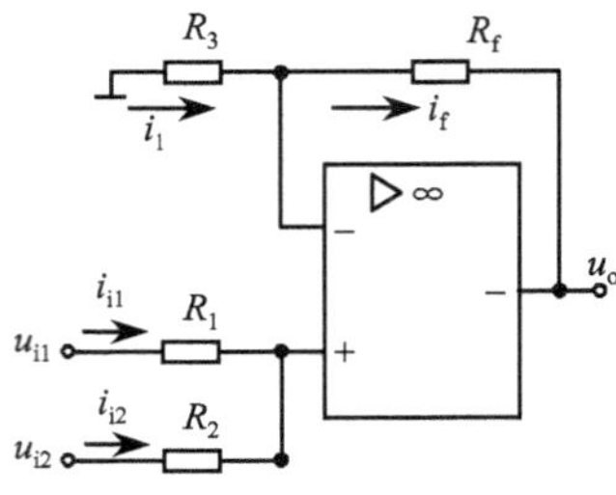

图 6-10 同相加法运算电路

6.2.3 减法运算电路

在运算放大器的两个输入端分别输入两个对地信号 u_{i1} 和 u_{i2}（如图 6-11 所示），就可实现减法运算。

由 $i_+=0$ 可知，

$$u_+=\frac{R_3}{R_2+R_3}u_{i2}$$

$$u_-=u_+=\frac{R_3}{R_2+R_3}u_{i2}$$

$$R_2//R_3=R_1//R_f$$

$$i_1=\frac{u_{i1}-u_-}{R_1}=\frac{u_{i1}}{R_1}-\frac{1}{R_1}\cdot\frac{R_3}{R_2+R_3}u_{i2}$$

因 $i_-=0$，故有

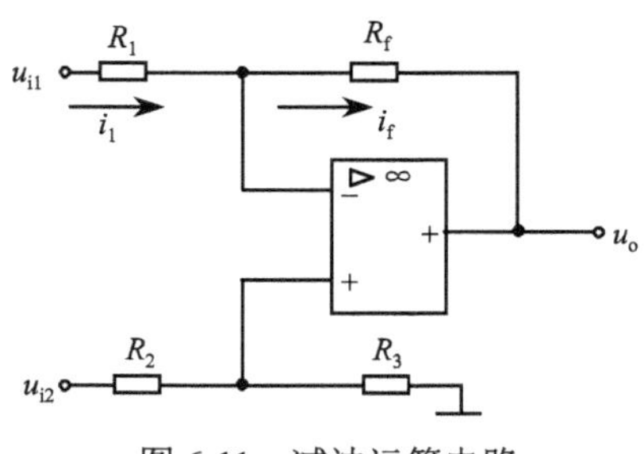

图 6-11 减法运算电路

$$i_f=i_1$$

$$u_o=u_--R_f\cdot i_f=(1+\frac{R_f}{R_1})\frac{R_3}{R_2+R_3}u_{i2}-\frac{R_f}{R_1}u_{i1}$$

当 $R_f=R_3$，$R_1=R_2$ 时，有

$$u_o=\frac{R_f}{R_1}(u_{i2}-u_{i1})$$

当 $R_1=R_2=R_3=R_f$ 时，有

$$u_o=u_{i2}-u_{i1}$$

例 6-1 在图 6-12 中，$R_1=10\,\text{k}\Omega$，$R_2=20\,\text{k}\Omega$，$u_{i1}=-1\,\text{V}$，$u_{i2}=1\,\text{V}$。求 u_o。

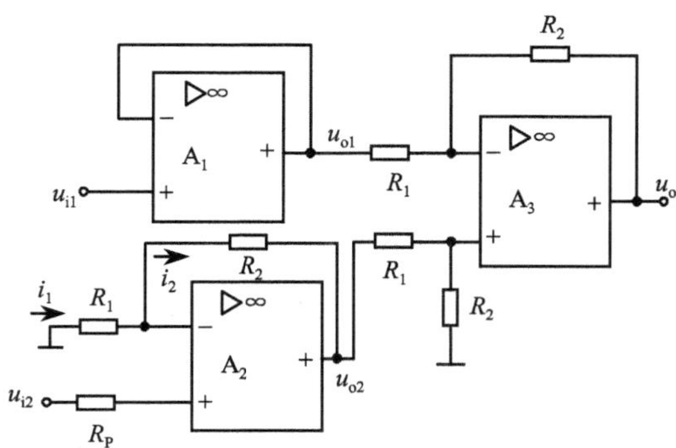

图 6-12 例 6-1 图

解： 运算放大器 A_1 是一个电压跟随器，因此

$$u_{o1}=u_{i1}=-1\,\text{V}$$

运算放大器 A_2 是一个同相输入运算放大器，因此

$$i_{2+}=0,\ \because u_{2+}=u_{i2}=1\,\text{V}$$

由 $u_{2-}=u_{2+}=1\text{V}$ 得

$$i_1=\frac{0-u_{2-}}{R_1}=-\frac{u_{i2}}{R_1}$$

由 $i_-=0$ 及节点电流定律可知

$$i_f=i_1$$

$$\frac{u_{2-}-u_{o2}}{R_2}=i_2$$

$$u_{o2}=u_- - i_2R_2=(1+\frac{R_2}{R_1})\ u_{i2}=(1+\frac{20}{10})\times 1=3\,\text{V}$$

运算放大器 A_3 所在电路是一个减法运算电路，并且 $R_{f3}=R_2=20\,\text{k}\Omega$，因此

$$u_o=\frac{R_{f3}}{R_1}(u_{o2}-u_{o1})=\frac{20}{10}(3+1)=8\,\text{V}$$

6.2.4 微分运算电路

将反相比例运算电路中的 R_1 换成电容 C，构成微分运算电路，如图 6-13 所示。

由 $i_+=0$ 可知

$$u_+=0\,\text{V}$$

$$u_-=u_+=0\,\text{V}$$

$$i_C=C\frac{\text{d}u_i}{\text{d}t}$$

又因为 $i_-=0$，所以有

$$i_R=i_C$$

$$u_o=u_--Ri_R=-RC\frac{\mathrm{d}u_i}{\mathrm{d}t}$$

微分电路可将三角波转换为方波，也可将正弦波移相+90°。

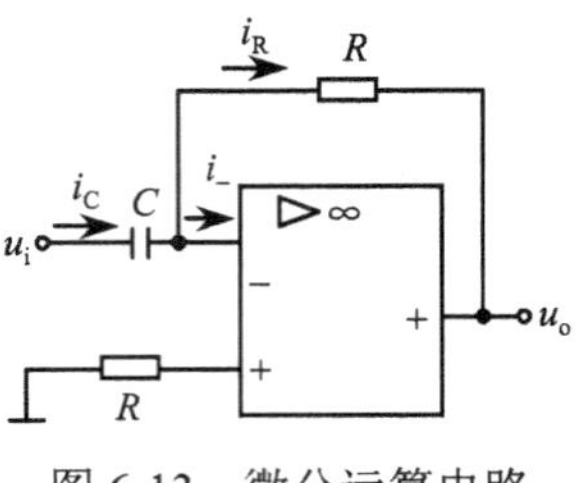

图 6-13　微分运算电路

6.2.5　积分运算电路

将反相比例运算电路中的 R_f 换成电容 C，便构成积分运算电路，如图 6-14 所示。

由 $i_+=0$ 可知，

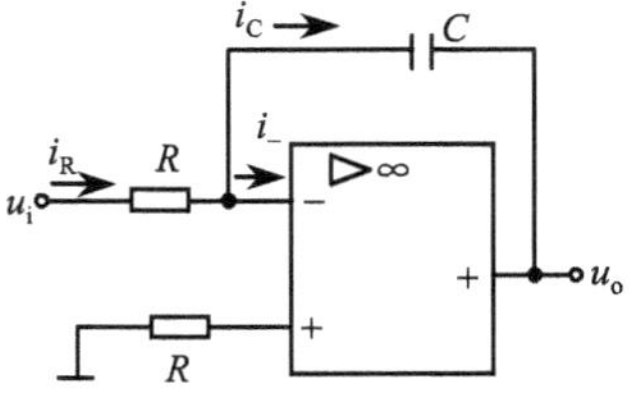

图 6-14　积分运算电路

$$u_+=0\ \mathrm{V}$$

$$u_-=u_+=0\ \mathrm{V}$$

$$i_R=\frac{u_i-u_-}{R}=\frac{u_i}{R}$$

因 $i_-=0$，所以

$$i_C=i_R$$

$$u_o(t)=u_-(t)-u_C(t)=u_C(t_0)-\frac{1}{RC}\int_{t_0}^{t}u_i(\xi)\ \mathrm{d}\xi$$

积分电路可将方波转换为三角波，也可将正弦波移相−90°。

例 6-2　电路如图 6-15 所示，试求 u_o 与 u_{i1}，u_{i2} 的关系式。利用 $i_+=0$，求出同相输入端电压 u_+。

解： $$\frac{u_{i2}-u_+}{R}=C\frac{\mathrm{d}u_+}{\mathrm{d}t}$$

$$u_+=u_{i2}-RC\frac{\mathrm{d}u_+}{\mathrm{d}t}$$

利用 $u_+=u_-$，确定反相输入端电压

$$u_-=u_+=u_{i2}-RC\frac{\mathrm{d}u_+}{\mathrm{d}t}$$

利用已知电压 u_-，求出电流

$$i_1=\frac{u_{i1}-u_-}{R}$$

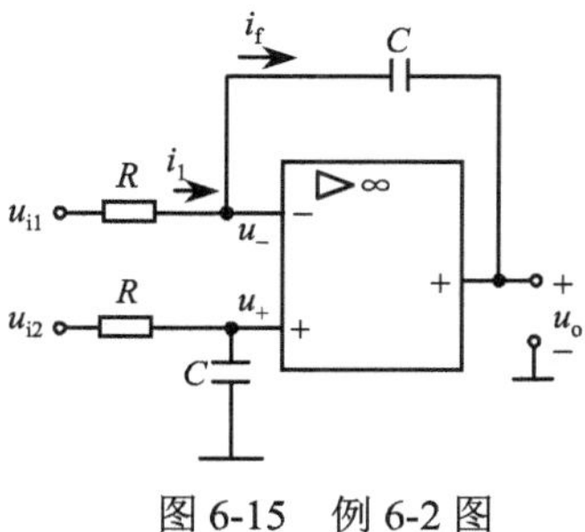

图 6-15　例 6-2 图

利用 $i_-=0$，求出电流

$$i_f=i_1=\frac{u_{i1}-u_-}{R}$$

又因

$$i_f=C\frac{d(u_--u_o)}{dt}$$

所以

$$\frac{u_{i1}-u_-}{R}=C\frac{d(u_--u_o)}{dt}$$

$$u_{i1}-u_-=RC(\frac{du_-}{dt}-\frac{du_o}{dt})$$

$$u_{i1}=RC(\frac{du_-}{dt}-\frac{du_o}{dt})+u_-=RC(\frac{du_+}{dt}-\frac{du_o}{dt})+u_+=u_{i2}-RC\frac{du_o}{dt}$$

$$u_o=\frac{1}{RC}\int(u_{i2}-u_{i1})dt$$

6.3　集成运放的非线性应用

当运算放大器开环或加正反馈时，由于运算放大器开环放大倍数 A_u 非常大，即使输入信号很小，也足以使运算放大器饱和，使输出电压近似等于集成运放组件的正电源电压值或负电源电压值。这时，运算放大器的输入量和输出量之间不再具有线性关系，运算放大器处于非线性工作状态。

非线性应用的理想运算放大器特征如下：

1）$u_+\neq u_-$（非虚短）；

2）无输入电流，$i_+=i_-=0$；

3）输出端只有两种输出状态，$\pm U_{om}$。

运算放大器的非线性应用领域很广，包括测量技术、数字技术、自动控制、无线电通信等方面。但就其功能而言，目前非线性应用主要是在信号的比较和鉴别以及各种波形发生电路等方面。

6.3.1 比较器

1．反相电压比较器

反相电压比较器的电路如图 6-16（a）所示，其中，U_r是参考电压。图 6-16（b）是其电压传输特性，当 $u_i>U_r$时，$u_o=+U_{om}$；当 $u_i<U_r$时，$u_o=-U_{om}$。

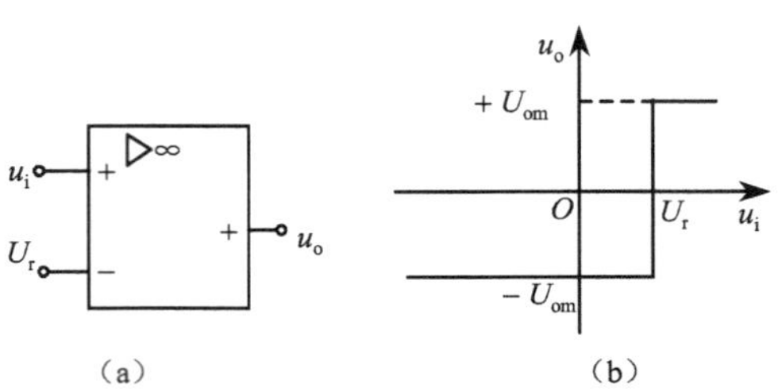

图 6-16　反相电压比较器

（a）电路图　（b）电压传输特性

2．同相电压比较器

图 6-17（a）是同相电压比较器的电路图，其中，U_r是参考电压。图 6-17（b）是其电压传输特性，当 $u_i<U_r$时，$u_o=+U_{om}$；当 $u_i>U_r$时，$u_o=-U_{om}$。

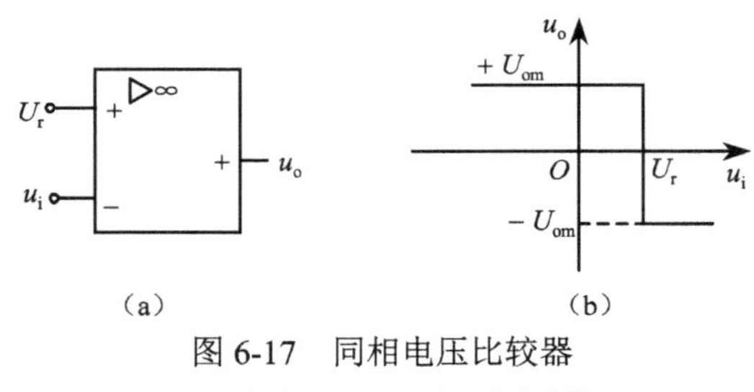

图 6-17　同相电压比较器

（a）电路图　（b）电压传输特性

3．过零电压比较器

当参考电压 U_r=0 时，电压比较器叫过零电压比较器，如图 6-18 所示。

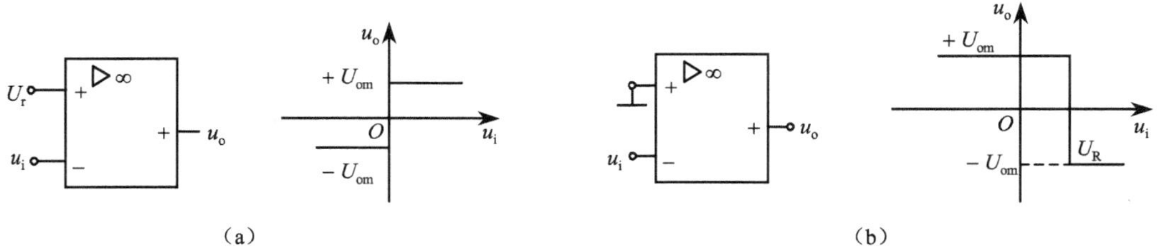

图 6-18　过零电压比较器

（a）同相过零电压比较器　（b）反相过零电压比较器

例 6-3　利用电压比较器将正弦波变为方波。

根据过零电压比较器工作特性，当正弦波输入信号在正半轴时，$u_o=+U_{om}$；当正弦输入信号在负半轴时，$u_o=-U_{om}$，这样就将正弦信号变成了方波信号，如图 6-19 所示。

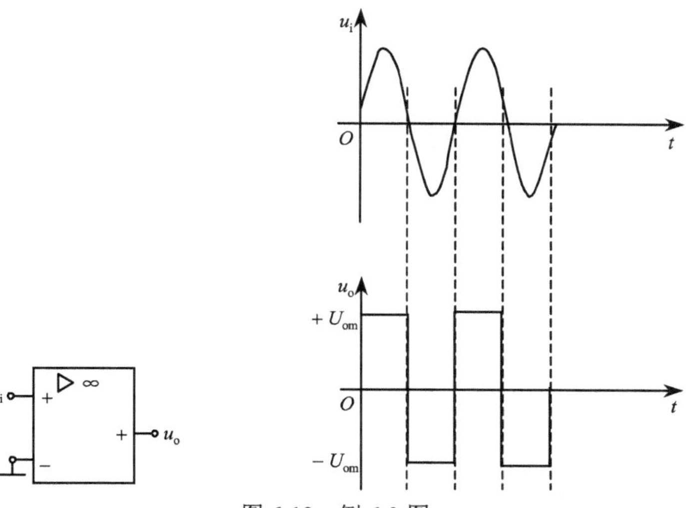

图 6-19　例 6-3 图

4．滞回比较器

滞回比较器如图 6-20 所示，输入信号加在反相输入端，输出电压经反馈电阻 R_2 送到比较器的同相输入端。当输出电压发生变化时，正反馈迫使同相输入端的电位随之变化，反馈电压为 R_1 两端的电压 u_1。

$$u_1 = u_+ = \frac{R_1}{R_1 + R_2} u_o$$

当 u_o 正饱和（$u_o=+U_{om}$）时，

$$U_+ = \frac{R_1}{R_1 + R_2} U_{om} = U_{+H}$$

当 u_o 负饱和（$u_o=-U_{om}$）时，

$$U_+ = -\frac{R_1}{R_1 + R_2} U_{om} = U_{+L}$$

U_{+H} 称为上阈值电压（上门限电压），当 $u_i>U_{+H}$ 后，u_o 从 $+U_{om}$ 变为 $-U_{om}$； U_{+L} 称为下阈值电压（下门限电压），当 $u_i<U_{+L}$ 后，u_o 从 $-U_{om}$ 变为 $+U_{om}$；两者之差（$U_{+H}-U_{+L}$）称为回差。滞回比较器的电压传输特性如图 6-21 所示。

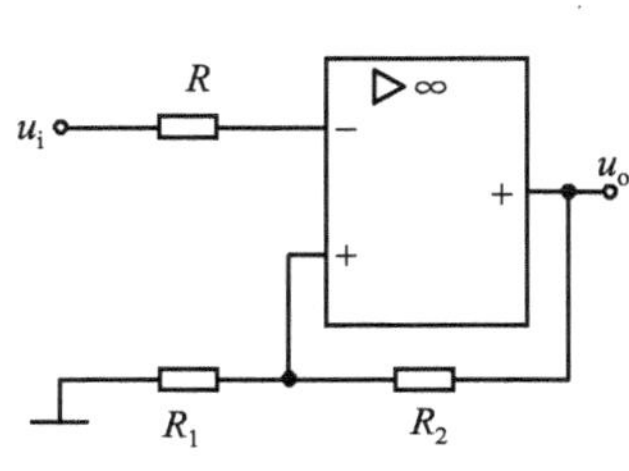

图 6-20　滞回比较器

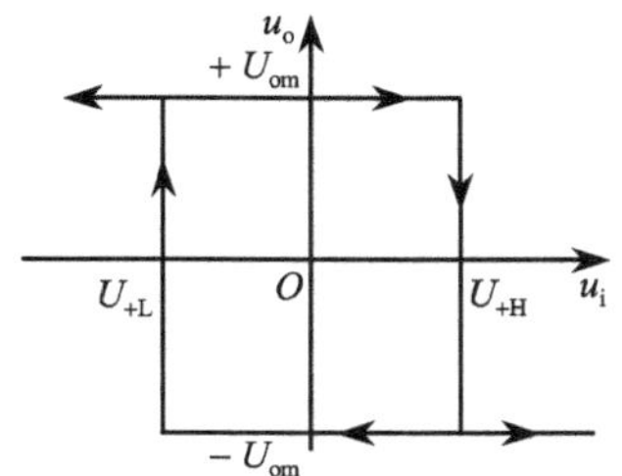

图 6-21　滞回比较器传输特性

当输入信号超过上门限电平时，滞回比较器就会翻转输出低电平。这时，即使由于干扰而出现波动，使输入信号小于上门限电平，但只要不低于下门限电平，输出信号仍然会保持而不发生错误的翻转。同理，下门限附近也是如此。由此可见，滞回比较器有较强的抗干扰能力。

5．限幅比较器

电路中的运放处于线性放大状态，但外围电路有非线性元件（二极管、稳压二极管），使得比较器的输出电压可以稳定在某一个数值，起到限幅的作用。

图 6-22（a）是双向稳压管接在输出端的限幅比较器，图 6-22（b）是双向稳压管接在负反馈回路，它们都使输出电压 u_o 限制在 $\pm U_Z$，其传输特性如图 6-23 所示。

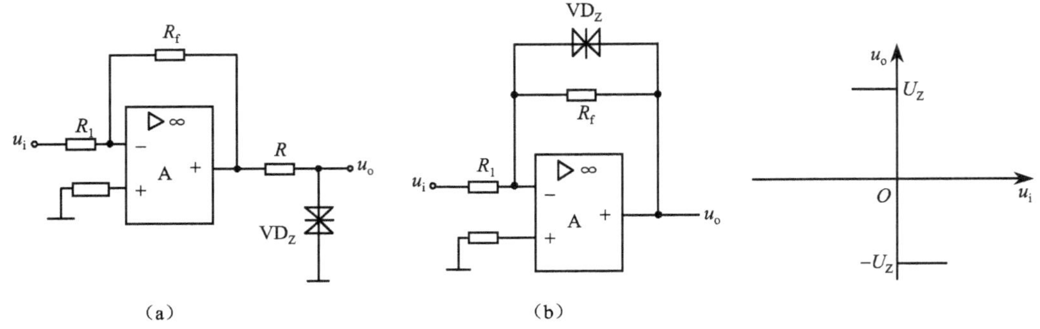

图 6-22　限幅比较器

（a）双向稳压管接在输出端　（b）双向稳压管接在负反馈回路

图 6-23　限幅比较器传输特性

6.3.2　采样保持电路

在计算机实时控制和非电量的测量系统中，通常要将模拟量转换为数字量。但因转换不能瞬间完成，需要一定的时间，所以不能将随时间连续变化的模拟量的每一个瞬间都转换为数字量，而只能将某些选定时刻的模拟量值进行转换。这就需要对连续变化的模拟量进行跟踪采样，并将采集到的量值保持一定的时间，以便在此时间内完成从模拟量到数字量的转换，这就是采样保持电路的功能。

基本的采样保持电路如图 6-24（a）所示，场效应管作为电子开关。

当控制端为低电平时，场效应管处于导通状态，u_i 通过 R_1 和场效应管向电容 C 充电，如果忽略场效应管的漏源电压，则输出电压 u_o 等于电容两端的电压（该电路中运算放大器的反相输入端为虚地点），它跟随输入模拟信号电压 u_i 的变化而变化，此阶段为采样阶段。

当控制端为高电平时，场效应管截止，电容 C 上的电压因为没有放电回路而得以保持。该阶段称为保持阶段，采样保持电路的工作波形如图 6-24（b）所示。

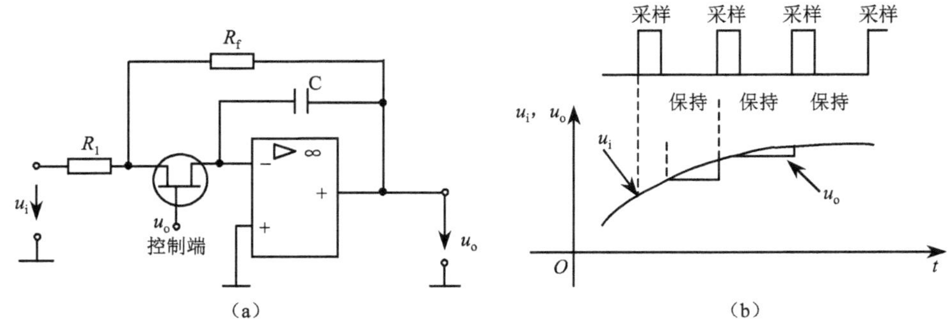

图 6-24　基本采样保持电路

（a）电路图　（b）工作波形图

习 题 6

1. 题1 图中的集成运算放大器是理想的，分别求出它们的输出电压与输入电压的函数关系式。

2. 题 2 图中的集成运算放大器具有理想特性，试推导它们各自的输出电压与输入电压的表达式。

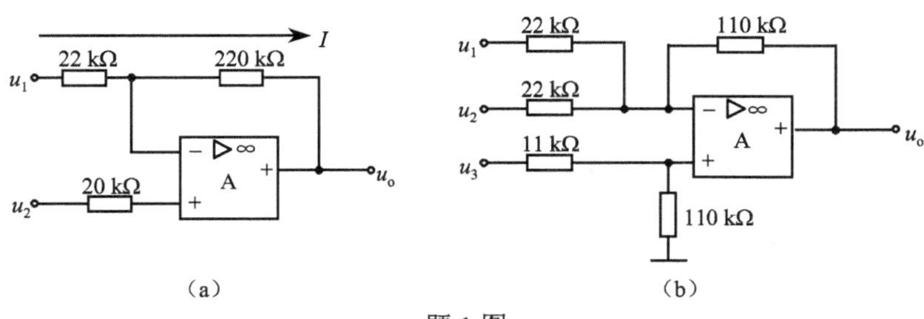

（a）　　　　（b）

题 1 图

（a）情况 1　（b）情况 2

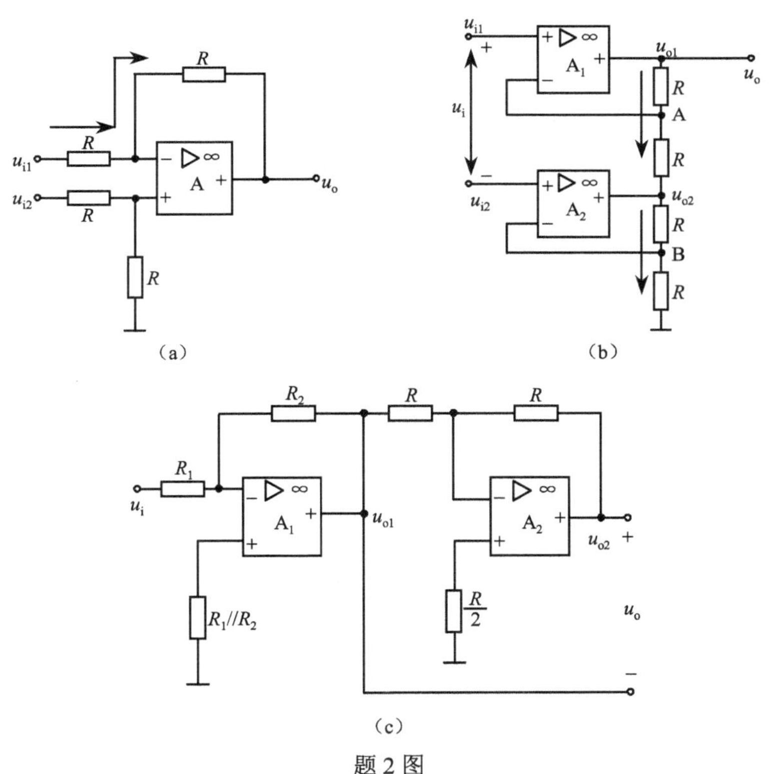

（a）　　　　（b）

（c）

题 2 图

（a）情况 1　（b）情况 2　（c）情况 3

3. 试求题 3 图中的电压放大倍数 A_u。

4. 试求题 4 图中的输出电压值 U_o。（设各集成运算放大器是理想的。）

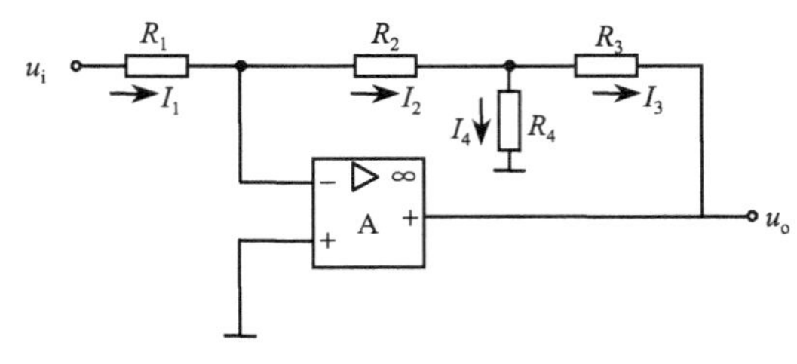

题 3 图

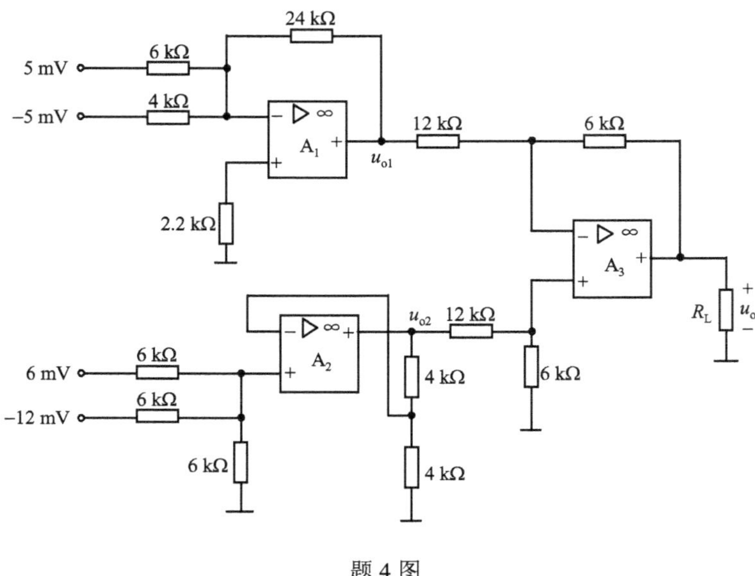

题 4 图

5．题 5 图中均为理想的集成运算放大器，已知 u_1=0.004 V，u_2=0.2 V，试求 u_{o1}，u_{o2}，u_{o3}，u_{o4} 及 $u_o=u_{o3}-u_{o4}$ 各为多少？

6．试求题 6 图中输出电压与输入电压之间的关系。

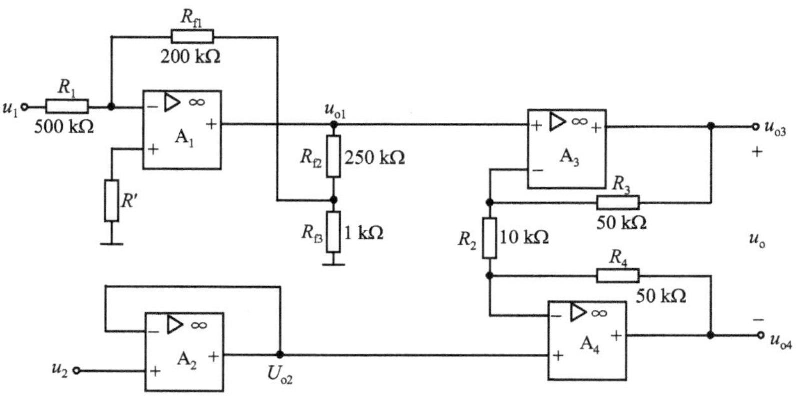

题 5 图

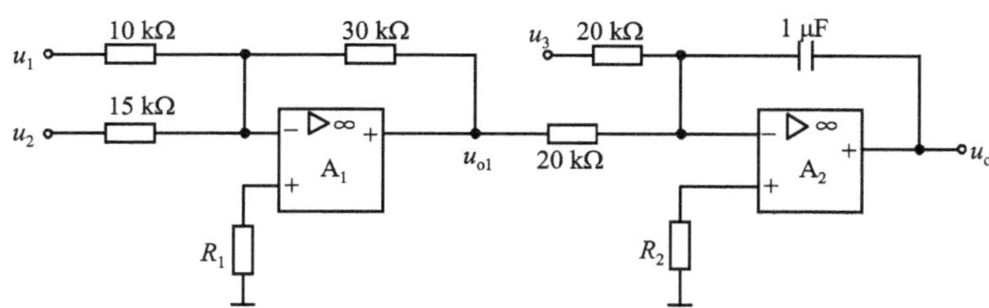

题6图

7．何谓电压比较器？它与放大电路、运算电路的主要区别是什么？

8．何谓阈值？如何计算阈值大小？如何绘制比较器的传输特性？

9．设题9图中集成运算放大器的最大输出电压是±13 V，输入信号 u_i 是峰值为5 V的低频正弦信号，试按理想情况分别画出参考电压 u_r 为0 V、+2.5 V和−2.5 V三种情况下输出电压的波形。

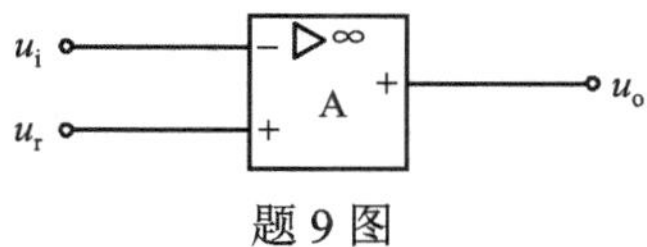

题9图

10．试求题10图中各电压比较器的阈值，并分别画出它们的传输特性。

11．在题11图中，试求 u_o 与 u_{i1}，u_{i2} 的关系式。

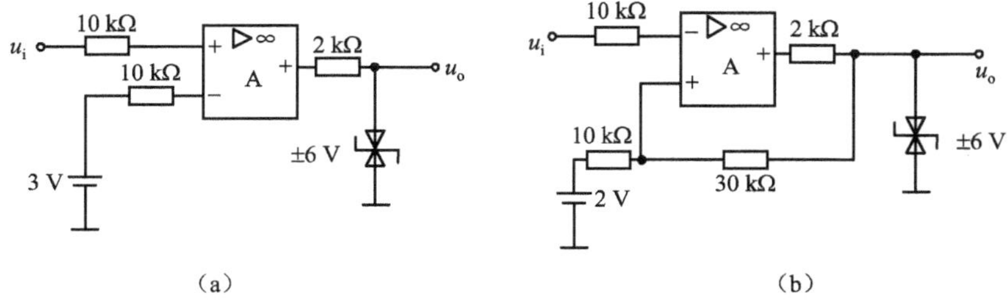

题图10

（a）情况1　（b）情况2

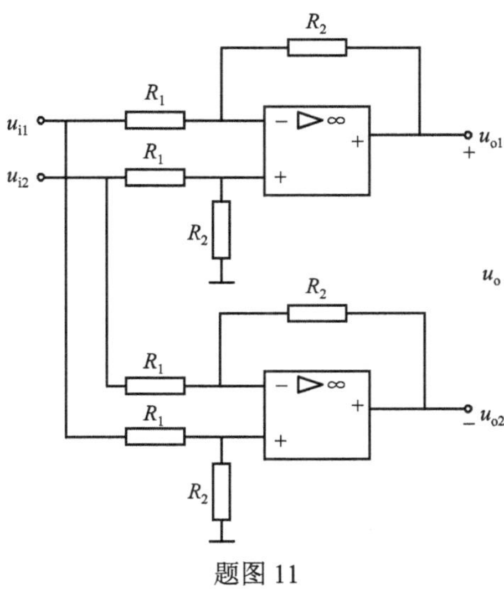

题图11

第 7 章　直 流 电 源

电子设备一般都需要稳定的直流电源供电。直流电可以由直流发电机产生，也可以由干电池、蓄电池提供，但在大多数情况下，是采用把交流电（市电）转变为直流电的直流稳压电源，其原理如图 7-1 所示。

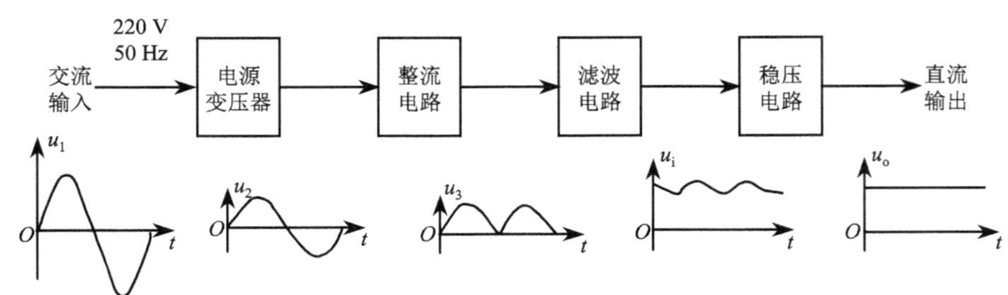

图 7-1　直流稳压电源原理图

电源变压器：将交流电网电压 u_1 变为合适的交流电压 u_2。

整流电路：将交流电压 u_2 变为脉动的直流电压 u_3。

滤波电路：将脉动直流电压 u_3 转变为平滑的直流电压 u_i。

稳压电路：清除电网波动及负载变化的影响，保持输出电压 u_o 的稳定。

在直流稳压电源中，降压、整流、滤波这几个环节的电路一般都比较固定，但稳压环节采用的电路形式较多，比如稳压二极管稳压、串联型稳压、集成稳压、开关型稳压等。其中，稳压二极管稳压是最简单的一种，但它只能用在输出直流电压固定且负载电流较小的场合；在电子电路中应用更为广泛的是串联型稳压和开关型稳压电路；集成稳压是将基于串联型稳压结构的电路都集成在一片集成电路中，对外只有输入、输出、公共端三个引出端，具有体积小、可靠性高、使用灵活、价格低廉等优点，目前在小功率直流电源中得到广泛应用。

7.1　整流滤波电路

7.1.1　整流电路

1．半波整流电路

半波整流电路如图 7-2（a）所示，图中二极管 VD 因为具有单向导电性，故当 $u_2>0$ 时，二极管 VD 正向偏置导通，若忽略二极管正向压降，则负载电阻上的电压 $u_L=u_2$；

当 $u_2<0$ 时，二极管 VD 截止，忽略反向饱和电流，那么负载电阻 R_L 上没有电流流过，输出电压 $u_L=0$，$u_D=u_2$。

一个周期内 R_L 上得到的波形如图 7-2（b）所示，这是单一方向（极性没变）大小变化的单向脉动直流电压。

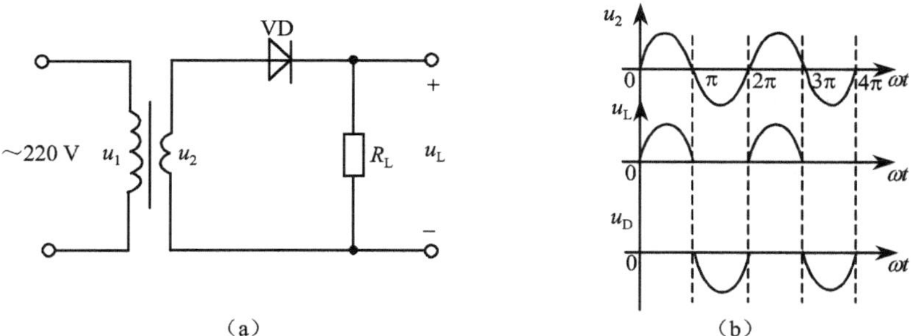

图 7-2　半波整流电路

（a）半波整流电路　（b）半波整流波形

半波整流电路的主要参数有以下几个。

1）输出电压平均值

$$U_L = \frac{1}{2\pi}\int_0^{2\pi} u_L \mathrm{d}(\omega t) = \frac{1}{2\pi}\int_0^{\pi}\sqrt{2}u_2 \sin\omega t \mathrm{d}(\omega t) = 0.45U_2$$

2）输出电流平均值

$$I_L = \frac{U_L}{R_L} = 0.45\frac{U_2}{R_L}$$

3）流过二极管的平均电流

$$I = I_L$$

4）二极管承受的最高反向电压

$$U_{rm} = \sqrt{2}U_2$$

2．全波整流电路

全波整流电路如图 7-3（a）所示，电路由两只二极管 VD_1，VD_2 组成，变压器副边中心抽头，感应出两个相等的电压 u_2。

当 u_2 在正半周时，VD_1 优先导通，而此时 VD_2 承受反向电压截止。当 u_2 在负半周时，VD_2 导通，VD_1 截止。一个周期内 R_L 上得到的输出波形 U_L 如图 7-3（b）所示。

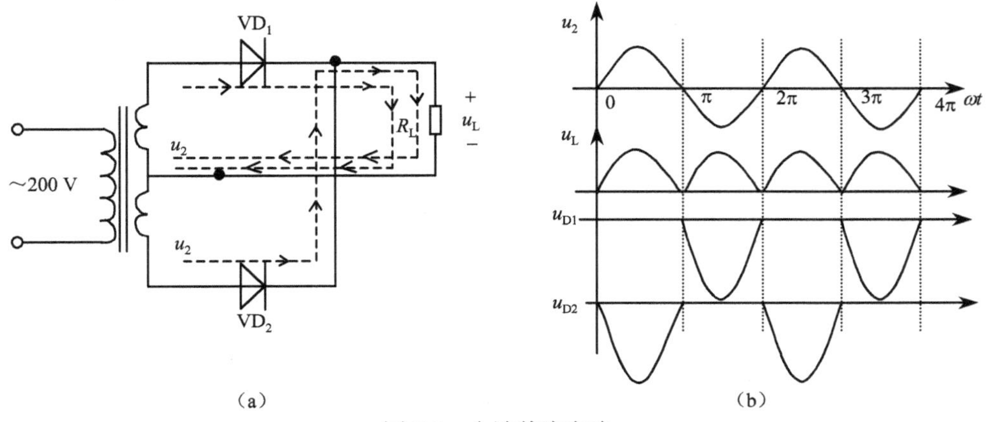

图 7-3　全波整流电路

（a）全波整流电路　（b）全波整流波形

全波整流电路的主要参数有以下几个。

1）输出电压平均值

$$U_L=\frac{1}{2\pi}\int_0^{2\pi}u_L\mathrm{d}(\omega t)=\frac{1}{\pi}\int_0^{\pi}\sqrt{2}u_2\sin\omega t\mathrm{d}(\omega t)=0.9U_2$$

2）输出电流平均值

$$I_L=\frac{U_L}{R_L}=0.9\frac{U_2}{R_L}$$

3）流过二极管的平均电流

$$I_D=\frac{1}{2}I_L$$

4）二极管承受的最高反向电压

$$U_{rm}=2\sqrt{2}U_2$$

3．**桥式整流电路**

桥式整流电路由4只二极管组成，变压器不需要中心抽头。

1）u_2在正半周时，二极管VD_1，VD_2共阴极，VD_1阳极电位比VD_2阳极电位高，VD_1优先导通，VD_1导通后VD_2承受反向电压而截止；同理，VD_3，VD_4共阳极，VD_3阴极电位比VD_4阴极电位低，VD_3优先导通，VD_3导通后VD_4承受反向电压截止。电流i_L的通路是$+\to VD_1\to R_L\to VD_3\to -$（见图7-4虚线），负载电阻$R_L$上得到一个半波电压$u_L$，即$u_2$的正半波电压，如图7-5所示。

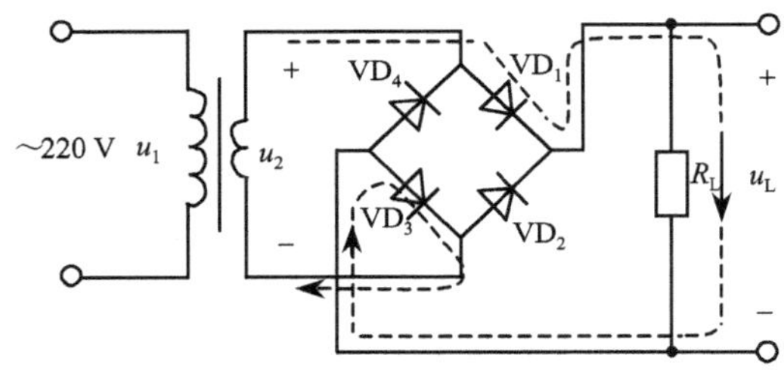

图7-4　桥式整流电路u_2正半周电流通路

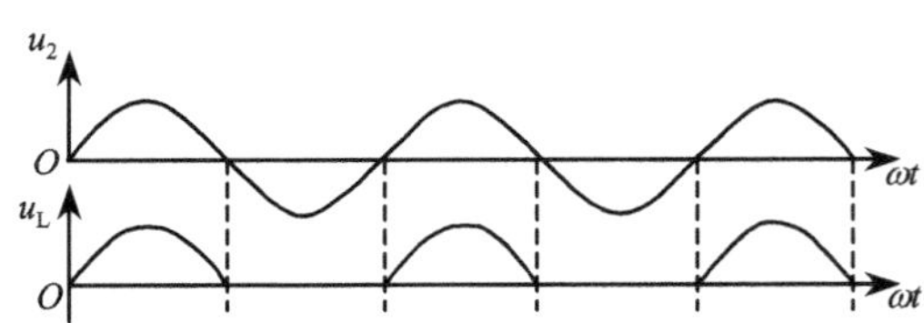

图7-5　桥式正半波电压输出波形

2）u_2在负半周时，二极管VD_2，VD_4导通，VD_1，VD_3截止，电流i_L通路是$+\to VD_2\to R_L\to VD_4\to -$（见图7-6虚线）。负载电阻$R_L$上得到一个与$u_2$正半周时方向一致的半波电压，即$u_2$的正半波电压，如图7-7所示。

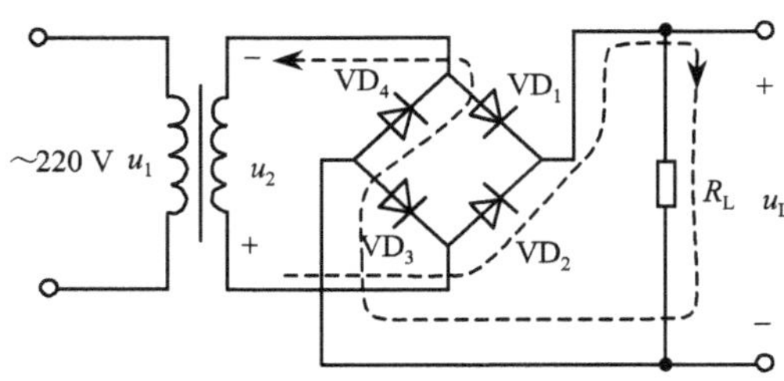

图7-6　桥式整流电路u_2负半周电流通路

桥式整流电路主要参数有以下几个。

1）输出电压平均值：$U_L=0.9U_2$。

2）输出电流平均值：$I_L=\frac{U_L}{R_L}=0.9\frac{U_2}{R_L}$。

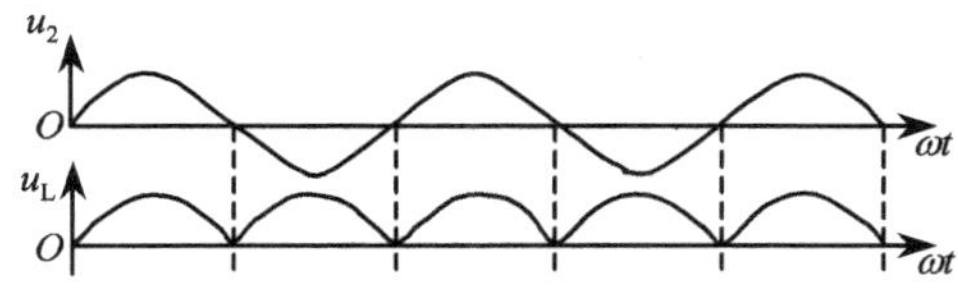

图 7-7　桥式整流电压输出波形

3）流过二极管的平均电流：$I_D=\frac{1}{2}I_L$。

4）二极管承受的最高反向电压：$U_{rm}=\sqrt{2}U_2$。

整流电路在选择整流二极管时，要注意满足二极管的最大整流电流 $I_{om}>\frac{1}{2}I_L$，反向工作峰值电压 $U_{drm}>\sqrt{2}U_2$。

桥式整流电路使用二极管的数量相对较多，但目前已有现成的整流桥产品来代替 4 个分立元件，对外只有 4 个引出端，其中两端为单相交流电压输入端（标“～”符号），另外两端是整流电压输出的正、负极（分别标“+”、“−”），如图 7-8 所示。

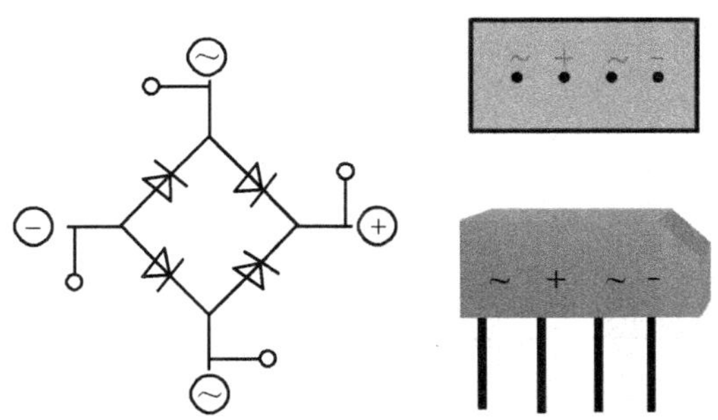

图 7-8　集成整流桥堆外形图及 4 个端口

7.1.2　滤波电路

整流输出的单向脉动电压虽然没有极性的变化，但是，电压数值起伏较大，其中既有直流成分，也含有较大的交流成分，并不能向大多数电子设备提供可用的直流电压。滤波电路就是尽量滤除交流谐波分量，保留直流成分，得到较平稳的直流电压。大多数整流电路都加有电源滤波电路。常用的滤波电路有电容滤波、电感滤波和π型滤波。

1．电容滤波电路

在整流电路的负载电阻 R_L 两端并联一个足够大的电容，构成电容滤波电路，如图 7-9 所示。电容滤波电路是依据电容两端电压不能突变的特性来工作的。

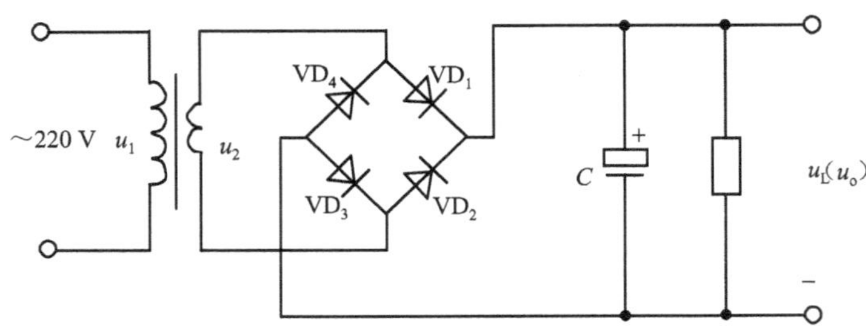

图 7-9 电容滤波电路

当 u_2 从零开始正向增大时，二极管 VD_1，VD_3 导通，电源向负载电阻 R_L 供电，同时对电容充电，忽略二极管的正向压降，随着 u_2 增大到幅值 $\sqrt{2}U_2$，电容电压也充电到 $\sqrt{2}U_2$。

当 u_2 开始按正弦规律下降时，电容开始放电，u_C 以时间常数 $\tau = R_L C$ 的指数规律下降，当 u_2 下降到 $u_2<u_C$ 时，二极管 VD_1，VD_3 因承受反向电压而截止。电容继续对负载电阻 R_L 放电，负载中仍有电流，直到 u_2 的负半周开始反向增大，当 $|u_2| = U_C$ 时，另外两只二极管 VD_2，VD_4 开始处于正向偏置而导通，这时电容停止放电，u_2 再次向电容充电和向负载供电，u_2 和 u_C 一起升高到 u_2 的幅值 $\sqrt{2}U_2$，而后下降至 $|u_2| < U_C$，二极管 VD2，VD4 截止，电容又开始向负载电阻放电，以后，每个周期如此重复上述过程，得到如图 7-10 所示的滤波输出电压波形。

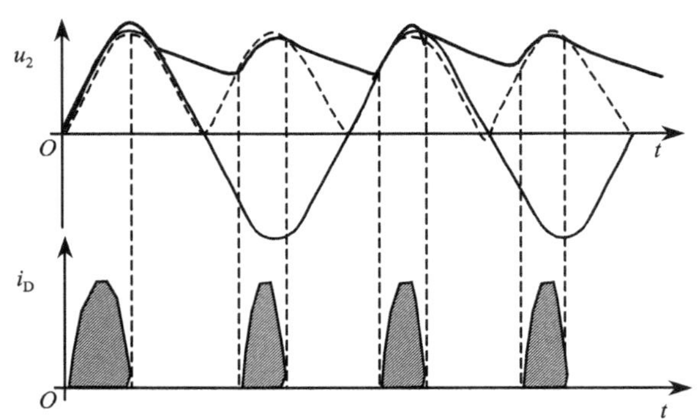

图 7-10 桥式整流滤波输出电压波形

电容滤波电路的特点如下。

1）输出电压 U_o 与时间常数 $R_L C$ 有关，$R_L C$ 越大→电容器放电越慢→U_o（平均值）越大，一般取 $\tau_d = R_L C \geqslant (3-5)\dfrac{T}{2}$（$T$ 为电源电压的周期）。

近似估算：半波整流 $U_o=U_2$，全波整流 $U_o=1.2U_2$。

2）流过二极管的瞬时电流很大。

$R_L C$ 越大→U_o 越高，负载电流的平均值越大→整流二极管导电时间越短→I_D 的峰值电流越大。选择整流二极管时，取 I_{om} 为 $(2\sim3)\dfrac{I_o}{2}$，即 $(2\sim3)\dfrac{1}{2}\dfrac{U_o}{R_L}$。单相桥式整流电路带电容滤波后，二极管所受的最高反向电压同无电容滤波时一样，仍然为 $U_{drm}=\sqrt{2}U_2$。

3）输出的直流电压平均值受负载的影响较大。

在空载（$R_L=\infty$）和忽略二极管正向压降时，$U_o=1.4U_2$，随负载 I_L 增加，U_o 下降，外特性如图 7-11 所示。

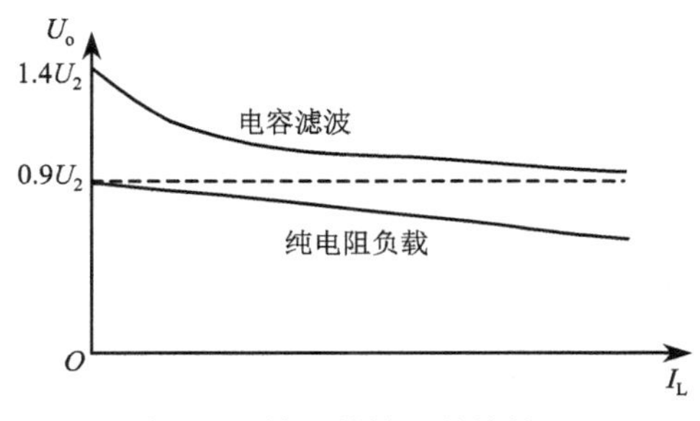

图 7-11　输出特性（外特性）

电容滤波电路适用于输出电压较高、负载电流较小且负载变动不大的场合。

2．电感滤波电路

在桥式整流电路与负载间串入一电感就构成了电感滤波电路，如图 7-12 所示。

（1）滤波原理

对直流分量（f=0），X_L=0 相当于短路，电压大部分降在 R_L 上。

对谐波分量，f 越高，X_L 越大，电压大部分降在 X_L 上。因此，在输出端得到比较平滑直流电压，U_o=0.9U_2。

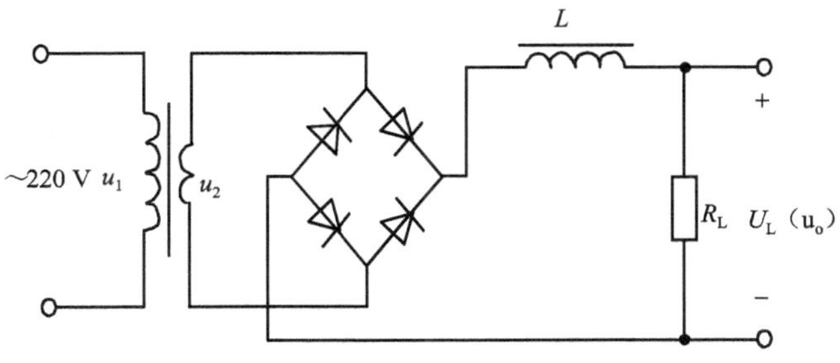

图 7-12　电感滤波电路

（2）电感滤波的特点

整流管导电角较大，峰值电流很小，输出特性比较平坦，适用于低电压、大电流（R_L 较小）的场合。缺点是电感铁芯笨重，体积大，易引起电磁干扰。

3．电感电容（*LC*）滤波

将电感滤波和电容滤波组合起来就构成电感电容滤波电路，如图 7-13 所示。

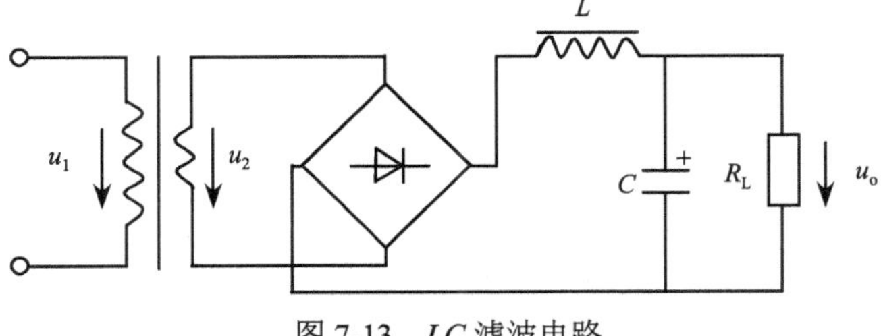

图 7-13　*LC* 滤波电路

由于电感的存在，脉动电压的交流分量主要在电感上，而直流分量加在电容电阻的并联回路中，再进一步滤去交流分量，可以得到较为平直的直流输出电压。这种滤波电路对于大、小负载均适合，主要用于要求输出电压脉动小的场合。

4．电阻电容（*RC*）滤波

由于电感线圈一般有铁芯，体积大，重量大，制作和安装都不方便，又只适用于大电流场合，所以一般小功率和小电流的场合往往采用电阻电容滤波。

对直流分量而言，电容相当于开路，负载上的直流电压

$$U_o = \frac{R_L}{R+R_L}U_{ab}$$

对于各次交流分量，只要电容取得足够大，就能获得比较理想的滤波效果。通常

$$\frac{1}{3}R \leqslant \frac{1}{2\omega C} \leqslant \frac{1}{5}R \Longrightarrow \frac{3}{2\omega R} \leqslant C \leqslant \frac{5}{2\omega R}$$

5．*RC*-π 型滤波

RC-π 型滤波是在电容滤波的基础上，再增加了一级 *RC* 低通滤波电路，所以，滤波效果比电容滤波好。电路如图 7-14 所示。

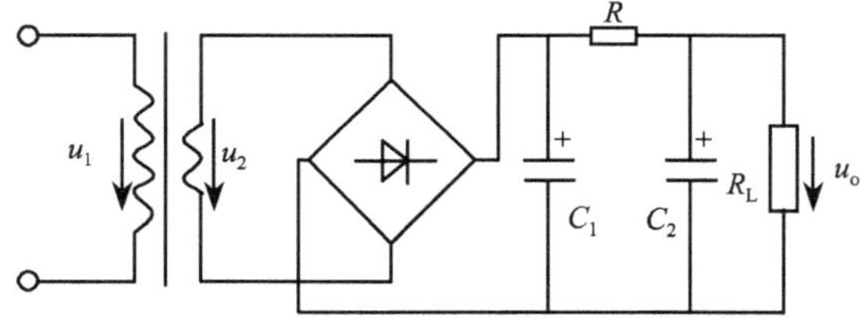

图 7-14　*RC*-π 型滤波

由于电阻 *R* 的存在，损失了部分电压，输出直流电压比电容滤波小，所以电阻 *R* 不能取得太大（一般取 100 Ω 左右）。

RC-π 型滤波输出电压直流分量：采用半波整流电容滤波，$U_o \approx U_2$；采用全波整流电容滤波，$U_o \approx 1.2U_2$。

6．*LC*-π型滤波

LC-π 型滤波是在电容滤波的基础上，类似 *RC*-π 型滤波再增加了一级 *LC* 低通滤波，电路滤波效果比电容滤波好。电路如图 7-15 所示。

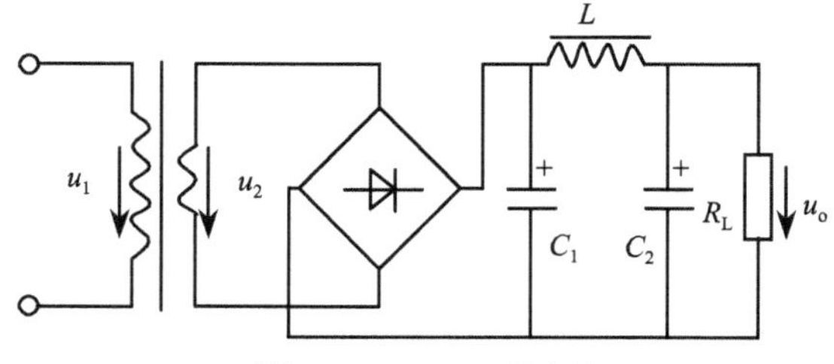

图 7-15　*LC*-π型滤波

由于不存在电阻 R 损失电压，输出直流电压比 RC-π 型滤波大。

LC-π 型滤波输出电压直流分量：采用半波整流电容滤波，$U_o \approx U_2$；采用全波整流电容滤波，$U_o \approx 1.2U_2$。

例 7-1 单相桥式整流电容滤波电路如图 7-9 所示，已知交流电源频率为 50 Hz，负载电阻 R_L=100 Ω，要求直流电压 U_o=12 V，试选择整流二极管和滤波电容。

解： 1）流过二极管的电流

$$I_D = \frac{1}{2}I_o = \frac{1}{2}\frac{U_o}{R_L} = \frac{12}{2\times100} = 60\ \text{mA} \tag{7-1}$$

取 $U_o = 1.2U_2$，则变压器二次电压有效值

$$U_2 = \frac{U_o}{1.2} = \frac{12}{1.2} = 10\ \text{V} \tag{7-2}$$

二极管承受的最高反向电压

$$U_{drm} = \sqrt{2}\,U_2 = \sqrt{2}\times10 = 14.1\ \text{V} \tag{7-3}$$

2）滤波电容

$$C \geqslant \frac{5\frac{T}{2}I_o}{U_o}\times10^6 = \frac{5\times\frac{0.02}{2}\times0.12}{12}\times10^6 = 500\ \mu\text{F}$$

选用电解电容 C=500 μF，耐压大于 $\sqrt{2}\,U_2$=14.1 V，取 25 V。

7.2 稳压二极管稳压电源

整流输出电压虽然经过滤波电路滤波，可以得到波动较小的直流输出电压，但是，如果输入交流电源电压发生波动或负载电流发生变动（这种情况经常出现），输出的直流电压也可能产生变化。稳压电路的功能是在输入交流电源的电压波动、负载变化时，使输出直流电压保持恒定。

稳压电路稳定输出直流电压的基本思想是：输出直流电压时，在电路中设置一个吸收波动成分的元件（调整元件），当电源电压或负载波动时，调整元件将根据输出直流电压的变动情况确定调整方向和大小，以保证输出的直流电压不发生变化。

稳压二极管稳压电路如图 7-16 所示。电路中设置了一个吸收电压波动成分的元件 R（调整元件），当市电或负载波动时，调整元件上的电压进行相应调整，保证输出的直流电压不发生变化。

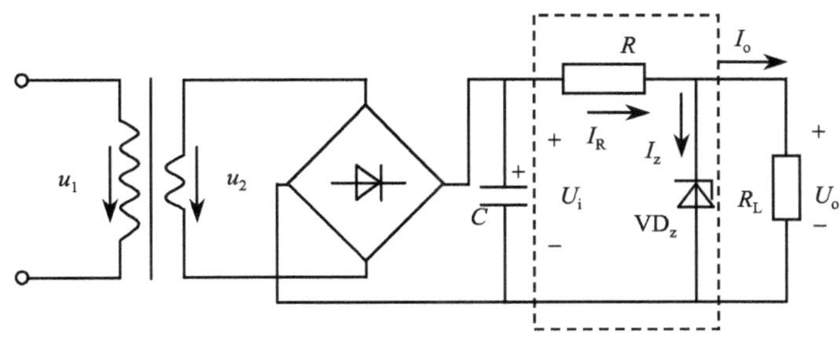

图 7-16 稳压管稳压电路

（1）电源电压波动

当电网电压 u_1（u_2）升高时，整流滤波输出 U_i 随之升高，引起输出电压 U_o 升高，$U_z=U_o$，由稳压二极管稳压特性可知，当稳压二极管的反向电压 U_z 稍有增加时，稳压二极管电流 I_z 显著增加，引起电阻上的电流 I_R 和电压降 RI_R 也迅速增大，而 $U_o=U_i-RI_R$，故 U_o 减小抵消了电网电压升高引起的 U_i 增量，从而使输出电压保持基本不变。

（2）负载变化

若负载电阻 R_L 变小，则负载电流 I_o 变大，引起电阻上的电流 I_R 和电压降 RI_R 也增大，由于 U_i 保持不变，而 $U_o=U_i-RI_R$，则 U_o 减小，$U_z=U_o$，根据稳压二极管的特性，I_z 显著减小，抵消了电流 I_R 的增量，使通过电阻的电流 I_R 和电阻上的压降 RI_R 保持近似不变，因而使输出电压基本保持不变。

整流滤波输出电压被分成两部分：一部分是负载得到的直流输出电压 U_o，另一部分则是降在调整元件上的电压 U_R。电路工作时，稳压管处于反向击穿状态，电阻 R 中流过的电流一部分流入稳压二极管形成稳压管电流 I_z，另一部分则提供给负载电阻 R_L。

$$I_R=\frac{U_i-U_o}{R}=\frac{U_i-U_z}{R}\quad I_L=\frac{U_z}{R_L}\quad I_z=I_R-I_L$$

如果电阻取值太小，则稳压管中的电流将可能太大而损坏器件，所以，该电阻又称为限流电阻。

输出电压的数值直接由稳压管的参数（U_z）确定。构造电路时要根据需要选择稳压管：

$$U_z=U_o\quad I_{zm}=(1.5\sim3)\ I_{om}\quad U_i=(2\sim3)\ U_o$$

要使稳压二极管正常工作，则其电流必须在 $I_z\sim I_{zm}$ 之间。如果负载电流的变化范围为 $I_{Lm}\sim I_{LM}$，电源电压波动使滤波输出电压 U_i 的变化范围为 $U_{1min}\sim U_{1max}$，且

$$\frac{U_{1max}-U_z}{I_{ZM}+I_{Lm}}\leqslant R\leqslant\frac{U_{1min}-U_z}{I_z+I_{LM}}$$

如果无法由此式确定限流电阻，则稳压管稳压电路将无法满足工作要求，必须更换稳压管或采用其他形式稳压电路。

例 7-2 电路如图 7-16 所示，已知 U_1=30 V，稳压管 VD_z（2CW18）的稳定电压 U_z=10 V，最小稳定电流 I_{zmin}=5 mA，最大稳定电流 I_{zmax}=20 mA，负载电阻 R_L=2 kΩ。当 U_1 变化±10%时，求电阻 R 的取值范围。

解：输出电压

$$U_o=U_z=10\text{V}$$

负载电流

$$I_o=\frac{U_o}{R_L}=\frac{10}{2}=5\text{ mA}$$

整流滤波输出电压

$$U_{1max}=1.1U_1=33\text{ V}\quad U_{1min}=0.9U_1=27\text{ V}$$

$$0.92\ \text{k}\Omega=\frac{33-10}{20+5}=\frac{U_{\text{Imax}}-U_{\text{o}}}{I_{\text{ZM}}+I_{\text{o}}}\leqslant R\leqslant\frac{U_{\text{Imin}}-U_{\text{o}}}{I_{\text{Z}}+I_{\text{o}}}=\frac{27-10}{5+5}=1.7\ \text{k}\Omega$$

电压可调的稳压二极管稳压电路如图 7-17 所示。

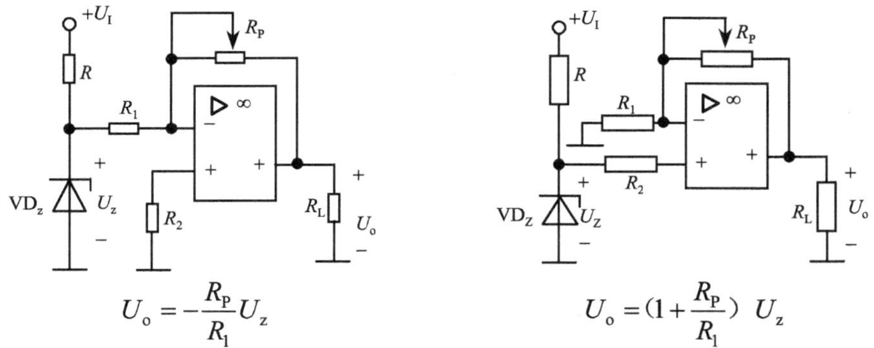

图 7-17　电压可调的稳压二极管稳压电路

稳压二极管稳压电路虽然简单，但存在以下问题：

1）稳压值只能由稳压管的型号决定，不能调节；

2）输出电流受 I_{zm} 的限制，调节范围和数值都较小；

3）输出电阻 R_0 比较大，输出电压的稳定性较差。

7.3　串联型线性稳压电源

由于稳压二极管稳压电路具有带负载能力差、输出电压不可调的缺点，在电路中加入射极跟随器和负反馈电路可以改进稳压电路的带负载能力和输出电压不可调的问题，故引进串联型线性稳压电路。

串联型稳压电源由基准电压电路、取样电路、比较放大器和调整管等几部分组成，如图 7-18 所示。其中，基准电压 U_Z 由稳压二极管产生；取样电路对输出直流电压进行取样，得到与输出电压成比例的取样电压 U_s，取样电路常由电阻分压电路构成；比较放大器对取样电压和基准电压进行比较，输出控制信号控制调整管工作；由比较放大器控制调整管电压 U_T，使输出电压与基准电压保持恒定的比例关系，达到稳定输出电压的目的。常见串联型稳压电路有以下两种。

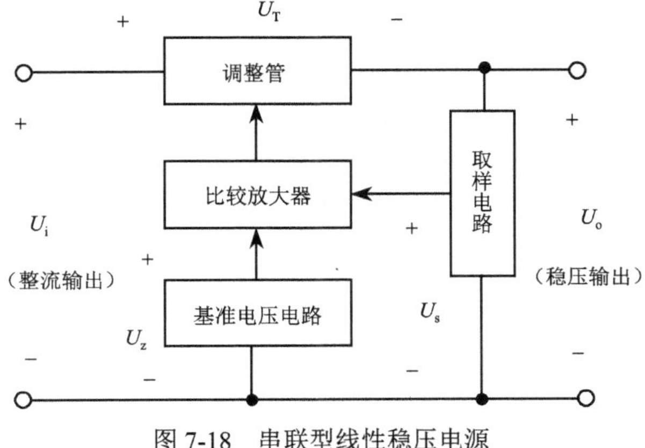

图 7-18　串联型线性稳压电源

1．典型串联型稳压电路

典型串联型稳压电路如图 7-19 所示，用晶体管 VT_2 和 R_4 组成比较环节，VT_2 的发射极电位被稳定在稳压二极管 VD_Z 稳压值 U_z，基极接反馈电压 U_s，完成反馈电压与基准电压的比较，比较输出（VT_2 的集电极）接调整管 VT_1 的基极，实现对调整管的控制。

当电网电压波动或负载 R_L 电流变化，导致输出电压 U_o 增加时，反馈电压

$$U_s = \frac{R_2}{R_1 + R_2} U_o$$

也增加，而 $U_{BE2}=U_s-U_Z$，从而 U_{BE2} 增大，由于三极管的放大作用，I_{C2} 也增大，U_{C2} 减小，而 $U_{B1}=U_{C2}$，那么 I_{C1} 减小，U_{CE1} 增大，而 $U_o=U_i-U_{CE1}$，所以 U_o 减小，抵消了电网电压波动或负载电流变化引起的 U_o 增加，使 U_o 基本保持不变。同理，当某种原因使 U_o 下降时，通过负反馈过程，使 U_{CE1} 减小，从而使 U_o 增加，结果使 U_o 保持恒定。

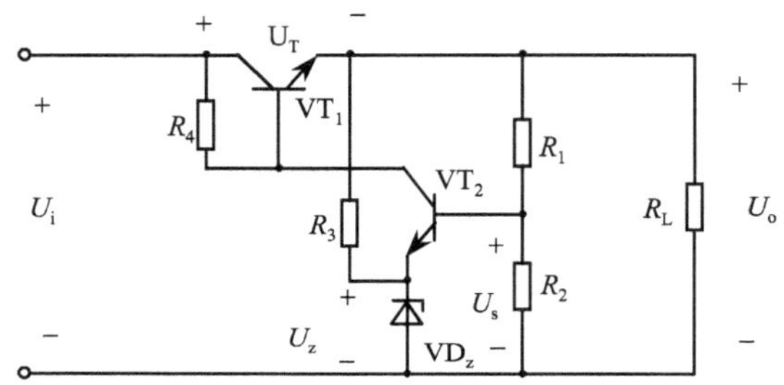

图 7-19 典型串联型稳压电路

2．可调输出串联型稳压电路

图 7-20 为可调输出串联型稳压电路。

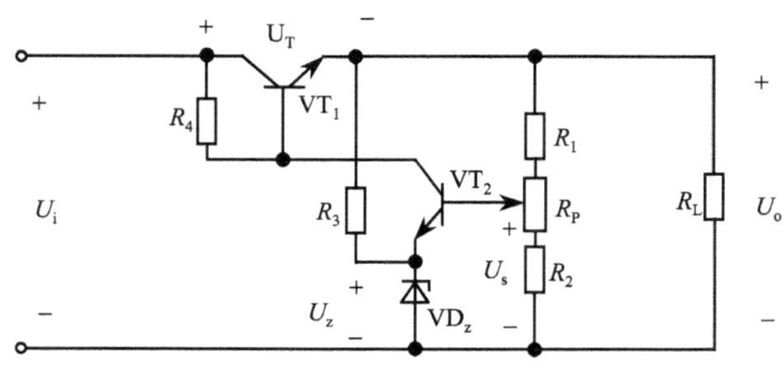

图 7-20 可调输出串联稳压电路

$$U_o = U_i - U_T$$

$$\frac{R_2}{R_1 + R_2 + R_P} U_o \leqslant U_s \leqslant \frac{R_2 + R_P}{R_1 + R_2 + R_P} U_o$$

输出电压的调节范围是

$$\left(1+\frac{R_1}{R_2+R_P}\right)(U_z+0.7)\leqslant U_o\leqslant\left(1+\frac{R_1+R_P}{R_2}\right)(U_z+0.7)$$

为了保证调整管始终处于线性区（参考第 6 章有关晶体管的内容），要求串联型稳压电路调整管上调整电压应不低于 2V，输出电流完全流过调整管，因此，调整管上消耗的功率较大。在选用调整管时应充分考虑功率容量，同时要做好调整管的散热处理。

串联型稳压电路在小功率电子设备中得到广泛的应用，基于这种稳压电路的结构，已经推出了将稳压电路集成在一起的单片集成稳压电路。单片集成稳压电源具有体积小、可靠性高、使用灵活、价格低廉等优点。

7.4 集成稳压电源

集成稳压电源是在目前电子设备中广泛使用的器件，而集成稳压器是集成稳压电源的核心部件，它是在分立元件稳压电路的基础上，增加电压、电流等保护电路而制成的单片集成稳压电器。图 7-21 所示为 78×× 和 79×× 集成稳压器的外形图和接线图。因为集成稳压器对外只有输入、输出和公共端三个引出端，所以又称为三端稳压器。

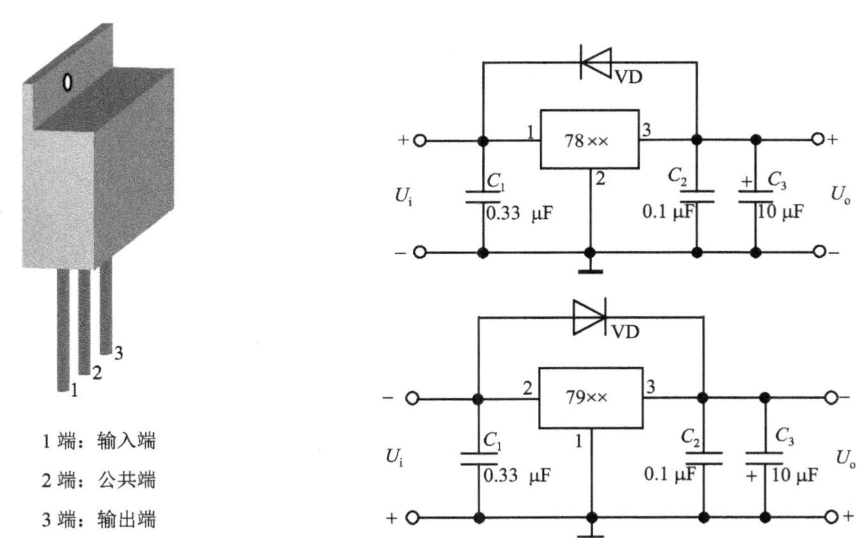

图 7-21　78×× 和 79×× 集成稳压器的外形图和接线图

在图 7-21 中，无极性高频电容 C_1、C_2 主要用于消除寄生振荡，必须连接在稳压器引脚根部。极性电容 C_3 起着对输出电压进一步滤波的作用，注意极性不能接反。

二极管在其中的作用是保护稳压器。在正常工作时，二极管反向偏置，处于截止状态；在连接错误情况下，二极管导通，保护稳压器。

由图 7-21 可知，78×× 系列输出为正电压，根据输出电流等级不同分为 78L××，78M××，78×× 和 78H×× 等产品，最大输出电流分别为 0.1 A，0.5 A，1.5 A，5 A。输出电压有 5 V，6 V，9 V，12 V，15 V，18 V 和 24 V 等。如 7805 表示其输出电压为+5 V，最大输出电流为 1.5 A。79×× 系列输出为负电压，如 79M12 表示输出电压为−12 V，最大输出电流为 0.5 A。下面介绍几种采用三端集成稳压器的直流稳压电源。

7.4.1 输出固定电压的稳压电源

1）提高输出电压的电路如图 7-22 所示。

固定输出电压：$U_T=U_{××}+U_z$。

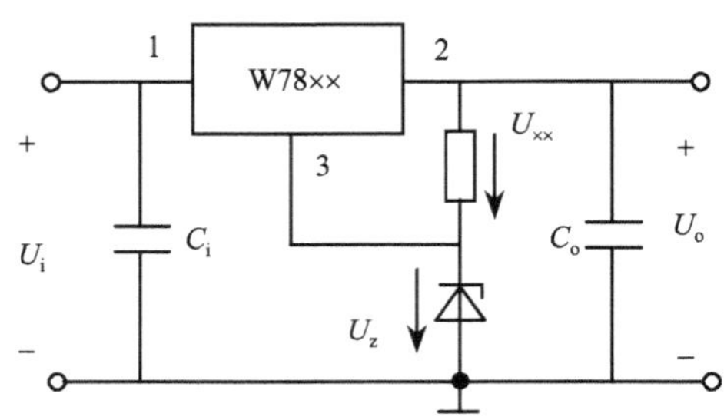

图 7-22 提高输出电压的稳压电路

2）提高输出电流的电路如图 7-23 所示。

当 I_o 较小时，U_R 较小，VT 截止，$I_C=0$。

当 I_o>时，U_R 较大，VT 导通，$I_o=I_{om}+I_C$。

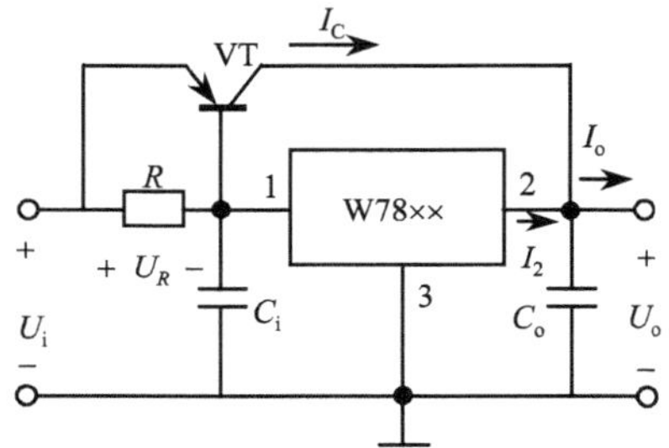

图 7-23 提高输出电流的稳压电路

3）同时输出固定正、负电压的稳压电源如图 7-24 所示。

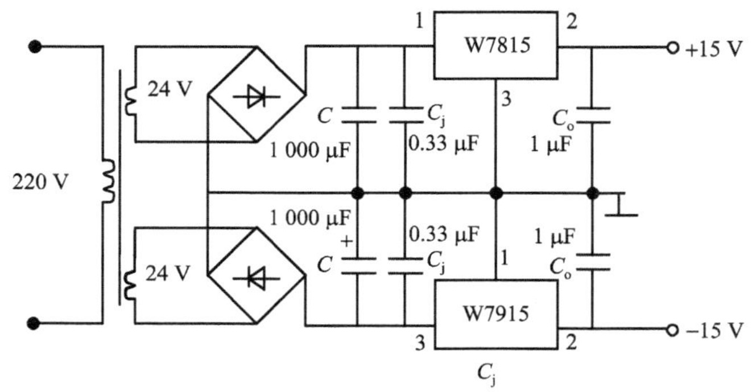

图 7-24 输出固定正、负电压的稳压电源

7.4.2 输出电压可调的稳压电源

三端可调式集成稳压器中，三个接线端分别为输入端 IN（U_i）、输出端 OUT（U_o）和调

节端 ADJ，如图 7-25 所示。

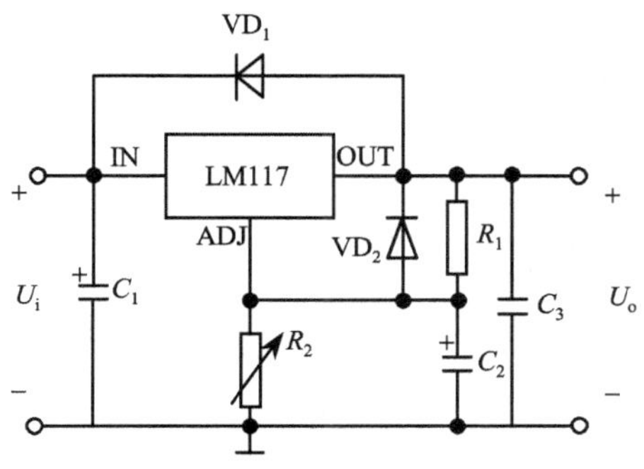

图 7-25 输出可调的稳压电源

工作中 LM117 的 I_{ADJ}=50 mA，由于调整端电流 I_{ADJ}<<输入电流 I_{IN}，可以忽略，输出端和调节端之间形成 1.25 V 的基准电压 U_{ref}，该基准电压加在电阻 R_1 上，产生恒定电流，再流过输出电阻 R_2，得到的输出电压

$$U_o=(\frac{U_r}{R_1}+I_{ADJ})\ R_2+U_r=U_r(1+\frac{R_2}{R_1})+I_{ADJ}R_2\approx U_r(1+\frac{R_2}{R_1})$$

图 7-26 为输出正、负可调的稳压电源。

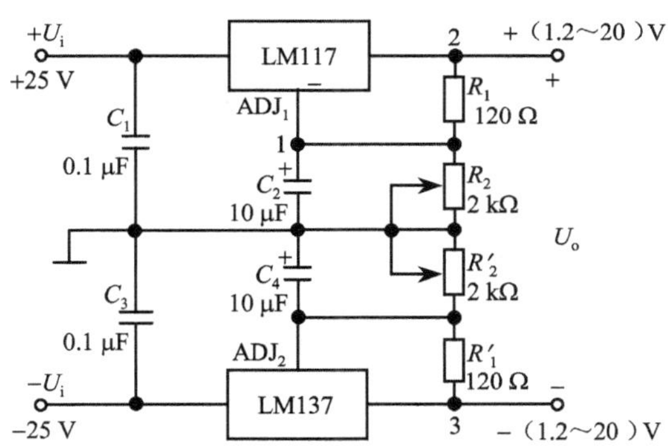

图 7-26 输出正、负可调的稳压电源

7.5 开关型稳压电源

串联型稳压器的调整管必须工作在线性放大区，调整管功耗大，稳压电源的效率一般低于 50%，且需加装体积较大的散热板。

开关型稳压器的调整管一般以 10～100 kHz 的频率反复翻转于饱和区和截止区的开关工作状态，功耗很低，电源效率可以提高到 80%～90%。开关型稳压器能够得到低于或高于输入电压的输出电压，也能得到与输入电压相反极性的输出电压，还可以将开关脉冲信号通过高频变压器的多个次级绕组输出，经整流滤波后得到不同极性、数值的多个直流输出电压。开关型稳压器体积小、重量轻，对电网电压的波动要求低。

由于开关型稳压器的调整管工作于开关状态，输出的脉动较大，会产生尖峰干扰和谐波干扰。

开关型稳压器的基本结构如图 7-27 所示。

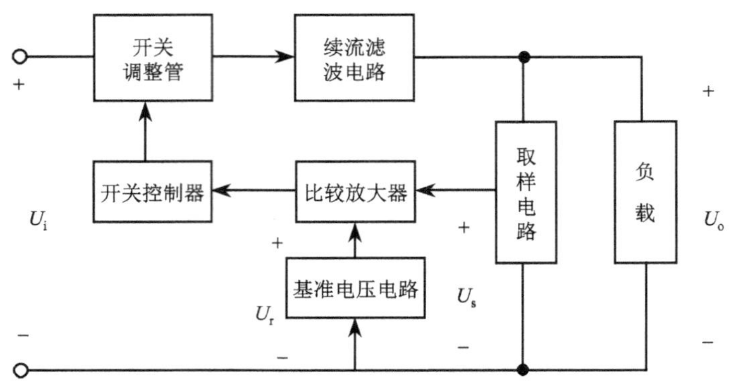

图 7-27 开关型稳压器的基本结构

与串联线性稳压器相比，开关型稳压器增加了开关控制和续流滤波电路，调整管采用开关型晶体管。

开关型稳压器的原理如图 7-28 所示。其中，VT 为工作在开关状态的调整元件。电感 L、电容 C 和二极管 VD 组成续流滤波环节。运算放大器 A，电阻 R_1、R_2 与基准电压 U_r 构成滞回比较器，电阻 R_3、R_4 构成取样电路。

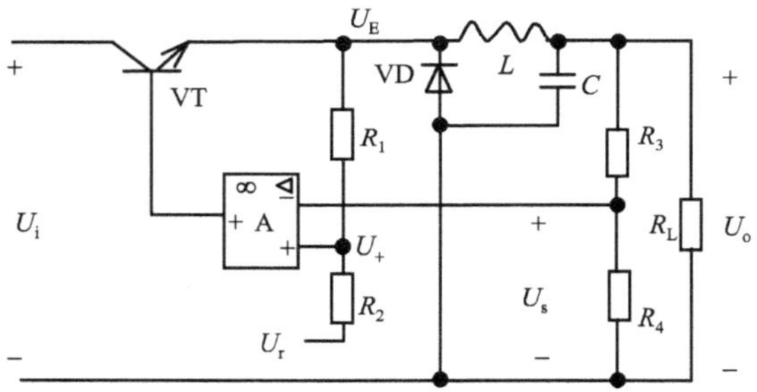

图 7-28 开关型稳压器原理图

当输出电压 U_o 增加时，反馈电压 u_- 增加，比较放大器的输出即调整管 VT 的基极电位减小，调整管的导通时间减小，输出电压降低，电路起到了稳压的作用。

上门限电压

$$U_{TH}=\frac{R_1}{R_1+R_2}U_{ref}+\frac{R_2}{R_1+R_2}U_i$$

下门限电压

$$U_{TL}=\frac{R_1}{R_1+R_2}U_{ref}$$

输出电压平均值

$$U_o=\frac{t_{on}}{T}U_i=kU_i$$

习　题　7

1．判断下列说法是否正确，用“√”或“×”表示判断结果。

1）整流电路可将正弦电压变为脉动的直流电压。（　　）

2）电容滤波电路适用于小负载电流，而电感滤波电路适用于大负载电流。（　　）

3）在单相桥式整流电容滤波电路中，若有一只整流管断开，输出电压平均值变为原来的 1/2。（　　）

4）对于理想的稳压电路，$\Delta U_o / \Delta U_i=0$，$R_o=0$。（　　）

5）线性直流电源中的调整管工作在放大状态，开关型直流电源中的调整管工作在开关状态。（　　）

6）因为串联型稳压电路中引入了深度负反馈，因此也可能产生自激振荡。（　　）

7）在稳压管稳压电路中，稳压管的最大稳定电流必须大于最大负载电流；其最大稳定电流与最小稳定电流之差应大于负载电流的变化范围。（　　）

2．选择正确答案填入空内。

1）整流的目的是______。

A．将交流变为直流

B．将高频变为低频

C．将正弦波变为方波

2）在单相桥式整流电路中，若有一只整流管接反，则______。

A．输出电压约为 $2U_D$　　B．变为半波直流

C．整流管将因电流过大而烧坏

3）直流稳压电源中滤波电路的目的是______。

A．将交流变为直流　　B．将高频变为低频

C．将交、直流混合量中的交流成分滤掉

4）滤波电路应选用______。

A．高通滤波电路　　B．低通滤波电路　　C．带通滤波电路

5）若要组成输出电压可调、最大输出电流为 3 A 的直流稳压电源，则应采用______。

A．电容滤波稳压管稳压电路

B．电容滤波串联型稳压电路

C．电感滤波串联型稳压电路

6）串联型稳压电路中的放大环节所放大的对象是______。

A．基准电压　　B．采样电压　　C．基准电压与采样电压之差

7）开关型直流电源比线性直流电源效率高的原因是______。

A．调整管工作在开关状态　B．输出端有 LC 滤波电路

C．可以不用电源变压器

8）在脉宽调制式串联型开关稳压电路中，为使输出电压增大，对调整管基极控制信号的要求是______。

A．周期不变，占空比增大　　B．频率增大，占空比不变

C．在一个周期内，高电平时间不变，周期增大

3．在题 3 图中，变压器副边电压有效值为 $2U_2$。

1）画出 u_2、u_{D1} 和 u_o 的波形。

2）列出输出电压平均值 U_o 和输出有效电流 I_L 的表达式。

3）二极管的电流平均值 I_D 和所承受的最大反向电压 U_{rmax} 的表达式。

4．在题 4 图中，变压器副边电压平均值 U_{21}=50 V，U_{22}=20 V。试问：

1）输出电压平均值 U_{o1} 和 U_{o2} 各为多少？

2）各二极管承受的最大反向电压为多少？

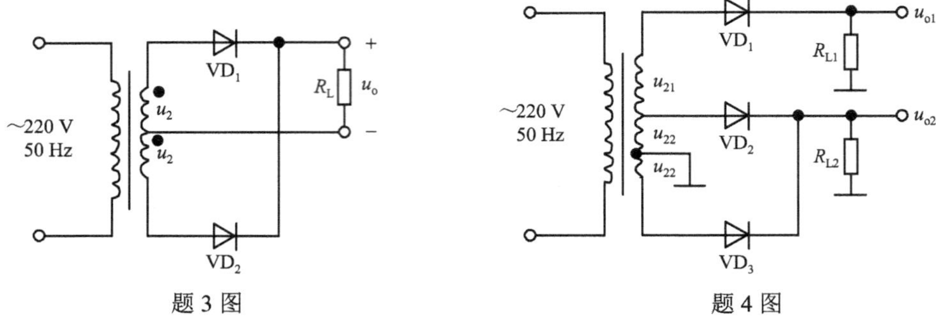

题 3 图　　　　题 4 图

5．电路如题 5 图所示。

1）分别标出 u_{o1} 和 u_{o2} 对地的极性。

2）u_{o1}、u_{o2} 是半波整流还是全波整流？

3）当 U_{21}=U_{22}=20 V 时，U_{o1} 和 U_{o2} 的平均值各为多少？

4）当 U_{21}=18 V，U_{22}=22 V 时，画出 u_{o1}、u_{o2} 的波形，并求出 $U_{o1(AV)}$ 和 $U_{o2(AV)}$ 的值。

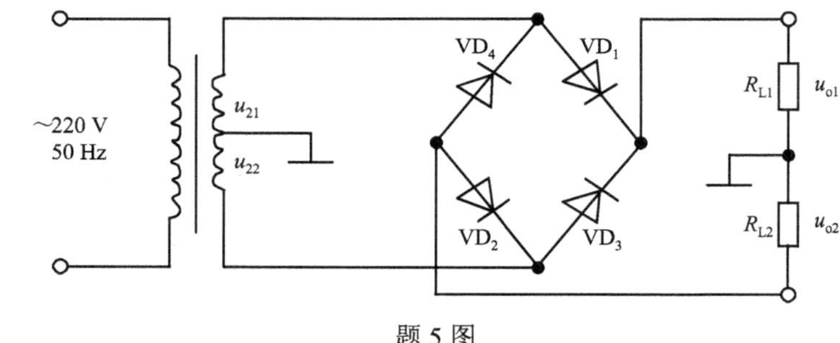

题 5 图

6．分别判断题 6 图中各电路能否作为滤波电路，简述理由。

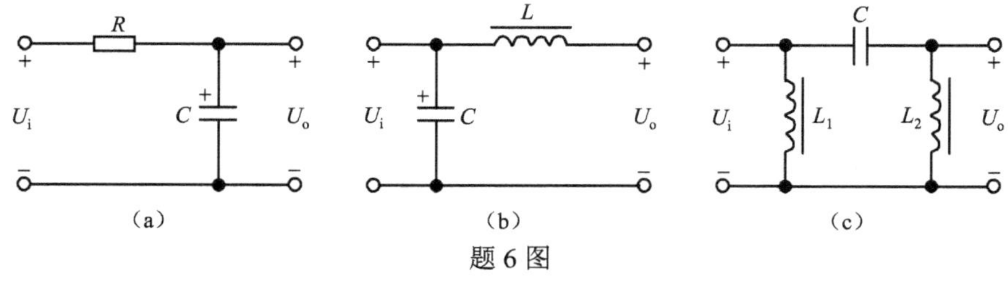

题 6 图

（a）情况 1　（b）情况 2　（c）情况 3

7．试在题 7 图中，标出各电容两端电压的极性和数值，并分析负载电阻上能够获得几倍电压的输出。

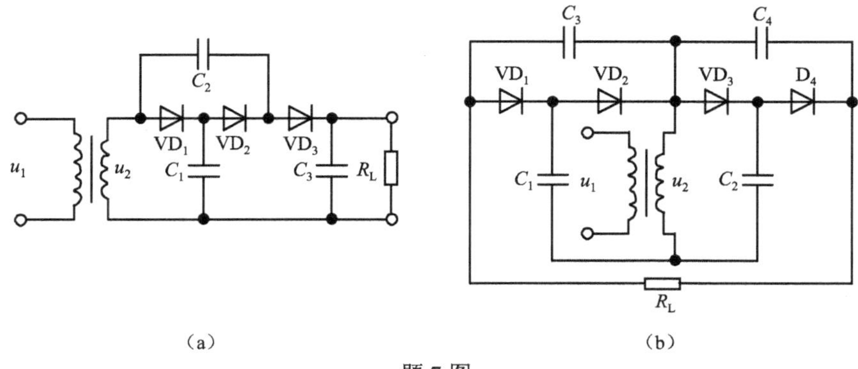

题 7 图

(a) 图 1 (b) 图 2

8．在题 8 图中，已知稳压管的稳定电压为 6 V，最小稳定电流为 5 mA，允许耗散功率为 240 mW；输入电压为 20～24 V，R_1=360 Ω。试问：

1）为保证空载时稳压管能够安全工作，R_2 应为多大？

2）按上述原则选定 R_2 后，负载电阻允许的范围是多少？

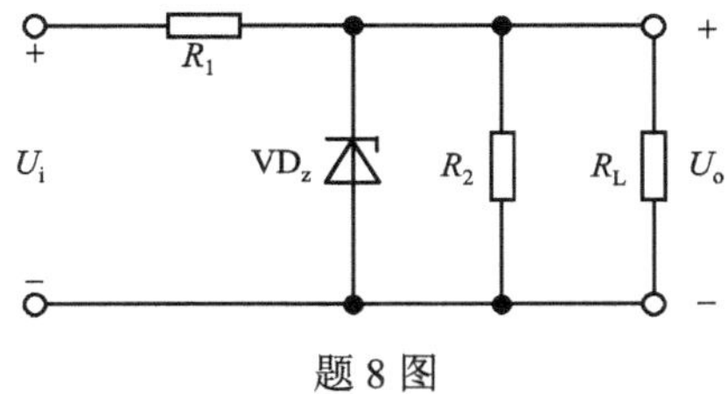

题 8 图

9．在题 9 图中，已知稳压管的稳定电压 U_Z=6 V，晶体管的 U_{BE}=0.7 V，R_1=R_2=R_3=300 Ω，U_i=24 V。判断出现下列现象时，分别是因为电路产生什么故障（即哪个元件开路或短路）。

1）U_o≈24 V；

2）U_o≈23.3 V；

3）U_o≈12 V 且不可调；

4）U_o≈6 V 且不可调；

5）U_o 可调范围变为 6～12 V。

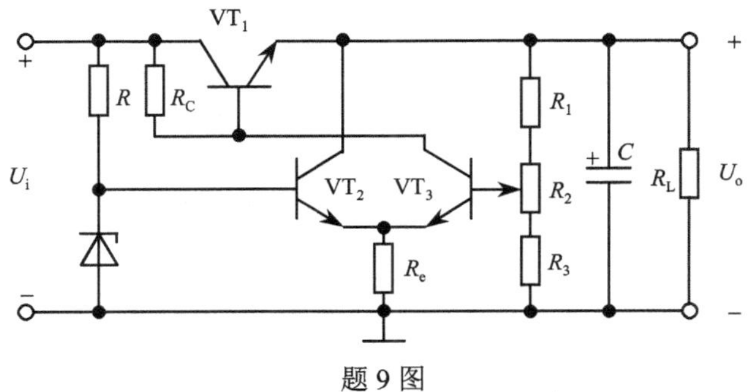

题 9 图

10．直流稳压电源如题 10 图所示。

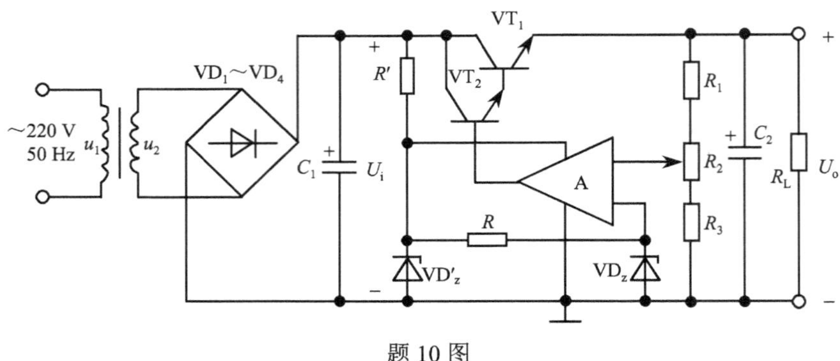

题 10 图

1）说明电路的整流电路、滤波电路、调整管、基准电压电路、比较放大电路、采样电路等部分各由哪些元件组成；

2）标出集成运放的同相输入端和反相输入端；

3）写出输出电压的表达式。

11．在题 11 图中，设 $I'_i \approx I'_o = 1.5$ A，晶体管 VT 的 $U_{EB} \approx U_D$，R_1=1 Ω，R_2=2 Ω，I_D>>I_B。求负载电流 I_L 与 I'_o 的关系式。

12．在题 12 图中，R_1=240 Ω，R_P=3 kΩ；W117 输入端和输出端电压允许范围为 3～40 V，输出端和调整端之间的电压 U_R=1.25 V。求：

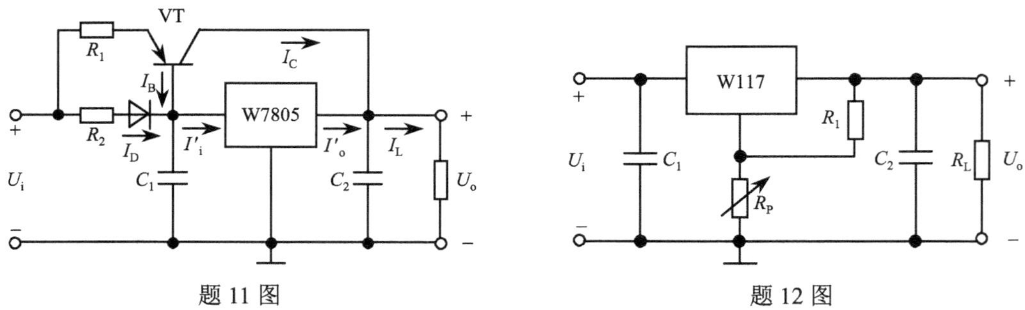

题 11 图　　　　题 12 图

1）输出电压的调节范围；

2）输入电压允许的范围。

13．试分别求出题 13 图中各电路输出电压的表达式。

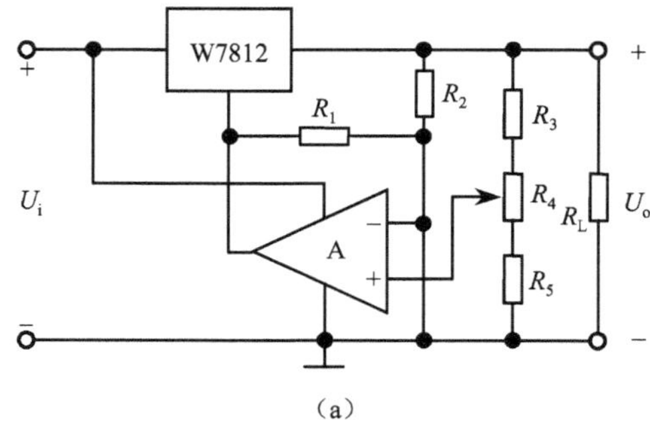

（a）

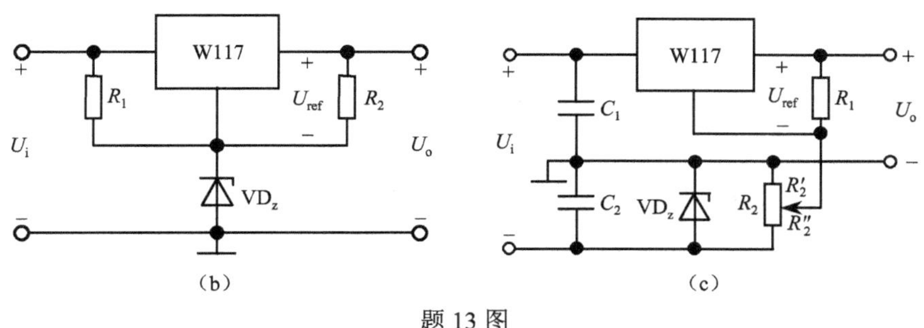

题 13 图

（a）电路一 （b）电路二 （c）电路三

14．两个恒流源电路如题 14 图所示。

1）求解两电路负载电流的表达式。

2）设输入电压为 20 V，晶体管饱和压降为 3 V，$|U_{BE}|$=0.7 V；W7805 输入端和输出端间的电压最小值为 3 V；稳压管的稳定电压 U_Z=5 V；R_1=R=50 Ω。分别求出两电路负载电阻的最大值。

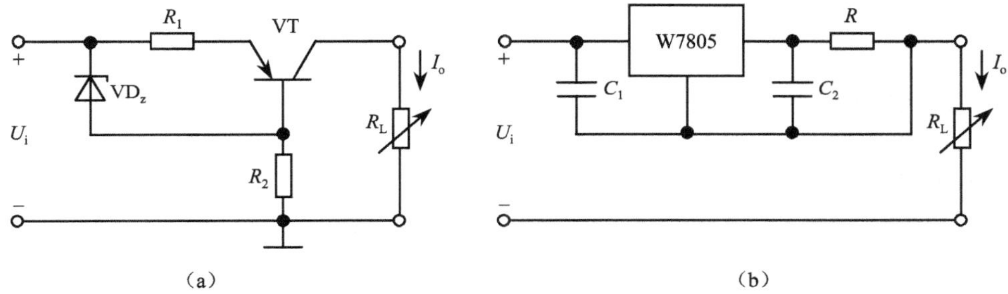

题 14 图

（a）电路一 （b）电路二

第 8 章　数字逻辑基础

8.1　数字电路概述

随着信息时代的到来，数字化已成为当今电子技术的发展潮流。数字电路是数字电子技术的核心，是计算机和数字通信的硬件基础。数字逻辑基础应用于每一个电子设备和电子系统中，如计算机、U 盘、数码相机、计算器、电视、手机、卫星系统等。

本章主要介绍数字电路的一些基本概念及数字电路中常用的数制与码制。

8.1.1　数字信号与数字电路

1．数字信号

观察自然界中形形色色的物理量，不难发现，尽管它们的性质各异，但就其变化规律而言，不外乎两大类：模拟信号和数字信号。模拟信号是指随时间连续变化的信号，如正弦波信号、三角波信号等；数字信号是指在时间上和数量上都不连续变化的信号，即离散的信号，如矩形波信号，如图 8-1 所示。数字信号在电路中往往表现为突变的电压或电流。

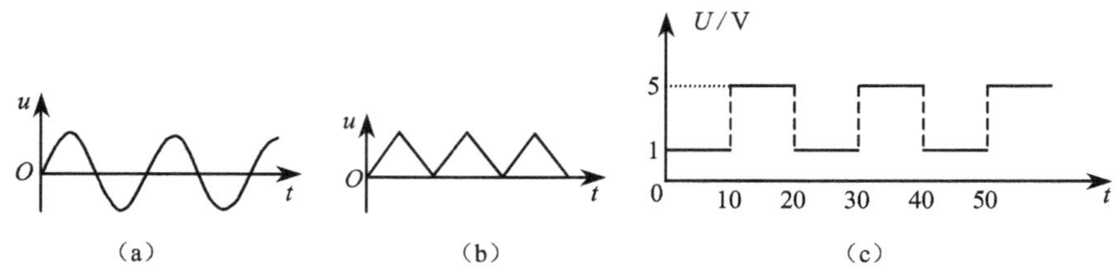

图 8-1　模拟信号及数字信号

（a）正弦波信号　（b）三角波信号　（c）矩形波信号

2．正逻辑与负逻辑

数字信号只有两个离散值，常用数 0 和 1 来表示。这里的 0 和 1 不是十进制中的数字，没有大小之分，只是指代两种对立的状态，称为逻辑 0 和逻辑 1，也称为二值数字逻辑，简称数字逻辑。图 8-1（c）中只有 5 V 和 1 V 两种状态，那么究竟是用哪个逻辑值来表示哪个电平值呢？有以下两种逻辑体制。

（1）正逻辑体制规定

高电平（5 V）为逻辑 1，低电平（1 V）为逻辑 0。

（2）负逻辑体制规定

低电平（1 V）为逻辑 1，高电平（5 V）为逻辑 0。

如果采用正逻辑，图 8-1（c）所示的数字信号就变成如图 8-2 所示的数字波形。当某个波形仅有两个离散值时，通常称为脉冲波形。

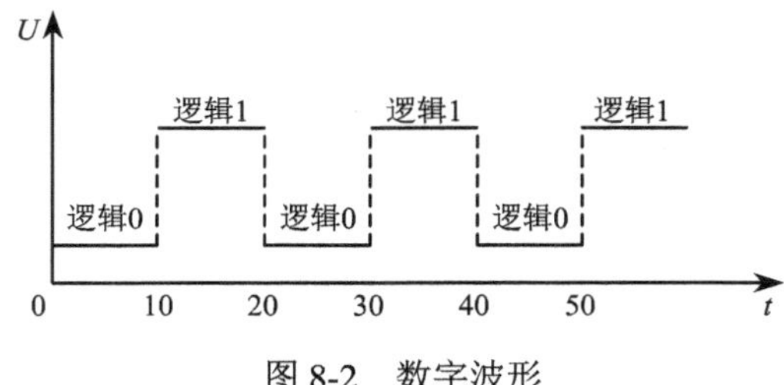

图 8-2　数字波形

3．数字信号的主要参数

数字波形也有周期性与非周期性之分，一个理想的周期性数字信号，可用以下几个参数来描绘，如图 8-3 所示。

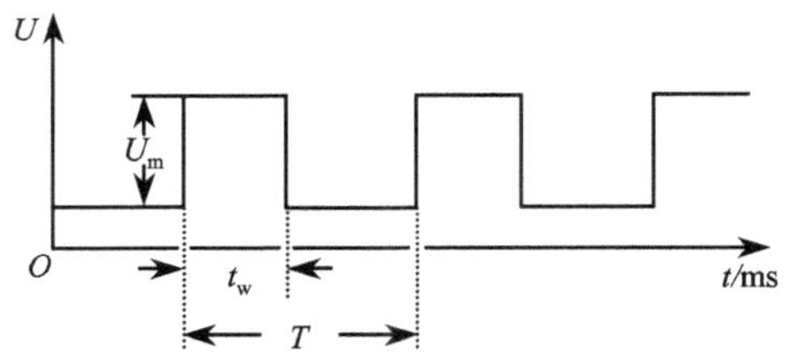

图 8-3　理想周期性数字信号

在图 8-3 中，U_m为信号幅度，表示电压波形变化的最大值；t_w为脉冲宽度，表示脉冲的作用时间；T为信号的重复周期，信号的重复频率$f=1/T$；q为占空比，表示脉冲宽度t_w占整个周期T的百分比，其定义为

$$q=t_w/T\times 100\% \tag{8-1}$$

8.1.2　数字电路

由于模拟信号与数字信号的处理方法各不相同，因此电子电路也相应地分为两类：一是处理模拟信号的电路，即模拟电路，如交流、直流放大电路；二是处理数字信号的电路，即数字电路。

数字电路包括信号的传送、控制、记忆、计数、产生、整形等内容。数字电路在结构、分析方法、功能、特点等方面均不同于模拟电路。数字电路的基本单元是逻辑门电路，分析工具是逻辑代数，在功能上则着重强调电路输入与输出间的因果关系。数字电路比较简单，抗干扰性强，精度高，便于集成，因而在无线电通信、自动控制系统、测量设备、电子计算机等领域获得了广泛的应用。

8.2 数制与码制

8.2.1 数制

1．进位计数制

表示数时，一位数码往往不够用，必须用进位计数的方法组成多位数码。多位数码每一位的构成以及从低位到高位的进位规则称为进位计数制，简称进位制。人们在日常生活中习惯用十进制数，而在数字系统中多采用二进制数、八进制数或者十六进制数。

2．常见的几种进制

（1）十进制

十进制数中有 0，1，2，3，4，5，6，7，8，9 共 10 个码元，其进位的规则是逢十进一，即 9+1＝10。

（2）二进制

二进制数有 0 和 1 共 2 个码元，进位规律是逢二进一，即 1+1＝10。

（3）十六进制

十六进制数中有 0，1，2，3，4，5，6，7，8，9，A，B，C，D，E，F 共 16 个码元，进位规律是逢十六进一，即 F+1＝10。

（4）八进制

八进制数中有 0，1，2，3，4，5，6，7 共 8 个码元，进位规律是逢八进一，即 7+1＝10。

3．进制之间的相互转化

（1）二、八、十六进制转化为十进制

每一种进位计数制都有一组特定的数码，每种进位计数制中允许使用的数码总数称为基数或底数，即在该进位制中可能用到的数码个数。例如，十进制的码元有 0～9，基数为 10；二进制的码元只有 0，1，基数为 2；而十六进制的码元有 0～9、A～F，基数为 16。

此外，在某一进位制的数中，每一位的大小都等于该位上的数码乘上一个固定的数，这个固定的数就是这一位的权，权包括基数和幂两部分，用来衡量该位在总体数值中的作用大小，如图 8-4 所示。每一种进制都可以用位权表示，将每一位的数码乘以位权，然后相加即可。相加之后的数值即十进制数。

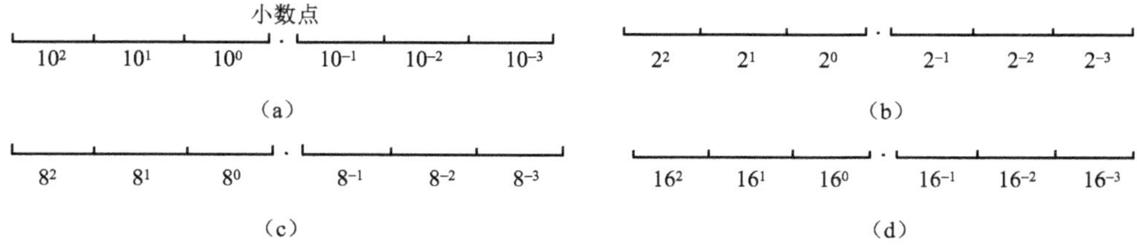

图 8-4 各种进制的位权

（a）十进制位权 （b）二进制位权 （c）八进制位权 （d）十六进制位权

例 8-1 试用位权来表示十进制数 435.86。

解：将数码与位权相乘，然后相加，可得

$$(435.86)_{10}=4\times10^{2}+3\times10^{1}+5\times10^{0}+8\times10^{-1}+6\times10^{-2}$$

例 8-2　试用位权来表示二进制数 10 011.101，并将其转换成十进制数。

解：将二进制每一位数码乘以位权，然后相加，可得

$$\begin{aligned}(10\,011.101)_{2}&=1\times2^{4}+0\times2^{3}+0\times2^{2}+1\times2^{1}+1\times2^{0}+1\times2^{-1}+0\times2^{-2}+1\times2^{-3}\\&=(19.625)_{10}\end{aligned}$$

例 8-3　试用位权来表示十六进制数（D8.A）$_{16}$，并将其转换成十进制数。

解：

$$(\mathrm{D8.A})_{16}=13\times16^{1}+8\times16^{0}+10\times16^{-1}=(216.625)_{10}$$

（2）十进制转化为二进制

使用“辗转相除”法，即将十进制数连续不断地除以 2，直至商为零，所得余数由低位到高位排列，即为所求二进制数。

例 8-4　将十进制数（23）$_{10}$ 转换为二进制数。

解：

2	23	………	余1	b_0
2	11	………	余1	b_1
2	5	………	余1	b_2
2	2	………	余0	b_3
2	1	………	余1	b_4
	0			

读取次序（由 b_4 向 b_0 向上读取）

$$(23)_{10}=(10\,111)_{2}$$

（3）八进制与二进制、十六进制与二进制相互转化

二进制转换成八进制时，由于八进制的基数 $8=2^3$，所以，可将三位二进制数表示一位八进制数，即 000～111 表示 0～7，转换时，由小数点开始，整数部分自右向左，小数部分自左向右，三位一组，不够三位的添零补齐。八进制转化二进制时，将每位八进制数展开成三位二进制数，排列顺序不变即可。

例 8-5　将二进制（10 110.011）$_2$ 转化为八进制。

解：$(10\,110.011)_{2}=(\underline{010}\ \underline{110}.\underline{011})_{2}=(26.3)_{8}$

例 8-6　将八进制（752.1）$_8$ 转化为二进制。

解：$(752.1)_{8}=(111\ 101\ 010.001)_{2}$

十六进制与二进制之间的转换与八进制与二进制之间的转换基本类似，只是十六进制的基数 $16=2^4$，所以，将 4 位二进制数表示一位十六进制数，将每位十六进制数展开成 4 位二进制数。

例 8-7　将二进制（111 100 010 101 110）$_2$ 转化为十六进制。

解：$(111\,100\,010\,101\,110)_{2}=(\underline{0111}\ \underline{1000}\ \underline{1010}\ \underline{1110})_{2}=(78\mathrm{AE})_{16}$

例 8-8　将十六进制（BEEF）$_{16}$ 转化为二进制。

解：$(\mathrm{BEEF})_{16}=(1011\ 1110\ 1110\ 1111)_{2}$

8.2.2 码制

（1）BCD 码

我们习惯使用十进制，而计算机硬件是基于二进制，两者的结合点就是 BCD（Binary Coded Decimal）码，即用二进制编码表示十进制的十个码元 0～9。

要用二进制代码来表示十进制的 0～9 十个数，至少要用 4 位二进制数。4 位二进制数有 16 种组合，可从这 16 种组合中选择 10 种组合分别来表示十进制的 0～9 十个数。选哪 10 种组合，这就形成了不同的 BCD 码，如 8421 码、2421 码、5421 码、余三码等，如表 8-1 所示。

表 8-1　常用 BCD 码

十进制数	8421 码	2421 码	5421 码	余三码
0	0000	0000	0000	0011
1	0001	0001	0001	0100
2	0010	0010	0010	0101
3	0011	0011	0011	0110
4	0100	0100	0100	0111
5	0101	1011	1000	1000
6	0110	1100	1001	1001
7	0111	1101	1010	1010
8	1000	1110	1011	1011
9	1001	1111	1100	1100
位权	8421 $b_3b_2b_1b_0$	2421 $b_3b_2b_1b_0$	5421 $b_3b_2b_1b_0$	无权

注意，BCD 码用 4 位二进制码表示的只是十进制数的一位。如果是多位十进制数，应先将每一位用 BCD 码表示，然后组合起来。应与二进制转换区别开。

例 8-9　将十进制数 $(23)_{10}$ 转换为 8421BCD 码。

解： $(23)_{10}=(0\,010\,0011)_{8421}=(100\,011)_{8421}$

（2）格雷码

还有一种常用的四位无权码叫格雷码（Gray），Gray 码也称循环码，这种码看似无规律，它是按照“相邻性”编码的，即相邻两码之间只有一位数字不同，因而又叫单位距离码。

Gray 码的编码方案有多种，典型的 Gray 码如表 8-2 所示。这种代码除了具有单位距离码的特点外，还有一个特点就是具有反射特性，即以表中所示的对称轴为界，除最高位互补反射外，其余低位数沿对称轴镜像对称。

表 8-2　典型 Gray 码

十进制数	二进制码				Gray 码				
	b_3	b_2	b_1	b_0	G_3	G_2	G_1	G_0	
0	0	0	0	0	0	0	0	0	…一位反射对称轴
1	0	0	0	1	0	0	0	1	…二位反射对称轴
2	0	0	1	0	0	0	1	1	
3	0	0	1	1	0	0	1	0	…三位反射对称轴
4	0	1	0	0	0	1	1	0	
5	0	1	0	1	0	1	1	1	
6	0	1	1	0	0	1	0	1	
7	0	1	1	1	0	1	0	0	…四位反射对称轴
8	1	0	0	0	1	1	0	0	
9	1	0	0	1	1	1	0	1	
10	1	0	1	0	1	1	1	1	
11	1	0	1	1	1	1	1	0	
12	1	1	0	0	1	0	1	0	
13	1	1	0	1	1	0	1	1	
14	1	1	1	0	1	0	0	1	
15	1	1	1	1	1	0	0	0	

格雷码常用于模拟量的转换中，当模拟量发生微小变化而可能引起数字量发生变化时，格雷码仅改变一位，这样与其他码同时改变两位或多位的情况相比更为可靠，可减少出错的可能性，如两个相邻的十进制数 13 和 14，相应的二进制码为 1 101 和 1 110。在用二进制数加 1 计数时，如果从 13 变 14，二进制码的最低两位都要改变，但实际上两位改变不可能完全同时发生，若最低位先置 0，然后次低位再置 1，则中间会出现 1 101～1 100～1110，即出现暂短的误码 1 100，而 Gray 码只有一位变化，因而杜绝了出现这种错误的可能。可用 Gray 码编码方式帮助记忆四变量卡诺图，如图 8-5 所示。

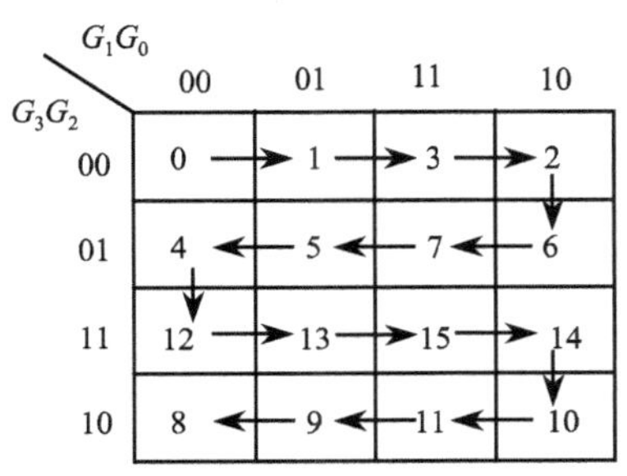

图 8-5　四变量卡诺图

习 题 8

1．下面哪些涉及模拟量，哪些涉及数字量？

① 电灯开关　② 流入电视机电源线中的输入电流　③ 房间的温度
④ 沙滩上的沙粒　⑤ 汽车的速度表

2．将下列不同进制的数写成按权展开式。

① 327.1510　② 1011.012　③ 437.48　④ 3A.1C16

3．求出下列各数制表示的数的十进制值。

① 110102　② 1011.0112　③ 57.6438　④ 76.EB16

4．将下列十进制数转换为相应的十六进制形式。

① 14　② 56　③ 435　④ 841

5．将下列十进制数转换成二进制码及 8421BCD 码。

① 198610　② 67.31110　③ 1.183410　④ 0.904710

6．完成下列二进制表达式的运算。

① 101 000 110 011+100 001 111 101
② 111 001 011 110−101 111 111 111

7．将下列二进制数转换成八进制及十六进制数。

① 1101010010012　② 0.100112　③ 1011111.011012

8．将下列十进制数转换为二进制数、八进制数和十六进制数。

① 168　② 1728　③ 61.538　④ 126.748

9．将下列十六进制数转换为十进制数、二进制数和八进制数。

① 2A16　② B2F16　③ D3.E16　④ 1C3.F916

第 9 章　逻辑代数与逻辑门电路

9.1　基本逻辑门电路

最基本的逻辑关系只有三种，即与、或、非。在数字电路中能实现逻辑关系运算的电路称为门电路，因此基本的逻辑门电路也有三种，即与门、或门、非门。任何复杂的逻辑运算都可以由这三种基本逻辑运算组合而成。

9.1.1　与逻辑及与门电路

1．与逻辑

与逻辑（逻辑乘）表示这样一种逻辑关系：只有当决定一事件结果的所有条件同时具备时，结果才能发生。如图 9-1 所示，串联开关电路中只有在开关 A 和 B 都闭合的条件下，灯 L 才亮，这种灯亮与开关闭合的关系就称为与逻辑。

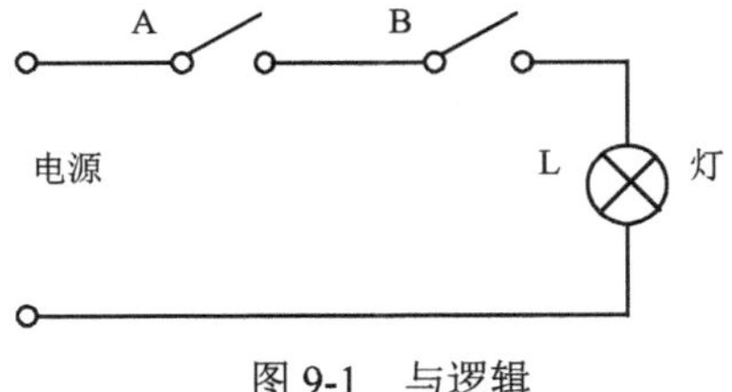

图 9-1　与逻辑

其所有可能的情况如表 9-1 所示，如果设开关 A，B 闭合为 1，断开为 0，设灯 L 亮为 1，灭为 0，则 L 与 A，B 的与逻辑关系可以用表 9-2 所示的真值表来描述。所谓真值表就是表征逻辑事件输入和输出之间全部可能状态的表格。

若用逻辑函数表达式来描述，则可写为：$L=A\cdot B$，即“输入有 0，输出为 0；输入全 1，输出为 1”。可以推广到多变量式 $L=A\cdot B\cdot C\cdots$

表 9-1　与逻辑状态表

开关 A	开关 B	灯 L
断	断	灭
断	合	灭
合	断	灭
合	合	亮

表 9-2　与逻辑真值表

A	B	L
0	0	0
0	1	0
1	0	0
1	1	1

2．与门电路

图 9-2 是由半导体二极管组成的一个两输入的与门电路。图中输入端 A，B 的电压（以 V 为单位）可以取+5 V 或 0 V 两种。这样根据输入信号的不同可以有三种情况。

（1）两个输入端都为 0 V

这种情况下 VD_1 和 VD_2 都导通，那么 L 点电压将保持与 A，B 点电压一致，即 $U_L=0$ V。

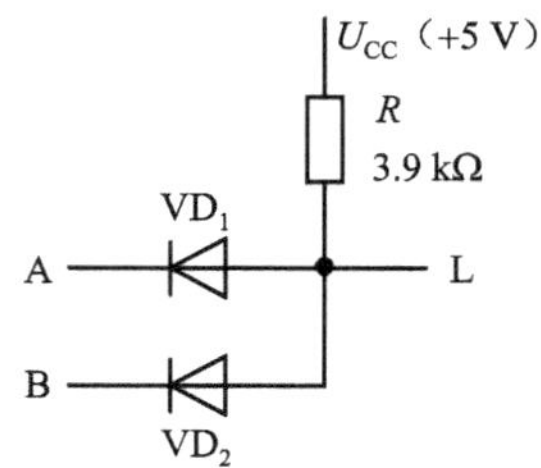

图 9-2　二极管与门电路

（2）任意一个输入端为 5 V

如 A 端为 5 V 电压，B 端为 0 V，这样二极管 VD_2 导通，使 L 点电压与 B 端电压相同，保持在 0 V，VD_1 受反向电压作用而截止，即 $U_L=0$ V。

（3）两个输入端都为 5 V

此时，VD_1、VD_2 都截止，电路不通，U_L 与 U_{CC} 电压相等，即 $U_L=5$ V。

若规定高电压为 1，低电压为 0，那么 L 与 A，B 之间逻辑关系的真值表与表 9-2 相同，因而实现了 $L=A\cdot B$ 的功能。与门逻辑符号如图 9-3 所示。

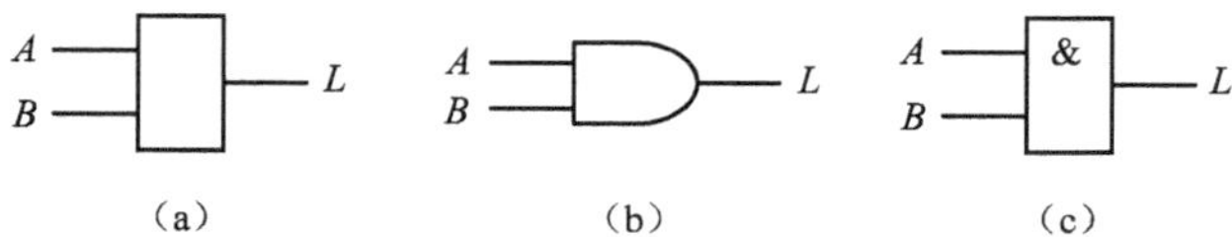

图 9-3　与门三种符号表示

（a）传统符号　（b）国外流行符号　（c）国标符号

9.1.2　或逻辑及或门电路

1．或逻辑

或逻辑（逻辑加）表示这样一种逻辑关系：当决定一件事情的几个条件中，只要有一个或一个以上条件具备，结果就发生。如图 9-4 所示，并联开关电路中只要开关 A 或 B

有一个闭合，灯 L 就亮，这种灯亮与开关闭合的关系就称为或逻辑。

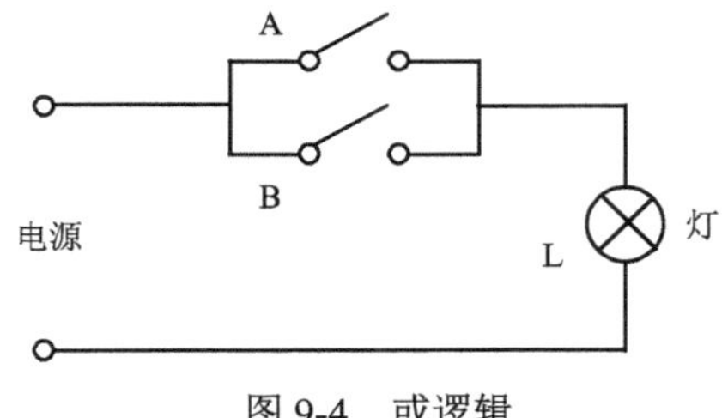

图 9-4　或逻辑

根据其可能出现的所有情况列真值表，如表 9-3 所示。若用逻辑函数表达式来描述，则可写为 $L = A + B$，即“输入有 1，输出为 1；输入全 0，输出为 0”。可以推广到多变量式 $L = A + B + C + \cdots$

表 9-3　或逻辑真值表

A	B	L
0	0	0
0	1	1
1	0	1
1	1	1

2．或门电路

图 9-5 是由半导体二极管组成的一个两输入的或门电路。图中输入端 A、B 的电压（以 V 为单位）可以取+5 V 或 0 V 两种。这样根据输入信号的不同可以有三种情况。

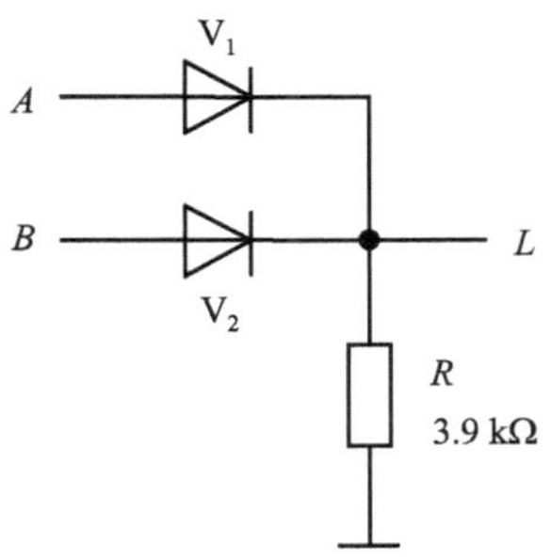

图 9-5　二极管或门电路

（1）两个输入端都为 0 V

这种情况下 VD_1 和 VD_2 都截止，电路不通，那么 L 点电压与对地电压一致，即 $U_L = 0$ V。

（2）任意一个输入端为 5 V

如 A 端为 5 V 电压，B 端为 0 V，这样二极管 VD_1 导通，使 L 点电压与 A 端电压相同，保持在 5 V，VD_2 受反向电压作用而截止，即 $U_L = 5$ V。

（3）两个输入端都为 5 V

此时，VD_1、VD_2 都导通，U_L 与 A、B 电压相等，即 $U_L = 5$ V。

若规定高电压为 1，低电压为 0，那么 L 与 A、B 之间逻辑关系的真值表与表 9-3 相同，

因而实现了 $L=A+B$ 的功能。或门电路逻辑符号如图 9-6 所示。

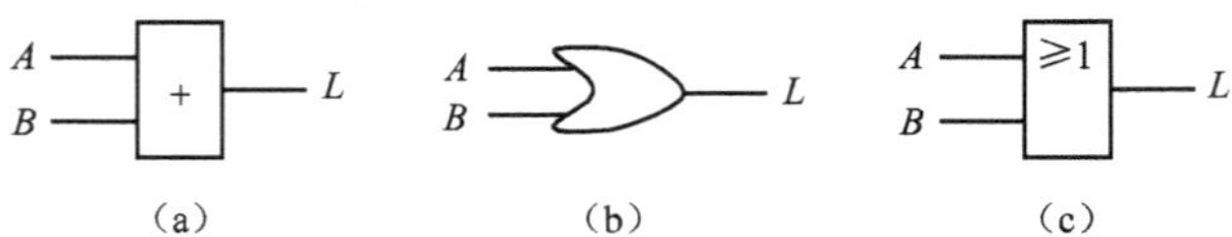

图 9-6　或门三种符号表示

(a) 传统符号 (b) 国外流行符号 (c) 国标符号

9.1.3　非逻辑及非门电路

1. 非逻辑

非运算（逻辑反）是逻辑的否定：当条件具备时，结果不会发生；条件不具备时，结果一定会发生。图 9-7 中，只有当开关 A 断开时，灯 L 才亮；当开关 A 闭合时，灯 L 反而熄灭。灯 L 的状态总是与开关 A 的状态相反。这种结果总是同条件相反的逻辑关系称为非逻辑。

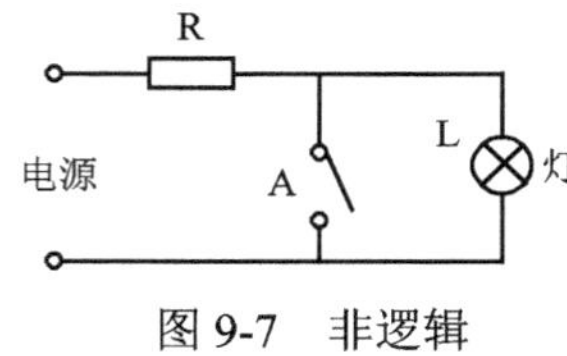

图 9-7　非逻辑

根据其可能出现的情况列出非逻辑的真值表如表 9-4 所示。若用逻辑函数表达式来描述，则可写为 $L=\overline{A}$ 。

表 9-4　非逻辑真值表

A	L
0	1
1	0

2. 非门电路

图 9-8 是由晶体三极管组成的一个非门电路。若规定高电压为 1，低电压为 0，当输入为逻辑 0 时，三极管将截止，L 输出电压接近于 U_{CC}，即逻辑 1；当输入为逻辑 1 时，三极管将饱和，L 输出电压为 0.2～0.3 V，即逻辑 0，可见 L 与 A、B 之间逻辑关系的真值表与表 9-4 相同，因而实现了 $L=\overline{A}$ 的功能。

非门逻辑符号如图 9-9 所示。

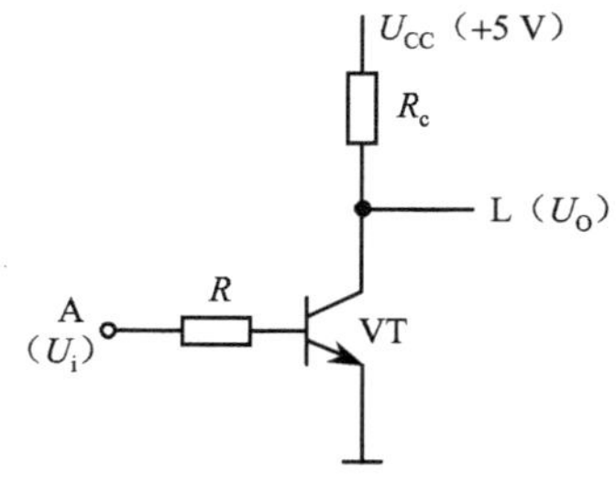

图 9-8　三极管非门电路

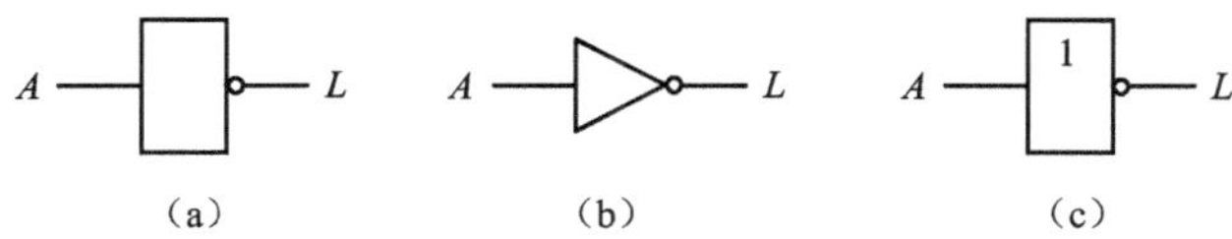

图 9-9 非门三种符号表示

(a) 传统符号 (b) 国外流行符号 (c) 国标符号

9.1.4 基本逻辑门电路的组合

在实际应用中为了减少逻辑门的数目，使数字电路的设计更方便，还常常使用基本逻辑门电路组合出其他几种常用逻辑门。

1．与非

与非是由与运算和非运算组合而成，其真值表如表 9-5 所示。

表 9-5 与非逻辑真值表

A	B	L
0	0	1
0	1	1
1	0	1
1	1	0

若用逻辑函数表达式来描述，则可写为 $L=\overline{A\cdot B}$。与非门逻辑符号如图 9-10 所示。

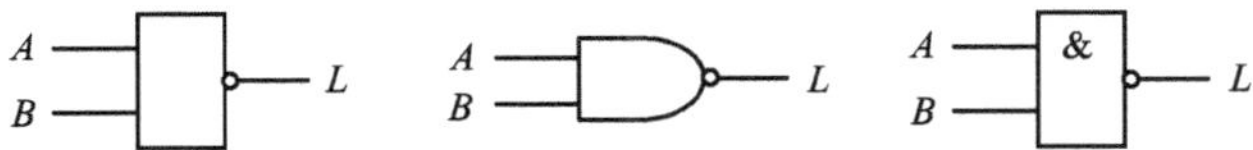

图 9-10 与非门三种符号表示

2．或非

或非是由或运算和非运算组合而成，其真值表如表 9-6 所示。

表 9-6 与非逻辑真值表

A	B	L
0	0	1
0	1	0
1	0	0
1	1	0

若用逻辑函数表达式来描述，则可写为 $L=\overline{A+B}$。或非门逻辑符号如图 9-11 所示。

图 9-11 或非门三种符号表示

3．与或非

与或非是由与运算、或运算和非运算组合而成，若用逻辑函数表达式来描述，则可写为

$L=\overline{A\cdot B+C\cdot D}$ 。与或非门逻辑符号如图 9-12 所示。

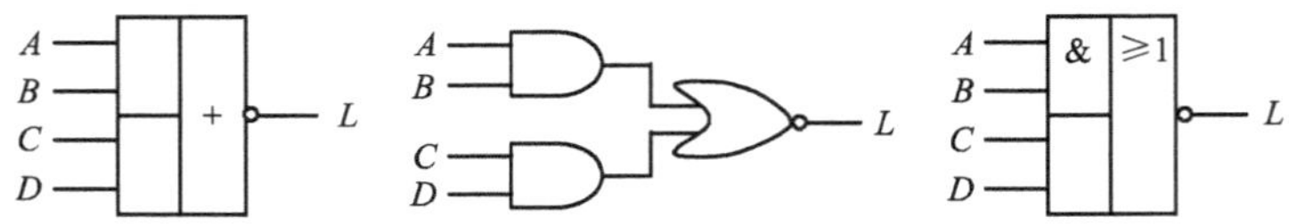

图 9-12　与或非门三种符号表示

4．异或

异或是一种二变量逻辑运算，当两个变量取值相同时，逻辑函数值为 0；当两个变量取值不同时，逻辑函数值为 1，真值表如表 9-7 所示。

表 9-7　异或逻辑真值表

A	B	L
0	0	0
0	1	1
1	0	1
1	1	0

若用逻辑函数表达式来描述，则可写为 $L=\overline{A}\cdot B+A\overline{B}=A\oplus B$。异或门逻辑符号如图 9-13 所示。

图 9-13　异或门三种符号表示

5．同或

同或是一种二变量逻辑运算，当两个变量取值相同时，逻辑函数值为 1；当两个变量取值不同时，逻辑函数值为 0，真值表如表 9-8 所示。

表 9-8　同或逻辑真值表

A	B	L
0	0	1
0	1	0
1	0	0
1	1	1

若用逻辑函数表达式来描述，则可写为 $L=\overline{A\cdot B}+A\cdot B=A\otimes B$。同或门逻辑符号如图 9-14 所示。

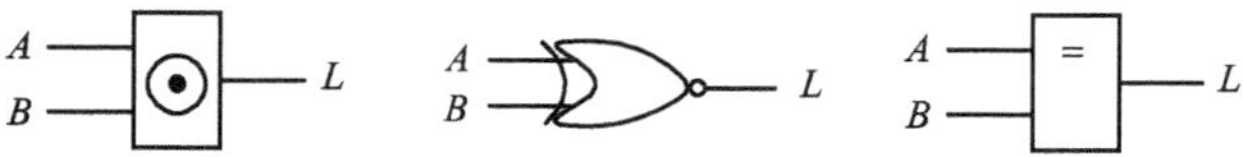

图 9-14　同或门三种符号表示

9.2 逻辑代数

数字电路研究的是电路输入与输出之间的逻辑函数运算关系（因果关系），使用的数学工具是逻辑代数。逻辑代数又称布尔代数，有一系列的定律、定理和规则，用于对函数表达式进行处理，以完成对逻辑电路的化简、变换、分析和设计。

9.2.1 逻辑函数及其表示方法

1．逻辑函数

描述逻辑关系的函数称为逻辑函数。逻辑函数与普通代数中的函数相似，它是随自变量的变化而变化的因变量。数字电路也称为逻辑电路，因为数字电路的输入量与输出量之间的关系就是自变量与因变量之间的一种因果关系，因此它可以用逻辑函数来描述。

数字电路的输入、输出量一般用高、低电平来表示，高、低电平也可以用二值逻辑 1 和 0 来表示。0 和 1 为逻辑常量，它们本身并没有数值意义，不代表数量的大小，仅仅作为一种符号代表事物矛盾双方的两种状态。对于任何一个电路，若输入逻辑变量 A，B，C…的取值确定后，其输出逻辑变量 L 的值也被唯一地确定了，可以称 L 是 A，B，C…的逻辑函数，表达式：

$$L=f(A,\ B,\ C,\ \cdots)$$

2．逻辑函数的表示方法

逻辑函数除了用上面所讲的逻辑表达式表述外，还有四种表示方法，即真值表、逻辑电路图、波形图和卡诺图，下面先介绍前三种，卡诺图在第 10 章中讲解。

（1）真值表

真值表在 9.1 节已经接触过，它是将输入逻辑变量（自变量）的各种可能取值和相应的函数值（因变量）排列在一起而组成的表格。为避免遗漏，各变量的取值组合应按照二进制递增的次序排列。

真值表直观明了，所以在设计逻辑电路时，总是先根据设计要求列出真值表。但是当变量比较多时，表比较大，会显得烦琐。

真值表可以与函数表达式相互转化，方法如下。在真值表中依次找出函数值等于 1 的变量组合，变量值为 1 的写成原变量，变量值为 0 的写成反变量，把组合中把各个变量相乘。这样，对应于函数值为 1 的每一个变量组合就可以写成一个乘积项，把这些乘积项相加，就得到相应的函数表达式了。反之，画出真值表的表格，将变量及变量的所有取值组合按照二进制递增的次序列入表格左边，然后按照表达式，依次对变量的各种取值组合进行运算，求出相应的函数值，填入表格右边对应的位置，即得真值表。

（2）逻辑电路图

逻辑电路图就是由逻辑符号及它们之间的连线构成的图形。由函数表达式可以画出相应的逻辑图，由逻辑电路图也可以写出相应的函数表达式。

（3）波形图

波形图是用高、低电平变化来动态表示逻辑变量及其函数值变化的图形。

例 9-1 画出逻辑函数 $L = A \otimes B = A \cdot B + \overline{A} \cdot \overline{B}$ 的真值表、逻辑电路图，并根据给出的 A、B 波形画出 L 的波形图。

解： 该函数的真值表如表 9-9 所示，逻辑电路图如图 9-15 所示，波形图如图 9-16 所示。

表 9-9 函数真值表

A	B	L
0	0	1
0	1	0
1	0	0
1	1	1

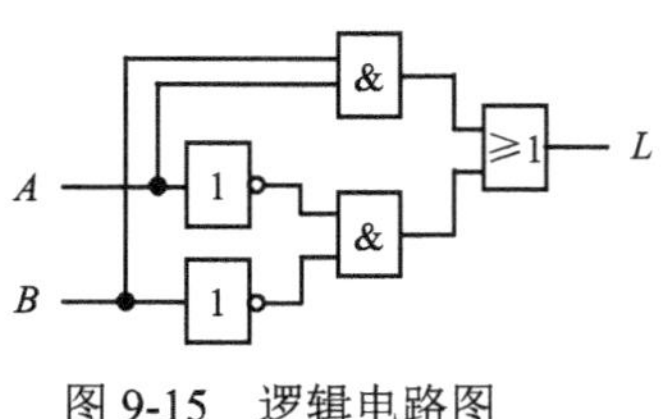

图 9-15 逻辑电路图

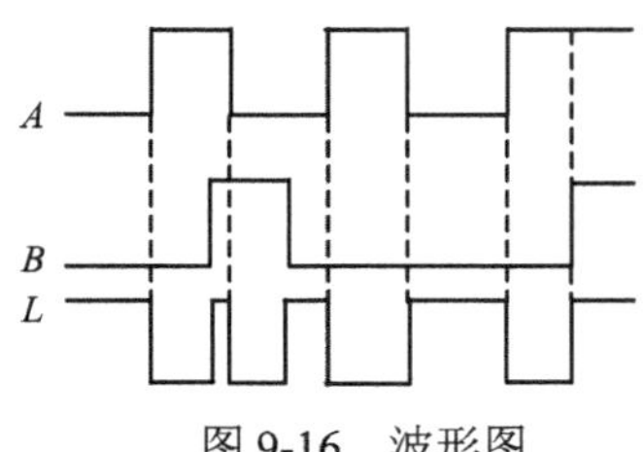

图 9-16 波形图

9.2.2 逻辑代数基本运算法则及定律

1. 逻辑代数的基本公式

逻辑代数包括九个定律，其中有的定律与普通代数相似，有的定律与普通代数不同，使用时注意区分，如表 9-10 所示。

表 9-10 逻辑代数定律和恒等式

名　称	公式1	公式2
0—1律	$A \cdot 1 = A$ $A \cdot 0 = 0$	$A + 0 = A$ $A + 1 = 1$
互补律	$A\overline{A} = 0$	$A + \overline{A} = 1$
重叠律	$AA = A$	$A + A = A$
交换律	$AB = BA$	$A + B = B + A$
结合律	$A(BC) = (AB)C$	$A + (B + C) = (A + B) + C$
分配律	$A(B + C) = AB + AC$	$A + BC = (A + B)(A + C)$
反演律	$\overline{AB} = \overline{A} + \overline{B}$	$\overline{A + B} = \overline{A}\,\overline{B}$
吸收律	$A(A + B) = A$ $A(\overline{A} + B) = AB$ $(A + B)(\overline{A} + C)(B + C) = (A + B)(\overline{A} + C)$	$A + AB = A$ $A + \overline{A}B = A + B$ $AB + \overline{A}C + BC = AB + \overline{A}C$
对合律	$\overline{\overline{A}} = A$	

其中，反演律又称摩根定律，是非常重要又非常有用的公式，经常用于逻辑函数的变换，它的两个变形公式 $AB=\overline{\overline{A}+\overline{B}}$，$A+B=\overline{\overline{A}\,\overline{B}}$，也是常用的。

2．逻辑代数的基本规则

（1）代入规则

代入规则的基本内容是：对于任何一个逻辑等式，以某个逻辑变量或逻辑函数同时取代等式两端任何一个逻辑变量后，等式依然成立。

利用代入规则可以方便地扩展公式。例如，在反演律 $AB = A + B$ 中用 BC 去代替等式中的 B，新的等式仍成立即，$ABC = A + BC = A + B + C$。

（2）对偶规则

对偶规则的基本内容是：“$\cdot\to+$，$+\to\cdot$”同时“$0\to1$，$1\to0$”，所得新函数表达式叫做 L 的对偶式，用 L'表示。如果两个逻辑函数表达式相等，那么它们的对偶式也一定相等。表 9-10 中的公式 1 和公式 2 就互为对偶，利用对偶规则，只需记住一边的公式就可以了。

（3）反演规则

反演规则的基本内容是：“$\cdot\to+$，$+\to\cdot$”，“$0\to1$，$1\to0$”，同时“原变量→反变量，反变量→原变量”所得新函数表达式叫做 L 的反函数，用 $\overline{L}$ 表示。

在应用反演规则求反函数时要注意：保持运算的优先顺序不变，必要时加括号表明；变换中，一个以上变量的公共非号保持不变。

例 9-2　试求 $L=\overline{A}C+B\overline{D}$ 的反函数。

解： $\overline{L}=(A+\overline{C})\cdot(\overline{B}+D)$

例 9-3　试求 $L=A\cdot\overline{B+C+\overline{D}}$ 的反函数。

解： $\overline{L}=\overline{A}+\overline{\overline{B\cdot C}\cdot D}$

9.3　逻辑代数化简法

根据逻辑表达式可以画出相应的逻辑图，但是根据某种逻辑要求归纳出来的逻辑表达式往往不是最简形式，这就需要对逻辑表达式进行化简。逻辑函数的化简方法有两种，即代数法（公式法）和卡诺图法（图解法）。

9.3.1　代数法化简逻辑函数

1．逻辑函数表达式的最简形式

同一个逻辑函数可以有多种不同的最简逻辑表达式，有如下五种。

$L=AC+\overline{A}B$　　与—或

$=(A+B)(\overline{A}+C)$　　或—非

$$=\overline{\overline{A}C\cdot\overline{\overline{A}B}}$$ 与非—与非

$$=\overline{\overline{A+B}+\overline{\overline{A}+C}}$$ 或非—或非

$$=\overline{A\overline{C}+\overline{AB}}$$ 与—或—非

其中，与或形式比较易于从真值表直接写出，所以用得比较广泛。这种最简表达式必须符合两个条件，即“与”项（乘积项）个数最少且每个乘积项中变量个数最少。

2．逻辑函数的代数化简法

代数法主要是运用逻辑代数基本定律和恒等式进行化简，常用的方法有以下几种。

（1）并项法

利用 $A+\overline{A}=1$ 的公式，将两项合并成一项，并消去一个变量，如：

$$L=AB\overline{C}+ABC=AB(\overline{C}+C)=AB$$

（2）吸收法

运用吸收律 $A+AB=A$ 消去多余的与项，如：

$$L=AB+AB（C+DE）=AB$$

（3）消去法

运用吸收律 $A+\overline{A}B=A+B$ 消去多余的因子，如：

$$L=\overline{A}+AB+\overline{B}E=\overline{A}+B+\overline{B}E=\overline{A}+B+E$$

（4）配项法

先通过乘以 $A+\overline{A}=1$ 或加上 $A\overline{A}=0$，增加必要的乘积项，再用以上方法化简，如：

$$L=AB+\overline{A}C+BCD$$

$$=AB+\overline{A}C+BCD(A+\overline{A})$$

$$=AB+\overline{A}C+ABCD+\overline{A}BCD$$

$$=AB+\overline{A}C$$

由上例可知，逻辑函数的化简结果不是唯一的。代数化简法不受变量数目的限制，没有固定的步骤可循，需要熟练运用各种公式和定理，需要一定的技巧和经验，有时很难判定化简结果是否最简，如果掌握不好可能出现越化越烦琐的情况。

9.3.2 最小项及卡诺图

鉴于上述代数化简法的缺点，这里介绍一种更简便、直观的化简方法。它是一种图形法，是由美国工程师卡诺（Karnaugh）发明的，所以称为卡诺图化简法。

1．最小项

若 n 个变量组成的“与”项中，每个变量均以原变量或反变量的形式出现且仅出现一次，则称该“与”项为 n 个变量的最小项。n 变量逻辑函数的全部最小项共有 2^n 个。如三变量逻辑函数 $L=f$（A，B，C）的最小项共有 $2^3=8$ 个，如表 9-11 所示。

表 9-11　三变量函数的最小项

最 小 项	变 量 取 值			编 号
	A	B	C	
$\overline{A}\,\overline{B}\,\overline{C}$	0	0	0	m_0
$\overline{A}\,\overline{B}\,C$	0	0	1	m_1
$\overline{A}\,B\,\overline{C}$	0	1	0	m_2
$\overline{A}\,B\,C$	0	1	1	m_3
$A\,\overline{B}\,\overline{C}$	1	0	0	m_4
$A\,\overline{B}\,C$	1	0	1	m_5
$A\,B\,\overline{C}$	1	1	0	m_6
$A\,B\,C$	1	1	1	m_7

为了分析最小项的性质，以三变量为例，列出三变量全部最小项的真值表，如表 9-12 所示。从表中看出最小项具有以下几个性质。

1）对于任意一个最小项，只有一组变量取值使它的值为 1，而其余各种变量取值均使它的值为 0。

2）不同的最小项，使它的值为 1 的那组变量取值也不同。

3）对于变量的任一组取值，任意两个最小项的乘积为 0。

4）对于变量的任一组取值，全体最小项的和为 1。

表 9-12　三变量函数的最小项真值表

序号	A	B	C	m_0 $\overline{A}\overline{B}\overline{C}$	m_1 $\overline{A}\,\overline{B}\,C$	m_2 $\overline{A}\,B\,\overline{C}$	m_3 $\overline{A}\,B\,C$	m_4 $A\,\overline{B}\,\overline{C}$	m_5 $A\,\overline{B}\,C$	m_6 $A\,B\,\overline{C}$	m_7 $A\,B\,C$
0	0	0	0	1	0	0	0	0	0	0	0
1	0	0	1	0	1	0	0	0	0	0	0
2	0	1	0	0	0	1	0	0	0	0	0
3	0	1	1	0	0	0	1	0	0	0	0
4	1	0	0	0	0	0	0	1	0	0	0
5	1	0	1	0	0	0	0	0	1	0	0
6	1	1	0	0	0	0	0	0	0	1	0
7	1	1	1	0	0	0	0	0	0	0	1

2．最小项表达式

如果在一个“与或”表达式中，所有与项均为最小项，则称这种表达式为最小项表达式。

例 9-4 将 $L(A, B, C)=AB+\overline{A}C$ 转化为最小项表达式。

解： $L(A, B, C)=AB+\overline{A}C$

$=AB(C+\overline{C})+\overline{A}C(B+\overline{B})$

$=ABC+AB\overline{C}+\overline{A}BC+\overline{A}\overline{B}C$

$=m_7+m_6+m_3+m_1$

$=\sum m(1, 3, 6, 7)$

例 9-5 将 $L(A, B, C)=\overline{(AB+\overline{AB}+\overline{C})\overline{AB}}$ 化成最小项表达式。

解： $L(A, B, C)=\overline{(AB+\overline{AB}+\overline{C})\overline{AB}}$

$=\overline{(AB+\overline{AB}+\overline{C})}+AB$

$=(\overline{AB}\cdot\overline{AB}\cdot C)+B$　　去非号

$=(\overline{A}+\overline{B})(A+B)C+AB$

$=\overline{A}BC+A\overline{B}C+AB$　　去括号

$=\overline{A}BC+A\overline{B}C+AB(C+\overline{C})$　　补齐变量

$=\overline{A}BC+A\overline{B}C+ABC+AB\overline{C}$

$=m_3+m_5+m_7+m_6$

$=\sum m(3, 5, 6, 7)$　　写成简式

3．相邻最小项

如果两个最小项中只有一个变量互为反变量，其余变量均相同，则称这两个最小项为逻辑相邻，简称相邻项。如最小项 ABC 和 $A\overline{B}C$ 就是相邻最小项。若两个相邻最小项出现在同一个逻辑函数中，则可以合并为一项，同时消去互为反变量的那个量。如 $ABC+A\overline{B}C=AC(B+\overline{B})=AC$。

4．卡诺图

一个小方格代表一个最小项，然后将这些最小项按照相邻性排列起来，就是卡诺图。即用小方格几何位置上的相邻性来表示最小项逻辑上的相邻性，因此卡诺图具有循环邻接的特性，可结合 Gray 码理解。

（1）一变量 $L(A)$ 的卡诺图

由于 n 个变量的逻辑函数有 2^n 个最小项，那么一变量的逻辑函数应该有 2 个最小项，即 $\overline{A}$ 与 A 分别记为 m_0、m_1，则逻辑函数的最小项表达式为 $L(A)=A+\overline{A}$。这两个最小项可用

两个相邻的方格表示，即一变量卡诺图如图 9-17 所示。

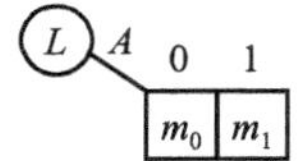

图 9-17　一变量卡诺图

（2）两变量 L（A，B）的卡诺图

同理，两变量的逻辑函数应有 4 个最小项，即 $\overline{A}\overline{B}$、$A\overline{B}$、$\overline{A}B$、AB，分别记为 m_0、m_1、m_2、m_3，则逻辑函数的最小项表达式为 $L(A)=\overline{A}\overline{B}+A\overline{B}+\overline{A}B+AB$。根据相邻性，其卡诺图如图 9-18 所示，根据因变量位置的不同可以有两种画法。

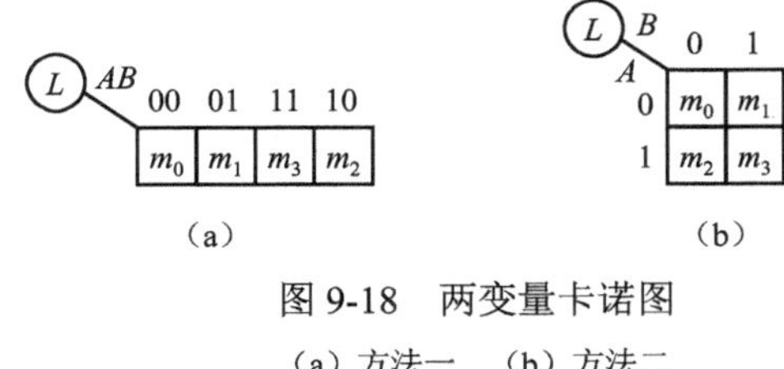

图 9-18　两变量卡诺图

（a）方法一　（b）方法二

（3）三变量 L（A，B，C）的卡诺图

三变量逻辑函数应有 8 个最小项，需要注意的是 A、B、C 及其反变量对应的卡诺图区域，往往反变量可以不标出，如图 9-19 所示。根据相邻性，其卡诺图如图 9-20 所示。根据因变量位置不通可以有两种画法。

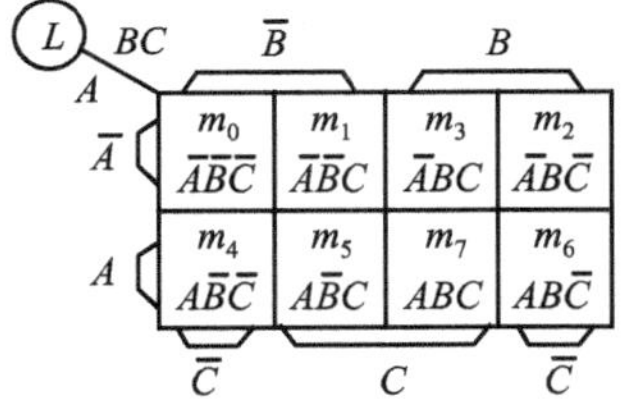

图 9-19　三变量对应卡诺图区域

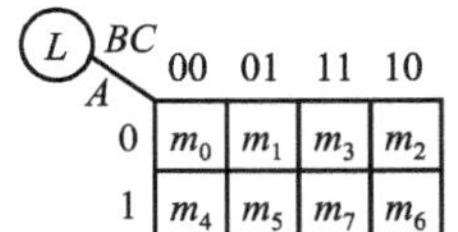

图 9-20　三变量卡诺图

（4）四变量 L（A，B，C，D）的卡诺图

四变量逻辑函数应有 16 个最小项，根据相邻性，其卡诺图如图 9-21 所示。更多变量的卡诺图都可以此类推。

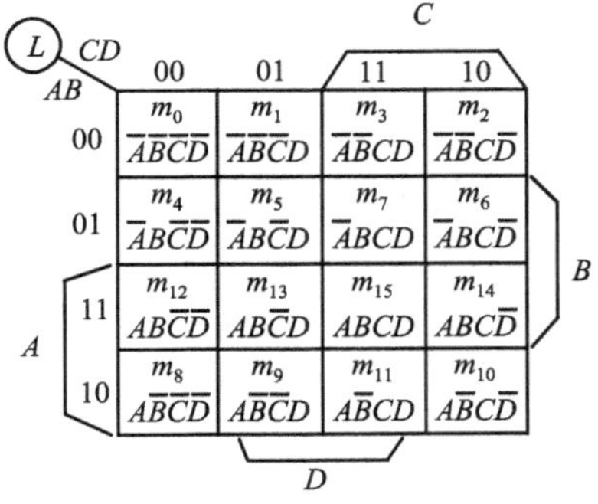

图 9-21　四变量卡诺图

5．既定函数画卡诺图

上面讲的是 n 变量函数对应的卡诺图，那么对于同变量的不同函数，它所对应的卡诺图也将有所不同。我们需要将构成该逻辑函数的最小项在卡诺图上相应的方格中填 1，其余的方格填 0（0 也可以省略），就可以得到该函数的卡诺图。也就是说，任何一个逻辑函数都等于其卡诺图上填 1 的那些最小项之和。

例 9-6 画出一变量逻辑函数 $L(A)=\overline{A}$ 的卡诺图。

解： 该函数是一变量函数，$\overline{A}$ 是 m_0，所以在对应的一变量卡诺图中 m_0 方格填 1，剩下的即 m_1 方格填 0，得到 $L(A)=\overline{A}$ 的卡诺图如图 9-22 所示。

例 9-7 画出三变量逻辑函数的卡诺图。

解： $L(A,B,C)=\overline{A}\overline{B}\overline{C}+\overline{A}B\overline{C}+A\overline{B}\overline{C}+ABC$

$=\sum m(0,2,4,7)$

在对应的卡诺图方格 m_0，m_2，m_4，m_7 中填 1，其余的填 0，得卡诺图如图 9-23 所示。

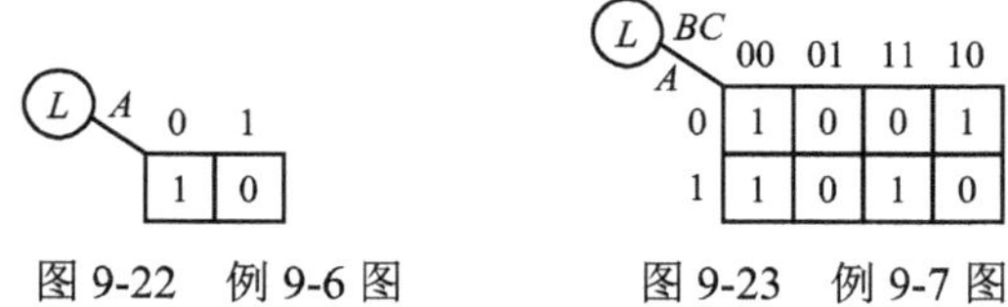

图 9-22 例 9-6 图　　图 9-23 例 9-7 图

例 9-8 用卡诺图表示逻辑函数 $L(A,B,C,D)=A\overline{B}+B\overline{C}D$。

解： 卡诺图如图 9-24 所示。

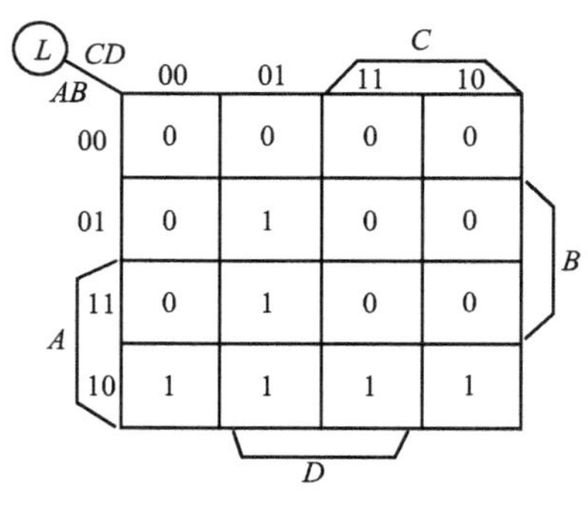

图 9-24 例 9-8 图

9.3.3 逻辑函数的卡诺图化简法

1．卡诺图化简逻辑函数的基本原理

卡诺图具有循环邻接的特性，若途中两个相邻的方格为 1，则这两个相邻的最小项的和会消去一个变量，如图 9-23 所示的卡诺图中，方格 0 和方格 4 的逻辑加是 $\overline{A}\overline{B}\overline{C}+A\overline{B}\overline{C}=(A+\overline{A})\overline{B}\overline{C}=\overline{B}\overline{C}$，消去了变量 A，即消去两方格中不相同的变量，就可以使逻辑表达式得到简化，这就是利用卡诺图化简逻辑函数的基本原理。

2．合并最小项原则

通过原理我们知道，要化简就是将相邻的最小项合并。但是这种合并不是随意的，而是有一定的原则，即最小项原则，也叫画圈原则。

画圈可以圈 1 也可以圈 0，主要看哪个更简便。值得注意的是，圈 1 得到是原变量 L，而圈 0 是得到 $\overline{L}$，需要再取反得到 L。下面以圈 1 为例讲解画圈原则。

1）圈要尽量大，圈的个数尽量少。包含的最小项数目越多，所形成的圈越大，消去的变量也就越多，从而所得到的逻辑表达式就越简单。

2）每个圈内只能含有 2^n（n=0，1，2，3…）个相邻项。2^n 个相邻的最小项合并，就可以消去 n 个取值不同的变量。要特别注意，对边和四角也具有相邻性。

3）不能漏下取值为 1 的方格。卡诺图中所有取值为 1 的最小项，即填 1 的方格均要被圈过。

4）避免多余的圈。新的包围圈中至少要含有 1 个未被圈过的 1 方格，否则该包围圈是多余的。

3．卡诺图化简法步骤

（1）写最小项表达式

将需要化简的逻辑函数写成最小项表达式的形式。

（2）画卡诺图

画出逻辑函数所对应的卡诺图，即式中包含了的最小项，其对应方格填 1，其余填 0。

（3）画圈

合并相邻的最小项，即根据前述的画圈原则将相邻的最小项圈在一起。

（4）写出化简式

每一个圈写一个最简与项。规则是，取值为1的变量用原变量表示，取值为 0 的变量用反变量表示，将这些变量相与（逻辑乘）。然后将所有与项相或（逻辑加），即得最简“与—或”表达式。

例 9-9 求 $L=\sum m$（1，3，4，5，10，11，12，13）的最简与或式。

解： 1）该式已经是最小项表达式，因此首先画出该逻辑表达式的卡诺图，如图 9-25 所示。

2）画圈，按最小项的合并原则，应选择尽可能大的圈和最少的圈覆盖所有的 1 格。注意，此题所画自变量是 AB 在上，CD 在下。选择只有一种圈法的 $B\overline{C}$，剩下四个格（m_1，m_3，m_{10}，m_{11}）用两个圈覆盖。

3）写出最简式

$$L=B\overline{C}+\overline{A}\overline{B}D+A\overline{B}C$$

例 9-10 求 $L=\overline{B}CD+\overline{A}B\overline{D}+\overline{B}C\overline{D}+AB\overline{C}+ABCD$ 的最简与或式。

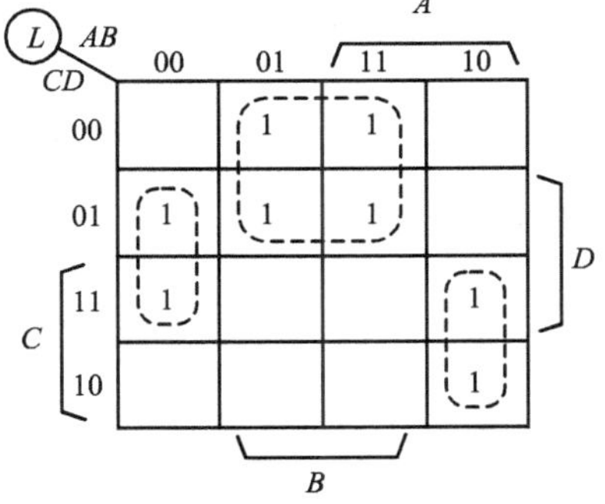

图 9-25 例 9-9 图

解：1）该式已经是最小项表达式，因此首先画出该逻辑表达式的卡诺图，如图 9-26 所示。

2）按最小项的合并原则画圈。

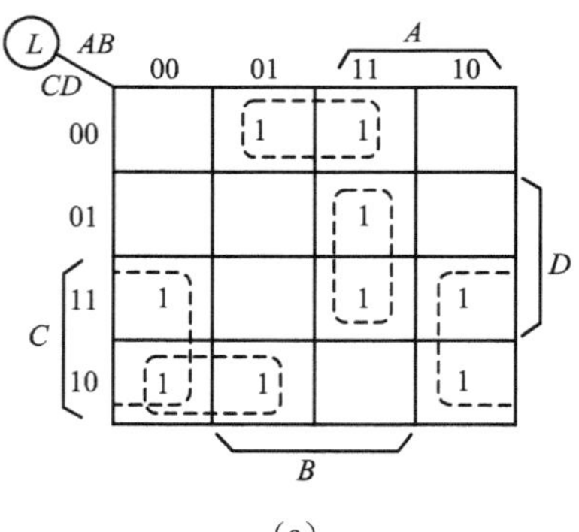

（a）

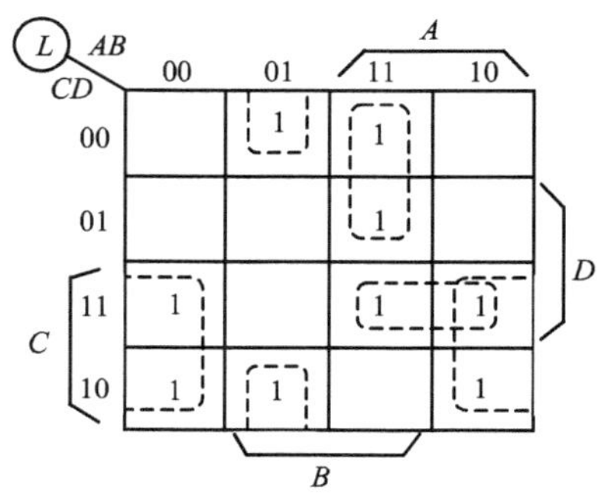

（b）

图 9-26　例 9-10 图

（a）方法一　（b）方法二

3）写出最简式。

本例有两种圈法，都可以得到最简式。

按图 9-26（a）得到的最简式为

$$L=\overline{B}C+\overline{A}C\overline{D}+B\overline{C}\overline{D}+ABD$$

按图 9-26（b）得到的最简式为

$$L=\overline{B}C+\overline{A}B\overline{D}+AB\overline{C}+ACD$$

本例说明，逻辑函数的最简式不是唯一的。

例 9-11 用卡诺图化简 $L(A,\ B,\ C,\ D)=\sum m(0\sim3,5\sim11,13\sim15)$ 的最简与或式。

解：1）该式已经是最小项表达式，因此首先画出该逻辑表达式的卡诺图，如图 9-27 所示。

2）按最小项的合并原则画圈。

3）写出最简式。

本例有圈 1 和圈 0 两种圈法，都可以得到最简式。

按图 9-27（a）得到的最简式为

$$L=\overline{B}+C+D$$

按图 9-27（b）得到的最简式为

$$\overline{L}=B\overline{C}\,\overline{D}$$

对 $\overline{L}$ 求非得

$$L=\overline{B}+C+D$$

两种方法结果相同。

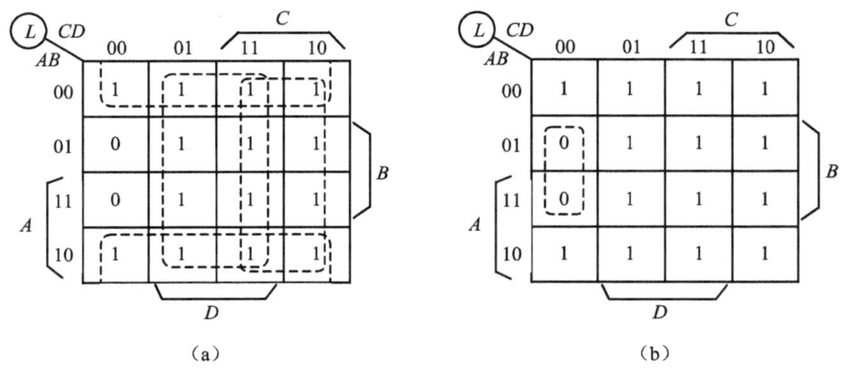

图 9-27　例 9-11 图
（a）圈 1 法 （b）圈 0 法

4．无关项

逻辑问题分为完全描述和非完全描述两种。如果对输入变量的每一组取值，逻辑函数都有确定的值，则这类函数称为完全描述逻辑函数。但是，在实际情况中，经常遇到一些不能用对立关系表明的物理量，如 8421BCD 码输入变量 1010～1111 对应的输出变量就无意义。这些对于输入变量的某些取值组合，逻辑函数值不确定的函数，称为非完全描述的逻辑函数。

非完全描述的逻辑函数有两种情况。

1）由于某种条件的限制，输入变量的某些组合不可能出现，因而在这些取值下对应的函数值是“无关紧要”的，它可以为 1，也可以为 0。

2）某些输入变量取值可能出现，但是所产生的输出并不影响整个系统的功能，因此可以不必考虑其输出是 0 还是 1。

这样的取值组合所对应的最小项就称为无关项、任意项或约束项。通常将这类函数的函数值记为∅或×。

化简具有无关项的逻辑函数时，要充分利用无关项可以当 0 也可以当 1 的特点，化简逻辑函数，即采用卡诺图化简函数时，可以利用∅（或×）来尽量扩大卡诺圈，使逻辑函数更简。

例 9-12　在十字路口有红绿黄三色交通信号灯，规定红灯亮停，绿灯亮行，黄灯要注意（即黄灯一亮，未过停车线的车辆也须停车），试分析车行与三色信号灯之间逻辑关系。

解：若以变量 A，B，C 分别表示红、黄、绿灯的状态，且以灯亮为 1，灯灭为 0，用 L 表示停车与否，且以停车为 1，通行为 0，则 L 是 A，B，C 的函数。

由于不可能有两个以上的灯同时亮，则 A，B，C 三个变量的取值组合只可能是 000，

001，010，100，而不应出现 011，101，110，111 这四种情况，即 A 与 B，A 与 C，B 与 C，A 与 B 与 C 不可能同时为 1，其相互约束关系可以表示为，$AB=0$，$BC=0$，$AC=0$，$ABC=0$，即 $AB+BC+AC+ABC=0$，或写成$\sum\varphi$（3，5，6，7）=0，这些最小项就是我们所说的无关项。

可见，当约束条件满足时，这些无关项的值恒为 0，如果将这些恒为 0 的最小项加到逻辑函数式或从函数式中消去，都不会影响函数的逻辑功能和函数值，因此，我们可以将无关项对应的输出函数值视为×。写出交通停车逻辑函数的真值表如表 9-13 所示。

表 9-13　交通停车逻辑函数真值表

A	B	C	L
0	0	0	×
0	0	1	0
0	1	0	1
0	1	1	×
1	0	0	0
1	0	1	×
1	1	0	×
1	1	1	×

该逻辑函数表达式可以写成

$$\begin{cases} L = \overline{A}B\overline{C} + A\overline{B}\overline{C} \\ AB + BC + AC = 0 \end{cases}$$

即 $L=\sum m$（2，4）$+\sum\varphi$（3，5，6，7）

例 9-13　化简上述交通停车逻辑函数。

解：根据交通灯逻辑函数的真值表画出该函数的卡诺图如图 9-28 所示。化简得 $L=A+B$。

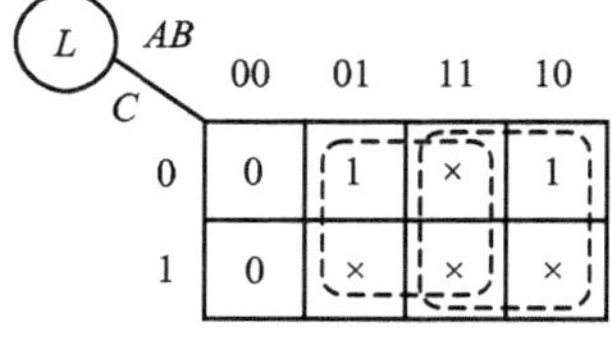

图 9-28　例 9-13 图

例 9-14　要求设计一个逻辑电路，能够判断一位十进制数（8421BCD 码）是奇数还是偶数，为奇数时电路输出为 1，为偶数时电路输出为 0。

解：1）输入变量设为 A，B，C，D，输出变量设为 Y，根据逻辑要求列出真值表，如表 9-14 所示。

表 9-14　奇偶数判别函数真值表

ABCD	L	ABCD	L
0000	0	1000	0
0001	1	1001	1
0010	0	1010	×
0011	1	1011	×
0100	0	1100	×
0101	1	1101	×
0110	0	1110	×
0111	1	1111	×

2）根据表 9-14 画出卡诺图，如图 9-29 所示，并采用圈 1 法化简。

L（AB \ CD）	00	01	11	10
00	0	1	1	0
01	0	1	1	0
11	×	×	×	×
10	0	1	×	×

图 9-29　例 9-14 图

3）化简得 $L=D$。

习　题　9

1．如果与门有 3 个输入，分别为 A，B，C，则对应于下列各种输入组合，求其输出。1）A=1，B=0，C=1；2）A=0，B=1，C=0；3）A=1，B=1，C=1；4）A=1，B=0，C=1。

2．求题 2 图中逻辑电路图的逻辑表达式。

3．列出题 2 图中逻辑电路图的真值表。

4．求下列式子的逻辑运算结果：1）$1\oplus0\oplus1\oplus1\oplus0\oplus1\oplus0$；2）$1\odot0\odot1\odot1\odot0\odot1\odot0$。

5．逻辑门电路的输入信号如题 5 图（a）所示，试对应画出题 5 图（b）所示各个门电路的输出波形。

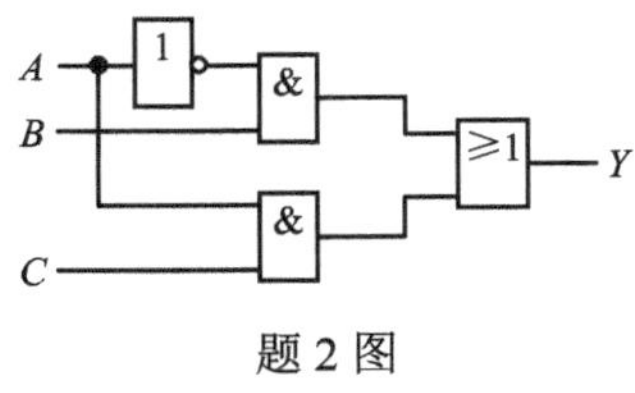

题 2 图

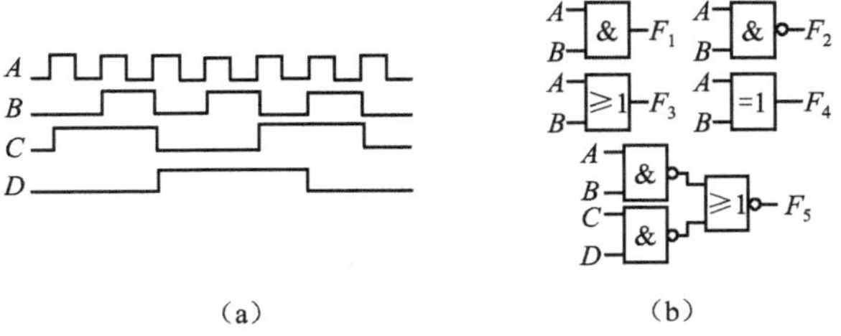

题 5 图

（a）输入信号　（b）门电路

6. 使用反相器、与门和或门，实现逻辑表达式$Y=\bar{A}BC+A\bar{B}C+AB\bar{C}$，并画出电路图。

7. 两种开关电路如题7图（a）和题7图（b）所示，写出反映F和A，B，C之间逻辑关系的真值表、关系式和逻辑图。若A，B，C变化规律如题7图（c）所示，试画出F_1，F_2的波形图。

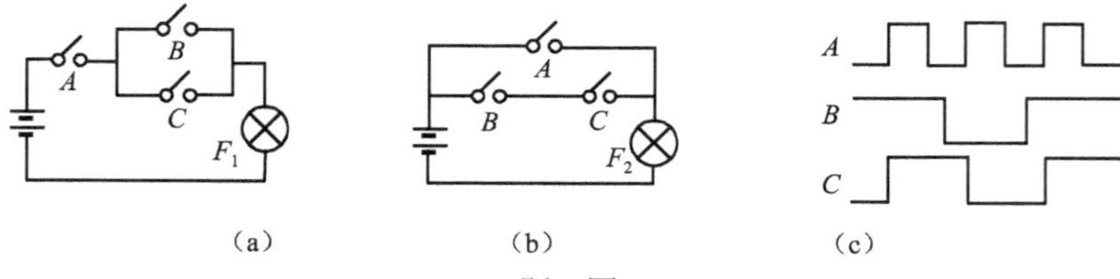

题7图

（a）电路图一 （b）电路图二 （c）开关变化规律

8. 将下列电平组合分别输入一个异或门，求它的输出。

1）0，0；2）0，1；3）1，0；4）1，1。

9. 试证明下列逻辑恒等式。

1）$(A+B)(\bar{A}+C)(B+C)=(A+B)(\bar{A}+C)$；

2）$(\overline{A\oplus B})(\overline{B\oplus C})(\overline{C\oplus D})=\overline{\bar{A}B+\bar{B}C+\bar{C}D+\bar{D}A}$；

3）$ABC+A\bar{B}C+AB\bar{C}=AB+AC$；

4）$A+A\bar{B}\bar{C}+\bar{A}CD+(\bar{C}+\bar{D})E=A+CD+E$。

10. 用反演规则求下列函数的反函数。

1）$F=\bar{A}B+B\bar{C}+A(C+\bar{D})$；

2）$F=A(\bar{B}+(C\bar{D}+\bar{E}F)G)$。

11. 用公式法将下列各逻辑函数化简为最简与或式。

1）$F(A,B)=(A+B)(A\bar{B})$；

2）$F(A,B,C,D)=(\overline{\bar{A}B+A\bar{B}}\cdot\bar{C}+ABC)(AD+BC)$；

3）$F(A,B)=\overline{AB+\bar{A}\bar{B}+\bar{A}B+A\bar{B}}$；

4）$F(A,B,C,D)=ABC\bar{D}+ABD+BC\bar{D}+ABCD+B\bar{C}$；

5）$F(A,B,C)=\overline{\overline{AC+\bar{A}BC}+\bar{B}C+AB\bar{C}}$。

12. 用卡诺图将具有约束条件的逻辑函数F化简成最简的与—或式。

$F(A,B,C,D)=\sum m(1,4,9,13)+\sum d(5,6,7,10)$

13. 利用与非门实现逻辑函数$F=A\bar{B}+B\bar{C}+\bar{A}C$。

14. 利用或非门实现逻辑函数$F=A\bar{B}+\bar{A}C$。

第 10 章 组合逻辑电路

10.1 组合逻辑电路的分析

逻辑电路分为组合逻辑电路和时序逻辑电路两种。本章主要讲解组合逻辑电路，时序逻辑电路将在第 11 章中介绍。任何时刻电路的输出状态只由该时刻的输入状态决定，而与该时刻以前的电路状态无关，称为组合逻辑电路。这类电路由门电路组合而成，无反馈延迟环路，也无记忆单元。

所谓逻辑电路的分析，就是找出给定逻辑电路输出与输入之间的逻辑关系，并指出电路的逻辑功能。对于组合逻辑电路的分析步骤大致如下：

1）从逻辑图的输入端开始，逐级推导出输出信号（因变量）的逻辑表达式；

2）化简或变换逻辑表达式；（公式法或卡诺图法）

3）由表达式列真值表；

4）根据真值表分析逻辑功能。

其中，最后一步是整个分析过程中的难点。

例 10-1 分析图 10-1 中组合逻辑电路的逻辑功能。

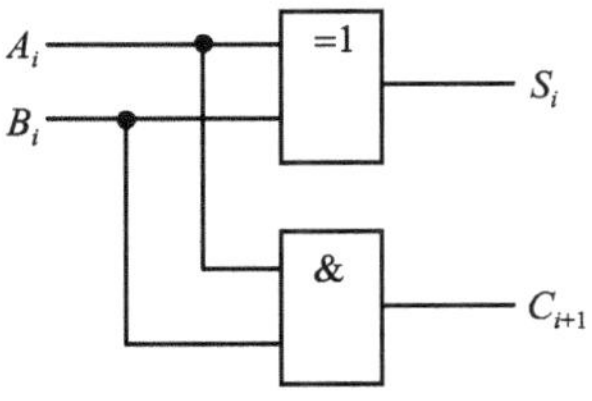

图 10-1 逻辑电路图

解： 1）根据给出的逻辑图， 逐级推导出输出端的逻辑函数表达式为

$$S_i=A_i \oplus B_i \qquad C_i = A_iB_i$$

2）列真值表，如表 10-1 所示。

表 10-1 函数真值表

A_i	B_i	C_{i+1}	S_i
0	0	0	0
0	1	0	1
1	0	0	1
1	1	1	0

3）分析功能。由真值表知，当两个输入变量 A_i，B_i 中有一个为 1 时，输出 S_i=1，而两个变量同时为 1 时，输出 C_{i+1}=1，它正好实现了 A_i、B_i 两个 1 位二进制数进行求和并向高位进位的逻辑电路，该电路称为半加器。

电路中中 A_i、B_i 是被加数和加数，S_i 是本位和值，C_i 是向高位的进位数。半加器是只考虑两个 1 位二进制数的相加，而不考虑来自低位进位数的运算电路。半加器的国际逻辑符号如图 10-2 所示。

例 10-2 分析图 10-3 中组合逻辑电路的逻辑功能。

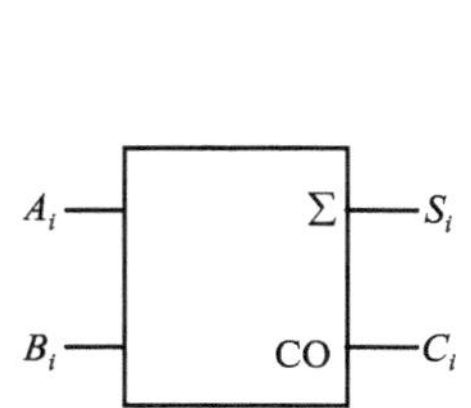

图 10-2 半加器的国际逻辑符号

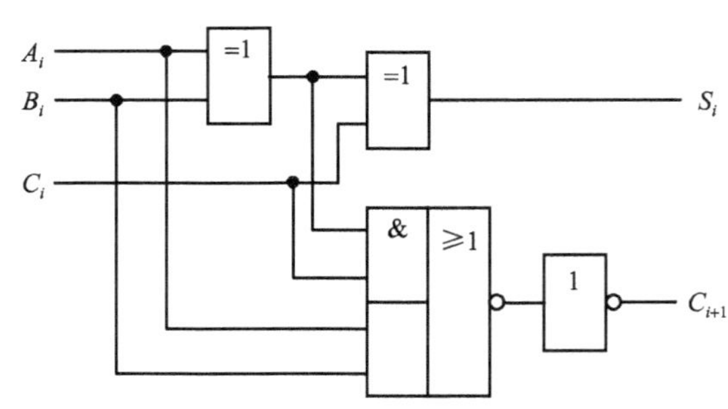

图 10-3 逻辑电路图

解： 1）根据给出的逻辑图，逐级推导出输出端的逻辑函数表达式为

$$S_i = A_i \oplus B_i \oplus C_i$$

$$C_{i+1} = (A_i \oplus B_i)\, C_i + A_i B_i$$

2）列真值表，如表 10-2 所示。

表 10-2 函数真值表

A_i	B_i	C_i	C_{i+1}	S_i
0	0	0	0	0
0	0	1	0	1
0	1	0	0	1
0	1	1	1	0
1	0	0	0	1
1	0	1	1	0
1	1	0	1	0
1	1	1	1	1

3）分析功能。由真值表可见，当三个输入变量 A_i、B_i、C_i 中有一个为 1 或三个同时为 1 时，输出 S_i=1；而当三个变量中有两个或两个以上同时为 1 时，输出 C_{i+1}=1，它正好实现了 A_i、B_i、C_i 三个 1 位二进制数的加法运算功能，这种电路称为 1 位全加器。

电路中，C_i 为低位向本位的进位，C_{i+1} 是本位向高位的进位。全加器考虑了来自低位进位数的运算电路。全加器的国际逻辑符号如图 10-4 所示。图 10-5 也是全加器，分析方法类似于上述两题，不再赘述。

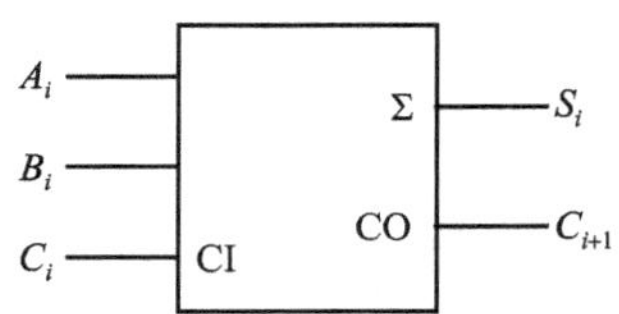

图 10-4　全加器的国际逻辑符号

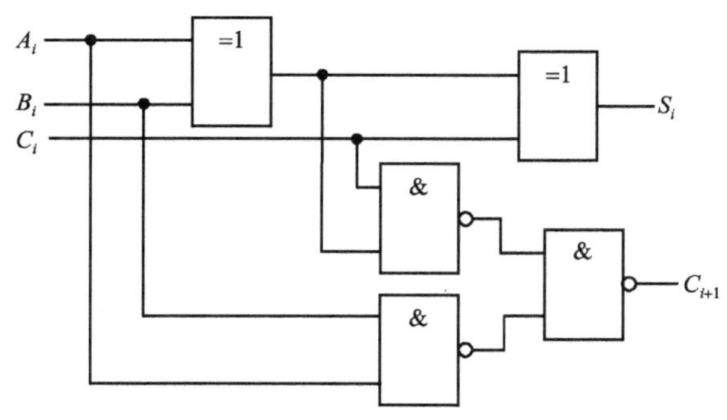

图 10-5　全加器逻辑电路图

10.2　组合逻辑电路的设计

逻辑电路的设计与分析是两个相反的过程，就是已知电路的逻辑功能，设计出符合该逻辑关系的逻辑电路。

对于组合逻辑电路的设计步骤大致如下。

1）由逻辑要求列出真值表。将文字描述的逻辑命题转换成真值表叫逻辑抽象。首先要分析逻辑命题，确定输入、输出变量，如设输入变量为 A、B、C、D……，输出变量为 L、Q、X、Y……，输入变量放在左边，输出变量放在右边；然后用 0、1 两种状态分别对输入、输出变量进行逻辑赋值；最后根据输出与输入之间的逻辑关系列出真值表，逻辑取值按二进制数大小排列，n 个输入变量共有 2^n 行。

2）由真值表写出逻辑表达式。取使 Y=1 的变量取值组合，若输入变量为 1，则取原变量（如 A）；若输入变量为 0，则取反变量（如 $\overline{A}$）。一种组合中各输入变量之间是与关系，各组合之间是或关系。

3）化简或变换逻辑表达式（公式法、卡诺图法）。为了获得最简单的设计结果，应将逻辑函数表达式化简。

4）根据逻辑表达式画出逻辑图。将化简后的最简表达式变换为逻辑图。从输入到输出逐级画出，根据关系式的逻辑关系用相应的门实现。

第一步是设计的难点。

例 10-3　设计一个三人表决电路，结果按“少数服从多数”的原则决定。

解： 1）根据逻辑要求列真值表，如表 10-3 所示。

2）根据真值表画卡诺图，如图 10-6（a）所示。

表 10-3　三人表决真值表

A	B	C	L
0	0	0	0
0	0	1	0
0	1	0	0
0	1	1	1
1	0	0	0
1	0	1	1
1	1	0	1
1	1	1	1

3）化简得最简与-或表达式

$L=AB+BC+AC$

4）根据最简表达式画出逻辑图，如图 10-6（b）所示。

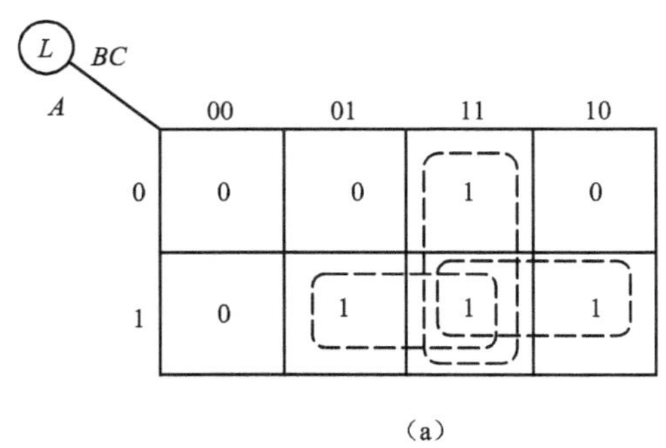

（a）

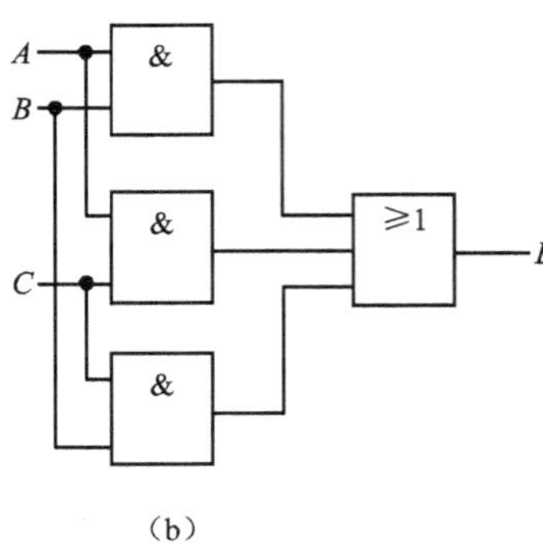

（b）

图 10-6　例 10-3 图

（a）卡诺图 （b）逻辑图

10.3　常用组合逻辑电路

前面介绍了组合逻辑电路的分析与设计方法。随着微电子技术的发展，许多常用的组合逻辑电路都会直接做成现成的集成模块，不需要再进行设计。主要有加法器、编码器、译码器、数值比较器、数据选择器等。加法器将在第 11 章介绍，本节主要介绍其他几种常用组合逻辑集成器件。

10.3.1　编码器

用文字、符号或数码表示特定对象的过程称为编码。如身份证号码用 18 位阿拉伯数字表示居民，用姓名表示人等。实现编码操作的电路就是编码器，按照被编码信号的不同特点和要求，有二进制编码器、二—十进制编码器等，这里主要介绍二进制编码器。

1．二进制编码器原理

用 n 位二进制代码对 $N=2^n$ 个一般信号进行编码的电路，叫做二进制编码器。常见的二进制编码器有 2 位二进制编码器、3 位二进制编码器和 4 位二进制编码器等。现以 3 位二进制编码器为例，分析二进制编码器的工作原理。

图 10-7 是 3 位二进制编码器的框图，它的输入是 I_0～I_7 共 8 位信号，输出是二进制代码 L_2、L_1、L_0 共 3 位。为此，又把它叫做 8—3 线编码器。

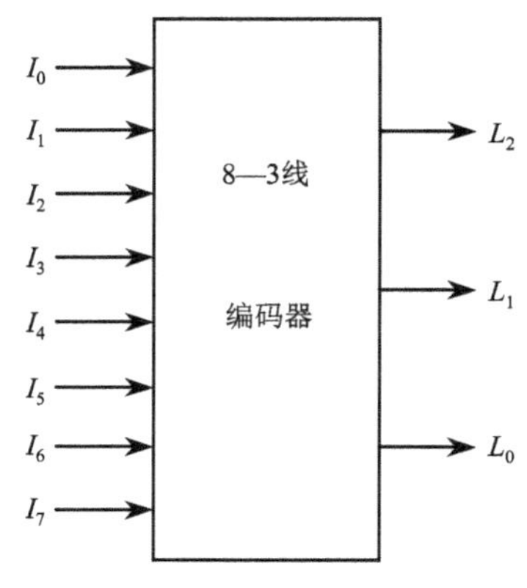

图 10-7　3 位二进制编码器的框图

编码器有效输入信号有两种方式：一种是 I_0 加高电平，其他输入端加低电平时，输出该位的编码，称为“输入高电平有效”，如当 I_4 取 1，其他位为 0 时，输出的 3 位编码便是 4；另一种则为“输入低电平有效”，即当 I_4 取 0、其他位为 1 时，输出编码 4。

输入信号有 8 个，那么是不是输出共有 2^8=256 个呢？理论上应该是的，但这种编码器还有一个特点，即任何时刻只允许输入一个有效信号，不允许同时出现两个或两个以上的有效信号，因而其输入是一组有约束的变量，所以只有 8 种。假设输入端信号为高电平有效，则可得到如表 10-4 所示真值表。

表 10-4　3 位二进制编码器真值表

输入								输出		
I_0	I_1	I_2	I_3	I_4	I_5	I_6	I_7	L_2	L_1	L_0
1	0	0	0	0	0	0	0	0	0	0
0	1	0	0	0	0	0	0	0	0	1
0	0	1	0	0	0	0	0	0	1	0
0	0	0	1	0	0	0	0	0	1	1
0	0	0	0	1	0	0	0	1	0	0
0	0	0	0	0	1	0	0	1	0	1
0	0	0	0	0	0	1	0	1	1	0
0	0	0	0	0	0	0	1	1	1	1

由于 I_0～I_7 是一组互相排斥的变量，所以真值表可以进行简化，如表 10-5 所示。

表 10-5　3 位二进制编码器简化真值表

输入	输出		
I	L_2	L_1	L_0
I_0	0	0	0
I_1	0	0	1
I_2	0	1	0
I_3	0	1	1
I_4	1	0	0
I_5	1	0	1
I_6	1	1	0
I_7	1	1	1

这样只需要将输出端为 1 的变量加起来，便可得到输出端的最简与-或表达式：

$$L_2=I_4+I_5+I_6+I_7$$

$$L_1=I_2+I_3+I_6+I_7$$

$$L_0=I_1+I_3+I_5+I_7$$

根据表达式画出逻辑图，如图 10-8（a）所示，显然这是高电平有效的逻辑电路图，将与-或式进行变形：

$$L_2=I_4+I_5+I_6+I_7=\overline{\overline{I_4+I_5+I_6+I_7}}=\overline{\overline{I_4}\cdot\overline{I_5}\cdot\overline{I_6}\cdot\overline{I_7}}$$

$$L_1 = I_2 + I_3 + I_6 + I_7 = \overline{\overline{I_2 + I_3 + I_6 + I_7}} = \overline{\overline{I_2} \cdot \overline{I_3} \cdot \overline{I_6} \cdot \overline{I_7}}$$

$$L_0 = I_1 + I_3 + I_5 + I_7 = \overline{\overline{I_1 + I_3 + I_5 + I_7}} = \overline{\overline{I_1} \cdot \overline{I_3} \cdot \overline{I_5} \cdot \overline{I_7}}$$

以低电平有效的逻辑图，如图 10-8（b）所示。

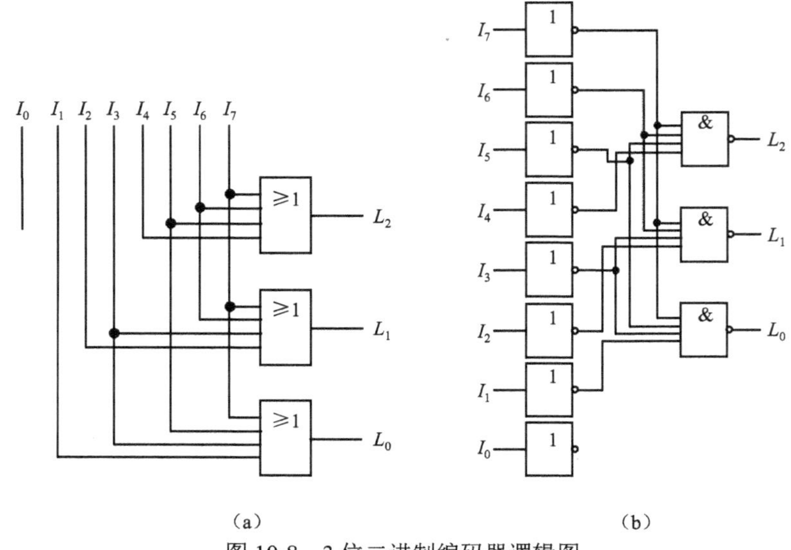

图 10-8　3 位二进制编码器逻辑图

（a）高电平有效　（b）低电平有效

2．优先编码器

优先编码器是一种二进制编码器，常用于优先中断系统和键盘编码。与普通编码器不同，优先编码器允许多个输入信号同时有效，但需要预先编排好输入信号的优先顺序，待编码的几个输入信号同时有效时，只按其中优先级别最高的有效输入信号编码，对级别较低的输入信号不予理睬。下面以 8—3 线（74LS148）为例讲解二进制优先编码器的原理和功能。

74LS148 共有 16 个引脚，各引脚对应的逻辑功能如图 10-9（a）所示，图中半圆缺口用于区别芯片的正反，8 脚与 16 脚分别用于接地和接高电位；图 10-9（b）是 74LS148 的外观图。

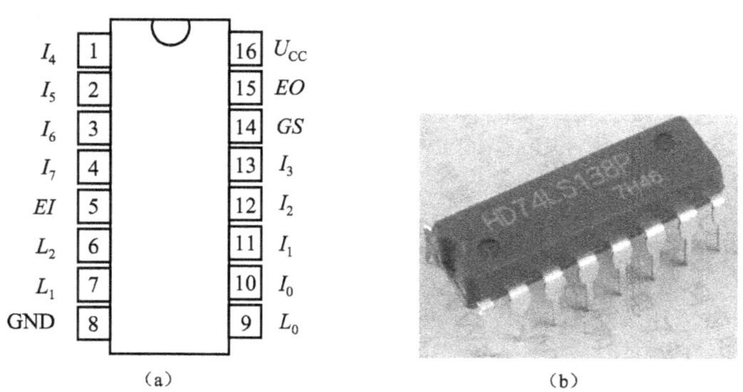

图 10-9　74LS148 芯片引脚图及外观图

a）外部引脚图　（b）外观图

然而，在设计逻辑图时我们不可能将芯片直接画在电路图中，同样需要通过逻辑符号来代表集成芯片图 10-10 所示为 74LS148 芯片逻辑符号，图中小圆圈表示低电平有效。

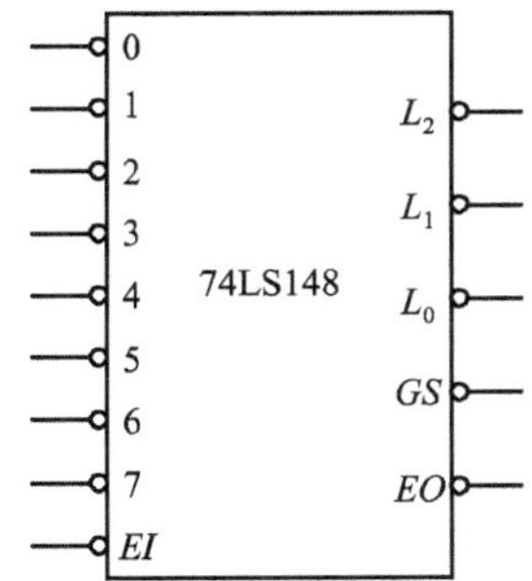

图 10-10　74LS148 芯片逻辑符号

结合表 10-6 所示的 74LS148 真值表，分析其各引出端的功能。

表 10-6　74LS148 真值表

编号	输入									输出				
	EI	7	6	5	4	3	2	1	0	L_2	L_1	L_0	GS	EO
1	1	×	×	×	×	×	×	×	×	1	1	1	1	1
2	0	1	1	1	1	1	1	1	1	1	1	1	1	0
3	0	0	×	×	×	×	×	×	×	0	0	0	0	1
4	0	1	0	×	×	×	×	×	×	0	0	1	0	1
5	0	1	1	0	×	×	×	×	×	0	1	0	0	1
6	0	1	1	1	0	×	×	×	×	0	1	1	0	1
7	0	1	1	1	1	0	×	×	×	1	0	0	0	1
8	0	1	1	1	1	1	0	×	×	1	0	1	0	1
9	0	1	1	1	1	1	1	0	×	1	1	0	0	1
10	0	1	1	1	1	1	1	1	0	1	1	1	0	1

（1）0～7

0～7 为状态信号输入端。都是低电平有效，即模块识别输入端的低电平信号，其中 7 的优先级别最高，0 的级别最低。

（2）L_2，L_1，L_0

L_2，L_1，L_0 为编码输出端。都是反码，其中 L_2 为最高位，L_0 为最低位。例如，对于 2 来说二进制编码应该是 010，但是输出的是 101，每一位都是正常编码的反码。

（3）*EI*

EI 为使能输入端。低电平有效，即当 *EI*=0 时，电路允许编码，编码器处于“工作状态”，

此时若 0～7 中有低电平信号（有效信号）输入，那么 L_2，L_1，L_0 将输出申请编码中级别最高的编码；当 EI=1 时，不管输入端是否有有效信号，电路禁止编码，输出端均为高电平，即无论 0～7 中有无有效信号，输出 L_2，L_1，L_0 均为 1，编码器处于“非工作状态”。

（4）*EO*

EO 为输出使能端。低电平有效。当 *EI*=1 时，编码器不工作，*EO*=1；当 *EI*=0 且输入端无有效信号时，*EO*=0。故 *EO* 低电平实际上表示编码器处于工作状态，但此时无“有效信号输入”。

（5）*GS*

GS 为输出扩展端。低电平有效。当 *EI*=1 时，编码器不工作，*GS* = 1；当编码器处于工作状态（*EI*=0）且输入端有有效信号输入时，*GS*=0。故 *GS* 低电平实际上表示编码器处于工作状态，且有“有效信号输入”。

3．编码器的扩展

多个编码器的使能输出 *EO* 和使能输入 *EI* 配合可实现多级编码器之间的优先级别的控制，扩展线数。用两片 74LS148 优先编码器串行，如图 10-11 所示，将高位片的使能输出 *EO* 接低位片的使能输入 *EI* 就可以扩展成 16—4 线优先编码器。它共有 16 个编码输入端，用 I_0～I_{15} 表示；两片编码器的输出端分别相与，构成 4 个编码输出端，用 L_0～L_3 表示。由分析可知电路的工作原理如下。

（1）当 *EI*=1 时，高位片不工作

EO'=1，即 EI''=1，因此低位片也不工作。由此可以看出 *EI* 成为扩展模块总的输入使能端。

（2）当 *EI*=0 时，高位片工作

当高位片 I_8～I_{15} 无有效信号输入时，输出 $L_2'L_1'L_0'$ 全为高电平，GS'=1（即 L_3=1），且 EO'=0（即 EI''=0），允许低位片进行编码。假设此时 I_5=0，则 $L_0''\ L_1''\ L_2''$ 为 010，由于 $L_2'L_1'L_0'$=111，所以总输出 $L_3L_2L_1L_0$=1010。

当高位片 I_8～I_{15} 有有效信号输入时，EO'=1（即 EI''=1），低位片禁止工作，$L_2'L_1'L_0'$ 输出信号全部为高电平。假设此时 I_{13} 有输入信号，对高位片自身来说就相当于对 5 脚进行编码，则 $L_2'\ L_1'\ L_0'$ 为 010，而 $L_0''\ L_1''\ L_2''$ 为 111，所以经过与门之后总输出 $L_3L_2L_1L_0$=0010。

将所有情况进行分析会得到 16—4 线译码器的真值表如表 10-7 所示。

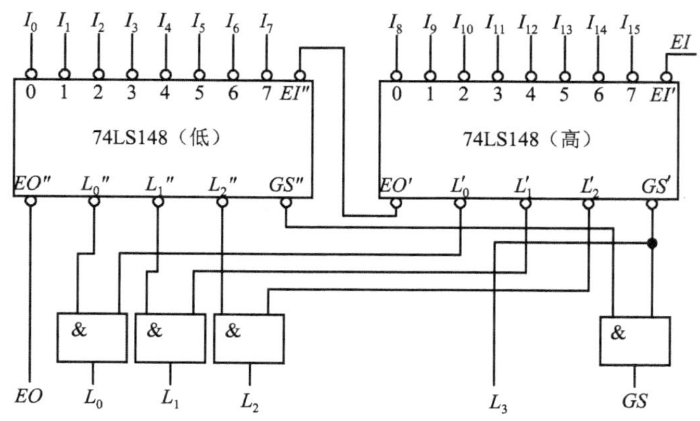

图 10-11　74LS148 扩展图

表 10-7　74LS148 扩展真值表

EI	I_0	I_1	I_2	I_3	I_4	I_5	I_6	I_7	I_8	I_9	I_{10}	I_{11}	I_{12}	I_{13}	I_{14}	I_{15}	L_3	L_2	L_1	L_0	EO	GS
1	×	×	×	×	×	×	×	×	×	×	×	×	×	×	×	×	1	1	1	1	1	1
0	1	1	1	1	1	1	1	1	1	1	1	1	1	1	1	1	1	1	1	1	0	1
0	×	×	×	×	×	×	×	×	×	×	×	×	×	×	×	0	0	0	0	0	1	0
0	×	×	×	×	×	×	×	×	×	×	×	×	×	×	0	1	0	0	0	1	1	0
0	×	×	×	×	×	×	×	×	×	×	×	×	×	0	1	1	0	0	1	0	1	0
0	×	×	×	×	×	×	×	×	×	×	×	×	0	1	1	1	0	0	1	1	1	0
0	×	×	×	×	×	×	×	×	×	×	×	0	1	1	1	1	0	1	0	0	1	0
0	×	×	×	×	×	×	×	×	×	×	0	1	1	1	1	1	0	1	0	1	1	0
0	×	×	×	×	×	×	×	×	×	0	1	1	1	1	1	1	0	1	1	0	1	0
0	×	×	×	×	×	×	×	×	0	1	1	1	1	1	1	1	0	1	1	1	1	0
0	×	×	×	×	×	×	×	0	1	1	1	1	1	1	1	1	1	0	0	0	1	0
0	×	×	×	×	×	×	0	1	1	1	1	1	1	1	1	1	1	0	0	1	1	0
0	×	×	×	×	×	0	1	1	1	1	1	1	1	1	1	1	1	0	1	0	1	0
0	×	×	×	×	0	1	1	1	1	1	1	1	1	1	1	1	1	0	1	1	1	0
0	×	×	×	0	1	1	1	1	1	1	1	1	1	1	1	1	1	1	0	0	1	0
0	×	×	0	1	1	1	1	1	1	1	1	1	1	1	1	1	1	1	0	1	1	0
0	×	0	1	1	1	1	1	1	1	1	1	1	1	1	1	1	1	1	1	0	1	0
0	0	1	1	1	1	1	1	1	1	1	1	1	1	1	1	1	1	1	1	1	1	0

10.3.2　译码器

译码是编码的反过程，它是把具有特定含义的二进制代码“翻译”成数字或字符等特定的输出信号。实现译码操作的逻辑电路称为译码器。译码器与编码器一样，常用的译码器也可以以集成芯片即组合逻辑电路的形式使设计和使用更加方便，根据功能可分为二进制译码器、二—十进制译码器和显示译码器等。

1．二进制译码器原理

图 10-12 中，二进制译码器有 n 个输入端（即 n 位二进制码）；$M=2^n$ 个输出端，分别对应输入端不同代码所表示的信息。当输入端输入一组 n 位二进制代码时，M 个输出端中就有一个且仅有一个输出端有效。常见的二进制译码器有 2—4 线译码器、3—8 线译码器和 4—16 线译码器等。

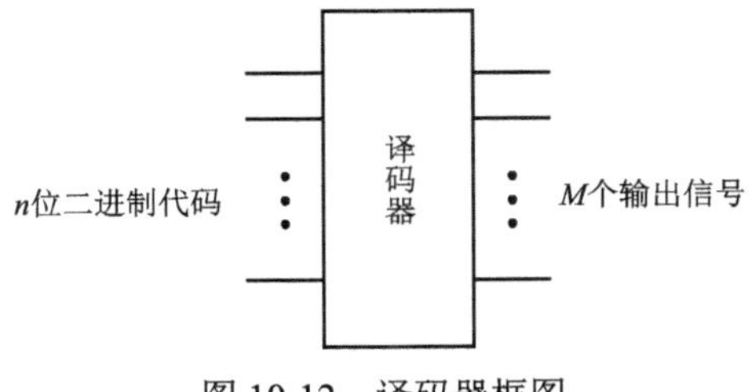

图 10-12　译码器框图

现以 3 位二进制编码器（3—8 线）为例，分析二进制编码器的工作原理。它有 3 个输入

端 A_2、A_1、A_0，那么可以产生 Y_0～Y_7 共 8 种互斥的输出信号，所有情况具体的对应关系，如表 10-8 所示。通过这个真值表可以发现它以输出端的逻辑高电平来识别不同的输入代码，称为“输出高电平有效”；反之则为“输出低电平有效”。

表 10-8　3 位二进制译码器真值表

A_2	A_1	A_0	Y_0	Y_1	Y_2	Y_3	Y_4	Y_5	Y_6	Y_7
0	0	0	1	0	0	0	0	0	0	0
0	0	1	0	1	0	0	0	0	0	0
0	1	0	0	0	1	0	0	0	0	0
0	1	1	0	0	0	1	0	0	0	0
1	0	0	0	0	0	0	1	0	0	0
1	0	1	0	0	0	0	0	1	0	0
1	1	0	0	0	0	0	0	0	1	0
1	1	1	0	0	0	0	0	0	0	1

根据真值表可得逻辑表达式为

$$Y_0=\overline{A_2}\ \overline{A_1}\ \overline{A_0} \qquad Y_1=\overline{A_2}\ \overline{A_1}\ A_0 \qquad Y_2=\overline{A_2}\ A_1\overline{A_0} \qquad Y_3=\overline{A_2}\ A_1A_0$$

$$Y_4=A_2\overline{A_1}\ \overline{A_0} \qquad Y_5=A_2\overline{A_1}\ A_0 \qquad Y_6=A_2A_1\overline{A_0} \qquad Y_7=A_2A_1A_0$$

根据逻辑表达式可画出由门电路构成的 3 位二进制译码器的逻辑电路图，如图 10-13 所示。

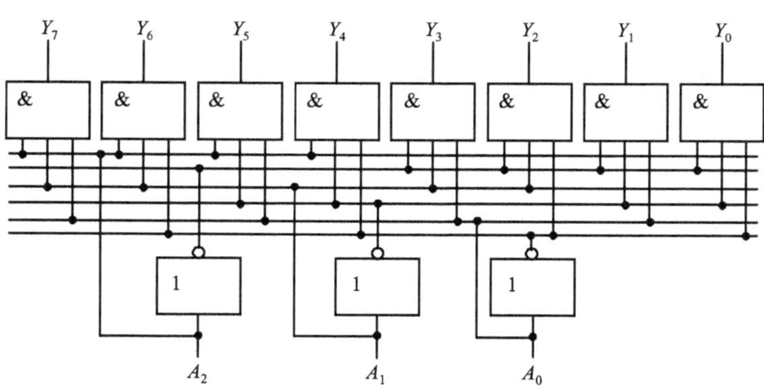

图 10-13　3—8 线译码器逻辑电路图

2．二进制译码器

74LS138 译码器就是一种常用的 3—8 线二进制译码器，其逻辑电路图如图 10-14 所示。74LS138 译码器集成芯片共有 16 个引脚，其引脚图与外观如图 10-15 所示。该译码器的真值表如表 10-9 所示。

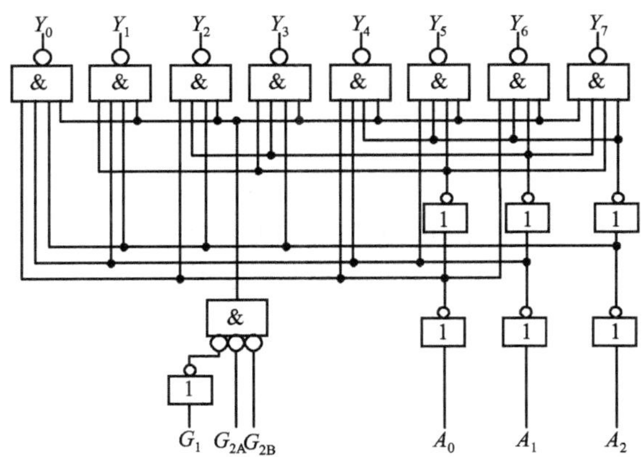

图 10-14 74LS138 芯片逻辑电路图

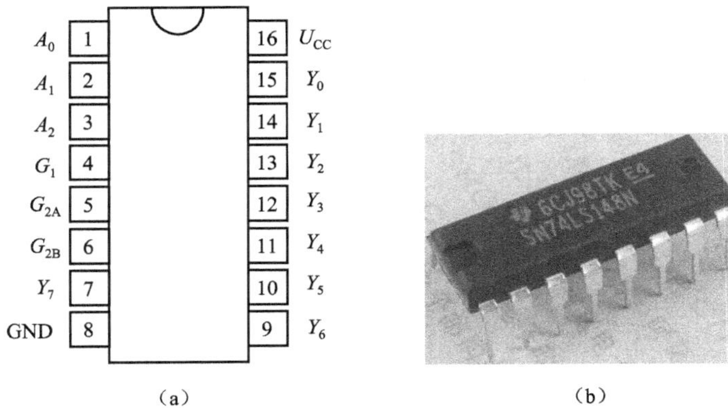

（a） （b）

图 10-15 74LS138 芯片引脚图及外观图

（a）外部引脚图 （b）外观图

表 10-9 74LS138 译码器真值表

输入						输出							
G_1	G_{2A}	G_{2B}	A_2	A_1	A_0	Y_0	Y_1	Y_2	Y_3	Y_4	Y_5	Y_6	Y_7
×	1	×	×	×	×	1	1	1	1	1	1	1	1
×	×	1	×	×	×	1	1	1	1	1	1	1	1
0	×	×	×	×	×	1	1	1	1	1	1	1	1
1	0	0	0	0	0	0	1	1	1	1	1	1	1
1	0	0	0	0	1	1	0	1	1	1	1	1	1
1	0	0	0	1	0	1	1	0	1	1	1	1	1
1	0	0	0	1	1	1	1	1	0	1	1	1	1
1	0	0	1	0	0	1	1	1	1	0	1	1	1
1	0	0	1	0	1	1	1	1	1	1	0	1	1
1	0	0	1	1	0	1	1	1	1	1	1	0	1
1	0	0	1	1	1	1	1	1	1	1	1	1	0

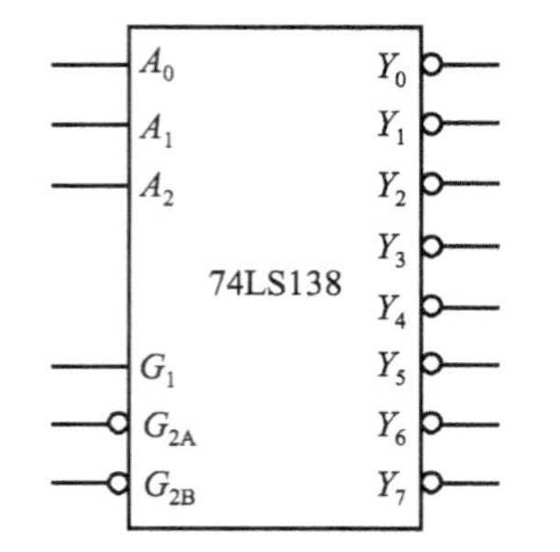

图 10-16　74LS138 芯片逻辑符号

下面结合真值表介绍各引出端的功能。

1）A_2、A_1、A_0 均为地址输入端，其中 A_2 为高位。

2）Y_0～Y_7，为状态信号输出端，其中 Y_7 为高位，低电平有效。

3）G_1 和 G_{2A}、G_{2B} 均为使能端。由真值表表可看出，只有当 G_1=1，G_{2A}+G_{2B}=0 时，该译码器才有有效状态信号输出；若有一个条件不满足，则译码器禁止工作，输出全为高电平。

译码器在电路中也有对应的逻辑符号，如图 10-16 所示。译码器也可以进行扩展，原理与编码器类似。

例 10-4　试用译码器和门电路实现逻辑函数 $L=AB+BC+AC$。

解： 通过 74LS138 译码器的逻辑表达式可见，译码器的每个输出端分别与一个最小项相对应，因此辅以适当的门电路，便可实现任何组合逻辑函数。

1）将逻辑函数转换成最小项表达式，再转换成与—非形式。

$$L=\overline{A}BC+A\overline{B}C+AB\overline{C}+ABC=m_3+m_5+m_6+m_7=\overline{\overline{m_3}\cdot\overline{m_5}\cdot\overline{m_6}\cdot\overline{m_7}}=\overline{Y_3\cdot Y_5\cdot Y_6\cdot Y_7}$$

2）该函数有三个变量，所以选用 3—8 线译码器 74LS138。用一片 74LS138 加一个与非门就可实现逻辑函数 L，注意不要直接用或门，因为 74LS138 芯片是反码输出，如图 10-17 所示。

3．译码器的扩展

利用译码器的使能端可将多个译码器串接，以方便地扩展译码器的容量。图 10-18 是将两片 74LS138 扩展为 4—16 线译码器。其工作原理如下。

1）当 E=1 时，两个译码器都禁止工作，输出全 1。

2）当 E=0 时，译码器工作。这时，如果 A_3=0，高位片禁止，低位片工作，输出 Y_0～Y_7 由输入二进制代码 $A_2'A_1'A_0'$ 决定；如果 A_3=1，低位片禁止，输出 Y_0～Y_7 全部为 1，同时高位片工作，输出 Y_8～Y_{15} 由输入二进制代码 $A_2''A_1''A_0''$ 决定，从而实现了 4—16 线译码器功能。

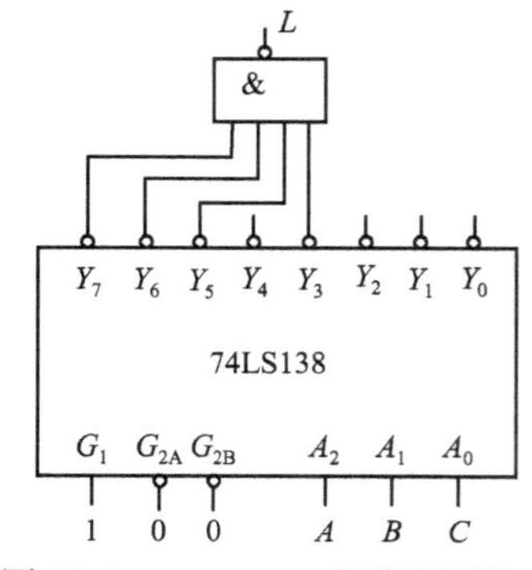

图 10-17　74LS138 芯片反码输出

4．构成数据分配器

数据分配器是将一路输入数据根据地址选择码分配给多路数据输出中的某一路输出。它的作用与图 10-19 所示的单刀多掷开关相似。

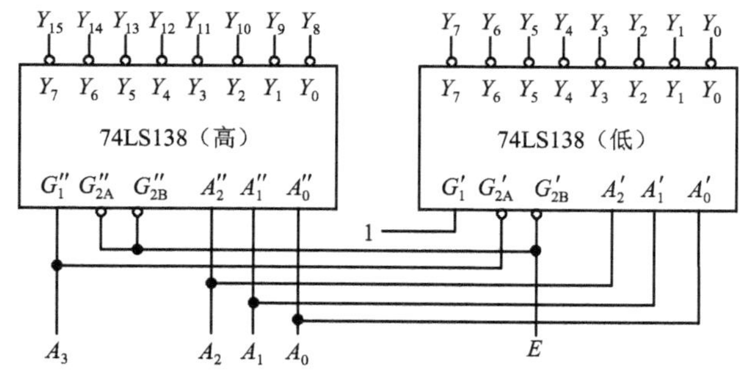

图 10-18　译码器的扩展

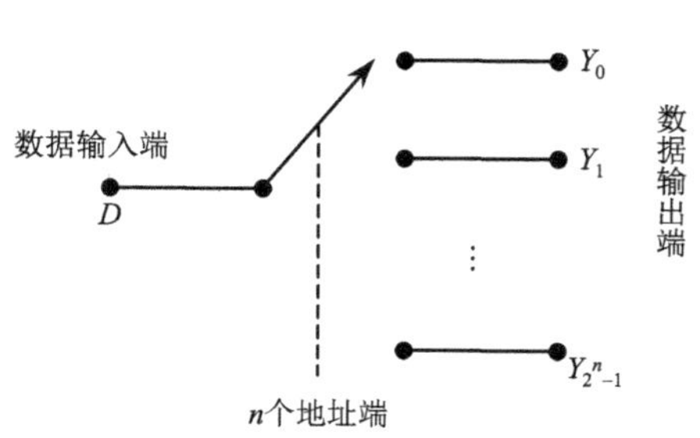

图 10-19　数据分配器示意图

市场上没有集成数据分配器产品，由于译码器和数据分配器的功能非常接近，所以当需要数据分配器时，可以用译码器改接。译码器一个很重要的应用就是构成数据分配器。

以 1—4 路分配器为例，根据数据分配器的特点将所有情况列出，得到真值表，如表 10-10 所示。

表 10-10　1—4 路分配器真值表

输　入			输　出			
G	A_1	A_0	Y_0	Y_1	Y_2	Y_3
1	×	×	1	1	1	1
0	0	0	D	1	1	1
0	0	1	1	D	1	1
0	1	0	1	1	D	1
0	1	1	1	1	1	D

将译码器的使能端 G_{2A} 作为数据输入端，二进制代码输入端 A_2、A_1、A_0 作为地址输入端使用时，则译码器便成为一个数据分配器。由 74LS138 构成的 1—8 路数据分配器如图 10-20 所示。

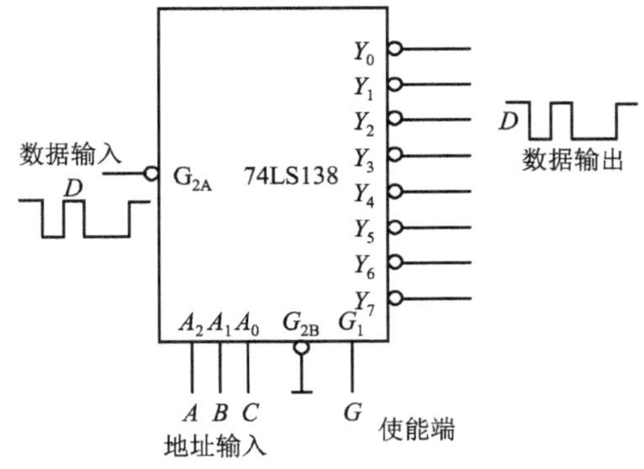

图 10-20　1—8 路数据分配器

5．显示译码器

在数字系统中，为了便于人们读取数字、字母、符号等信息，需要将这些信息通过某些器件显示出来，这种器件称为数字显示器。

通过之前的学习已经知道，数字量都是以一定的代码形式出现的，所以这些数字量要先经过译码才能送到数字显示器去显示。这种把数字量翻译成数字显示器所能识别的信号的译码器称为数字显示译码器。与二进制译码器不同，显示译码器是用来驱动显示器件，以显示数字或字符的部件。

常用的数字显示器有多种类型。按显示方式分，有字形重叠式显示器、点阵式显示器、分段式显示器等。按发光物质分，有发光二极管（LED）显示器、荧光显示器、液晶显示器、气体放电管显示器等。

目前应用最广泛的是 LED 七分段数字显示器。七分段数字显示器就是将七个发光二极管（a、b、c、d、e、f、g）按一定的方式排列起来，每一段包含一个发光二极管。外加正向电压时二极管导通，发出清晰的光，有多种颜色。只要按规律控制各发光段的亮、灭，就可以显示各种字形或符号。有的显示器多一个发光二极管，即小数点（DP），如图 10-21 所示。

下面介绍常用的七段显示译码器 74LS48。

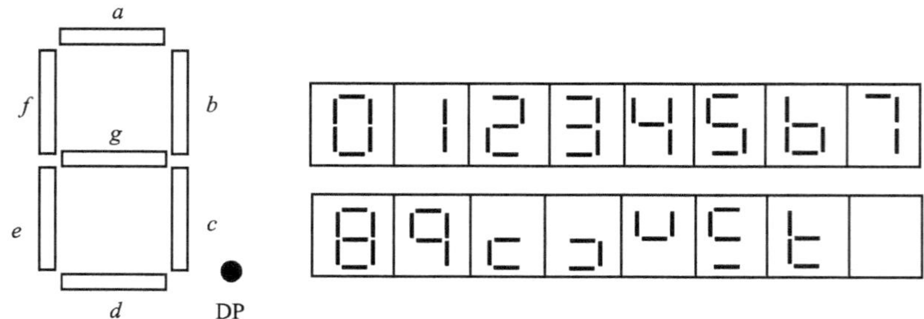

图 10-21　七段数字显示器

七段显示译码器 74LS48 是一种与集成译码器，它的外部引脚图与逻辑符号如图 10-22 所示。

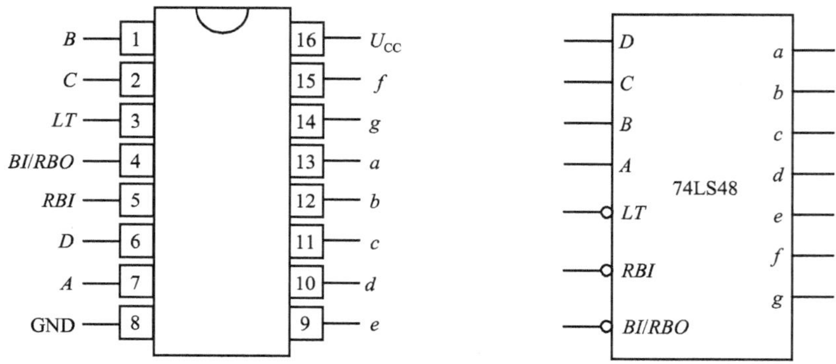

图 10-22　74LS48 外部接线图及逻辑符号图

A～*D* 是四个输入端，*a*～*e* 是译码输出端，另外，它还有 3 个辅助控制端 *LT*、*RBI*、*BI/RBO*。

1）*LT*，试灯输入。低电平有效。当 *LT*=0 时，无论输入怎样，*a*～*g* 输出全 1，即数码管的七段应全亮，而与输入信号无关。本输入端用于测试数码管的好坏。

2）*RBI*，动态灭零输入。低电平有效。当 *LT*=1，处于非试灯状态时，若 *RBI*=0 且输入全为 0 时，译码器的 *a*～*g* 输出全 0，即显示器全灭；若 *RBI*=1，则输出正常，显示“0”。本输入端常用于消隐无效的 0。在多位十进制数码显示时，整数前和小数后的 0 是无意义的，称为“无效 0”。如数据 00304.50 可令其显示为 304.5。值得注意的是，如果输入不全为 0 时，输出是正常显示的。

3）*BI/RBO*，灭灯输入和动态灭零输出。低电平有效。这是一个特殊的端钮，有时用作输入（*BI*），有时用作输出（*RBO*）。

作输入使用时，如果 *BI*=0 时，不管其他输入端为何值，*a*～*g* 均输出 0，显示器全灭。因此 *BI* 称为灭灯输入端。当作为输出使用时，受控于 *LT* 和 *RBI*。当 *RBI*=0，输入为 0 的二进制码全为 0 时，*RBO*=0，用以指示该片正处于灭零状态。所以，*RBO* 称为灭零输出端。将 *BI/RBO* 和 *RBI* 配合使用，可以实现多位数显示时的“无效 0 消隐”功能。

4）正常译码显示。*LT*=1，*BI/RBO*=1，*RBI* =1（即三个控制端均无效）时，对输入为十进制数 1～9 的二进制码（0001～1001）进行译码，产生对应的七段显示码，如表 10-11 所示。

表 10-11　74LS48 真值表

功能（输入）	输　入						输入/输出	输　出							显示字形
	LT	*RBI*	*A*	*B*	*C*	*D*	*BI*/*RBO*	*a*	*b*	*c*	*d*	*e*	*f*	*g*	
0	1	1	0	0	0	0	1	1	1	1	1	1	1	0	
1	1	×	0	0	0	1	1	0	1	1	0	0	0	0	
2	1	×	0	0	1	0	1	1	1	0	1	1	0	1	
3	1	×	0	0	1	1	1	1	1	1	1	0	0	1	
4	1	×	0	1	0	0	1	0	1	1	0	0	1	1	
5	1	×	0	1	0	1	1	1	0	1	1	0	1	1	
6	1	×	0	1	1	0	1	0	0	1	1	1	1	1	
7	1	×	0	1	1	1	1	1	1	1	0	0	0	0	
8	1	×	1	0	0	0	1	1	1	1	1	1	1	1	
9	1	×	1	0	0	1	1	1	1	1	0	0	1	1	
10	1	×	1	0	1	0	1	0	0	0	1	1	0	1	
11	1	×	1	0	1	1	1	0	0	1	1	0	0	1	
12	1	×	1	1	0	0	1	0	1	0	0	0	1	1	
13	1	×	1	1	0	1	1	1	0	0	1	0	1	1	
14	1	×	1	1	1	0	1	0	0	0	1	1	1	1	
15	1	×	1	1	1	1	1	0	0	0	0	0	0	0	
灭灯	×	×	×	×	×	×	0	0	0	0	0	0	0	0	
灭零	1	0	0	0	0	0	0	0	0	0	0	0	0	0	
试灯	0	×	×	×	×	×	1	1	1	1	1	1	1	1	

*10.3.3　比较器

数值比较器可以对两个位数相同的二进制整数进行数值比较并判定其大小关系。

1．1 位数值比较器

1 位数值比较器是比较两个 1 位二进制数，如 A 和 B 的大小，比较结果只有三种情况，即 $A>B$，$A<B$，$A=B$。根据可能出现的情况列真值表如表 10-12 所示。

表 10-12　1 位比较器真值表

输　入		输　出		
A	B	$F_{A>B}$	$F_{A<B}$	$F_{A=B}$
0	0	0	0	1
0	1	0	1	0
1	0	1	0	0
1	1	0	0	1

由真值表写出逻辑表达式

$$F_{A>B} = A\overline{B} \qquad F_{A<B} = \overline{A}B \qquad F_{A=B} = \overline{A}\,\overline{B} + AB$$

由逻辑表达式可以画出逻辑功能图，如图 10-23 所示。

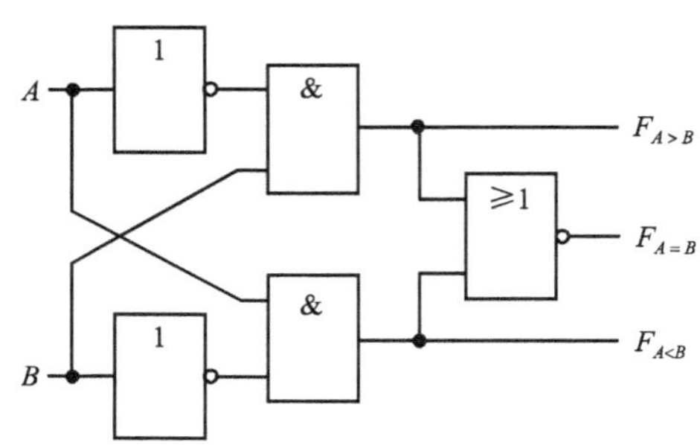

图 10-23　1 位比较器逻辑图

2．集成数值比较器

上面介绍的 1 位数值比较器只能对两个 1 位二进制数进行比较。当遇到 2 位及 2 位以上比较时情况就不会这么简单了。下面以 2 位和 4 位为例说明这种数值比较器的结构及工作原理。

（1）2 位数值比较器

根据可能出现的情况，列真值表如表 10-13 所示。

表 10-13　2 位数值比较器真值表

数值输入		级联输入			输出		
A_1 B_1	A_0 B_0	$I_{A>B}$	$I_{A<B}$	$I_{A=B}$	$F_{A>B}$	$F_{A<B}$	$F_{A=B}$
$A_1>B_1$	× ×	×	×	×	1	0	0
$A_1<B_1$	× ×	×	×	×	0	1	0
$A_1=B_1$	$A_0>B_0$	×	×	×	1	0	0
$A_1=B_1$	$A_0<B_0$	×	×	×	0	1	0
$A_1=B_1$	$A_0=B_0$	1	0	0	1	0	0
$A_1=B_1$	$A_0=B_0$	0	1	0	0	1	0
$A_1=B_1$	$A_0=B_0$	0	0	1	0	0	1

A_1、B_1 与 A_0、B_0 为数值输入，即需要比较的数；$I_{A>B}$、$I_{A<B}$ 、$I_{A=B}$ 为级联输入端，是为了输入低位片比较结果而设置的，以便组成更多位数的数值比较器。$F_{A>B}$、$F_{A<B}$ 、$F_{A=B}$ 为本位片的比较结果输出端。

由此可写出如下逻辑表达式：

$$F_{A>B}=(A_1>B_1)+(A_1=B_1)\cdot(A_0>B_0)+(A_1=B_1)\cdot(A_0=B_0)\cdot I_{A>B}$$

$$F_{A<B}=(A_1<B_1)+(A_1=B_1)\cdot(A_0<B_0)+(A_1=B_1)\cdot(A_0=B_0)\cdot I_{A<B}$$

$$F_{A=B}=(A_1=B_1)\cdot(A_0=B_0)+I_{A=B}$$

根据表达式，利用两个 1 位数值比较器分别将 A_1 与 A_0 比较，B_1 与 B_0 比较，然后将中间结果再进行比较，画出逻辑电路图，这样做的好处是逻辑关系比较明确，如图 10-24 所示。

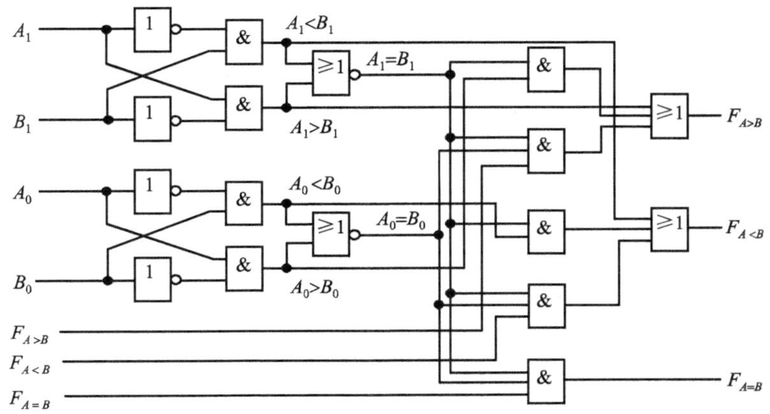

图 10-24　2 位比较器逻辑图

（2）4 位数值比较器

4 位甚至更多位的数值比较器原理都与 2 位比较器原理一样，最常见的就是 74LS85 芯片。其真值表如表 10-14 所示。

表 10-14　74LS85（4 位）数值比较器真值表

数值输入				级联输入			输出		
A_3 B_3	A_2 B_2	A_1 B_1	A_0 B_0	$I_{A>B}$	$I_{A<B}$	$I_{A=B}$	$F_{A>B}$	$F_{A<B}$	$F_{A=B}$
$A_3>B_3$	×	×	×	×	×	×	1	0	0
$A_3<B_3$	×	×	×	×	×	×	0	1	0
$A_3=B_3$	$A_2>B_2$	×	×	×	×	×	1	0	0
$A_3=B_3$	$A_2<B_2$	×	×	×	×	×	0	1	0
$A_3=B_3$	$A_2=B_2$	$A_1>B_1$	×	×	×	×	1	0	0
$A_3=B_3$	$A_2=B_2$	$A_1<B_1$	×	×	×	×	0	1	0
$A_3=B_3$	$A_2=B_2$	$A_1=B_1$	$A_0>B_0$	×	×	×	1	0	0
$A_3=B_3$	$A_2=B_2$	$A_1=B_1$	$A_0<B_0$	×	×	×	0	1	0
$A_3=B_3$	$A_2=B_2$	$A_1=B_1$	$A_0=B_0$	1	0	0	1	0	0
$A_3=B_3$	$A_2=B_2$	$A_1=B_1$	$A_0=B_0$	0	1	0	0	1	0
$A_3=B_3$	$A_2=B_2$	$A_1=B_1$	$A_0=B_0$	0	0	1	0	0	1

其逻辑符号及引脚图如图 10-25 所示。

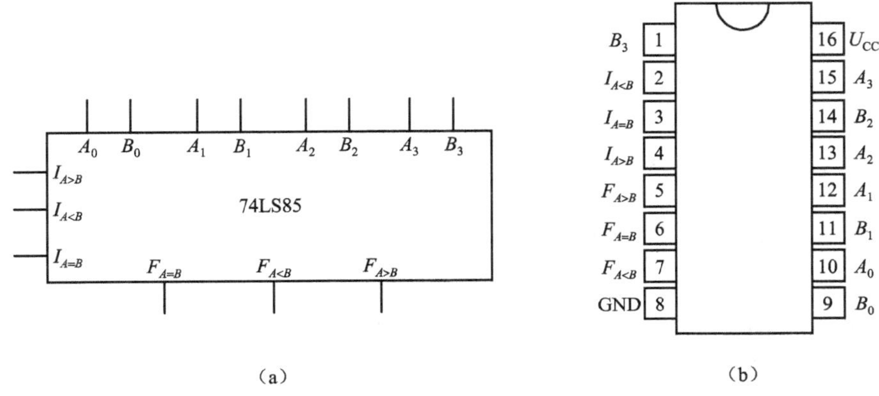

图 10-25　74LS85 的逻辑符号及外部引脚图

（a）逻辑符号　（b）引脚图

3．数值比较器扩展

如果二进制数的位数比较多，就需将几片数值比较器连接起来进行扩展。数值比较器的扩展方式有并联和串联两种。图 10-26（a）为 2 片 4 位二进制数值比较器串联扩展为 8 位数值比较器，图 10-26（b）为 5 片 4 位二进制数值比较器并联扩展为 16 位数值比较器。相同位数的二进制数进行比较，采用并联方式比串联方式的速度快。

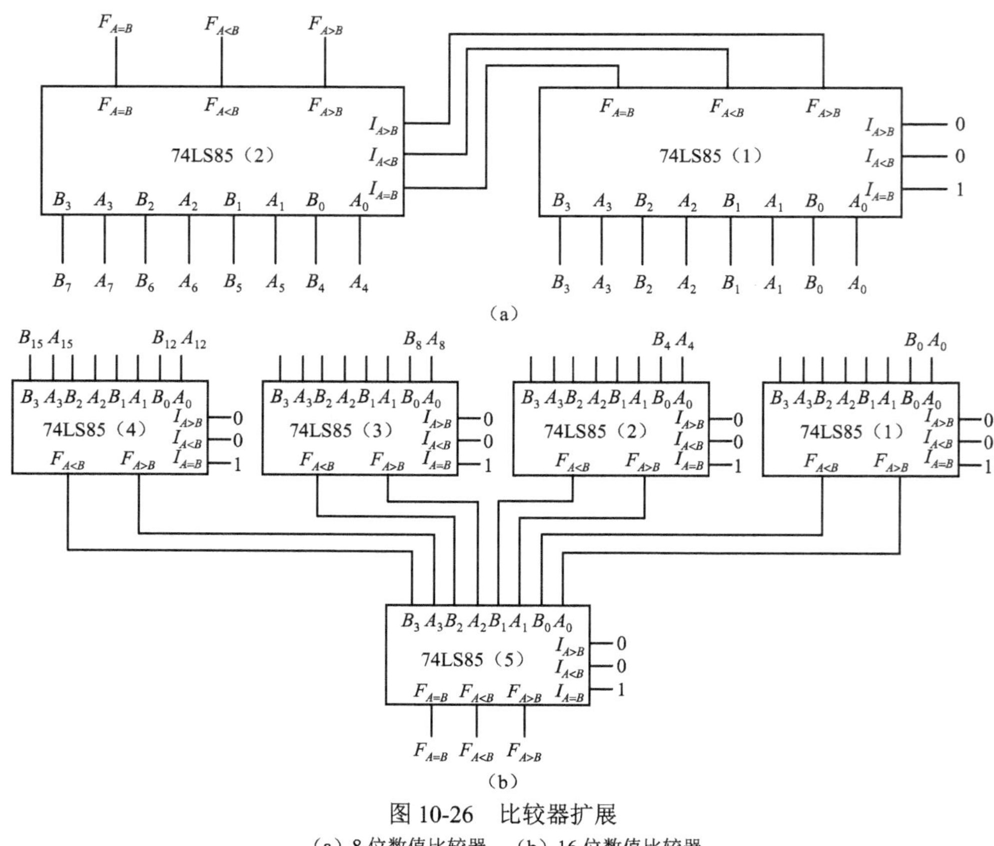

图 10-26　比较器扩展

（a）8 位数值比较器　（b）16 位数值比较器

*10.3.4　数据选择器

数据选择器恰与数据分配器相反，它是在地址输入端控制下，从多路输入数据中选择一路，送到输出端，又叫多路开关或多路选择器，如图 10-27 所示。

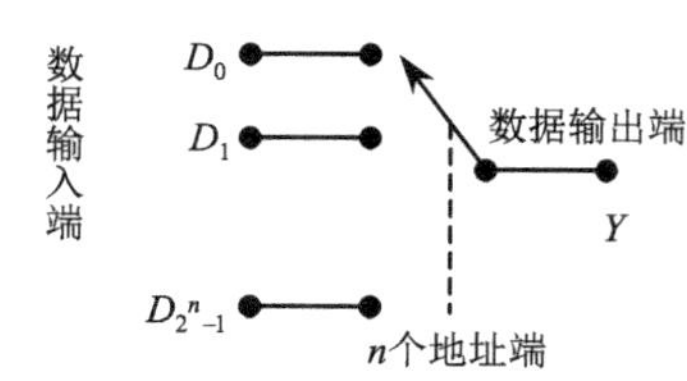

图 10-27　数据选择器示意图

2^n 个数据输入端的数据选择器必有 n 位地址输入端，称为“2^n 选一”数据选择器，常用的数据选择器有 2 选 1 数据选择器 74LS157、4 选 1 数据选择器 74LS153、8 选 1 数据选择器 74LS151、16 选 1 数据选择器 74LS150 等多种类型。下面以 4 选 1 数据选择器为例介绍数据选择器的基本功能、工作原理及设计方法。

根据逻辑要求列出 4 选 1 数据选择器数据选择器真值表如表 10-15 所示。

表 10-15　4 选 1 数据选择器真值表

输　入							输　出
G	A_1	A_0	D_3	D_2	D_1	D_0	Y
1	×	×	×	×	×	×	0
0	0	0	×	×	×	0	0
			×	×	×	1	1
	0	1	×	×	0	×	0
			×	×	1	×	1
	1	0	×	0	×	×	0
			×	1	×	×	1
	1	1	0	×	×	×	0
			1	×	×	×	1

D_0、D_1、D_2、D_3 为数据输入端；A_1、A_0 为地址输入端。地址变量 A_1、A_0 的取值决定从 4 路输入中选择哪一路输出，保证每次只有一个开通，其余与门关闭，这样只有一路输入端数据传送到输出。分析真值表可得 4 选 1 数据选择器的输出逻辑表达式为

$$Y = D_0\overline{A_1 A_0}+D_1\overline{A_1}A_0+D_2A_1\overline{A_0}+D_3A_1A_0=\sum_{i=0}^{3}D_i \cdot m_i$$

根据逻辑表达式画出的 4 选 1 数据选择器内部逻辑电路及逻辑符号如图 10-28 所示。

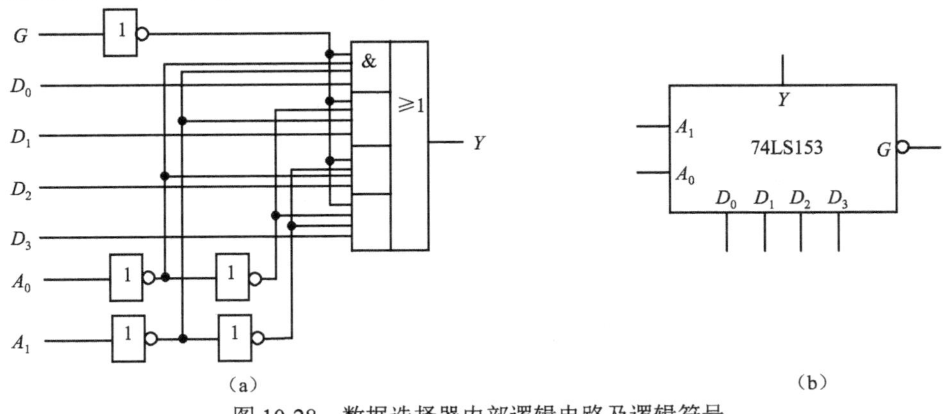

图 10-28　数据选择器内部逻辑电路及逻辑符号

（a）内部逻辑电路　（b）逻辑符号

习　题　10

1．实现逻辑函数 F=AB+AC 可以用一个______门，或者用______个与非门，或者用

______个或非门。

2．题 2 表所示真值表所对应的输出逻辑函数表达式为 F=______。

题 2 表　真值表

A	B	C	F
0	0	0	0
0	0	1	0
0	1	0	1
0	1	1	1
1	0	0	0
1	0	1	1
1	1	0	0
1	1	1	1

3．______（译码器、编码器）的特点是在任一时刻只有一个输入有效。

4．______（译码器、编码器）的特点是在任一时刻只有一个输出有效。

5．二进制译码器有 n 个输入端，______个输出端。且对应于输入代码的每一种状态，输出中有______个为 1（或为 0），其余全为 0（或为 1）。

6．74LS138 要进行正常译码，必须满足 G_1=______，G_{2A}=______，G_{2B}=______。

7．当 74LS138 的输入端 $G_1=1$，$G_{2A}=0$，$G_{2B}=0$，$A_2A_1A_0=101$ 时，它的输出端______（Y_0～Y_7）为 0。

8．74LS138 有______个输出端，输出______电平有效。

9．如果用译码器 74LS138 实现 $F = ABC + \overline{A}\overline{B}\overline{C} + A\overline{B}C$，还需要一个______（2，3）输入端的与非门，其输入端信号分别由 74LS138 的输出端______（Y_0～Y_7）产生。

10. 半加器有______个输入端，______个输出端；全加器有______个输入端，______个输出端。

11. 两个 4 位二进制数 1001 和 1011 分别输入到 4 位加法器的输入端，并且其低位的进位输入信号为 1，则该加法器的输出值为______。

12．写出题 12 图的逻辑表达式，并说明电路实现哪种逻辑门的功能。

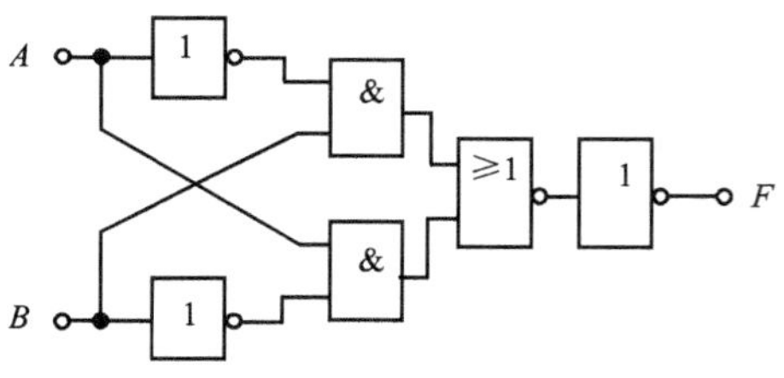

题 12 图

13．分析题 13 图，写出输出函数 F。

14．试分析题 14 图的逻辑功能，并用最少的与非门实现。

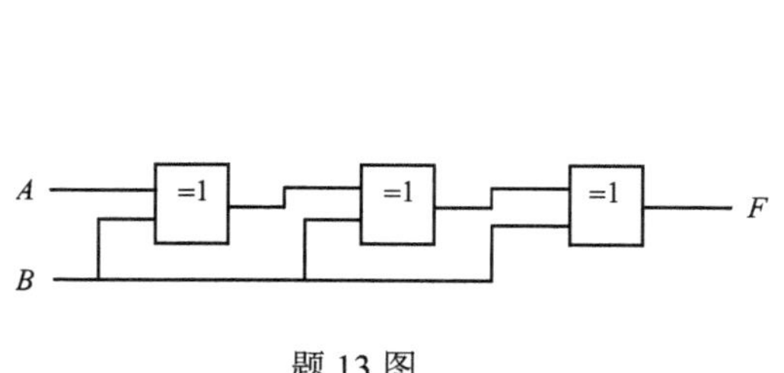

题 13 图

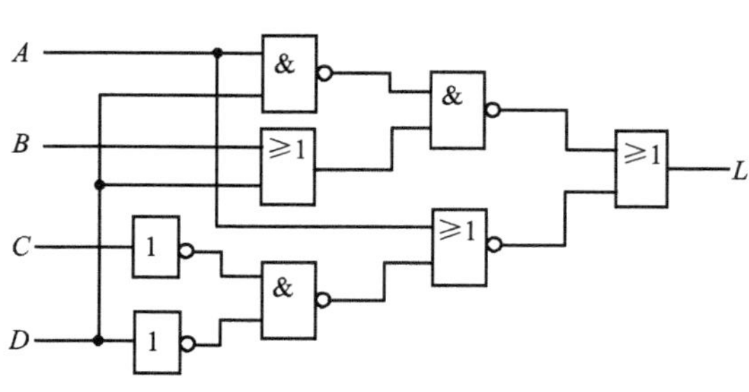

题 14 图

15．已知某组合逻辑电路的输入 A、B、C 和输出 F 的波形如题 15 图所示，试写出 F 的最简与或表达式。

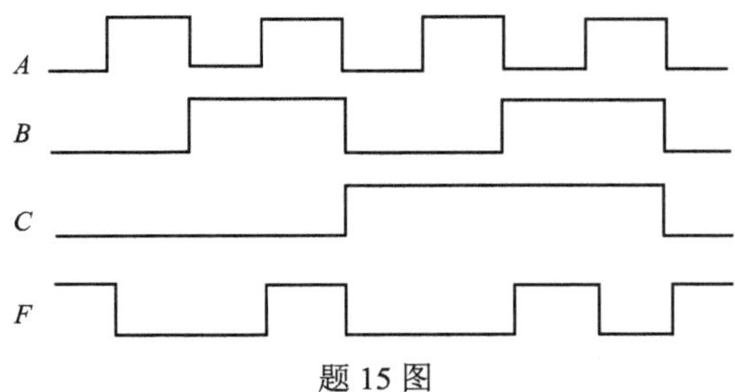

题 15 图

16．用红、黄、绿三个指示灯表示三台设备的工作情况：绿灯亮表示全部正常，红灯亮表示有一台不正常，黄灯亮表示两台不正常，红、黄灯全亮表示三台都不正常。列出控制电路真值表，并选用合适的集成电路来实现。

17．用 74LS138 译码器构成题 17 图所示电路，写出输出 F 的逻辑表达式，列出真值表，并说明电路的逻辑功能。

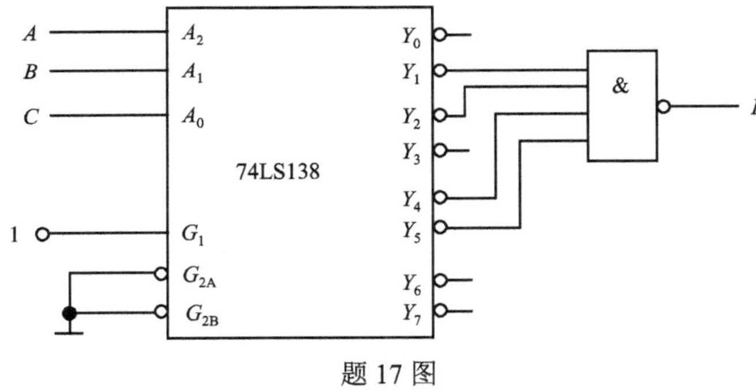

题 17 图

18．试用 74LS151 数据选择器分别实现下列逻辑函数。

1）$F_1(A, B, C)=\sum m(1, 2, 4, 7)$；

2）$F_2(A, B, C, D)=\sum m(1, 5, 6, 7, 9, 11, 12, 13, 14)$；

3）$F_3(A, B, C, D)=\sum m(0, 2, 3, 5, 6, 7, 8, 9)+\sum d(10, 11, 12, 13, 14, 15)$。

第 11 章　时序逻辑电路

数字系统中除了组合逻辑电路之外，还有一些具备存储功能的逻辑电路——时序逻辑电路，如计数器、寄存器等。这些时序电路在日常生活中有着十分广泛的应用。

11.1　触发器

触发器就是实现存储功能的一种基本单元电路，它是构成时序逻辑电路的基本单元。将触发器与组合逻辑电路相结合就可以构成各种时序逻辑电路。

形象地说，触发器具有“一触即发”的功能。在输入信号的作用下，它能够从一种状态（0 或 1）转变成另一种状态（1 或 0）。触发器是有记忆功能的逻辑部件，输出状态不只与现时的输入有关，还与原来的输出状态有关。本节将结合前面所学知识，详细介绍一些常见的触发器，如 RS 触发器、JK 触发器、D 触发器等。

11.1.1　RS 触发器

1．基本 RS 触发器

RS 触发器可以用两个与非门或两个或非门的输入、输出端交叉连线即可构成。可用于消除机械开关振动引起的脉冲。图 11-1 是用两个与非门构成的基本 RS 触发器。

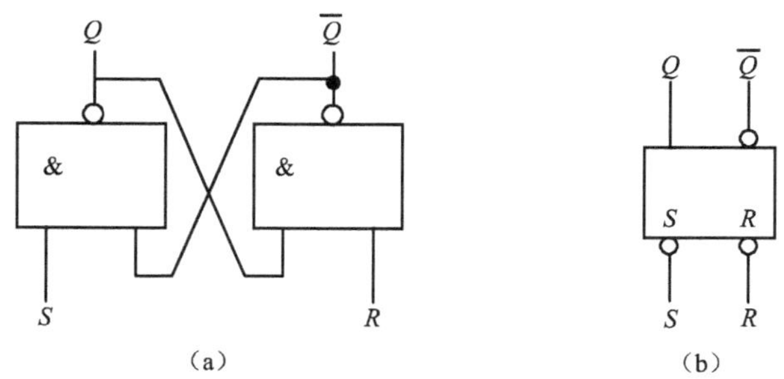

图 11-1　两个与非门构成的 RS 触发器

（a）逻辑图　（b）逻辑符号

根据逻辑图得到它的逻辑表达式为

$$Q=\overline{S\overline{Q}}\qquad \overline{Q}=\overline{RQ} \tag{11-1}$$

其中，Q 和$\overline{Q}$是两个互补输出端，一般用 Q 端的逻辑值来表示触发器的状态。Q=1，$\overline{Q}$=0 时，称触发器处于 1 状态；Q=0，$\overline{Q}$=1 时，称触发器处于 0 状态，所以它是具有两个稳定状态的双稳态触发器。此外，还有两个输入端（或称激励端）R、S，都是低电平有效。当输入信号变化时，触发器可以从一个稳定状态转换到另一个稳定状态。

式（11-1）中等号两端的 Q 含义是不同的，右边的 Q 表示输入信号作用前的状态，左边的 Q 表示作用后新的状态。为了区分，通常把前者称为现在状态（或现态），用 Q^n 和$\overline{Q}^n$表示，把后者称为下一状态（或次态），用 Q^{n+1} 和$\overline{Q^{n+1}}$ 表示，故该式可以改写为

$$Q^{n+1}=\overline{S\overline{Q^n}} \qquad \overline{Q^{n+1}}=\overline{RQ^n} \tag{11-2}$$

从式（11-2）可以看出，当 S、R 同时为 0 时，输出 Q^{n+1} 与$\overline{Q^{n+1}}$ 均为 1（高电平），此时破坏了触发器的互补输出关系，使触发器的次态不确定，即 Q^{n+1} 实际是无效的，这种情况是不允许的。将剩下的状态一一分析，可以列出真值表，如表 11-1 所示。通过真值表可以知道以下结果。

1）当 R=0，S=0 时，应该避免，因此规定输入信号 R、S 不能同时为 0，即它们应遵循 R+S=1 的约束条件。

2）当 R=0，S=1 时，无论触发器原来处于什么状态，其次态一定为 0，即 Q^{n+1}=0，$\overline{Q^{n+1}}$ =1，称触发器处于置 0（复位）状态。

表 11-1　RS 触发器真值表

R　S	Q^n	Q^{n+1}	功 能 说 明
0　0	0 1	× ×	不稳定状态
0　1	0 1	0 0	置 0（复位）
1　0	0 1	1 1	置 1（置位）
1　1	0 1	0 1	保持原状态

3）当 R=1，S=0 时，无论触发器原来处于什么状态，其次态一定为 1，即 Q^{n+1}=1，$\overline{Q^{n+1}}$ =0，称触发器处于置 1（置位）状态。

4）当 R=1，S=1 时，触发器状态不变，即 Q^{n+1}=Q^n，$\overline{Q^{n+1}}$ =$\overline{Q}$，称触发器处于保持（记忆）状态。

综上所述，基本 RS 触发器具有置 0、置 1 和保持的逻辑功能，通常 S 称为置 1 端或置位（SET）端，R 称为置 0 端或复位（RESET）端，因此该触发器又称为置位-复位触发器。

通过真值表画出 Q^{n+1} 的卡诺图，如图 11-2 所示。

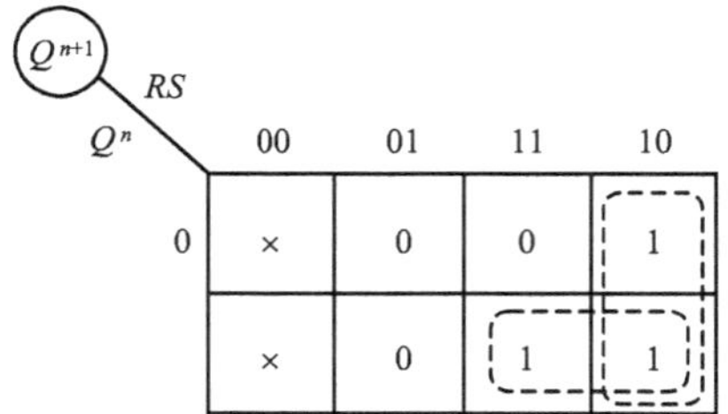

图 11-2 RS 触发器卡诺图

卡诺图化简后可得其特征方程为

$$\left.\begin{aligned}&Q^{n+1}=\overline{S}+RQ^n\\&S+R=1\text{（约束条件）}\end{aligned}\right\}\qquad(11\text{-}3)$$

为了更形象地表述状态的转移规律，往往使用状态转移图来进行描述。图 11-3 为基本 RS 触发器的状态转移图。图中两个圆圈分别表示触发器的两个稳定状态，箭头表示在输入信号作用下状态转移的方向，箭头旁的标注表示转移条件。

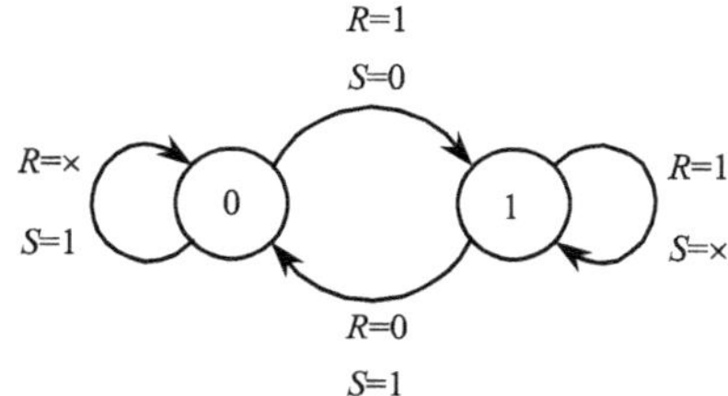

图 11-3 基本 RS 触发器的状态转移图

2．同步触发器

在实际应用中，往往希望触发器按一定的节拍翻转。为此，给触发器加一个时钟控制端 CP，只有在 CP 端上出现时钟脉冲时，触发器的状态才能变化，是一种电位触发方式。具有时钟脉冲控制的触发器状态的改变与时钟脉冲同步，所以称为同步触发器（或者钟控 RS 触发器）。它是在基本 RS 触发器基础上加两个与非门构成的，其逻辑图及逻辑符号如图 11-4 所示。其中，G_1、G_2 构成触发引导电路，R 为置 0 端，S 为置 1 端，CP 为时钟输入端。根据逻辑图可以得到

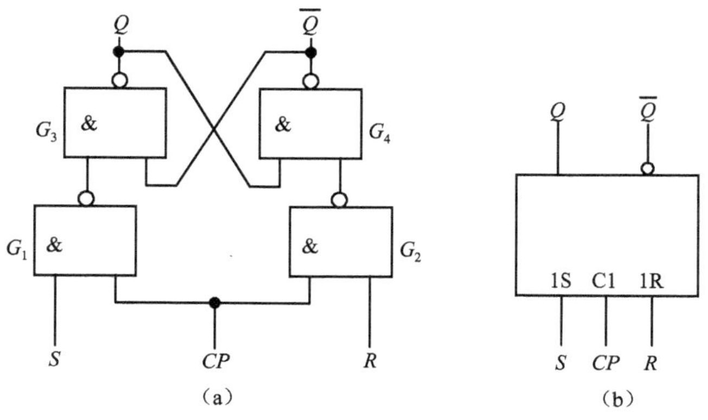

图 11-4 同步触发器的逻辑图及逻辑符号

（a）逻辑图 （b）逻辑符号

$$Q_1=\overline{R \cdot CP}=\overline{R} \qquad Q_2=\overline{S \cdot CP}=\overline{S} \tag{11-4}$$

根据逻辑表达式可知：

1）当 $CP=0$ 时，控制门 G_1、G_2 关闭，这时，不管 R 端和 S 端的信号如何变化，都输出 1，触发器的状态保持不变；

2）当 $CP=1$ 时，G_1、G_2 打开，R、S 端的输入信号才能控制基本 RS 触发器的状态翻转，其输出状态由 R、S 端的输入信号决定。

因此，同步 RS 触发器的状态转换分别由 R、S 和 CP 控制，其中，R、S 控制转换为何种次态；CP 控制何时发生转换。

G_1、G_2 以上的部分就是一个基本 RS 触发器，将式（11-4）代入式（11-3）即可以得到

$$Q^{n+1}=\overline{\overline{S}\,\overline{Q^n}} \qquad \overline{Q^{n+1}}=\overline{\overline{R}Q^n} \tag{11-5}$$

从式（11-5）可以看出，当 S、R 同时为 1 时，输出 Q^{n+1} 与 $\overline{Q^{n+1}}$ 均为 1，Q^{n+1} 是无效的，这种情况是不允许的，将剩下的状态一一分析，可以列出真值表，如表 11-2 所示。

表 11-2　同步触发器真值表

R　S	Q^n	Q^{n+1}	功 能 说 明
0　0	0 1	0 1	保持原状态
0　1	0 1	1 1	置 1（置位）输出状态与 S 状态一致
1　0	0 1	0 0	置 0（复位）输出状态与 S 状态一致
1　1	0 1	× ×	不稳定状态

根据真值表画出同步 RS 触发器的卡诺图，如图 11-5 所示。

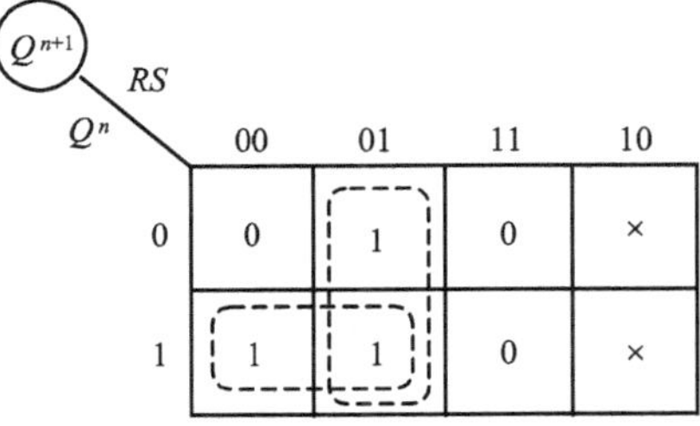

图 11-5　同步 RS 触发器卡诺图

卡诺图化简后可得其特征方程为

$$\left.\begin{array}{l} Q^{n+1}=S+\overline{R}Q^n \\ S \cdot R=0 \ （约束条件） \end{array}\right\} \tag{11-6}$$

同步触发器的状态转换图如图 11-6 所示。

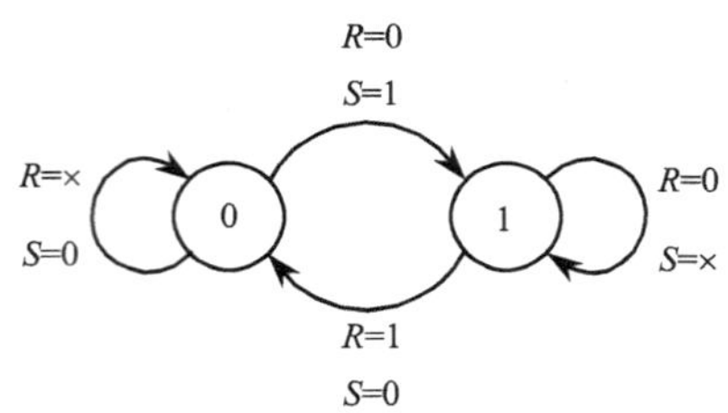

图 11-6　同步触发器状态转换图

除了使用表达式、真值表、特征方程、状态转换图表示触发器的特性以外，还可以使用波形图，如图 11-7 所示。

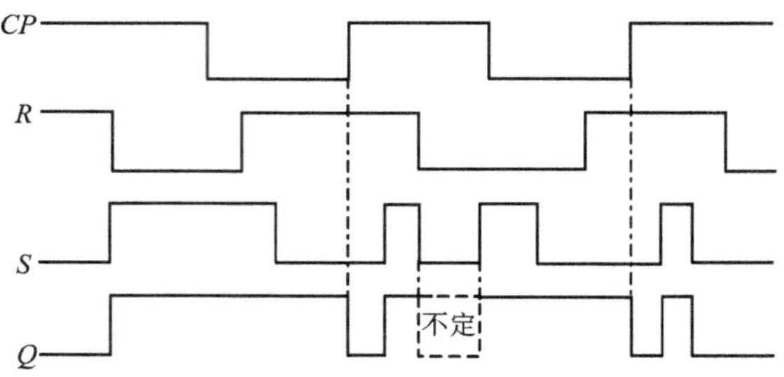

图 11-7　同步触发器波形图

同步触发器有个缺陷就是空翻。由于在 *CP*=1 期间，G_1，G_2 门都是开着的，都能接收 *R*、*S* 信号，如果这个期间 *R*，*S* 发生多次变化，触发器的状态也可能发生多次翻转。这种在一个时钟脉冲周期中，触发器发生多次翻转的现象就是空翻，如图 11-8 所示。

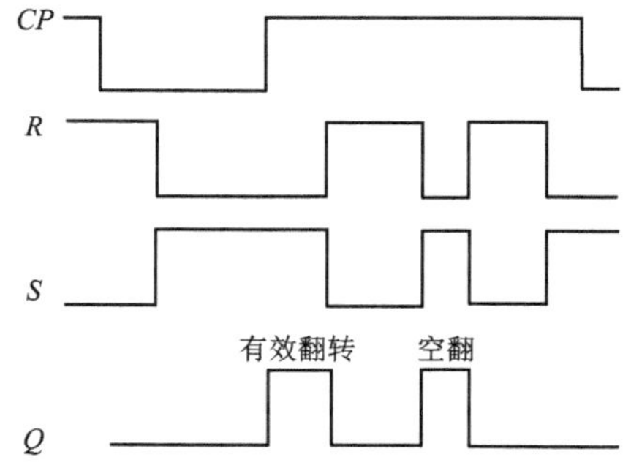

图 11-8　同步触发器空翻示意图

空翻是一种有害的现象，它使得时序电路不能按时钟节拍工作，造成系统的误动作。但是，如果要求每来一个 *CP* 触发器仅发生一次翻转，对钟控信号 *CP*=1 的宽度要求是极为苛刻的。尤其是每个门的延迟时间各不相同，因此在一个包括许多触发器的数字系统中，实际上无法确定时钟脉冲应有的宽度。所以，必须对以上的钟控触发器在电路结构上加以改进。

3．主从 RS 触发器

为了解决空翻的问题，这里介绍另外一种触发器——主从 RS 触发器。

主从 RS 触发器是由两个同步 RS 触发器组成的，其中一级接收信号，其状态直接由输入信号决定，为主触发器；还有一级的输入与主触发器的输出连接，其状态由主触发器的状态决定，为从触发器。其逻辑图及逻辑符号如图 11-9 所示。

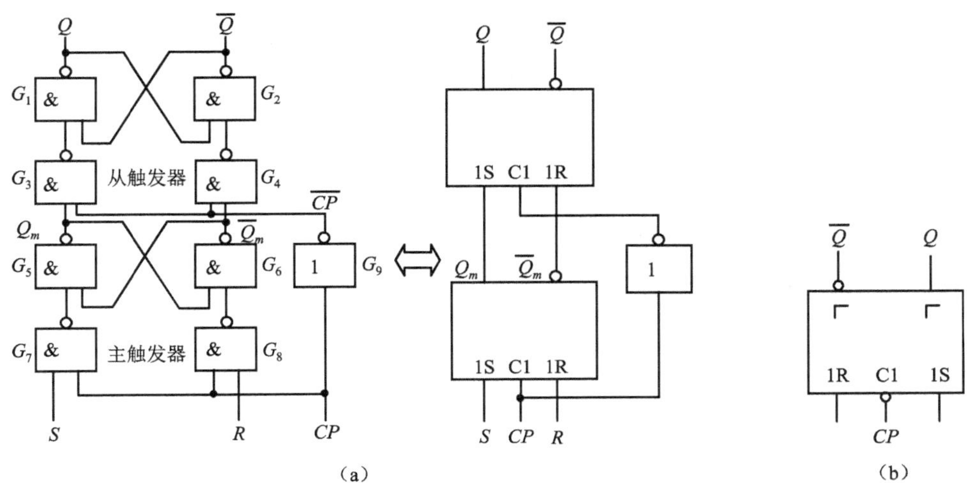

图 11-9　主从 RS 触发器的逻辑图及逻辑符号

（a）逻辑图　（b）逻辑符号

主从触发器的触发翻转分为两个节拍。

1）当 CP=1 时，$\overline{CP}$ =0，从触发器被封锁，保持原状态不变。这时，G_7、G_8 打开，主触发器工作，接收 R 和 S 端的输入信号。其输出状态按照同步触发器的特性方程变化：

$$\left.\begin{array}{l} Q_m^{n+1} = S + \overline{R}Q_m^n \\ S \cdot R = 0\text{（约束条件）} \end{array}\right\} \tag{11-7}$$

此时主触发器还存在“空翻”，但从触发器保持输出状态不变。

2）当 CP 由 1 变为 0 时，即 CP 下降沿到来，主触发器保持 CP=1 期间的最后输出状态不变，并作为从触发器的初始输入，输入信号 R、S 不再影响主触发器的状态。同时，$\overline{CP}$=1，G_3、G_4 打开，从触发器工作。由于主触发器输出 Q_m 与 $\overline{Q_m}$ 一定是相反的，所以根据同步 RS 触发器真值表知，$Q^{n+1} = S = Q_m^{n+1}$，即

$$\left.\begin{array}{l} Q^{n+1} = Q_m^{n+1} = S + \overline{R}Q_m^n = S + \overline{R}Q^n \\ S \cdot R = 0\text{（约束条件）} \end{array}\right\} \tag{11-8}$$

主从 RS 触发器的真值表，如表 11-3 所示。

表 11-3　主从 RS 触发器真值表

CP	R S	Q^n	Q^{n+1}	功 能 说 明
×	× ×	×	×	保持原状态
↓	0 0	0 1	0 1	保持原状态
↓	0 1	0 1	1 1	置 1（置位）输出状态与 S 状态一致
↓	1 0	0 1	0 0	置 0（复位）输出状态与 S 状态一致
↓	1 1	0 1	× ×	不稳定状态

从真值表中可以看到，主从触发器的翻转是在 CP 由 1 变 0 时刻（即 CP 下降沿）发生的，CP 一旦变为 0 后，主触发器被封锁，其状态不再受 R、S 影响，即只在 CP 由 1 变 0 的时刻触发翻转，可能造成空翻的时间大大缩短，因此不会有空翻现象。

综上所述，在一个时钟周期内，主触发器可能发生多次翻转，但从触发器只发生一次翻转，故整个主从 RS 触发器克服了空翻现象。但它的输入信号 R，S 仍然存在约束条件。

11.1.2 JK 触发器

1. 主从 JK 触发器

RS 触发器使用时有约束条件 $RS=0$，即在工作时，不允许输入信号 R、S 同时为 1，这使得 RS 触发器在使用时不方便。JK 触发器的原理就是利用主从 RS 触发器的两个输出端 Q、$\overline{Q}$ 互补的特性来消除约束条件。因此，如果把这两个信号通过反馈线分别引到输入端的 G_7、G_8 门，就一定有一个门被封锁，输入信号就不会同时为 1 了。再把原来的 S 端改为 J 端，把原来的 R 端改为 K 端即构成 JK 触发器，如图 11-10 所示，逻辑符号中，“>”表示 CP 为边沿触发，以区别于电平触发，“○”表示下降沿触发和低电平有效或者反输出。通过反馈线得到

$$S = J\overline{Q^n} \qquad R=KQ^n \tag{11-9}$$

将式（11-9）代入式（11-8）得主从 JK 触发器的特征方程

$$Q^{n+1} = J\overline{Q^n} + \overline{K}Q^n \tag{11-10}$$

JK 触发器由两个同步 RS 触发器构成，其中 1～4 门组成从触发器，5～8 门组成主触发器。结合特征方程，分析其工作过程如下。

1）当 $CP=1$ 时，主触发器工作，此时由于输入 S，R 自动满足约束条件，主触发器只发生一次翻转，原因将在例 11-1 中讲述。$\overline{CP}=0$，从触发器禁止工作。

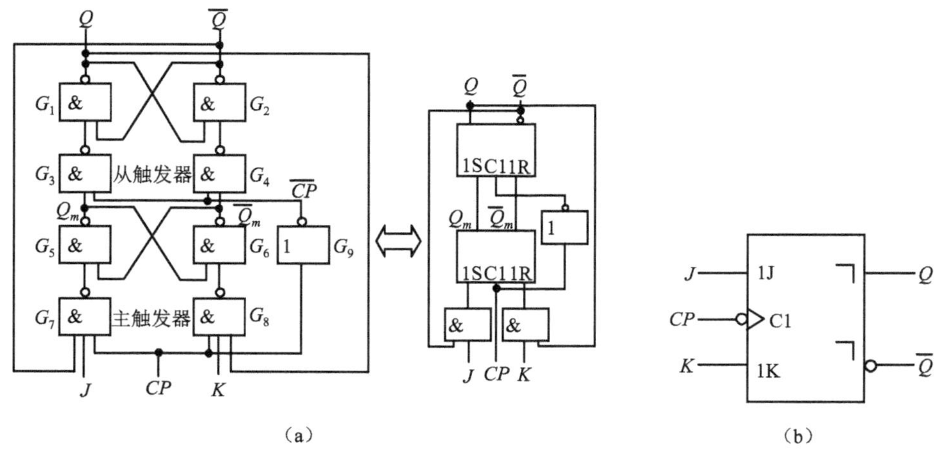

图 11-10 主从 JK 触发器的逻辑图及逻辑符号

（a）逻辑图 （b）逻辑符号

2）当 CP 由 1 变为 0 时，主触发器被封锁，输入 J、K 的变化不会引起主触发器状态变化；$\overline{CP}$=1，从触发器输入门被打开，以主触发器的最后状态（即主触发器维持在 CP 下降沿前～瞬间的状态）作为从触发器的初始状态，开始工作。在 CP 下降沿时从触发器的输出才改变一次状态。

JK 触发器的真值表，如表 11-4 所示。

表 11-4　JK 触发器真值表

CP	J　K	Q^n	Q^{n+1}	功 能 说 明
×	×　×	×	×	保持原状态
↓	0　0	0 1	0 1	保持原状态
↓	0　1	0 1	0 0	置 0（复位）输出状态与 J 状态一致
↓	1　0	0 1	1 1	置 1（置位）输出状态与 J 状态一致
↓	1　1	0 1	0 1	$Q^{n+1}=\overline{Q^n}$

JK 触发器波形图，如图 11-11 所示，JK 触发器状态图，如图 11-12 所示。

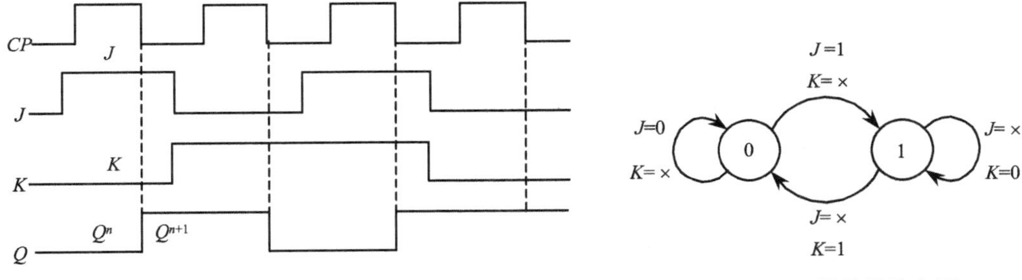

图 11-11　JK 触发器波形图　　　　图 11-12　JK 触发器状态图

综上所述，JK 触发器输出状态变化的时刻只是时钟的下降沿到来的时刻；而输出状态如何变化，则由时钟 CP 下降沿到来前一瞬间的 J、K 值，按 JK 触发器的特征方程来决定。

2．一次翻转现象

JK 触发器虽然防止了空翻，但还存在一次翻转现象，也可能会使触发器产生错误动作，因而限制了它的使用。所谓一次翻转现象是指在 CP=1 期间，主触发器接收了输入激励信号发生一次翻转后，主触发器状态一直保持不变，不再随输入激励信号 J、K 的变化而变化的现象。

前面分析主从 JK 触发器的过程中没有出现差错，那是因为都假定在 CP=1 期间 J、K 信号不变，因此当 CP 的下降沿到来时从触发器所达到的状态就是 CP=1 期间主触发器所接收的状态。但有时在 CP=1 期间，J、K 信号不会一成不变，这样就可能导致主触发器的状态发生变化。

例 11-1 根据时钟 CP 和输入信号 J、K 的波形图画出 Q 端的输出波形，其中信号 J 的波形图中有一个干扰信号，即虚线的部分，如图 11-13 所示。

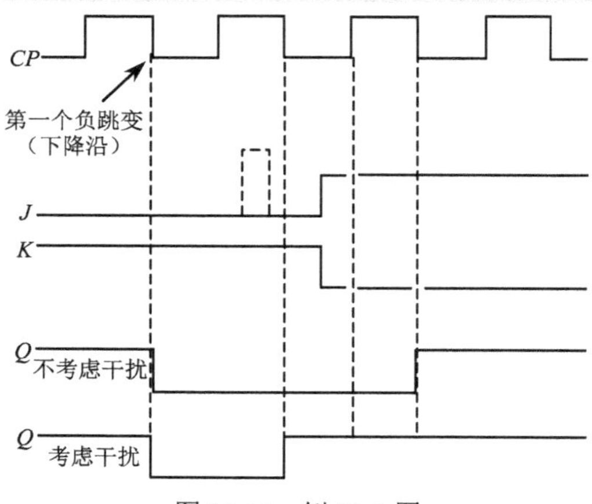

图 11-13 例 11-1 图

解： 1）第一个 CP 下降沿之前，J=0，K=1，原态 Q=1（即 Q^n），因此当 CP 第一个下降沿到来的时候，根据特征方程（或真值表）知触发器的 Q 应输出为 0。

2）若不考虑 J 的干扰信号，在 CP 的第二个下降沿到来时，Q 的输出应该继续为 0，但是第三个下降沿到来前，J=1，K=0，原态 Q=0，当 CP 第三个下降沿到来时 Q 应输出 1。

3）在 CP 处于第二个高电平时，J 有一个正跳变的干扰（如虚线所示），此时对 JK 触发器有何影响呢？

第一个下降沿状态不变，影响主要出现在第二个下降沿。在跳变发生之前主触发器原态 $Q_m=0$，$\overline{Q_m}=1$，次触发器原态 Q=0，$\overline{Q}$=1；跳变发生后，$G_7=0$，令 $Q_m=1$，$\overline{Q_m}=0$，而次触发器由于处于禁止状态仍然保持输出 Q=0，$\overline{Q}$=1，因此 J 的跳变影响的是主触发器的状态，即干扰信号令主触发器状态由 0 变成 1。

干扰信号在 CP 第三个下降沿到来之前就消失了，那么主触发器状态是否可以恢复到原来的状态呢？

由于 $\overline{Q_m}=0$，G_7 的输出信号不会影响 G_5 的值，Q_m 的状态不会变化，即 J 端的干扰信号的消失不会使 Q_m 的值恢复到 0。主触发器状态能根据输入信号改变一次这种现象称为一次翻转现象。Q_m 相当于次触发器的 S，$\overline{Q_m}$ 相当于次触发器的 R，根据 RS 触发器的特性方程可知 Q=1。由 JK 触发器的对称性可知，在 CP=1 的期间，信号 K 由 0 变为 1 也会产生一次翻转现象。

通过本例可知，一次变化现象只有在下面两种情况下会发生：①触发器状态为 0 时，J 信号的变化；②触发器状态为 1 时，K 信号的变化。因此，为避免产生一次变化现象，必须保证在 CP＝1 期间 J、K 信号保持不变。在实际使用中，干扰信号有时不可避免，为了减少接收干扰的机会，应使 CP=1 的宽度尽可能窄。但若在 CP＝1 期间，J、K 信号发生了变化，就不能根据 JK 触发器真值表或特性方程来决定输出 Q，可按以下方法来处理。

1）原态 Q=0，此时由 J 信号决定其次态，与 K 无关。只要 CP=1 期间出现过 J=1，当 CP 下降沿到来时 Q 为 1，否则 Q 仍为 0。

2）原态 Q=1，此时由 K 信号决定其次态，与 J 无关。只要 CP=1 期间出现过 K=1，当 CP 下降沿到来时 Q 为 0，否则 Q 仍为 1。

3．边沿 JK 触发器

为了解决一次翻转问题，利用门传输延时的特性构成了边沿 JK 触发器电路，如图 11-14 所示，图中用两个与或非门构成基本 RS 触发器，两个与非门作为输入信号引导门，保证引导门的延时时间大于基本 RS 触发器的传输延时时间。

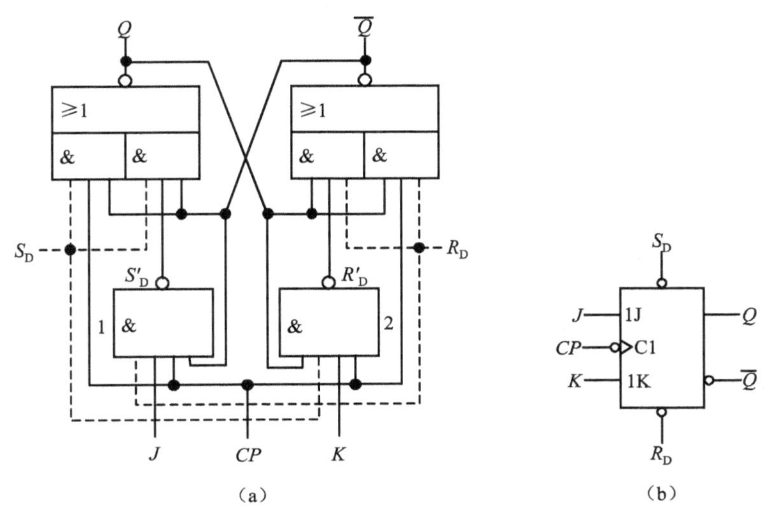

图 11-14　边沿 JK 触发器的逻辑图及逻辑符号

（a）逻辑图　（b）逻辑符号

图中，R_D、S_D 为直接置 0、置 1 端，不工作时使 S_DR_D=11，其工作过程如下。

1）CP=0 时，输入信号 J、K 被封锁，$S'_D=R'_D=1$，触发器的状态保持不变。

2）CP=1 时，可从以下的推导式中看出，触发器的输出也不会变。

$$Q^{n+1}=\overline{\overline{Q^n}\cdot CP+\overline{Q^n}S'_D}=Q^n \qquad \overline{Q^{n+1}}=\overline{Q^n\cdot CP+Q^nR'_D}=\overline{Q^n} \tag{11-11}$$

由此可见，在稳定的 CP=0 及 CP=1 期间，触发器状态均维持不变，这时触发器处于一种“自锁”状态。

3）CP 由 1 变为 0 时，即下降沿到来时，由于 CP 信号是直接加到与或非门的其中一个与门输入端，首先解除了“自锁”，但是 S'_D、R'_D 由于延时，因此仍然保持 0 没有变，此时

$$S'_D=\overline{J\overline{Q^n}} \qquad R'_D=\overline{KQ^n} \tag{11-12}$$

代入基本 RS 触发器特性方程之后不难发现，边沿 JK 触发器的特性方程与主从 JK 触发器完全相同。

由以上分析可知，只有时钟下降沿前的 J、K 值才能对触发器起作用，实现了边沿触发的功能，所以边沿 JK 触发器既没有空翻现象也没有一次翻转现象，大大增加了抗干扰的能力。

11.1.3　D 触发器

D 触发器有电平触发及边沿触发两种。在 CP=1 时间段内控制触发器的状态变化，称

为电平触发，如同步 RS 触发器、同步 D 触发器等。在 CP 信号发生变化的瞬间（上升沿或下降沿）控制触发器的状态变化，称为边沿触发，如 JK 触发器、维持-阻塞边沿 D 触发器等。

1．**同步 D 触发器**

同步 D 触发器即在同步 RS 触发器的基础上，将其 R 端接至 G_3 门的输出端，并将 S 改为 D，如图 11-15（a）所示，或者加两个门 G_5、G_6，将输入信号 D 变成互补的两个信号分别送给 R、S 端，如图 11-15（b）所示，就构成了同步 D 触发器。与同步 RS 触发器相同，同步 D 触发器也有空翻现象。同步 D 触发器的逻辑符号如图 11-15（c）所示。

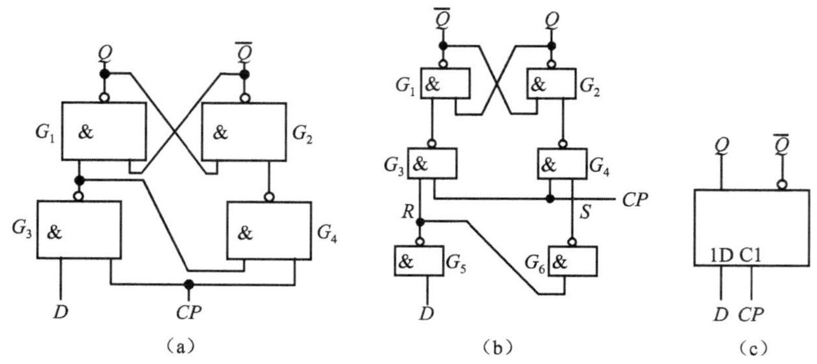

图 11-15　同步 D 触发器逻辑图及逻辑符号

（a）逻辑图 1　（b）逻辑图 2　（c）逻辑符号

根据逻辑图知，当 CP=1 时，S=D，$R=\overline{D}$，代入同步 RS 触发器特性方程得 D 触发器的特性方程为

$$Q^{n+1}=D \tag{11-13}$$

由此可见，在时钟脉冲的作用下，D 触发器的次状态只取决于输入信号 D，与原状态无关，因此常把它称为数据锁存器或延迟（Delay）触发器，其真值表如表 11-5 所示。

表 11-5　D 触发器真值表

D	Q^n	Q^{n+1}	功 能 说 明
0	0	0	输出状态与 D 状态相同
0	1	0	
1	0	1	
1	1	1	

其状态图如图 11-16 所示。

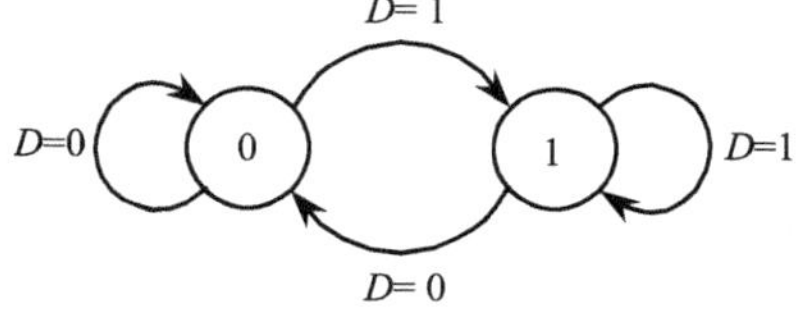

图 11-16　同步 D 触发器状态图

2．维持-阻塞边沿 D 触发器

为了解决空翻现象，在同步 D 触发器电路中引入三根反馈线 L_1、L_2、L_3，如图 11-17 所示。它在时钟脉冲的上升沿或下降沿时刻改变输出状态，并且只在边沿前一瞬间的输入信号有效，这样不仅将触发器的触发翻转控制在 CP 触发沿到来的一瞬间，而且将接收输入信号的时间也控制在 CP 触发沿到来的前一瞬间。所以，维持-阻塞边沿 D 触发器既没有空翻现象，也没有一次翻转问题，从而大大提高了触发器工作的可靠性和抗干扰能力。

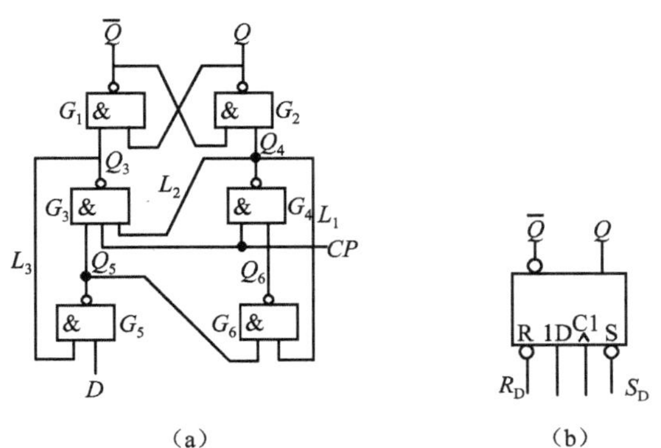

图 11-17 维持-阻塞边沿 D 触发器逻辑图及逻辑符号

（a）逻辑图 （b）逻辑符号

维持-阻塞 D 触发器工作过程如下。

1）当 D=1 时，若 CP=0，G_3、G_4 被封锁，Q_3＝1、Q_4＝1，G_1、G_2 组成的基本 RS 触发器保持原状态不变。因 D=1，L_3=G_3=1，经过 G_5，输出 Q_5=0，代入 D 触发器特性方程，得 Q_3=1，Q_6=1。

若 CP 由 0 变 1 时，G_4 输入全 1，输出 Q_4 变为 0。继而，Q 翻转为 1，完成了使触发器翻转为 1 状态的全过程。同时，一旦 Q_4 变为 0，通过反馈线 L_1 封锁了 G_6 门，这时如果 D 信号由 1 变为 0，只会影响 G_5 的输出，不会影响 G_6 的输出，维持了触发器的 1 状态。因此，称 L_1 线为置 1 维持线。同理，Q_4 变 0 后，通过反馈线 L_2 也封锁了 G_3 门，从而阻塞了置 0 通路，故称 L_2 线为置 0 阻塞线。

2）当 D=0 时，若 CP=0，G_3、G_4 被封锁，Q_3＝1、Q_4＝1，G_1、G_2 组成的基本 RS 触发器保持原状态不变。因 D=0，Q_5=1，G_6 输入全 1，输出 Q_6=0。当 CP 由 0 变 1 时，G_3 输入全 1，输出 Q_3 变为 0。继而，Q 翻转为 1，Q 翻转为 0，完成了使触发器翻转为 0 状态的全过程。同时，一旦 Q_3 变为 0，通过反馈线 L_3 封锁了 G_5 门，这时无论 D 信号再怎么变化，也不会影响 G_5 的输出，从而维持了触发器的 0 状态。因此，称 L_3 线为置 0 维持线。

可见，维持-阻塞触发器是利用了维持线和阻塞线，将触发器的触发翻转控制在 CP 上跳沿到来的一瞬间，并接收 CP 上跳沿到来前一瞬间的 D 信号。维持-阻塞触发器因此而得名。

11.1.4 触发器的转换

通过以上学习可以知道，在触发器中，D 触发器和 JK 触发器是比较完善的，实际中最常用的集成触发器大多数也是 D 触发器和 JK 触发器。这两者可以相互转化，方法就是根据“已有触发器和待求触发器的特性方程相等”的原则，求出已有触发器的输入信号与待求触发器之间的转换逻辑关系。

1．D 触发器转换成 JK 触发器

首先，写出 D 触发器和 JK 触发器的特性方程为

$$Q^{n+1}=D \qquad Q^{n+1}=J\overline{Q^n}+\overline{K}Q^n \tag{11-14}$$

将两者进行比较，可得

$$D=J\overline{Q^n}+\overline{K}Q^n \tag{11-15}$$

根据式（11-15）及 D 触发器逻辑图，可得如图 11-18 所示的 JK 触发器电路。

2．JK 触发器转换为 D 触发器

写出待求 D 触发器的特性方程并进行变换，使其形式与 JK 触发器的特性方程一致：

$$Q^{n+1}=D=D\overline{Q^n}+DQ^n \tag{11-16}$$

将其与 JK 触发器的特性方程 $Q^{n+1}=J\overline{Q^n}+\overline{K}Q^n$ 进行比较，可得

$$J=D \qquad \overline{K}=D \tag{11-17}$$

所以 D 触发器的电路如图 11-19 所示。

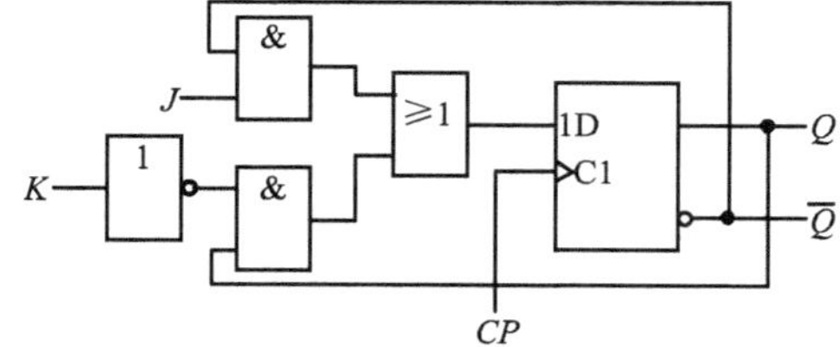

图 11-18　D 触发器转换成的 JK 触发器

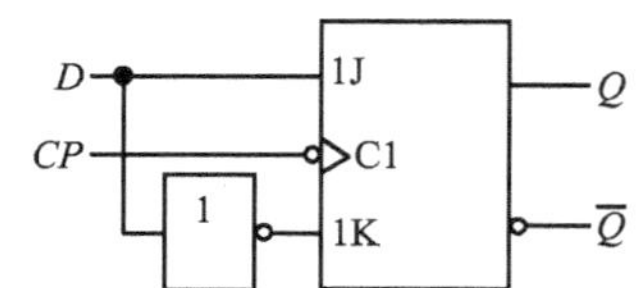

图 11-19　JK 触发器转换成的 D 触发器

11.2　常用时序逻辑电路

计数器和寄存器是计算机及其他数字系统中比较常用的两种逻辑功能器件。计数器的基本功能是统计时钟脉冲的个数，寄存器的功能是存储或者传输数据或信息。

11.2.1　计数器

一般将待计数的脉冲作为计数器的 *CP* 脉冲。计数器在数字系统中应用非常广泛，除了计数这种基本功能外，还可以实现脉冲信号的分频、定时、脉冲序列的产生等。按其工作方式可分为同步计数器和异步计数器。同步计数器是指各个触发器使用相同的时钟脉冲，所有触发器是同时翻转的计数器；而各个触发器不使用相同的时钟脉冲，所有触发器不是同时翻转的为异步计数器。计数器按进位体制不同，可分为二进制计数器和非二进制计数器；按计数数值增、减情况的不同，可分为加法计数器、减法计数器和可逆计数器。下面以同步二进制加法计数器进行讨论。

1．同步 4 位二进制计数器

同步 4 位二进制加法计数器电路是由 4 个边沿 JK 触发器构成的。第一个触发器 FF_0 的 J、K 输入信号连接高电平 1，第二个触发器 FF_1 的 J、K 输入信号连接到第一个触发器 FF_0 的 Q 输出端，第三个触发器 FF_2 的 J、K 输入信号连接 FF_0 和 FF_1 输出值的与值，依此类推，如图 11-20 所示。

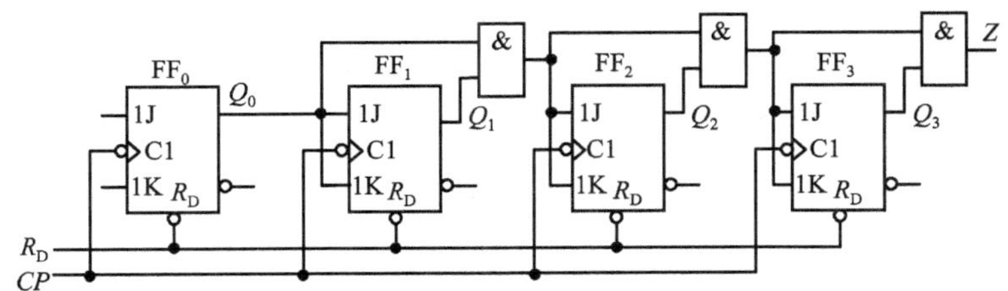

图 11-20　同步 4 位二进制计数器逻辑图

根据逻辑图可知

$$Z=Q_3Q_2Q_1Q_0 \qquad J_0=K_0=1 \qquad J_1=K_1=Q_0 \qquad J_2=K_2=Q_1Q_0 \qquad J_3=K_3=Q_2Q_1Q_0$$

将这些关系式代入边沿 JK 触发器的特征方程可得

$$Q_0^{n+1}=\overline{Q_0} \qquad Q_1^{n+1}=Q_0\oplus Q_1 \qquad Q_2^{n+1}=(Q_1Q_0)\oplus Q_2 \qquad Q_3^{n+1}=(Q_2Q_1Q_0)\oplus Q_3$$

若为 n 位计数器，依此类推即可。

结合它的逻辑图与真值表（见表 11-6）分析其工作过程如下。

表 11-6　同步 4 位二进制计数器真值表

CP	$Q_3\ Q_2\ Q_1\ Q_0$	$Q_3^{n+1}\ Q_2^{n+1}\ Q_1^{n+1}\ Q_0^{n+1}$	Z
0	0 0 0 0	0 0 0 1	0
1	0 0 0 1	0 0 1 0	0
2	0 0 1 0	0 0 1 1	0
3	0 0 1 1	0 1 0 0	0
4	0 1 0 0	0 1 0 1	0
5	0 1 0 1	0 1 1 0	0
6	0 1 1 0	0 1 1 1	0
7	0 1 1 1	1 0 0 0	0
8	1 0 0 0	1 0 0 1	0
9	1 0 0 1	1 0 1 0	0
10	1 0 1 0	1 0 1 1	0
11	1 0 1 1	1 1 0 0	0
12	1 1 0 0	1 1 0 1	0
13	1 1 0 1	1 1 1 0	0
14	1 1 1 0	1 1 1 1	0
15	1 1 1 1	0 0 0 0	1

1）根据边沿 JK 触发器的特征方程可以知道，由于 FF_0 的 J、K 端都为高电平，所以对

于 FF_0 来说，从第 0 个 CP 到来之后，每来一个时钟脉冲（CP_0、CP_1、CP_2……），Q_0 就翻转一次。

2）对于 FF_1，其输出 Q_1 在每次 Q_0 为 1 之后，再来一个时钟脉冲才能翻转一次，因此这种翻转从第 1 个 CP 到来之后，每隔一个脉冲发生一次（CP_1、CP_3、CP_5……），而当 Q_0 为 0 时，保持状态不变。

3）对于 FF_2，当 Q_0、Q_1 都为高电平时，通过与门输出使 $J_2=K_2=1$，则在下一个时钟脉冲到来时输出发生翻转，因此这种翻转从第 3 个 CP 到来之后，每隔四个脉冲发生一次（CP_3、CP_7、CP_{11}……），在所有其他时间，FF_2 的输入都被与门输出保持为低电平，状态不变。

4）同理可得 FF_3 是从第 7 个 CP 到来之后，每隔八个脉冲翻转一次，由此可发现与真值表是相符的，该计数器的输出波形如图 11-21 所示。

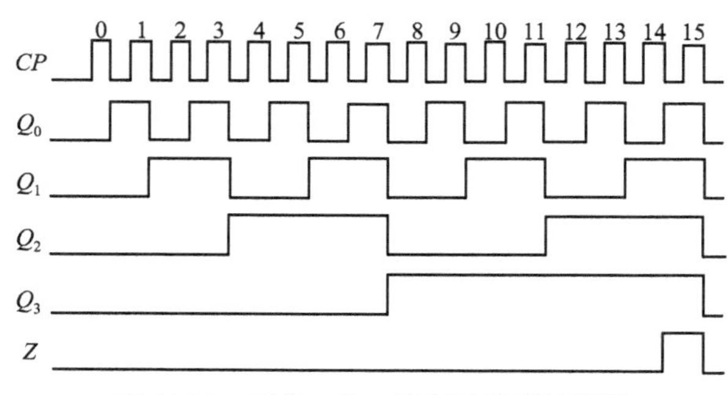

图 11-21　同步 4 位二进制计数器波形图

2．集成计数器

在实际数字系统中，集成计数器有着更广泛的应用。它们具有体积小、功能灵活、可靠性高等优点。集成计数器种类很多，时钟脉冲的引入有同步或异步方式，计数进制主要以二进制和十进制为主。下面以集成计数器 74LS161 为例进行介绍。

74161 是一种 4 位二进制同步计数器，具有计数、保持、预置、清零功能，其引脚图及传统逻辑符号如图 11-22 所示。它由四个 JK 触发器和一些控制门组成，Q_3、Q_2、Q_1、Q_0 是计数输出，其中 Q_3 为最高位。RCO 为进位输出端，$RCO=Q_3Q_2Q_1Q_0$（ET），仅当 ET=1 且计数状态为 1111 时，RCO 才变高电平，产生进位信号。

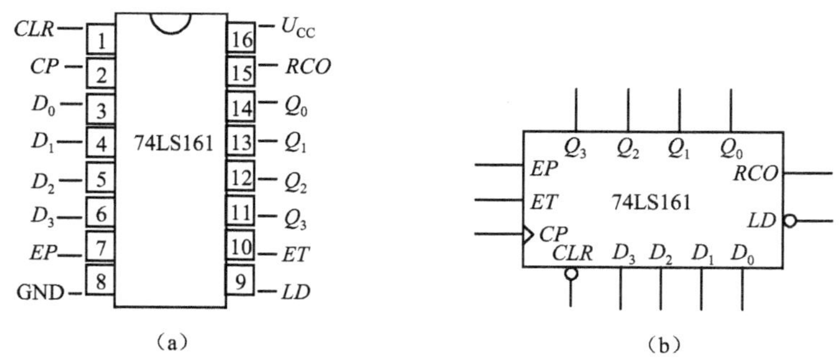

图 11-22　集成计数器 74LS161

（a）引脚图　（b）逻辑符号

由表 11-7 可知，74LS161 具有以下功能。

1）异步清零。当 CLR=0 时，无论其他输入信号的状态如何，计数器输出将立即被置零。

2）同步置数。当 CLR=1（清零无效）、LD=0 时，如果有一个时钟脉冲的上升沿到来，则计数器输出端数据 Q_3～Q_0 等于计数器的预置端数据 D_3～D_0。

3）加法计数。当 CLR=1、LD=1（置数无效）且 ET=EP=1 时，每来一个时钟脉冲上升沿，计数器按照 4 位二进制码进行加法计数，计数变化范围为 0000～1111。该功能为它的最主要功能。

4）数据保持。当 CLR=1、LD=1，且 $ET \cdot EP$=0 时，无论有没有时钟脉冲，计数器状态均保持不变。

表 11-7　集成计数器 74LS161 功能表

清　零	置　数	使　能	时　钟	预置数据输入	输　出	工作模式
CLR	LD	ET EP	CP	D_3 D_2 D_1 D_0	Q_3 Q_2 Q_1 Q_0	
0	×	× ×	×	× × × ×	0 0 0 0	异步清零
1	0	× ×	↑	d_3 d_2 d_1 d_0	d_3 d_2 d_1 d_0	同步置数
1	1	0 ×	×	× × × ×	保持	数据保持
1	1	× 0	×	× × × ×	保持	数据保持
1	1	1 1	↑	× × × ×	计数	加法计数

图 11-23 是 74LS161 的时序波形图。由图可以清楚地理解 74LS161 的逻辑功能和各个信号之间的时序关系。

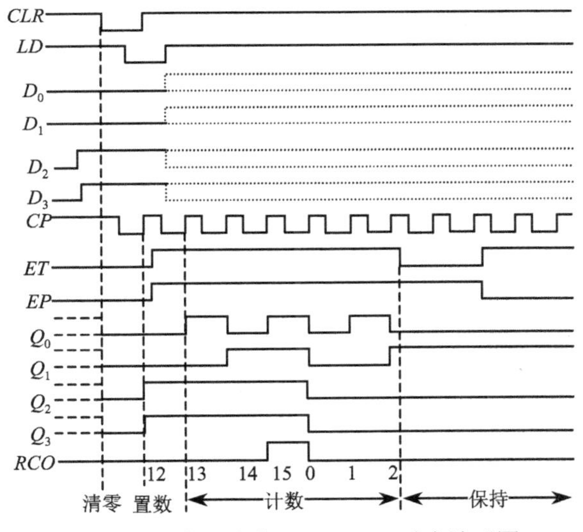

图 11-23　集成计数器 74LS161 时序波形图

11.2.2　寄存器

寄存器就是在数字电路中，用来存放二进制数据或代码的电路，它是由具有存储功能的触发器构成的。一个触发器可以存储 1 位二进制代码，存放 n 位二进制代码的寄存器，需用 n 个触发器来构成。

1．4 位寄存器

图 11-24 所示的寄存器中，无论原来的内容是什么，只要时钟脉冲 CP 上升沿到来，加在数据输入端的数据 $D_0 \sim D_3$ 就立即被送进寄存器中，输出数据可以并行从 $Q_0 \sim Q_3$ 引出，也可以从 $\overline{Q_0} \sim \overline{Q_3}$ 引出反码输出；而在 CP 上升沿以外时间，寄存器内容将保持不变，直到下一个 CP 上升沿到来，故寄存时间为一个时钟周期。

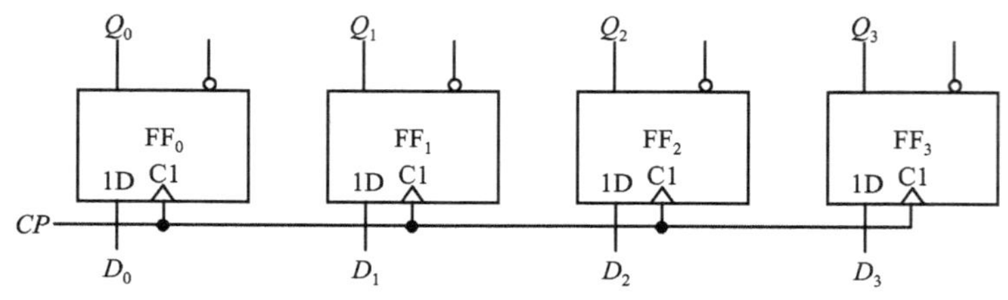

图 11-24　4 位寄存器

2．集成移位寄存器

移位寄存器除了数据保存外，还可以在移位脉冲作用下依次逐位右移或左移，数据既可以并行输入、并行输出，也可以串行输入、串行输出，还可以并行输入、串行输出以及串行输入、并行输出，如图 11-25 所示。

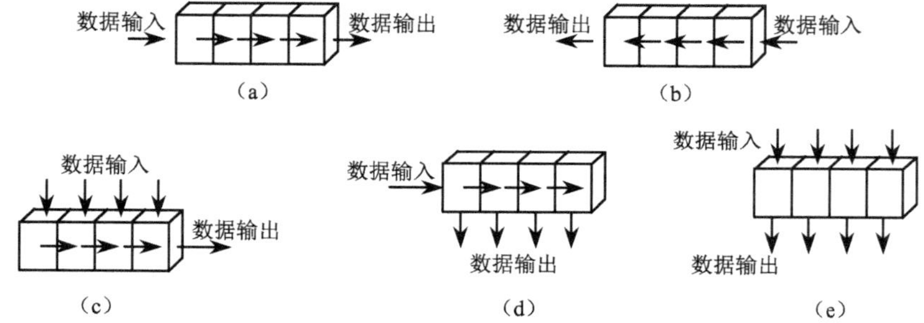

图 11-25　移位寄存器示意图

（a）串行输入/右移/串行输出　（b）串行输入/左移/串行输出　（c）并行输入/串行输出

（d）串行输入/并行输出　（e）并行输入/并行输出

74LS194 四位通用移存器，具有左移、右移、串行、并行输入输出及双向移位、保持、清除等功能。其引脚图及逻辑符号如图 11-26 所示。

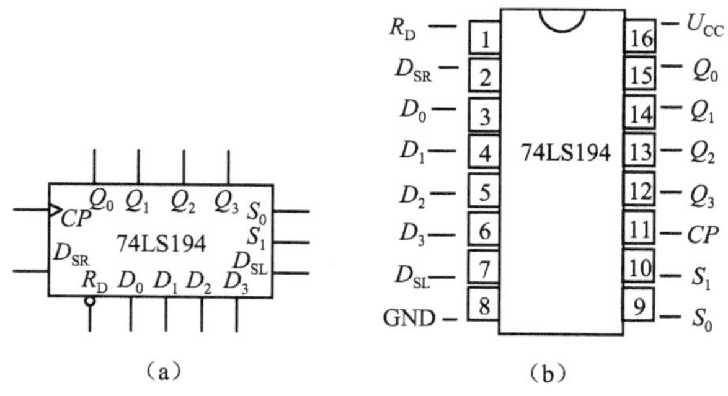

图 11-26　移位寄存器 74LS194

（a）逻辑符号　（b）引脚图

74LS194 各引出端功能如下：D_{SL} 和 D_{SR} 分别是左移和右移串行输入端；D_0、D_1、D_2 和 D_3 是并行输入端；Q_0、Q_1、Q_2 和 Q_3 为并行输出端，其中 Q_0 和 Q_3 分别是左移和右移时的串行输出端；R_D 是异步清零端，低电平有效；S_1、S_0 是工作方式控制端。其真值表如表 11-8 所示。

表 11-8　集成计数器 74LS194 真值表

输入					输出	工作模式
清零	控制	串行输入	时钟	并行输入		
R_D	S_1 S_0	D_{SL} D_{SR}	CP	D_0 D_1 D_2 D_3	Q_0 Q_1 Q_2 Q_3	
0	× ×	× ×	×	× × × ×	0 0 0 0	异步清零
1	0 0	× ×	×	× × × ×	Q_0^n Q_1^n Q_2^n Q_3^n	保持
1	0 1	× 1	↑	× × × ×	1 Q_0^n Q_1^n Q_2^n	右移，D_{SR} 为串行输入，Q_3 为串行输出
1	0 1	× 0	↑	× × × ×	0 Q_0^n Q_1^n Q_2^n	
1	1 0	1 ×	↑	× × × ×	Q_1^n Q_2^n Q_3^n 1	左移，D_{SL} 为串行输入，Q_0 为串行输出
1	1 0	0 ×	↑	× × × ×	Q_1^n Q_2^n Q_3^n 0	
1	1 1	× ×	↑	D_0 D_1 D_2 D_3	D_0 D_1 D_2 D_3	并行置数

移位寄存器 74LS194 时序图如图 11-27 所示，再根据真值表可以看出，只要 R_D=0，移存器无条件清零。只有当 R_D=1，且 CP 上升沿到达时，电路才可能按 S_1、S_0 设置的方式执行移位或置数操作。S_1S_0=11 时并行置数；S_1S_0=01 时右移；S_1S_0=10 时左移；时钟无效或虽然时钟有效，但 S_1S_0=00 时电路保持原态。

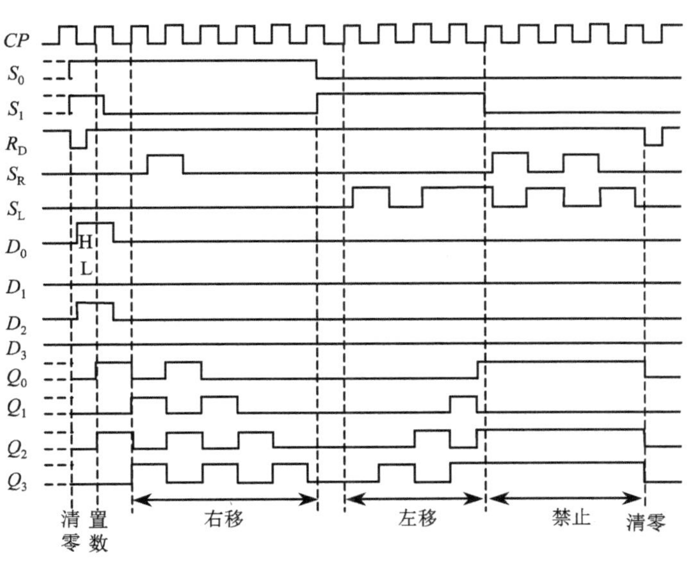

图 11-27　移位寄存器 74LS194 时序波形图

11.3 应用举例

数字钟是人们常见并且常用的一种电子器件，它具有时、分、秒数字显示，准确计时的功能，具有校时功能，并且可以扩展闹钟系统和整点报时。

数字钟电路的原理框图如图 11-28 所示，由主体电路和扩展电路构成，分别完成数字钟的基本功能和扩展功能。

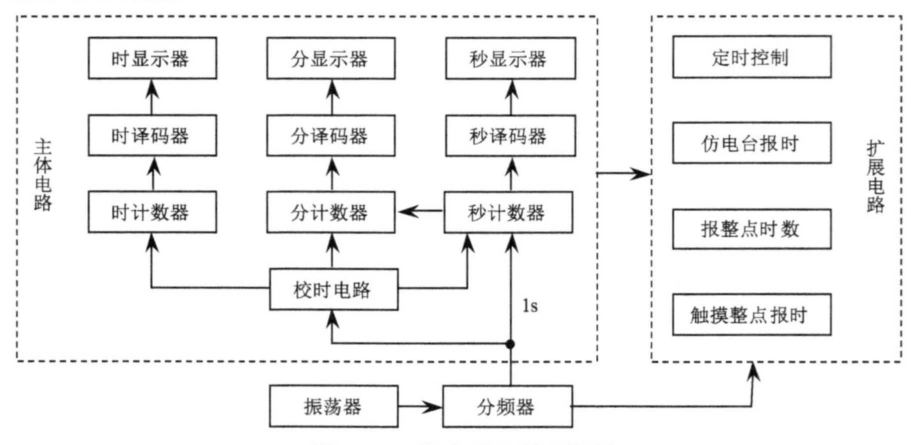

图 11-28 数字钟的原理框图

主体电路由石英晶体振荡器、分频器、计数器、译码器、显示器和校时电路等组成。石英晶体振荡器产生的信号经过分频器得到标准的秒脉冲，为数字钟的时间基准，送入计数器计数，计数结果通过时、分、秒译码器显示时间，计时出现误差时可通过校时电路调整时钟。扩展电路在基本电路运行正常后才能进行扩充实现，采用译码器或与非门接到分计数器和秒计数器相应的输出端，使计数器运行到差十秒整点时，利用分频器输出的 500 Hz 和 1 000 Hz 的信号加到音响电路中，用于模仿电台报时频率，前四响为低音，后一响为高音。

（1）石英晶体振荡电路

振荡器是数字钟的核心，石英晶体振荡器的特点是振荡频率准确，电路结构简单，频率易于调整。

图 11-29 为晶体振荡器电路，常取晶振的频率为 32 768 Hz，因其内部有 15 级二分频集成电路，所以输出端正好可得到 1 Hz 的标准脉冲。

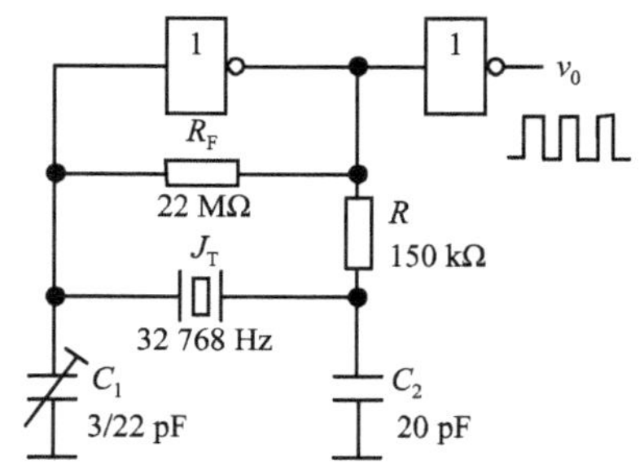

图 11-29 32 768 Hz 石英晶体振荡器电路

如果精度要求不高，也可考虑采用集成逻辑门或定时器 555 组成的 RC 多谐振荡器。

（2）分频电路

分频器的功能主要有两个：

1）产生标准秒脉冲信号；

2）提供功能扩展电路所需要的信号，如仿电台报时用的 1 kHz 的高音频信号和 500 Hz 的低音频信号等。

选用三片中规模集成电路计数器 74LS90 可以完成上述功能，每片为 1/10 分频，3 片级联可获得所需要的频率信号，即第一片的 Q_0 端输出频率为 500 Hz，第二片的 Q_3 端输出频率为 10 Hz，第三片的 Q_3 端输出频率为 1 Hz。

（3）计数电路

分和秒计数器都是模数 M=60 的计数器，其计数规律为 00—01—…—58—59—00…选 74LS92 作十位计数器，74LS90 作个位计数器，再将它们级联即可组成模数 M=60 的计数器。

时计数器是一个“12 翻 1”的特殊进制计数器，当数字钟运行到 12 时 59 分 59 秒时，秒的个位计数器再输入一个秒脉冲时，数字钟应自动显示为 01 时 00 分 00 秒，实现日常生活中习惯用的计时规律。选用 74LS191 和 74LS74 作为时计数器。

（4）校时电路

当数字钟接通电源或者计时出现误差时，需要校正时间，校时是数字钟应具备的基本功能。为使电路简单，只进行时和分的调校。

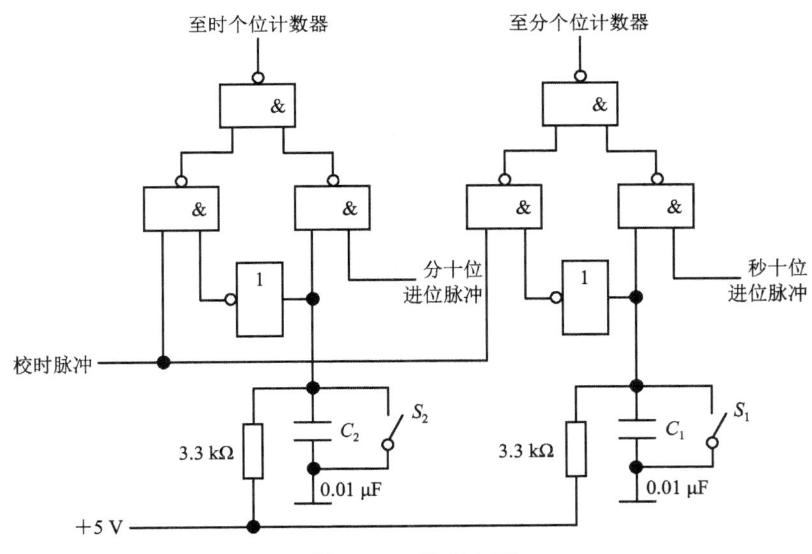

图 11-30　校时电路

图 11-30 为校时电路。S_1 是校“分”用的控制开关，S_2 是校“时”用的控制开关。当 S_1 或 S_2 分别为“0”时可进行“快校时”，校时脉冲采用分频器输出的 1 Hz 脉冲。

需要注意的是，校时电路是由与非门构成的组合逻辑电路，开关 S_1 或 S_2 为“0”或“1”时，可能会产生抖动，接电容 C_1、C_2 可以缓解抖动。必要时还应将其改为去抖动开关电路。

图 11-31 是数字钟的整机电路。

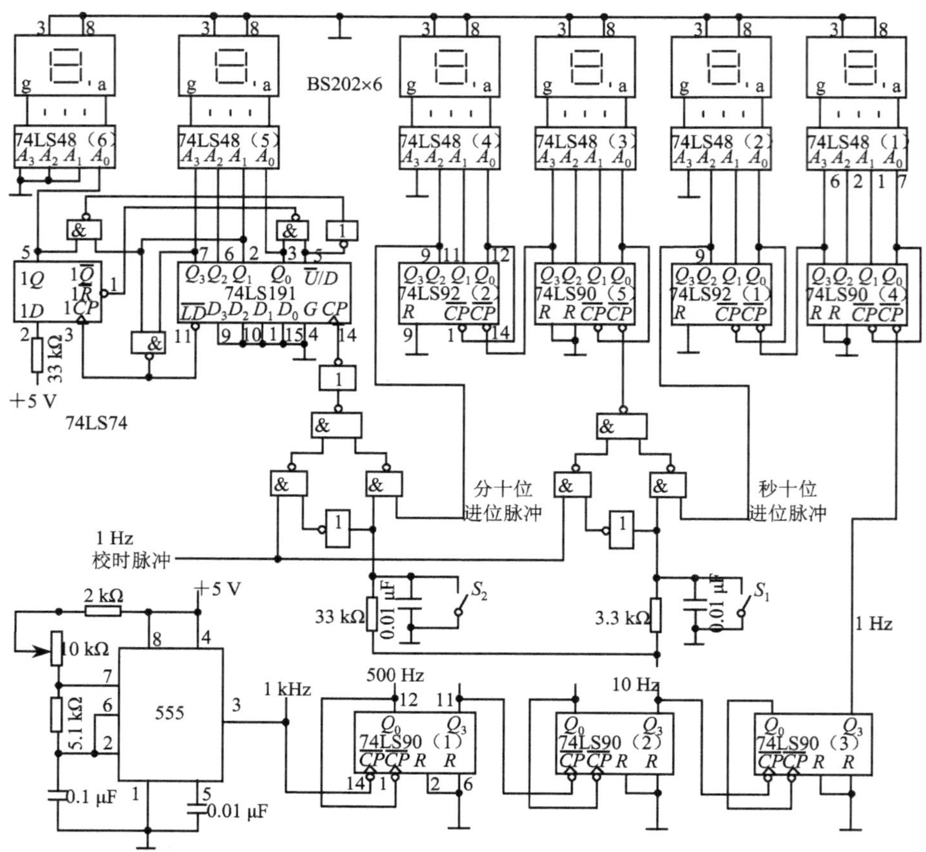

图 11-31　数字钟整机电路

习　题　11

1．试用边沿 JK 触发器构成同步 6 进制加法计数器，并画出其输出波形。

2．试用三片 74LS194 构成 12 位双向移位寄存器。

3．试分析题 3 图中所示电路，画出它的状态转换图，并说明它是几进制计数器。

4．试分析题 4 图中所示电路，画出它的状态转换图，并说明它是几进制计数器。

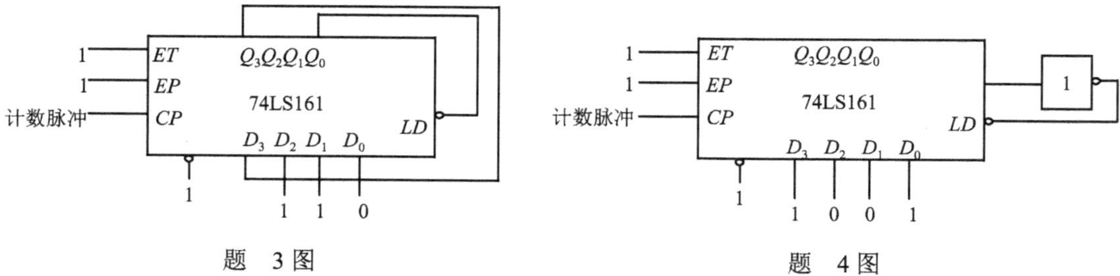

题　3 图　　　　题　4 图

5．利用两片 74LS161 构成同步二十四进制加法计数器，要求采用两种不同的方法。

6．采用反馈清零法，利用 74LS161 构成同步十进制加法计数器，并画出其输出波形。

7．采用反馈置数法，利用 74LS161 构成同步加法计数器，其计数状态为 1001～1111。

*第 12 章　数模（D/A）与模数（A/D）转换器

能将模拟量转换为数字量的电路称为模数转换器，简称 A/D 转换器或 ADC；能将数字量转换为模拟量的电路称为数模转换器，简称 D/A 转换器或 DAC。ADC 和 DAC 是沟通模拟电路和数字电路的桥梁，也可称之为两者之间的接口。

12.1　数模转换器（D/A）

D/A 转换器的基本原理是：将输入的每一位二进制代码按其权的大小转换成相应的模拟量，然后将代表各位的模拟量相加，所得的总模拟量就与数字量成正比，这样便实现了从数字量到模拟量的转换。D/A 转换器由数码寄存器、模拟电子开关、解码网络、求和电路及基准电压电路几部分组成。目前常见的 D/A 转换器有二进制权电阻网络 D/A 转换器、倒 T 形电阻网络 D/A 转换器、权电流型 D/A 转换器、权电容网络 D/A 转换器以及开关树型 D/A 转换器等几种类型。下面以倒 T 形电阻网络 D/A 转换器为例进行介绍。

12.1.1　倒 T 形电阻网络 D/A 转换器

倒 T 形电阻网络 D/A 转换器如图 12-1 所示。由图可知，电阻网络中只有 R 和 $2R$ 两种阻值的电阻，十分方便。当数字量为“1”时，开关接集成运放反向输入端，有支路电流 I_i 流向求和放大电路；当数字量为“0”时，开关接地，支路电流 I_i 为零。

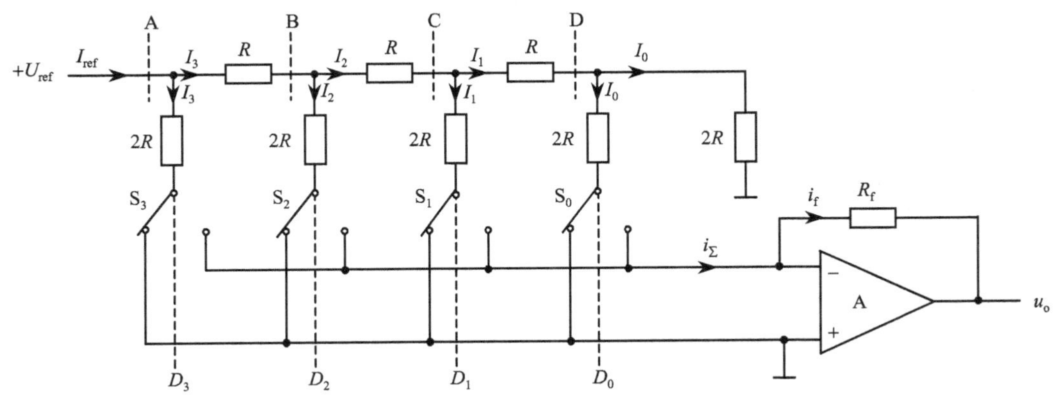

图 12-1　倒 T 形电阻网络 D/A 转换器

假设从参考电压端输入的总电流 $I_{ref}=\dfrac{U_{ref}}{R}$，那么流过各开关之路（从左到右）的电流分别是 $I/2$，$I/4$，$I/8$，$I/16$。那么将其相加可得总电流 i_f，输出电压

$$u_o=-R_f i_f=-\frac{U_{ref}R_f}{2^4 R}(2^3\cdot D_3+2^2\cdot D_2+2^1\cdot D_1+2^0\cdot D_0) \tag{12-1}$$

上式说明，输出的模拟电压正比于输入的二进制数，故实现了数字量与模拟量的转换。

12.1.2 D/A 转换器的主要技术指标

1．分辨率

分辨率用输入二进制数的有效位数表示。在分辨率为 n 位的 D/A 转换器中，输出电压能区分 2^n 个不同的输入二进制代码状态，能给出 2^n 个不同等级的输出模拟电压。

分辨率也可以用 D/A 转换器的最小输出电压 U_{LSB}（输入数字只有最低位为 1）与最大输出电压 U_{FSR}（输入数字全为 1）的比值来表示。如 10 位 D/A 转换器的分辨率为

$$\frac{U_{LSB}}{U_{FSR}}=\frac{1}{2^{10}-1}=\frac{1}{1\,023}\approx 0.001 \tag{12-2}$$

位数 n 越大，其输出模拟电压的取值个数越多（$2n$ 个）或取值间隔（$2n-1$ 个）越多，则 D/A 转换器输出模拟电压的变化量越小，所以分辨率用于表征 D/A 转换器对输出电压的细微变化敏感程度的。

2．转换精度

D/A 转换器的转换精度是指输出模拟电压的实际值与理想值之差，通常用分辨率和转换误差来描述。转换误差包括比例系数误差、失调误差、非线性误差等，一般与基准电压不够稳定和运算放大器的零漂有关。为了获得高精度的 D/A 转换器，不仅应选择位数较多的高分辨率的 D/A 转换器，而且还需要选用高稳定度的器件与之配合才能达到。

3．转换速度

通常用转换时间和转换速率两个参数来描述 D/A 转换器的转换速度。当输入数字量发生变化时，输出的模拟量并不是立刻达到所对应的值，需要一定的时间，称为转换时间（或输出建立时间）。转换速率用模拟量的变化率来表示。

12.2 模数转换器（A/D）

A/D 转换是将模拟信号转换为数字信号，转换过程通过采样、保持、量化和编码四个步骤完成。

1．采样—保持

采样是将时间上连续变化的信号转换为时间上离散的信号，即将时间上连续变化的模拟量转换为一系列等间隔的脉冲，脉冲的幅度取决于输入模拟量。采样后的值必须保持不变，直到下一次采样。因为 A/D 转换必须有时间处理采样值。采样和保持操作的结果是近似输入模拟信号的“阶梯状”的波形，如图 12-2 所示。

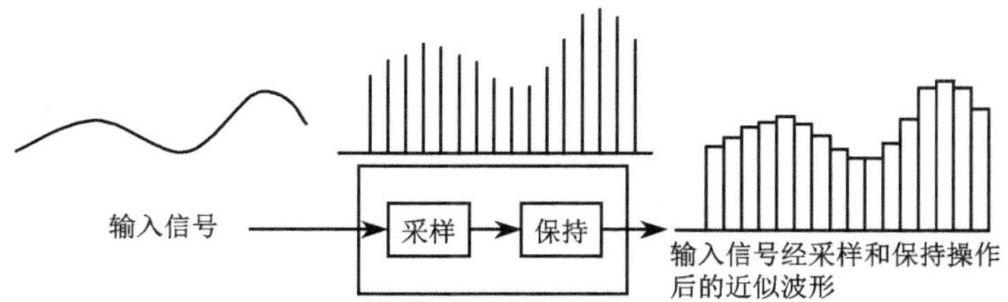

图 12-2 采样—保持示意图

2．量化—编码

采样保持后的值都表示成某个“最小数量单位”的整数倍，这一过程称为量化。规定的最小数量单位称为量化单位或量化间隔，用“δ”表示。量化的方法一般有两种：四舍五入法和舍去小数法。采用不同量化方式的结果与采样值之间存在差异，这个差异称为量化误差。

把上述量化结果用代码表示，称为编码。2 位代码可表示 0～4δ 共 4 个值，3 位代码可表示 0～7δ 共 8 个值，即 n 位代码可表示 0～（2^n−1）δ 个共 2^n 个值。下面以图 12-3 中采样保持后的近似波形为例，说明将它进行量化和编码的过程。

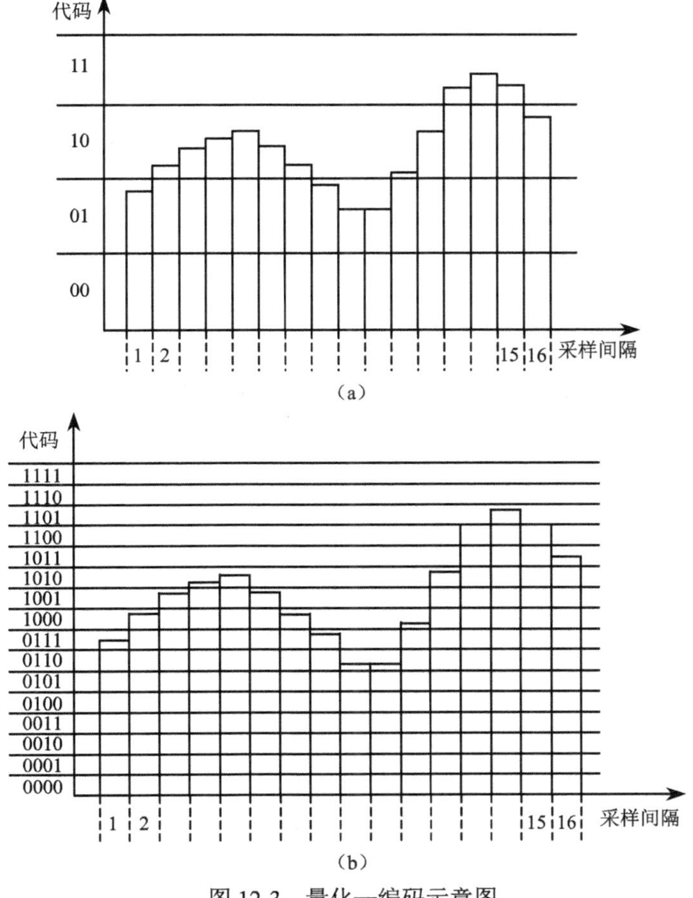

图 12-3 量化—编码示意图

（a）2 位代码量化编码 （b）3 位代码量化编码

从图中可知，编码位数越多，纵向越细腻量化误差越小，越趋近于采样值，准确度越高。

12.2.1 逐次逼近型A/D转换器

按照工作原理的不同可分为直接 A/D 转换器和间接 A/D 转换器。常用的直接 A/D 转换器有并联比较型 A/D 转换器和逐次比较型 A/D 转换器。常用的间接 A/D 转换器有中间量为时间的双积分型 A/D 转换器，中间量为频率的电压一频率转换型 A/D 转换器。下面主要讲解逐次比较型 A/D 转换器。

逐次逼近转换过程与用天平称物重非常相似。按照天平称重的思路，逐次比较型 A/D 转换器，就是将输入模拟信号与不同的参考电压做多次比较，使转换所得的数字量在数值上逐次逼近输入模拟量的对应值。常用的集成逐次比较型 A/D 转换器有 ADC0808/0809 系列（8）位、AD575（10 位）、AD574A（12 位）等。下面以 4 位逐次比较型 A/D 转换器为例讲解其原理，逻辑电路如图 12-4 所示。

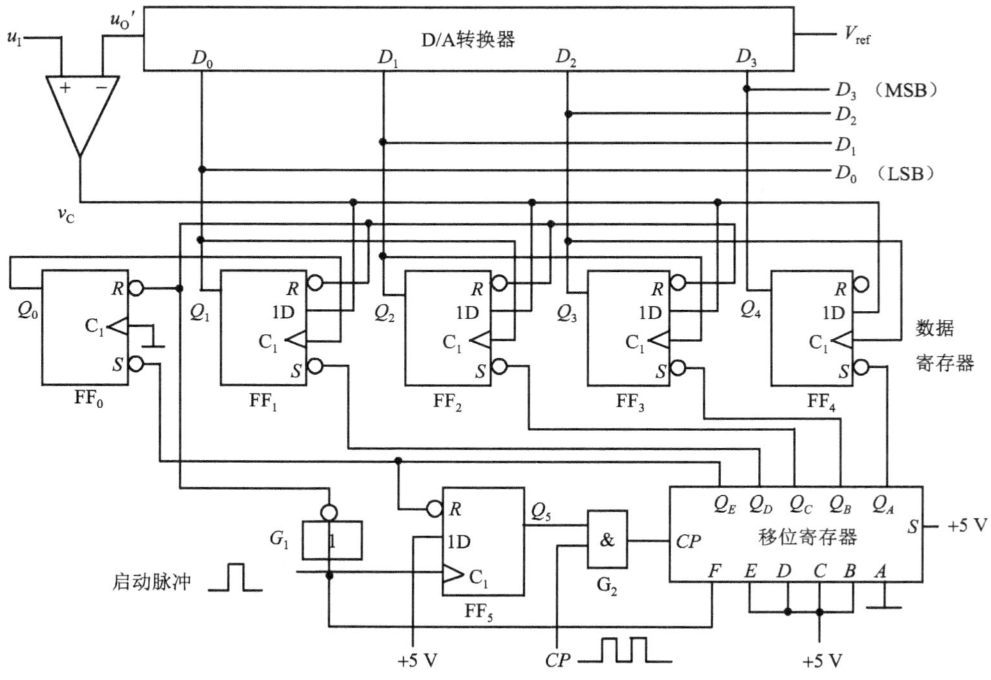

图 12-4　4 位逐次比较型 A/D 转换器逻辑电路图

图中 5 位移位寄存器可进行并入/并出或串入/串出操作，其输入端 F 为并行置数使能端，高电平有效。其输入端 S 为高位串行数据输入。数据寄存器由 D 边沿触发器组成，数字量从 Q_4～Q_1 输出。电路工作过程如下。

当启动脉冲上升沿到达后，FF_0～FF_4 被清零，Q_5 置 1，与门 G_2 开启，时钟脉冲 CP 进入移位寄存器。

在第一个 CP 脉冲作用下，由于移位寄存器的置数使能端 F 由 0 变 1，并行输入数据 $ABCDE$ 置入，$Q_A Q_B Q_C Q_D Q_E$ =01111，Q_A 的低电平使数据寄存器的最高位（Q_4）置 1，即 $Q_3Q_2Q_1Q_0$=1000。D/A 转换器将数字量 1000 转换为模拟电压 u'_O，送入比较器与输入模拟电压 u_I 比较，若 u_I>u'_O，则比较器输出 u_C 为 1，否则为 0。比较结果送入 D_3～D_0。

在第二个 CP 脉冲到来后，移位寄存器的串行输入端 S 为高电平，Q_A 由 0 变 1，同时最

高位 Q_A 的 0 移至次高位 Q_B。于是数据寄存器的 Q_3 由 0 变 1，这个正跳变作为有效触发信号加到 FF_4 的 CP 端，使 u_C 的电平得以在 Q_4 保存下来。此时，由于其他触发器无正跳变触发脉冲，u_C 的信号对它们不起作用。Q_3 变 1 后，建立了新的 D/A 转换器的数据，输入电压再与其输出电压 u'_O 进行比较，比较结果在第三个时钟脉冲作用下存于 Q_3。

如此进行，直到 Q_E 由 1 变 0 时，使触发器 FF_0 的输出端 Q_0 产生由 0 到 1 的正跳变，做触发器 FF_1 的 CP 脉冲，使上一次 A/D 转换后的 u'_O 电平保存于 Q_1。同时使 Q_5 由 1 变 0 后将 G_2 封锁，一次 A/D 转换过程结束。于是电路的输出端 $D_3D_2D_1D_0$ 得到与输入电压 u_I 成正比的数字量。

由以上分析可见，逐次比较型 A/D 转换器完成一次转换所需时间与其位数和时钟脉冲频率有关，位数越少，时钟频率越高，转换所需时间越短。这种 A/D 转换器具有转换速度快，精度高的特点。

12.2.2 A/D 转换器的主要技术指标

1．分辨率

A/D 转换器的分辨率用输出二进制数的位数 n 表示，位数越多，对输入模拟信号的分辨能力越强。例如，输入模拟电压的变化范围为 0～5 V，输出 8 位二进制数可以分辨的最小输入模拟电压为 5×2^{-8} V＝20 mV；输出 12 位二进制数可以分辨的最小输入模拟电压为 5×2^{-12} V≈1.22 mV。

2．转换误差

转换误差表示 A/D 转换器实际输出的数字量和理论上的输出数字量之间的差别。常用最低有效位的倍数表示。

3．转换时间

转换时间指完成一次转换所需的时间。转换时间是指从接到转换控制信号开始，到输出端得到稳定的数字输出信号所经过的这段时间。

习 题 12

1．将数字量转换成模拟量的电路称为__________，简称__________。

2．将模拟量转换成数字量的电路称为__________，简称__________。

3．传感器传送过来的信号要经过__________转换为数字信号才能被数字系统所识别，数字系统发出的信号要经过__________转换为模拟信号才能被执行机构所识别。

4．A/D 转换器的转换过程通过__________、__________、__________和__________四个步骤完成。

5．A/D 转换器采样过程中要满足采样定理，即采样频率__________输入信号的最大频率。

6．A/D 转换器量化误差的大小与__________和__________有关。

7．A/D 转换器按照工作原理的不同可分为__________ A/D 转换器和__________ A/D 转换器。

8．已知 A/D 转换器的分辨率为 8 位，其输入模拟电压范围为 0～5 V，则当输出数字量为 10000001 时，对应的输入模拟电压为__________。

第三篇　电气控制技术

第 13 章　常用低压电器

在电力拖动系统和自动控制系统中有许多常用的且十分重要的低压电器，如接触器、继电器、主令电器等，它们是电气控制的基础元器件，无论多么复杂的电气图都是由这些元件构成的，所以它们的工作原理、元件符号等知识便成为学习和设计可编程序控制器控制系统的基础。

13.1　低压电器的基本知识

1．低压电器的定义

低压电器（low-voltage apparatus）通常指工作在交流额定电压 1 200 V、直流额定电压 1 500 V 以下的电气线路中，起通断、控制、保护和调节作用的电气设备。

2．常用低压电器分类

（1）按工作原理不同进行分类

从这一角度来考虑，可分为非电量控制电器和电磁式电器。非电量控制电器有按钮、行程开关、速度继电器等，电磁式电器有接触器、中间继电器等。

（2）按所控制的对象不同进行分类

从这一角度来考虑，可分为配电电器和控制电器。低压配电电器有熔断器、刀开关、断路器等，低压控制电器有接触器、继电器等。

（3）按动作性质或操作方式不同进行分类

从这一角度来考虑，可分为自动控制电器和非自动控制电器。自动控制电器有接触器、继电器等，非自动控制电器有刀开关、行程开关等。

13.2　熔断器

1．熔断器的结构

熔断器（fuse）是一种利用熔体的熔化作用而切断电路的最初级的保护电器，用于线路的过载及系统的短路保护，主要由熔体（俗称保险丝）和熔管组成。按结构形式的不同可以分为螺旋式、插入式、快速和自复式熔断器，其中前两种熔断器的外观与结构分别如图 13-1 和图 13-2 所示。

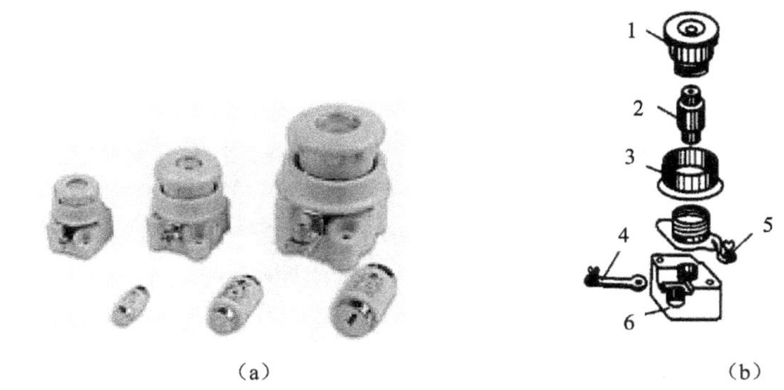

（a）　（b）

图 13-1　螺旋式熔断器外观及结构

（a）外观　（b）结构

1—瓷帽；2—熔断管；3—瓷套；4—下接线座；5—上接线座；6—瓷座

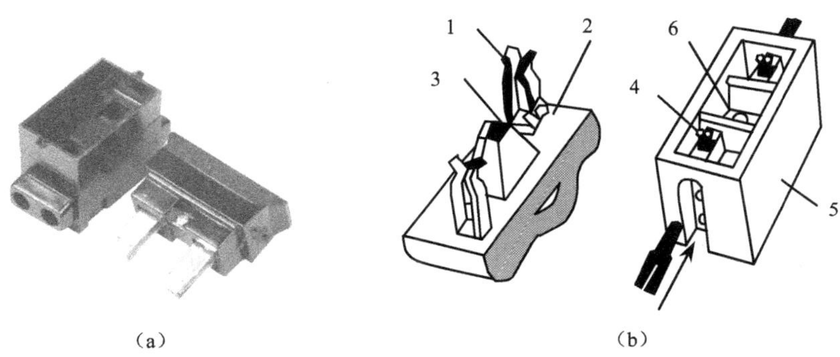

（a）　（b）

图 13-2　插入式熔断器外观及结构

（a）外观　（b）结构

1—动触头；2—瓷盖；3—熔丝；4—静触头；5—瓷座；6—空腔

2．熔断器的工作原理

熔断器是利用电流的热效应原理工作的，使用时串接在被保护线路中。当电路正常工作时，熔体允许通过一定大小的电流而不熔断；当线路发生过载或短路时，熔体产生的热量使自身熔化而切断电路。电流越大，熔体熔断的时间越短。

3．熔断器的符号

熔断器的符号如图 13-3 所示。

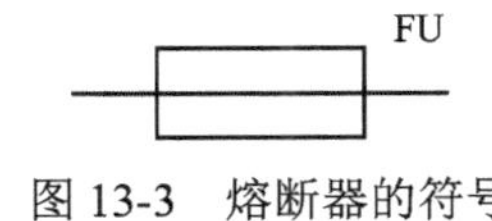

图 13-3　熔断器的符号

4．熔断器的选择

一般熔断器根据熔断器类型、额定电压、额定电流以及熔体的额定电流进行选择。根据被保护电路的需要，先确定熔断器的类型，然后选择熔体的参数，再根据熔体确定熔断器的规格。

（1）熔断器类型的选择

熔断器类型应根据电路要求、使用场合及安装条件来选择。电网配电等超大容量电路保护一般用封闭管式熔断器；电动机等大容量电路保护一般用螺旋式熔断器；照明等小容量电路保护一般用插入式熔断器；保护半导体元件一般选择快速式熔断器。

（2）熔断器额定电压

额定电压应等于或大于所在线路的工作电压。

（3）熔断器额定电流

熔断器额定电流是指等于或大于所装熔体的额定电流，不超过允许温升而允许长期通过的电流值。

（4）熔断器熔体额定电流

熔断器熔体额定电流是指长期流过熔体而熔体不熔断的最大电流值。

1）保护变压器、电炉和照明等负载时，熔体的额定电流 I_{Rn} 应略大于或等于负载的额定电流 I_n，即 $I_{Rn} \geq I_n$。

2）保护一台长期工作的电动机时，考虑电动机启动电流很大，要启动时熔体不熔断，因此 $I_{Rn} \geq 1.5I_n$。

3）保护一台频繁启动的单台电动机时，考虑电动机启动电流很大，且在频繁启动时熔体不熔断，因此 $I_{Rn} \geq 3I_n$。

4）保护多台电动机长期共用一个熔断器时，$I_{Rn} \geq 1.5I_{nMmax}+\Sigma I_{nM}$。其中，$I_{nMmax}$ 是容量最大电动机的额定电流；ΣI_{nM} 是除了容量最大电动机外，其余电动机的额定电流之和。

13.3 接触器

13.3.1 接触器的定义与分类

接触器（contactor）是一种适用于远距离频繁地接通与断开交直流主电路及大容量控制电路的自动切换电器。接触器主要控制对象是电动机，是用途广泛的自动控制电器之一。

接触器的品种较多，按其线圈通过电流种类不同可分为交流接触器与直流接触器。按接触器触头系统不同分为电磁式接触器、气动式接触器和液压式接触器。本书以电磁式交流接触器为例进行讲解。

13.3.2 接触器的结构

接触器外观与结构如图 13-4 所示，主要由电磁机构、触头系统、灭弧装置三部分构成。

（a）

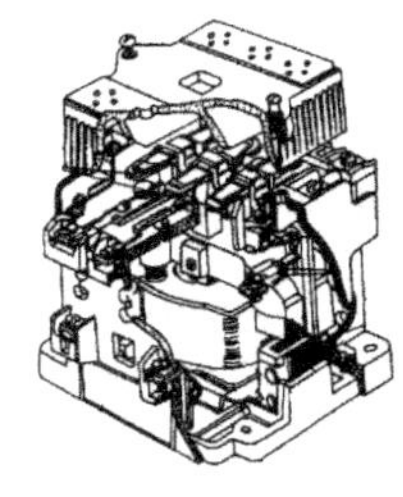

（b）

图 13-4　接触器外观及结构

（a）交流接触器外观　（b）交流接触器结构

1．电磁机构

图 13-4（b）中的吸引线圈、铁芯和衔铁三部分构成了电磁机构，具体结构如图 13-5 所示。

电磁机构主要将电磁能转换成机械能，带动触头使之闭合或断开。按衔铁的运动方式分为衔铁直线运动、衔铁绕轴转动、衔铁绕棱角转动。

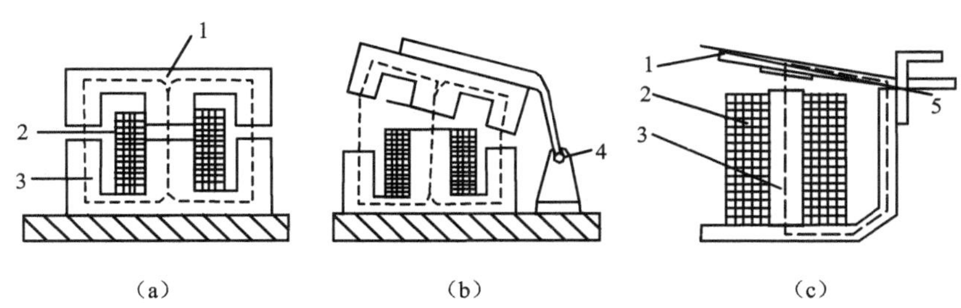

图 13-5 接触器电磁机构结构

（a）直线运动 （b）绕轴转动 （c）绕棱角转动

1—衔铁；2—吸引线圈；3—铁芯；4—转轴；5—棱角

2．触头系统

在图 13-4（b）中存在各种触头，这些触头共同构成了触头系统。触头系统是用于接通或断开被控制的电路的，因此也叫做执行机构。

按原始状态的不同可以分为常开（动合）触头和常闭（动断）触头。当线圈不带电时，动、静触头是分开的，称为常开触头；动、静触头是闭合的，称为常闭触头。

按控制的电路分为主触头和辅助触头。主触头用于接通或断开主电路，允许通过较大的电流；辅助触头用于接通或断开控制电路，只允许通过较小的电流。

按触头形状的不同可分为桥式触头和指型触头，一般采用桥式触头比较多。桥式触头按接触形式分为点接触、线接触和面接触三种。点接触适用于电流不大、触点压力小的场合；线接触适用于接通次数多、电流大的场合；面接触适用于大电流的场合。桥式触头的结构如图 13-6 所示。

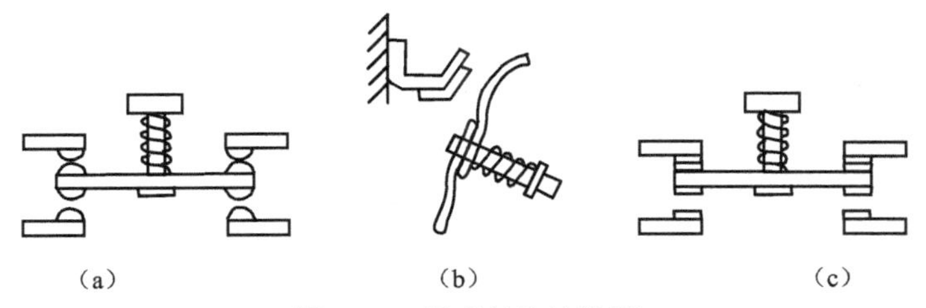

图 13-6 桥式触头结构图

（a）点接触 （b）线接触 （c）面接触

3．灭弧装置

灭弧装置放置在如图 13-4（b）中的灭弧室里。由于静触头与动触头分断的瞬间会产生电弧，电弧产生高温并伴有强光，属于一种气体放电现象，即气体中有大量的带电粒子做定向运动。电弧的存在有一定的危害，它可以使触头金属表面氧化，甚至将触头烧损，降低电气寿命，并使电路的切断时间延长，通断能力下降。因此，需要及时有效地采取灭弧措施。

根据电弧产生的机制，可以通过降低电场强度，同时降低电弧温度，使电弧快速熄灭。这里介绍常用的两种灭弧方法，即采用灭弧栅将电弧分段和采用灭弧罩冷却电弧的灭弧法。灭弧栅适用于电弧较强的接触器，通过绝缘的栅片将电弧分割成短弧，以至于外加电压无法维持电弧，使电弧迅速熄灭，结构如图 13-7 所示。灭弧罩适用于电弧较弱的接触器，利用陶土和石棉水泥做成的耐高温的灭弧罩来加强冷却和消游离作用使电弧迅速熄灭。

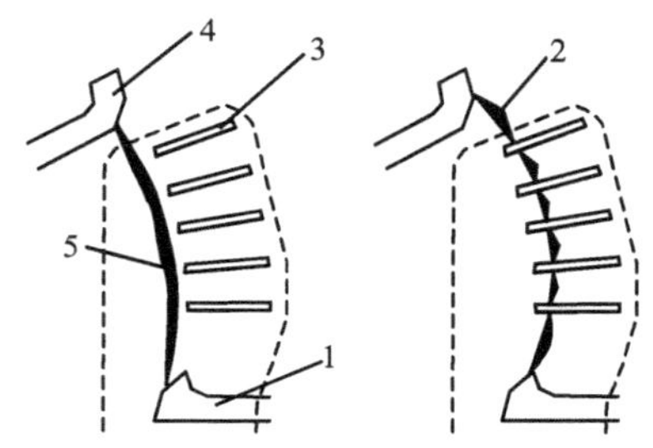

图 13-7　灭弧栅结构

1—静触头；2—短电弧；3—灭弧栅片；4—动触头；5—电弧

13.3.3　电磁式接触器的工作原理与符号表示

1．电磁式接触器的工作原理

电磁式交流接触器是利用电磁吸力与弹簧的反力进行工作的。电磁线圈通电以后，铁芯产生一种力，吸引衔铁带动触点改变原来状态进而接通或断开电路，这种力被称为电磁吸力。电磁吸力是反映电磁式电器工作可靠性的一个非常重要的参数。所谓反力即弹簧的反作用力。为了使电磁机构能正常工作，吸力与反力配合必须得当。在衔铁吸合过程中，吸力必须始终比反力大；反之，衔铁释放时，反力要大于吸力（此时的吸力是由剩磁产生的）。在吸合过程中还须注意吸力不能过大，否则会影响到电磁机构寿命。

电磁式接触器的工作原理示意图如图 13-8 所示。图中，7、8、9、10 组成电磁机构，当 7、8 线圈通电时电磁机构的吸力克服反作用弹簧 11 的反作用力，使得衔铁 9 向铁芯 10 靠近，向上运动，带动着动触头 5、6 离开静触头 1、2 并与静触头 3、4 相接，主电路接通。当线圈断电时，衔铁在弹簧反作用力的作用下复位，动触头与静触头 3、4 断开并产生电弧，电弧在灭弧装置中快速熄灭，主电路切断。

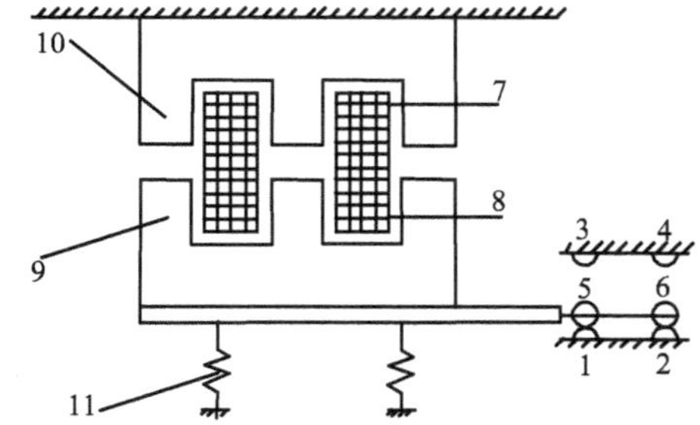

图 13-8　电磁式接触器原理示意图

1、2、3、4—静触头；5、6—动触头；7、8—吸引线圈；9—衔铁；10—铁芯；11—反作用弹簧

2．接触器的符号表示

同电路中的灯泡等元器件一样，在画电气图时不能用真实的元器件表示，而需要用一些简化的符号来代表接触器。接触器的符号简化为两大部分，即线圈和触头，如图 13-9 所示。

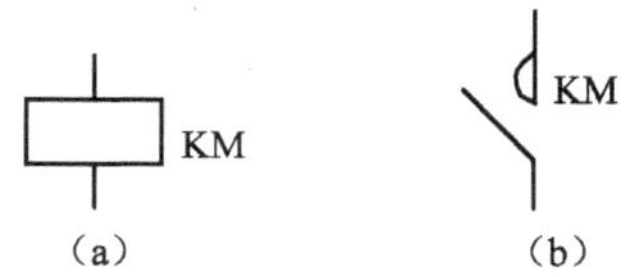

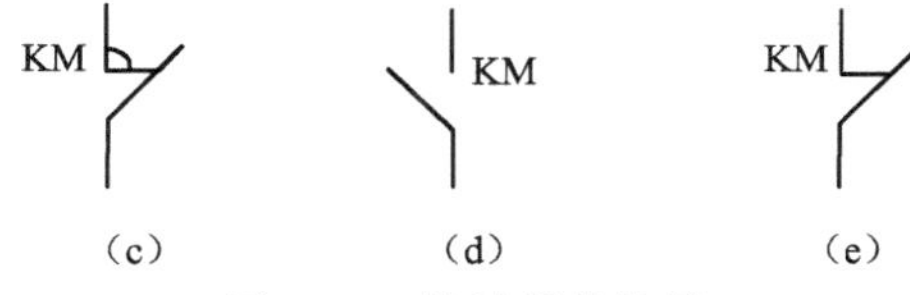

图 13-9　接触器的符号

（a）线圈　（b）常开主触头　（c）常闭主触头　（d）辅助常开触头　（e）辅助常闭触头

13.4　继电器

继电器（relay）是一种根据特定形式的输入信号（如电流、电压、时间和速度等物理量）的变化来接通或分断小电流电路的自动控制电器，是一种传递信号的电器，它的触点一般接在控制电路中。

继电器种类很多，按输入信号不同分为中间继电器、时间继电器、速度继电器等；按工作原理的不同分为电磁式继电器、感应式继电器、热继电器等。

13.4.1　中间继电器

1．中间继电器的结构与工作原理

中间继电器属于电磁式继电器，其结构和接触器一样，都具有电磁机构，工作原理也基本相似。它广泛应用于电力传动系统中，起控制、放大、联锁、保护与调节的作用，以实现控制过程的自动化。与接触器的区别在于继电器触点对数较多，容量较大，动作灵敏，主要起扩展控制范围或传递信号的中间转换作用，多用于控制电路中。

2．中间继电器的符号

中间继电器的符号如图 13-10 所示。

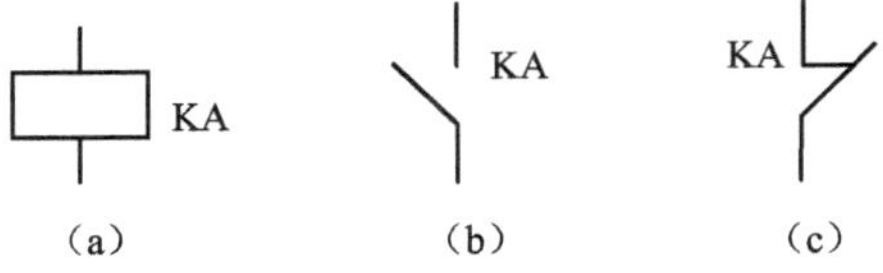

图 13-10　中间继电器的符号

（a）线圈　（b）常开触头　（c）常闭触头

13.4.2　时间继电器

1．时间继电器的基本知识

在敏感元件获得信号后，触头要延迟一段时间才动作的继电器称为时间继电器（time delay relay）。这里指的延时区别于一般电磁式继电器从线圈通电到触点闭合的固有延时动作时间。时间继电器也属于电磁式继电器，主要由电磁机构、延时机构和触头三部分组成。

时间继电器按时间原则控制的场合的不同，可分为通电延时型和断电延时型。通电延时型当有输入信号后，延迟一定时间，输出信号才发生变化；当输入信号消失后，输出信号瞬时复原。断电延时型当有输入信号时，瞬时产生相应的输出信号；当输入信号消失后，延迟一定时间，输出信号才复原。时间继电器按工作原理的不同，可分为电磁式、空气阻尼式、晶体管式和数字式等。

2．时间继电器的工作原理

下面以最常用的空气阻尼式时间继电器为例，介绍时间继电器的工作原理。

空气阻尼式时间继电器利用空气阻尼原理达到延时的目的。其延时机构是由利用空气通过小孔的节流原理制作的气囊式阻尼器构成的。对于空气阻尼式时间继电器来说，其通电延时型和断电延时型两种时间继电器原理和结构基本相同，只是将其电磁机构翻转 180° 安装。当衔铁位于铁芯和延时机构之间时为通电延时型；当铁芯位于衔铁和延时机构之间时为断电延时型。这里以通电延时型为例讲解。

如图 13-11 所示，当线圈 1 得电后，衔铁 3 吸合，活塞杆 6 在塔形弹簧 8 作用下带动活塞 12 及橡皮膜 10 向上移动。橡皮膜下方空气室内的空气变得稀薄，形成负压，活塞杆只能缓慢移动，其移动速度由进气孔气隙大小来决定。经一段延时后，活塞杆通过杠杆 7 压动微动开关 15，使其触点动作，起到通电延时作用。当线圈断电时，衔铁释放，橡皮膜下方空气室内的空气通过活塞肩部所形成的单向阀迅速排出，使活塞杆、杠杆、微动开关等迅速复位。由线圈得电至触点动作的一段时间即为时间继电器的延时时间，其大小可以通过调节螺钉 13 调节进气孔气隙大小来改变。在线圈通电和断电时，微动开关 16 在推板 5 的作用下都能瞬时动作，其触点即为时间继电器的瞬动触头。

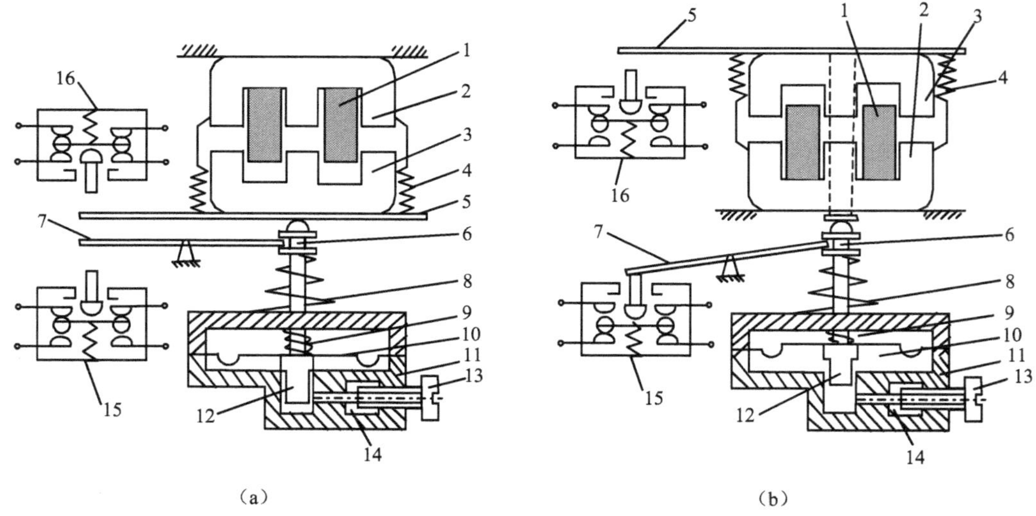

图 13-11 时间继电器原理示意图

（a）通电延时型 （b）断电延时型

1—线圈；2—铁芯；3—衔铁；4—反力弹簧；5—推板；6—活塞杆；7—杠杆；8—塔形弹簧；9—弱弹簧；10—橡皮膜；11—空气室壁；12—活塞；13—调节螺钉；14—进气孔；15、16—微动开关

3．时间继电器的符号

在上述原理中已经提到，时间继电器的触头有瞬动触头和延时触头两种，其中瞬动时间继电器的符号如图 13-12 所示。

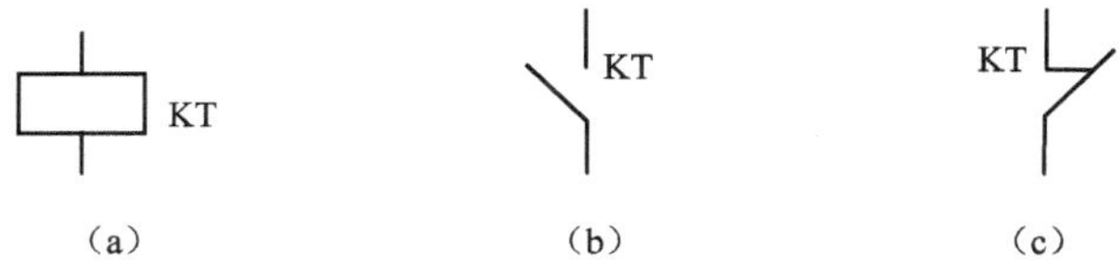

图 13-12　瞬动时间继电器的符号
(a) 瞬动线圈　(b) 瞬动常开触头　(c) 瞬动常闭触头

延时的时间继电器又分为通电型和断电型，无论通电型还是断电型，根据延时动作的不同，又包含延时闭合和延时断开两种，因此就有通电延时闭合、通电延时断开、断电延时闭合和断电延时断开四种延时触点。四种延时触点各有多种画法，如图 13-13 和图 13-14 所示。下面以图 13-13（b）为例介绍触点判断的方法。

1）半圆的圆心方向与非原始状态（即线圈得电后触点的动作方向）相同则为通电型，相反则为断电型。图中半圆圆心在右边，线圈得电后触点的动作方向为闭合，也为右边，方向相同，所以是通电型。同理，图 13-13 中的所有触点都是通电型；图 13-14 的所有触点都为断电型。

2）半圆的圆心方向为延时的动作方向。图中半圆圆心向右，即触点闭合的方向，因此为延时闭合触头。

3）所画触头状态为原始状态，图中是常开触头。

综上所述，图 13-13（b）为通电延时闭合的常开触头。

应该注意的是，线圈必须与触点的通断类型一致，不能交叉互换。

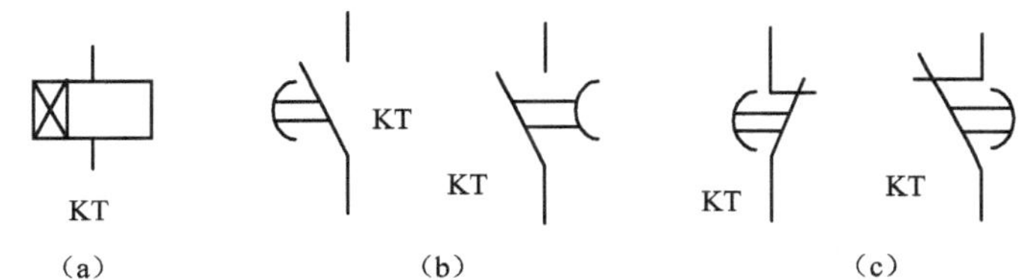

图 13-13　通电延时继电器的符号
(a) 通电型线圈　(b) 通电延时闭合的常开触头　(c) 通电延时断开的常闭触头

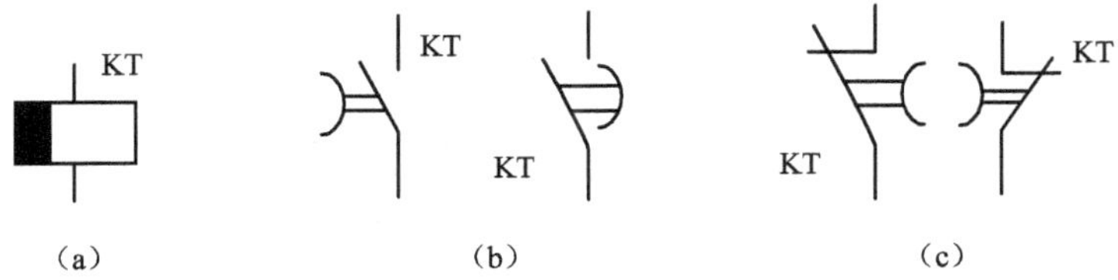

图 13-14　断电延时继电器的符号
(a) 断电型线圈　(b) 断电延时断开的常开触头　(c) 断电延时闭合的常闭触头

13.4.3　速度继电器

1．速度继电器的结构与工作原理

速度继电器属于感应式继电器，是一种当转速达到规定值时动作的继电器，常用于异步电动机按速度原则控制的反接制动线路中，亦称反接制动继电器。它主要由转子、定子和触头三部分组成，外观如图 13-15 所示。

2．速度继电器的工作原理

速度继电器工作原理如图 13-16 所示，当被控电机转动时，图中转子 2 会以同样速度旋转，进而产生电磁转矩，使定子 3 克服外界反作用力转动一定角度，在定子的带动下摆锤 5 偏转一定的角度，转速越高角度越大。当转速高于设定值时，摆锤令触头发生动作。

图 13-15　速度继电器外观

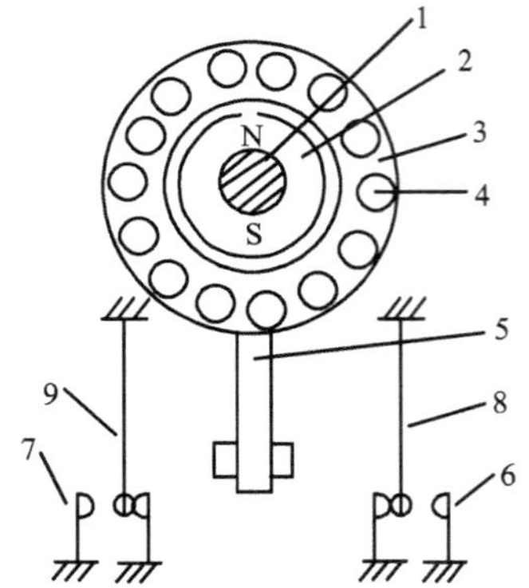

图 13-16　速度继电器原理示意图

1—转轴；2—转子；3—定子；4—绕组；5—摆锤；6、7—静触头；8、9—动触头

3．速度继电器的符号

速度继电器的符号如图 13-17 所示。

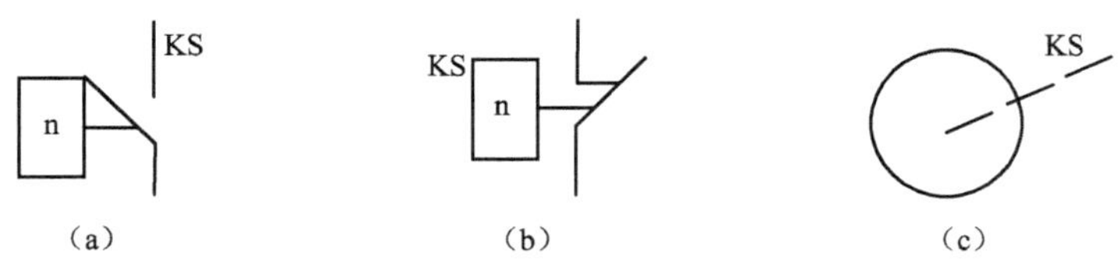

图 13-17　速度继电器的符号

（a）常开触头　（b）常闭触头　（c）线圈

13.4.4　热继电器

1．热继电器的结构

热继电器（thermal over-load relay）主要由热元件、双金属片、触头三部分构成，多用于三相异步电动机的过载保护、断相及电流不平衡运行的保护和其他电气设备发热状态的控制，外观如图 13-18 所示。

图 13-18　热继电器外观

2．热继电器的工作原理

热继电器是利用电流的热效应原理来工作的保护电器。电流通过热元件时产生大量的

热，由于双金属片是由两种具有不同线膨胀系数的金属碾压而成，使得双金属片受热之后膨胀程度不同，发生弯曲，从而向左推动导板带动触头动作，实现对电路的切断，如图 13-19 所示。

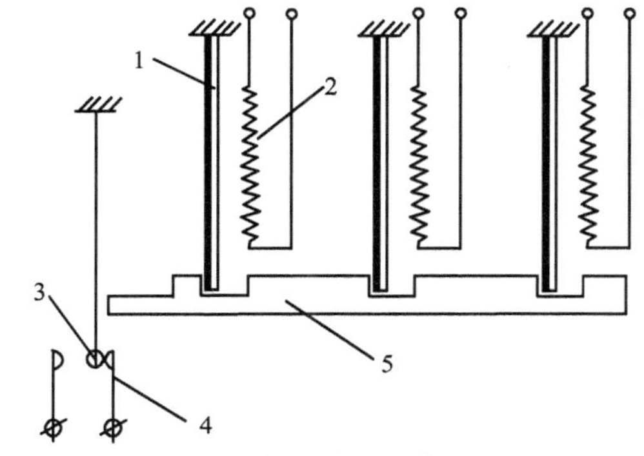

图 13-19 热继电器工作原理图

1—双金属片；2—热元件；3—动触头；4—常闭静触头；5—导板

3．热继电器的符号

热继电器的符号如图 13-20 所示，热元件一般置于主电路中，常闭触头置于控制电路中。

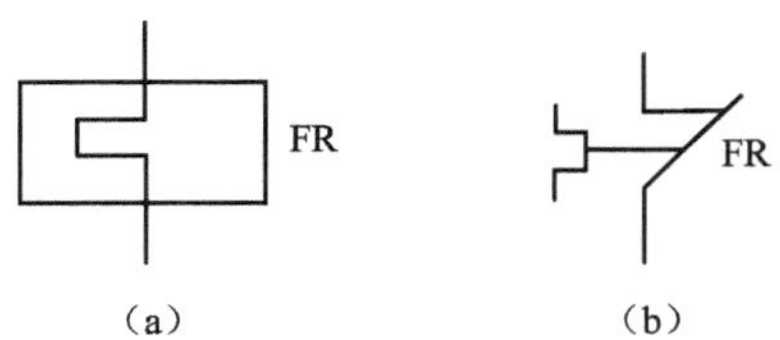

图 13-20 热继电器的符号

（a）热元件 （b）常闭触头

13.5 低压开关

低压开关主要用于低压配电系统及电气控制系统中，对电路和电器设备进行不频繁的通断、转换电源或负载控制，有的还可用作小容量笼型异步电动机的直接启动控制。所以，低压开关也称低压隔离器，主要有刀开关、转换开关、组合开关等。

13.5.1 刀开关

1．刀开关的结构与工作原理

刀开关（又称闸刀开关）广泛应用于配电设备作隔离电源用，也常用来直接启动小容量的异步电动机，或者用于不频繁地接通和分断容量较小的低压配电线路。它主要由瓷柄（操作手柄）、闸刀式动触头、刀夹式静触头组成，其外观及结构如图 13-21 所示。按照极数的多少，刀开关可以分为单极、双极和三极三种。

刀开关的工作原理非常简单，依靠手柄的手动插入与脱离插座进行控制。刀开关安装时，手柄要向上，不得倒装或平装。倒装时手柄有可能因自重而下滑引起误合闸，造成人身安全事故。接线时，将电源线接在熔丝上端，负载线接在熔丝下端，拉闸后刀开关与电源隔离，便于更换熔丝。

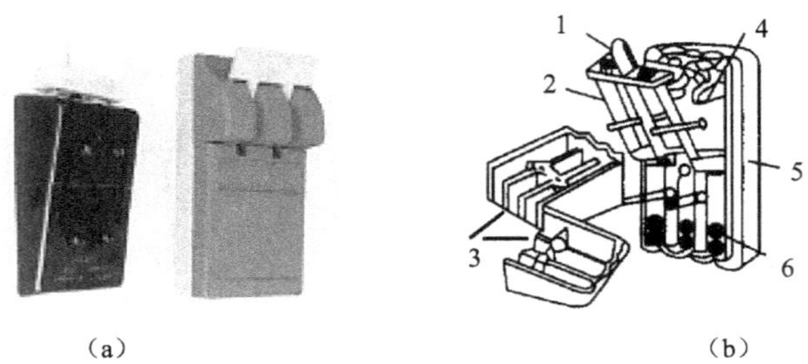

（a）　　（b）

图 13-21　刀开关外观及结构

（a）刀开关外观　（b）刀开关结构

1—瓷柄；2—动触头；3—胶盖；4，6—静触头；5—瓷底

2．刀开关的符号

刀开关的符号如图 13-22 所示。

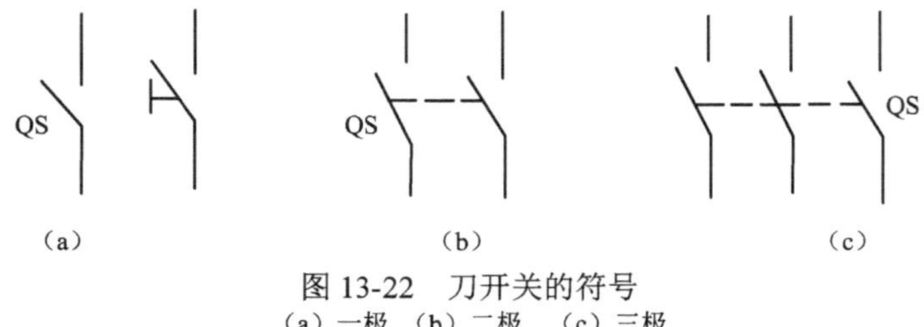

（a）　　（b）　　（c）

图 13-22　刀开关的符号

（a）一极　（b）二极　（c）三极

13.5.2　低压断路器

1．低压断路器的结构

低压断路器（automatic circuit breaker）又称自动空气断路器，简称自动空气开关或自动开关，可用于不频繁接通、断开的负载电路，具有故障自动跳闸功能。断路器主要包括触头、灭弧装置、脱扣机构等，其外形及结构如图 13-23 所示，相当于刀开关、熔断器、热继电器和欠压继电器的组合，排除故障后可重合闸，不需更换元件。

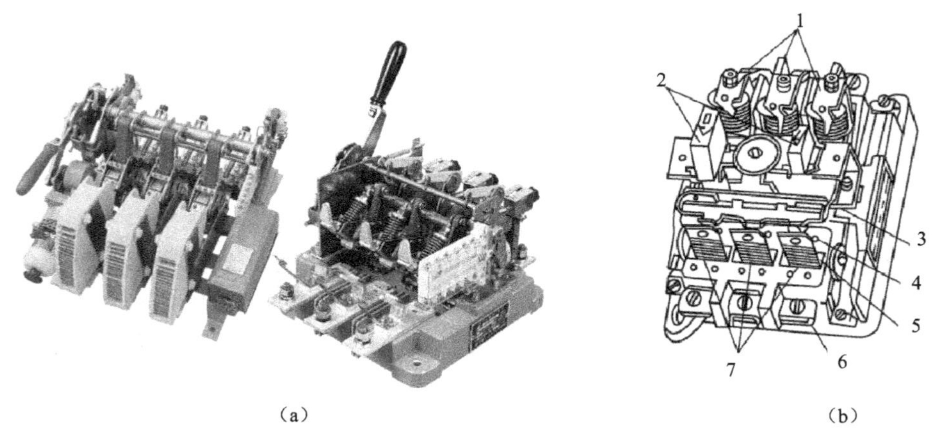

（a）　　（b）

图 13-23　低压断路器的外观及结构

（a）低压断路器外观　（b）低压断路器结构

1—电磁脱扣器；2—按钮；3—自由脱扣器；4—动触头；5—静触头；6—接线柱；7—热脱扣器

2．低压断路器的工作原理

断路器工作原理如图 13-24 所示，其中，2、3 构成图 13-23 中的自由脱扣器；11、12 构成图 13-23 中的电磁脱扣器。使用时断路器的三副主触头 1 串联在被控制的三相电路中。当断路器开关闭合时，主触头处于闭合状态，开关处于接通状态；当线路发生短路或者电流严重过载时，电磁脱扣器衔铁 11 吸合，撞击导板 5，自由脱扣器锁扣 2 和自由脱扣器搭钩 3 分断，在分断弹簧 13 的反力作用下，三副主触头分断，切断电源；当线路发生一般过载时，过载电流虽不能使电磁脱扣器吸合，但是可以使热元件 9 产生一定热量，促使双金属片 10 向上弯曲，撞击导板将主触头分断，切断电源，当线路失压或者欠压时，欠压脱扣器吸力减小，欠压脱扣器衔铁 7 被拉力弹簧 6 拉开，撞击导板，主电路被分断，切断电源；另外，需手动分断电路时，只需要按下分断按钮 14 即可。

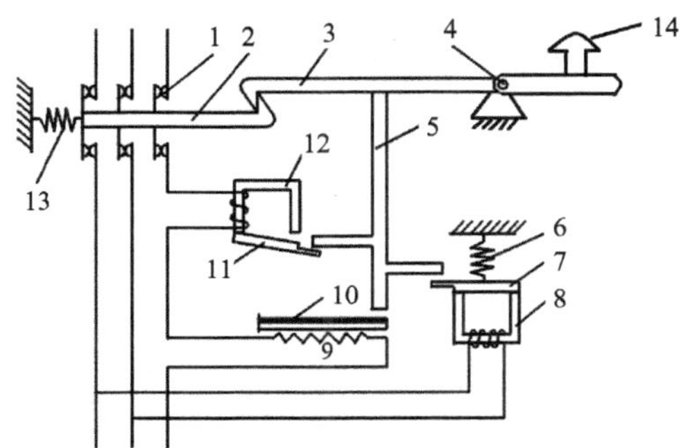

图 13-24　低压断路器的结构与工作原理

1—主触头；2—自由脱扣器锁扣；3—自由脱扣器搭钩；4—转轴座；5—导板；6—拉力弹簧；7—欠压脱扣衔铁；8—欠压脱扣器铁芯；9—热元件；10—双金属片；11—电磁脱扣器衔铁；12—电磁脱扣器铁芯；13—分断弹簧；14—分断按钮

3．低压断路器的符号

低压断路器的符号如图 13-25 所示。

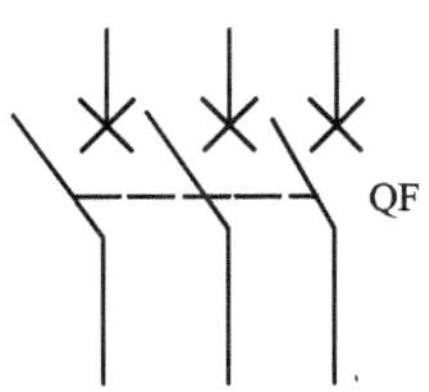

图 13-25　低压断路器的符号

13.6　主令电器

主令电器（master switch）是电气控制系统中用于发送控制指令的非自动切换的小电流开关电器，是自动控制设备中不可缺少的器件。因为任何设备都需要操纵者给予一定的指令，才能完成规定的控制。主令电器包括控制按钮、行程开关、刀开关等。

13.6.1 控制按钮

1．控制按钮的结构

控制按钮是一种短时接通或分断小电流的手动电器，它不直接控制主电路的通断，而是在控制电路中发出“指令”去控制接触器、继电器等电器的线圈得电与失电，从而控制主电路或者电力拖动系统的启动与停止，由此改变系统的工作状态。控制按钮的外观如图 13-26 所示。

图 13-26 控制按钮外观

2．控制按钮工作原理

控制按钮主要由按钮、复位弹簧、触头等部分组成，其工作原理如图 13-27 所示。没有按下按钮 1 时，其常开触头是断开的，而常闭触头与动触头接通为闭合状态；当按钮按下时，动触头与常闭触头断开，然后动触头与常开触头形成闭合状态；松开按钮时，在复位弹簧的反作用力下，常开触头断开，常闭触头复位。

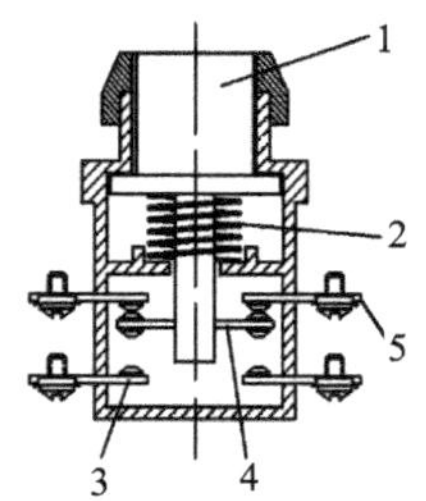

图 13-27 常开控制按钮原理

1—按钮；2—复位弹簧；3、5—静触头；4—动触头

3．控制按钮的符号

控制按钮按原始状态可分为常开按钮、常闭按钮和复合按钮。其中以复合式较为常见，即同时具有常开按钮和常闭按钮。控制按钮的符号如图 13-28 所示。

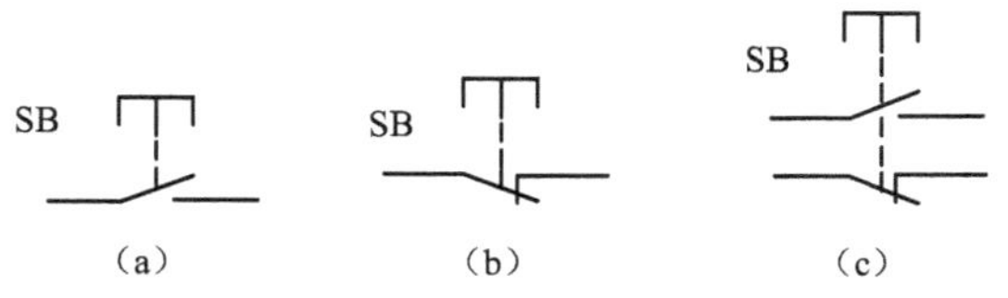

图 13-28 控制按钮的符号

（a）常开按钮 （b）常闭按钮 （c）复合按钮

13.6.2　行程开关

1．行程开关的结构

行程开关（travel switch）又称位置开关或限位开关，是一种根据生产机械运动的行程位置而动作的小电流开关电器，主要由操作头、触头系统和外壳三部分组成，按其结构可分为直动式、滚轮式、微动式三种。行程开关的外观及结构如图 13-29 所示。

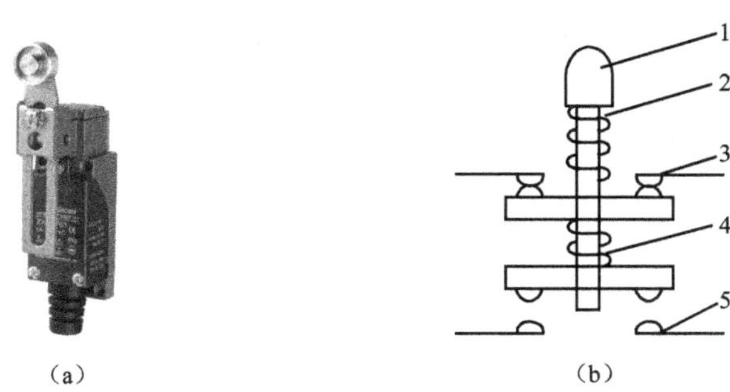

（a）　（b）

图 13-29　行程开关外观及结构

（a）行程开关外观　（b）行程开关结构

1—顶杆；2—弹簧；3—常闭触头；4—触头弹簧；5—常开触头

2．行程开关的工作原理

行程开关的作用是利用生产机械某些运动部件上的挡铁碰撞其滚轮使触头动作来接通或分断电路，从而控制生产机械的运动方向或行程大小的主令电器，其动作原理与控制按钮基本相同。

3．行程开关的符号

行程开关的符号如图 13-30 所示。

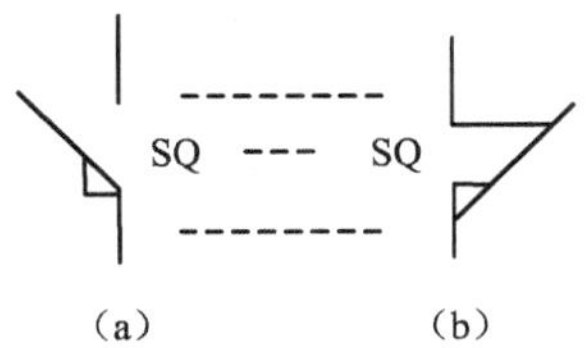

（a）　（b）

图 13-30　行程开关的符号

（a）常开触头　（b）常闭触头

习　题　13

1．低压电器的触点按原始状态分为________和________。

2．电磁式接触器的主要结构有________、________、________。

3．多地点控制中，控制按钮是________逻辑关系。

4．在控制电路中，为了能够实现长动控制，采取________。

5．交流接触器是利用________与________配合动作的一种自动控制电器。

6．试总结出判断时间继电器类型的方法。

7．画出下列电器元件的图形符号，并标出其文字符号。

1）复合按钮。

2）时间继电器的通电延时闭合的常开触点。

3）时间继电器的断电延时闭合的常闭触点。

4）常闭位置开关（即常闭行程开关）。

5）速度继电器触点。

6）中间继电器触点。

8．简述速度继电器的工作原理。

9．简述热继电器的工作原理。

10．电动机启动电流很大，当电动机启动时，热继电器会不会动作？为什么？

第 14 章　基本电气控制线路及应用

电气控制电路是多种多样的，但是，无论电气控制电路有多复杂，它们都是由一些比较简单的基本电气控制电路有机组合而成的。因此，掌握基本电气控制电路，将有助于分析、设计电气控制电路。基本电气控制电路也称为电气图的基本环节。

14.1　电气控制线路图的绘制原则

在学习基本电气控制电路之前要先了解什么是电气图以及它的绘制原则。

同电路、电子技术需要用到电路图一样，电气控制技术为了表达设备电气控制线路的组成结构、工作原理及安装、调试、维修等技术要求，也需要用统一的工程绘图语言，即把电气控制系统中的各电气元器件用统一的图形符号和文字符号来表示，再将其连接情况用统一的图形表达出来，这种工程图即电气控制线路图，简称电气图。

14.1.1　电气图中图形符号和文字符号的国家标准

1．图形符号

图形符号由符号要素、限定符号、一般符号以及常用的非电操作控制的动作符号（如机械控制符号等）根据具体器件情况组合构成。国家标准除给出以上三种符号外，还给出了部分常用图形符号及组合图形符号示例。因为国家标准中给出的图形符号例子有限，实际使用中可通过已规定的图形符号适当组合进行派生。

2．文字符号

电气图中的文字符号分为基本文字符号和辅助文字符号两种。基本文字符号有单字母符号和双字母符号，单字母符号表示电气设备、装置和元器件的大类，如 K 为继电器类器件这一大类；双字母符号由一个表示大类的单字母与另一表示器件某些特性的字母组成，如 KA 为继电器类器件中的中间继电器，KM 为继电器类器件中控制电动机的接触器。必要时还需添加补充文字符号，进一步表示电气设备的功能、状态和特征。本书附录 B 中列出了部分常用的电气图形符号和基本文字符号，实际使用时如需要更多更详细的资料，请查阅国家标准。

14.1.2　电气原理图的读图及绘制原则

电气图主要有两种，一种是电气原理图，另一种是电气安装接线图。

电气原理图是根据电气动作原理绘制的，用来表示电气的动作原理，用于分析动作原理和排除故障，而不考虑电气设备和元器件的实际结构和安装情况。

电气安装接线图也叫电气装配图，是根据电气设备和电气元器件的实际结构、安装位置绘制的，供电气安装、接线、维修、检查用。下面主要讲解电气原理图的绘制规则。

1．电气原理图的构成

电气原理图包括主电路和控制电路，它们与辅助电路和保护电路一起构成电控系统。

主电路由电源、电动机及其他用电设备构成，在控制电路的控制下，根据控制要求由电源向电动机等用电设备供电。控制电路由接触器和继电器线圈以及各种电器的触点组合构成，具有一定的控制逻辑，用于实现所需的控制要求。辅助电路指设备中的信号和照明部分。

2．电气原理图分区及读图方法

电气图通常采用分区的方式建立坐标，以便于阅读查找。一般采用在图的下方沿横坐标方向划分的方式，并用数字标明图区号，同时在图的上方沿横坐标方向划分，分别表明该区电路的功能，如图 14-1 所示。

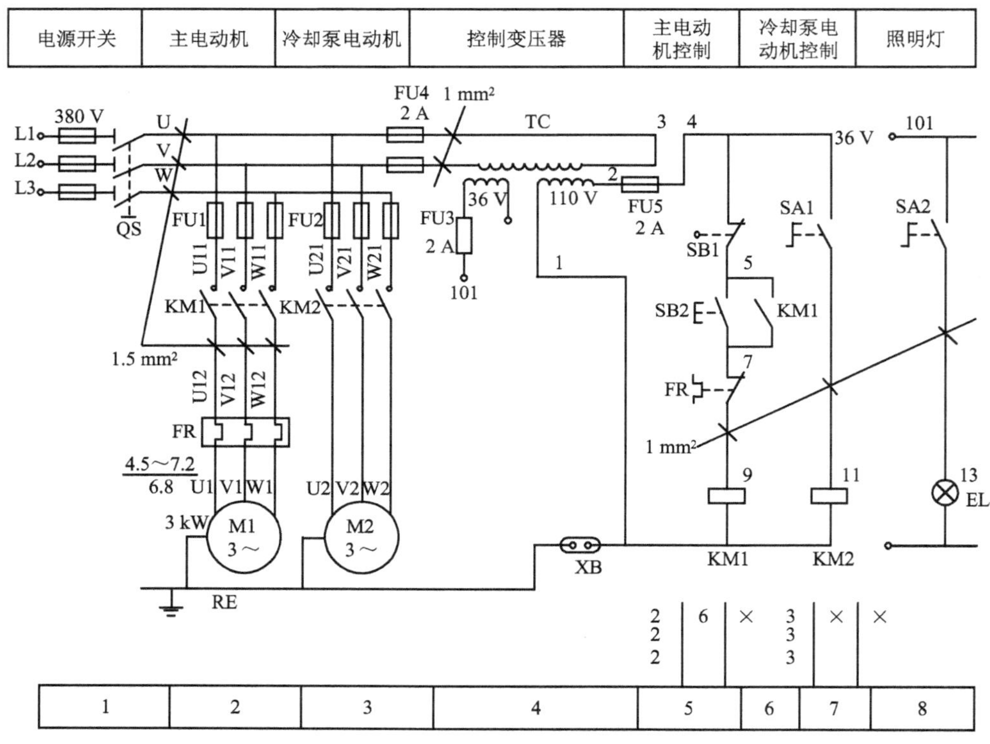

图 14-1　某机床电气控制原理图

图中，接触器、继电器线圈下方均列有相应的触点表，即“符号位置索引表”，有时也可省略。其书写规则如表 14-1 所示，用以说明线圈和触点的从属关系。

表 14-1　符号位置索引表

元　　件	左　　栏	中　　栏	右　　栏
接触器	主触头	辅助常开（动合）触头	辅助常闭（动断）触头
继电器	常开（动合）触头	—	常闭（动断）触头

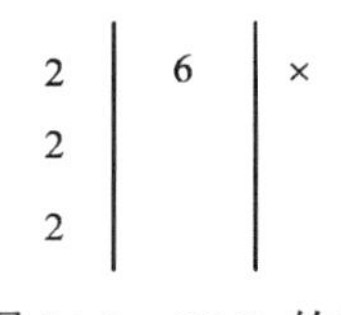

图 14-2 KM1 的符号位置索引表

此外，符号位置索引表中需给出各种触点所在的位置和个数，用区号表明位置，用区号的个数表明触点的个数，对未使用的触点用“×”表明。例如，电气原理图中接触器 KM1 线圈下方有如图 14-2 所示的索引表，表明接触器 KM1 在 2 区有 3 个主触点，在 6 区有 1 个辅助常开触头，没有辅助常闭触头。

3．电路绘制原则

1）按从左至右或自上而下的顺序绘画，并尽可能减少线条和避免线条交叉。

2）主电路通常画在图样的左侧（或上方）；控制电路按控制主电路的动作顺序和功能画在图样的右侧（或下方），如图 14-1 所示，1～3 区是主电路，4～7 区是控制电路，8 区是辅助电路。

3）电气原理图中的电路可水平布置或垂直布置。水平布置时，控制电路中的耗能元件（如线圈）画在电路的最右端。垂直布置时控制电路中的耗能元件画在电路的最下端，如图 14-1 所示，KM1、KM2 的线圈处于最下方。

4．元件绘制原则

1）所有电气元器件不画出实际外形图，而采用国家标准规定的图形和文字符号表示。

2）同一电器的各个部件可根据需要画在不同的地方，但必须用相同的文字符号标注，如图 14-1 所示，5 区的 KM1 线圈与 2 区的 KM1 主触头是分开画的，但是名字都为 KM1。

3）图中所有元器件均采用原始状态：线圈处于非激励（不得电）的状态，断路器和隔离开关在断开位置，二进制逻辑元件应是置零时的状态，机械开关应是循环开始前的状态。

4）线圈不能串联使用。两个电器动作总是有先有后，有一个电器先进行吸合动作，它的线圈上的压降也相应增大，从而使另一个电器达不到所需要的动作电压。即使外加电压是两个线圈的额定电压之和，也不允许串联使用。因此，两个电器需要同时动作时，其线圈应该并联连接，如图 14-3 所示。

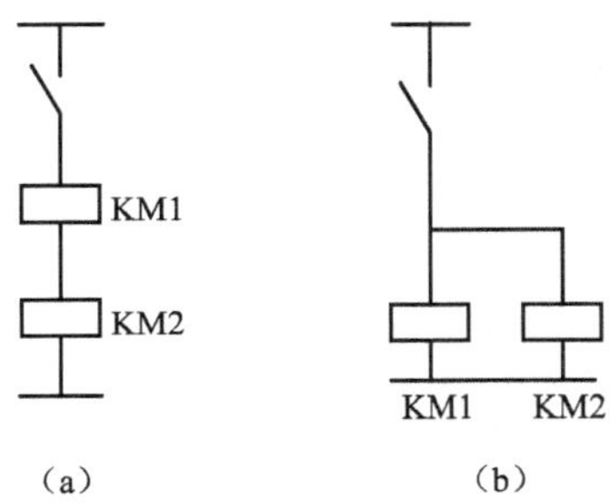

图 14-3 线圈不能串联连接

（a）不合理连接 （b）合理连接

5）尽量缩减连接导线的数量和长度。应考虑各元件之间的实际接线，特别是电气柜、操作台和限位开关之间的连接线。因为按钮在操作台上，而接触器在电气柜内，一般都将启动按钮和停止按钮直接连接，这样就可以减少一次引出线。例如，图 14-4（a）电气柜与操作台之间有四次接线，而图 14-4（b）中只有三次接线。

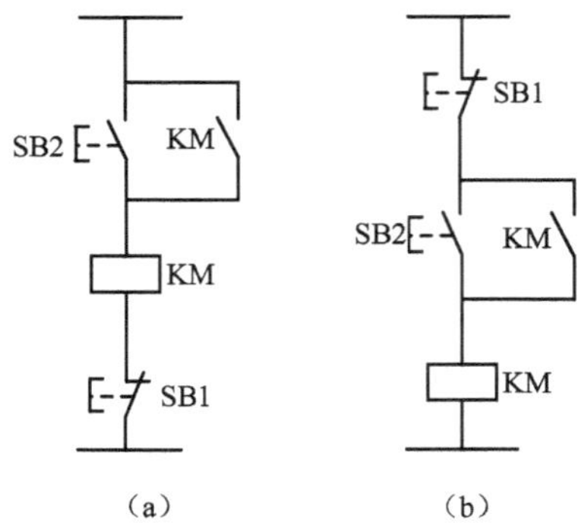

图 14-4　线圈不能串联连接

（a）不合理连接　（b）合理连接

6）在线路中应尽量避免许多元件依次动作之后才能接通另一个元件的现象，如图 14-5（a）所示，接通线圈 KM3 要经过 KM、KM1、和 KM2 三对常开触点。若改为图 14-5（b），则每个线圈通电只需经过一对触头，可靠性更高。

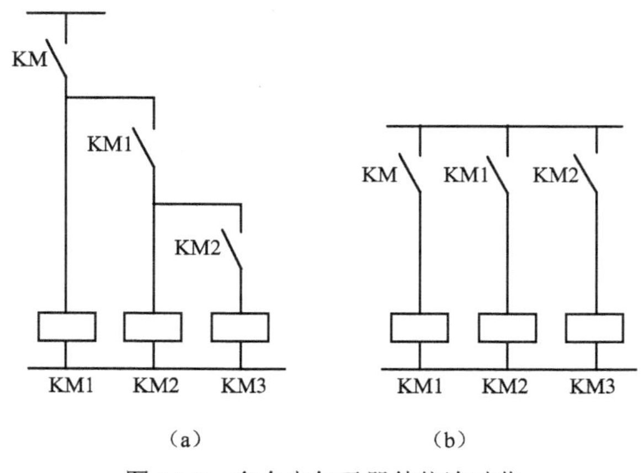

图 14-5　多个电气元器件依次动作

（a）不合理接线　（b）合理接线

7）控制线路在工作时，除必要的电器必须通电外，其余的电器尽量不通电，以节约电能。

14.2　异步电动机直接启动控制

电动机的启动是指其转子由静止状态转为正常运转状态的过程。三相异步电动机有直接启动和降压启动两种启动方式。

直接启动又称全压启动，即启动时电源电压全部施加在电动机定子绕组上。适用于容量较小且工作要求简单的电动机。本节主要介绍直接启动下的基本控制线路，有点动、长动及正反转控制等。

14.2.1　点动控制

点动控制是用按钮开关接触器来控制电动机运转的最简单、最基本的控制线路。所谓点动，即按下按钮时电动机转动工作，手松开按钮时电动机停转。多用于机床刀架、横梁快速移动等场合。

电气原理图与对应的外部连线图如图 14-6 所示。点动原理图含主电路和控制电路两个部分。其中，L1、L2、L3 是三相交流电源，M 是三相异步电动机。A、B、C 是电动机的接线柱，一般采用的是三角形接法。左侧的电源、FU1、FU2、FU3、KM1 主触头和电动机共同构成了主电路，右侧的 FU4、SB1 和 KM1 线圈共同构成了控制电路。

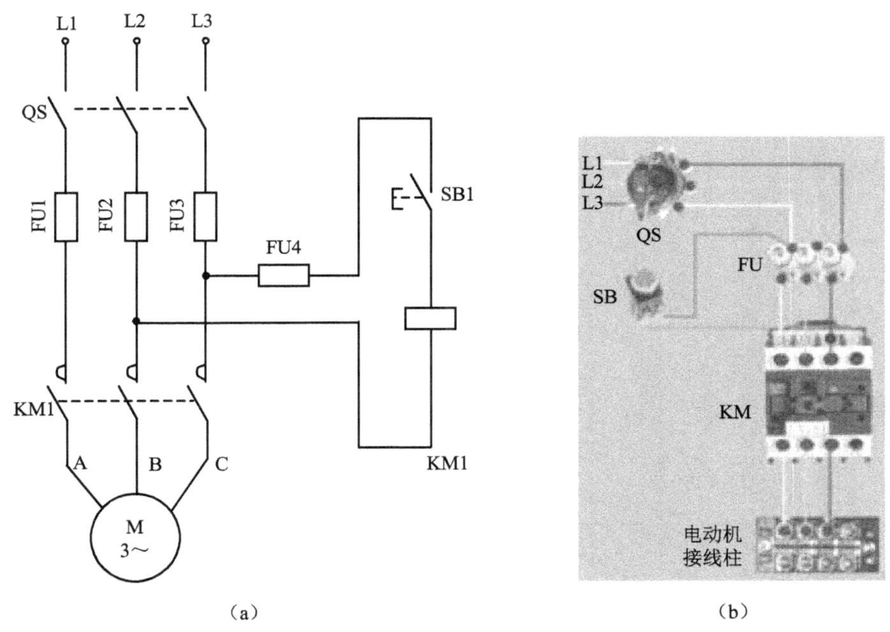

图 14-6　点动控制原理图及外部连线图

（a）控制原理图　（b）控制外部连线图

1．控制过程

电动机启动时，合上刀开关，引入三相电源，按下控制电路中的按钮 SB1，通过电源 L2 和 L3 两相使得 KM1 线圈处于一个闭合回路中得电，产生的电磁吸力使 KM1 的触头动作，即主电路中的主触头闭合，于是电动机三相与三相电源接通，电机开始工作。当松手时，SB1 会复位弹起，KM1 线圈失电，KM1 触头在反力弹簧作用下复位断开，电动机与电源断开而停机。

2．保护环节

该电路具有短路保护功能。熔断器 FU1、FU2 分别作主电路和控制线路的短路保护，当线路发生短路故障时能迅速切断电源。

14.2.2 长动控制

在实际工作当中，常常需要使电动机长时间连续工作，此时若还采用点动控制显然是不合理的，这就需要长动控制，也叫“起—保—停”控制或者连续控制。

长动控制原理图如图 14-7（a）所示，左侧为主电路，右侧为控制电路。

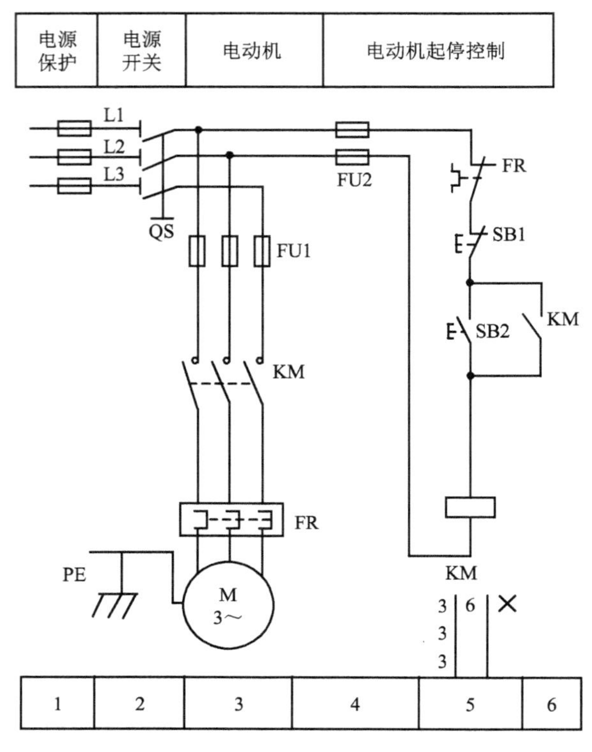

（a）

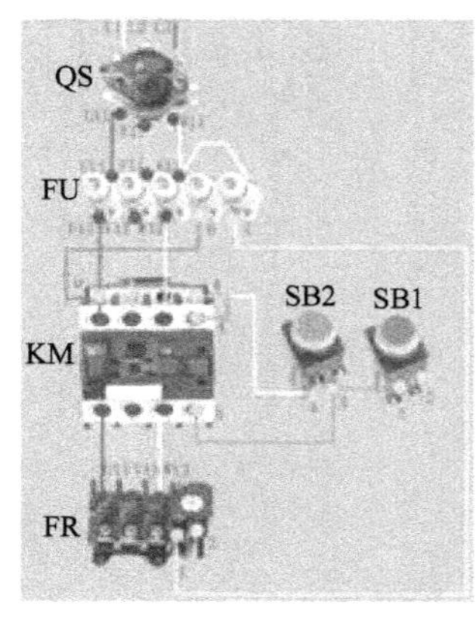

（b）

图 14-7 长动控制原理图及外部连线图

（a）控制原理图 （b）控制外部连线图

1．控制过程

电动机启动时，合上电源开关 QS，按下按钮 SB2，接触器 KM 线圈得电，主触点 KM 闭合，电动机接通电源启动。同时与 SB2 并联的 KM 辅助常开触头闭合。当松开按钮后，SB2 复位断开，但接触器 KM 的线圈仍可通过 KM 的辅助常开触头使接触器线圈继续通电，从而保持电动机的连续运行。这种依靠接触器自身常开触头而使其线圈保持通电的现象称为自锁，起自锁作用的触头称为自锁触头。电动机停止时，只要按下停止按钮 SB1，将控制电路断开即可。这时接触器 KM 的线圈失电，KM 的辅助触头和主触头都会复位断开，自锁消失同时将三相电源切断，M 停机。当手松开按钮后，SB1 常闭触头在复位闭合，但接触器线圈已不再能依靠自锁触点通电。

2．保护环节

除了有同点动控制一样的短路保护功能，该电路还具有以下功能。

（1）过载保护

通常生产机械中需要持续运行的电动机均设有过载保护 FR，其特点是过载电流越大，保护动作越快，但不会受电动机启动电流的影响。

（2）失压和欠压保护

在电动机正常运行时，如果因为电源电压的消失而使电动机停转，那么在电源电压恢复时电动机就可能自行启动，电动机的自启动可能会造成人身事故或设备事故。防止电源电压恢复时电动机自启动的保护叫做失压保护，也叫零电压保护。

在电动机正常运行时，电源电压过分降低会引起电动机转速下降和转矩降低，若负载转矩不变，电流过大，会造成电动机停转和损坏电动机。电源电压过分降低可能会引起一些电器释放，造成电路不正常工作，可能会产生事故。因此需要在电源电压下降到最小允许的电压值时将电动机电源切除，这样的保护叫做欠压保护。

根据自锁的性质可以知道，电磁机构可实现失压和欠压保护。当电源电压由于某种原因而严重欠压或失压时，电磁吸力会小于弹簧反力，接触器的衔铁自行释放，电动机停止运转。而当电源电压恢复正常时，接触器线圈也不能自动通电，只有在操作人员再次按下启动按钮后电动机才会启动。

14.2.3　正反转控制

生产实践中，许多设备均需要两个相反方向的运行控制，如机床工作台的进退、升降以及主轴的正反向运转等，这些控制均可通过电动机的正转与反转来实现。由电动机原理可知，电动机三相电源进线中任意两相对调，即可实现电动机的反向运转。

1．简单的正反转控制

（1）控制过程

图 14-8 中，两相对调是通过接触器 KM1、KM2 主触点在主电路不同的相序接线来实现的。按下正向启动按钮 SB2，KM1 线圈得电并自锁，电动机正转。按下停止按钮 SB1，电动机正转停止。按下反向起启动钮 SB3，KM2 线圈得电并自锁，使电动机定子绕组与正转时相比相序相反，则电动机反转。按下停止按钮 SB1，电动机反转停止。

（2）控制缺陷

从主回路看，如果 KM1、KM2 同时通电动作，即在控制电路中同时按下 SB2 与 SB3，就会通过这两套主触点造成主回路电源短路，因此这种线路是不能采用的。为了解决这个问题，下面介绍一种“正一停一反”控制线路。

2．“正一停一反”控制

为了避免接触器 KM1 和 KM2 触头同时闭合发生相间短路故障，要在各自的控制电路中串接对方的常闭触头，如图 14-9 所示。

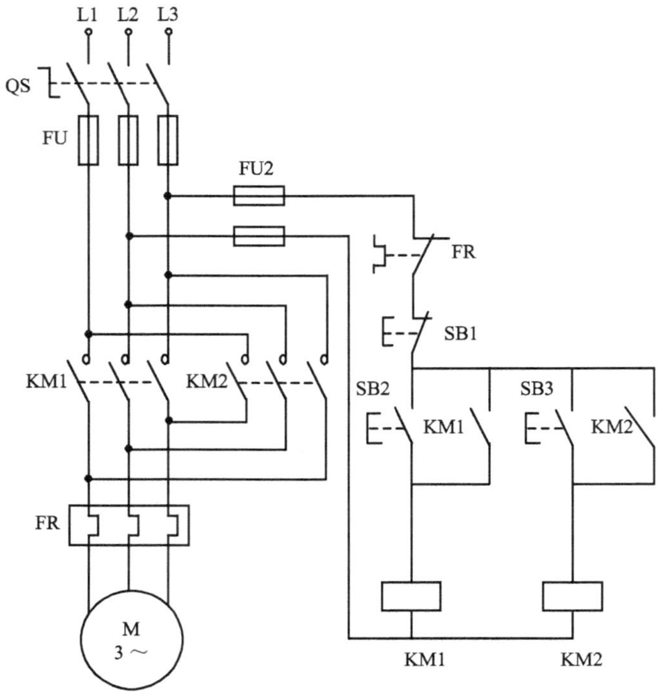

图 14-8 简单的正反转控制原理图

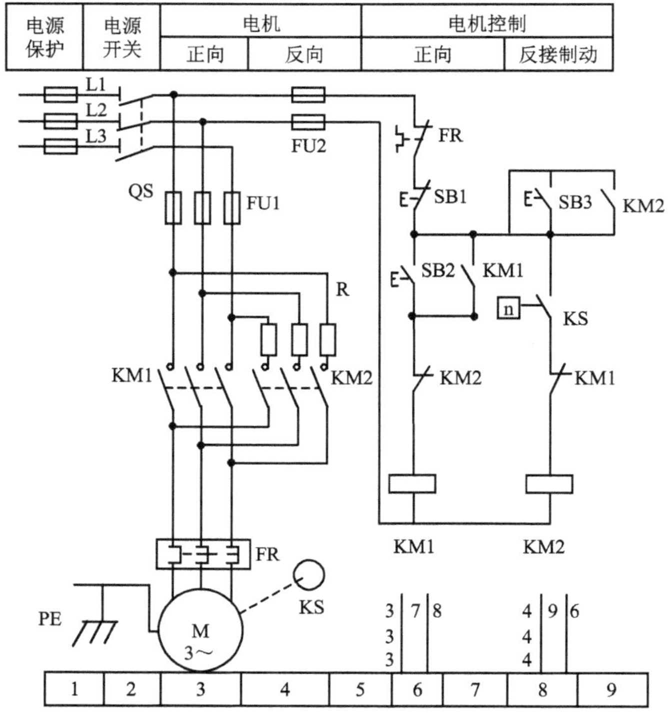

图 14-9 “正—停—反”控制原理图

（1）控制过程

电动机正转时，按下正向启动按钮 SB2，KM1 线圈得电并自锁，同时在 KM2 线圈上方的 KM1 常闭触头会断开，这时按下反向按钮 SB3，KM2 也无法通电。当需要反转时，先按下停止按钮 SB1，令 KM1 线圈断电，KM1 常开触头复位断开，电动机停转。再按下 SB3，KM2 线圈才能得电，电动机反转。由于电动机由正转切换成反转时，需要先停下来，再反向启动，故称该电路为“正—停—反”控制电路。

这种利用接触器常闭触点互相制约的关系称为互锁或联锁，而这两个常闭触头称为互锁触头。在机床控制线路中，这种互锁关系应用极为广泛，凡是有相反动作，如工作台上下、左右移动都需要有类似的联锁控制。

（2）控制缺陷

虽然在安全上得到了保证，但是电动机由正转到反转，需先按停止按钮 SB1，在操作上不方便。为了解决这个问题，下面介绍一种“正—反—停”控制线路。

3．“正—反—停”控制

为了解决“正—停—反”控制的问题，可利用复合按钮进行控制，将启动按钮换成复合按钮，如图 14-10 所示。

（1）控制过程

若电动机正在正转，此时，接触器 KM1 线圈吸合，主触头 KM1 闭合。要切换电动机的转向，只需按下复合按钮 SB3 即可。按下 SB3 后，SB3 的常闭触头先断开，KM1 线圈失电，KM1 的主触头断开正序电源。复合按钮 SB3 的常开触点后闭合，接通 KM2 的线圈回路，KM2 线圈得电，KM2 辅助常开触头闭合并自锁，KM2 的主触点闭合，倒序电源送入电动机绕组，电动机作反向启动并运转，从而直接实现正、反向切换。反向运转切换成正向运转，操作过程与之类似。

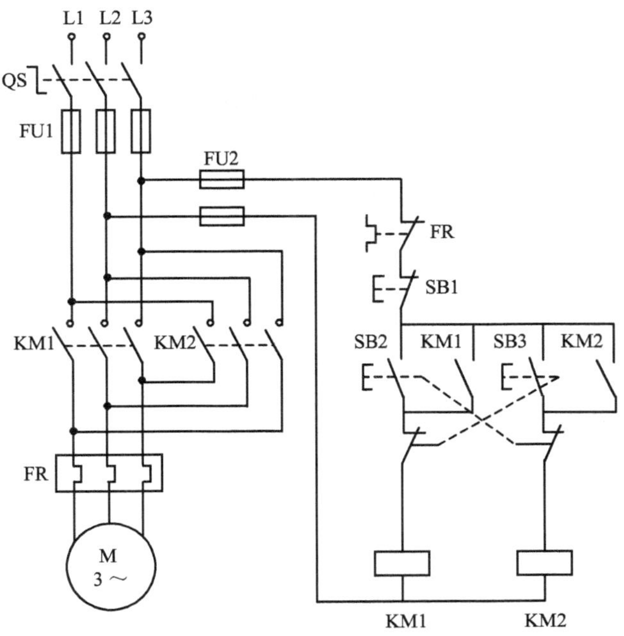

图 14-10　“正—反—停”控制原理图

（2）控制缺陷

采用复合按钮可以起到机械互锁的作用，但只用按钮进行互锁，而不用接触器常闭触点之间的联锁，是不可靠的。在实际操作中可能出现这样的情况，由于负载短路或大电流的长期作用，接触器的主触点被强烈的电弧“烧焊”在一起，或者接触器的机构失灵，使衔铁卡住总是在吸合状态，造成电源短路事故。因此应采用机械和电气双重互锁，如图 14-11（a）所示。这样不论什么原因，只要一个接触器是吸合状态，它的联锁常闭触点就必然将另一接触器线圈电路切断，避免事故的发生。

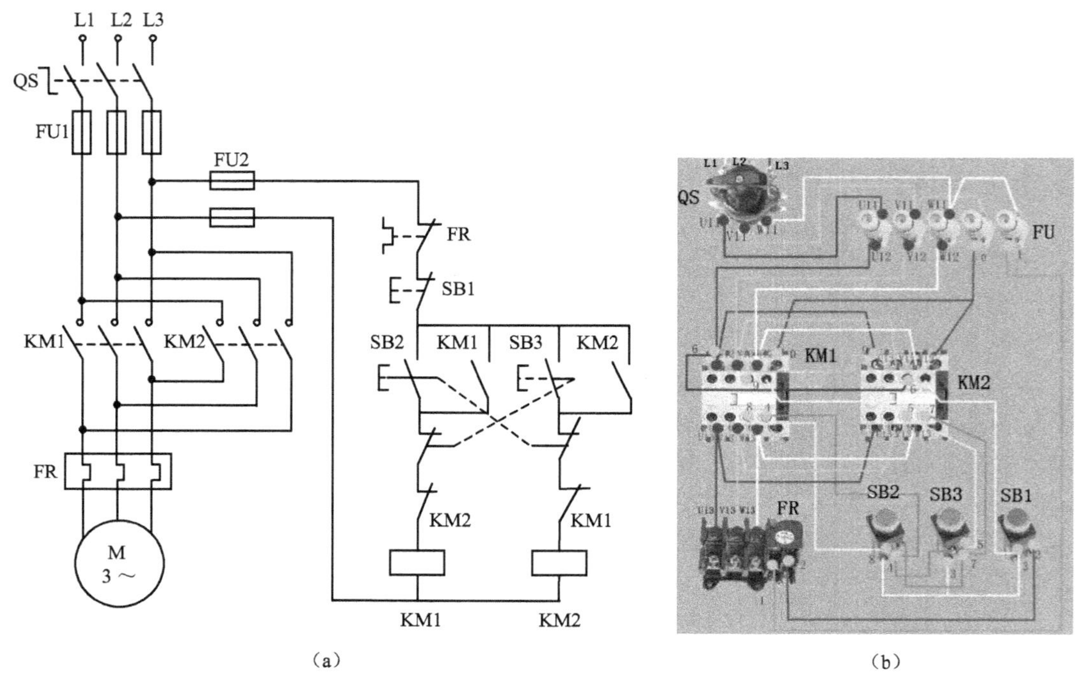

图 14-11 “正—反—停”控制改进原理图及外部连线图

（a）控制改进原理图 （b）外部连线图

14.3 异步电动机降压启动控制

降压启动即启动时将电源电压降低一定的数值后再施加到电动机定子绕组上，待电动机转速接近额定转速后，再使电动机在电源电压下运行。降压启动适用于容量较大的异步电动机，因为这类电动机启动时冲击电流为额定值的 4～7 倍，易烧毁电机，所以一般采取减小与电压成正比的电枢电流的方法达到降压启动的目的。在上一节中已经讲解了直接启动的基本控制线路，下面主要介绍降压启动控制线路。常见的方法主要有定子串电阻（或电抗）、星形—三角形（Y—△）、延边三角形降压启动等。

14.3.1 定子串电阻降压启动

电动机定子串电阻降压启动是电动机启动时，在三相定子绕组中串接电阻分压，使定子绕组上的压降降低，启动后再将电阻短接，电动机在全压下运行。这种启动方式不受接线方式限制，设备简单。图 14-12 中，主电路由 KM1、KM2 两组接触器主触头构成串电阻接线和短接电阻接线，并由控制电路按时间原则实现两种工作状态的自动切换。值得注意的是，主电路两套接线并未换相，要与正反转主电路区别开。

1. 控制过程

按下启动按钮 SB2，接触器 KM1 与时间继电器 KT 线圈得电，KM1 辅助触头闭合并自锁，KM1 主触头闭合，电动机串电阻降压启动。经过 KT 的一段时间延时，其通电延时闭合的常开触点闭合，KM2 线圈得电，KM2 的主触头闭合，电动机短接电阻进入正常工作状态。按下停止按钮 SB1，所有线圈失电，所有触头复位，电机停止。

2. 控制缺陷

电动机正常运行时，只要 KM2 得电即可，但在图 14-12 中，电动机启动后 KM1 和 KT 一直得电保持动作状态，根据节电原则可知这是不合理的。因此，做如图 14-13 所示的改进就解决了这个问题，KM2 线圈得电后，其辅助常闭触点将 KM2 及 KT 线圈断电，辅助常开触点自锁。这样，在电动机启动后，只要 KM2 得电，电动机便能正常运行。

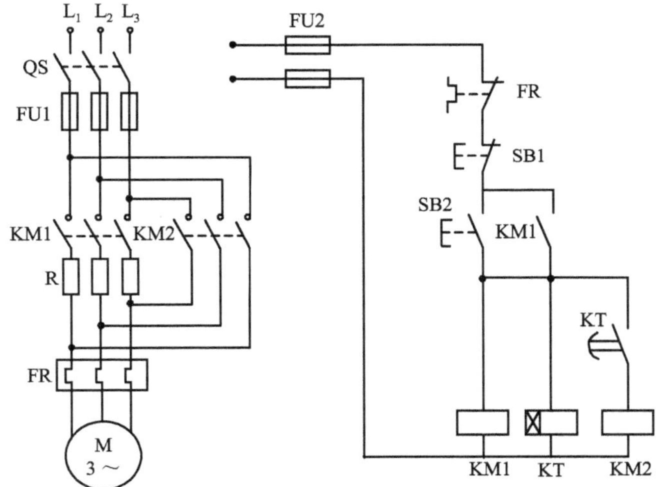

图 14-12　定子串电阻降压启动控制原理图

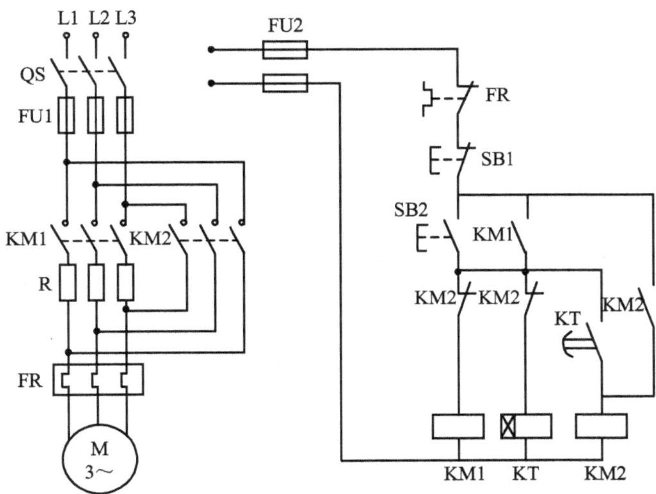

图 14-13　定子串电阻降压启动控制改进原理图

14.3.2 星形—三角形（Y—△）降压启动

电动机定子中有三相绕组，如图 14-14 所示，根据端点相互连接方法不同可以有不同的连接方式，其中最常见的为星形和三角形接法。

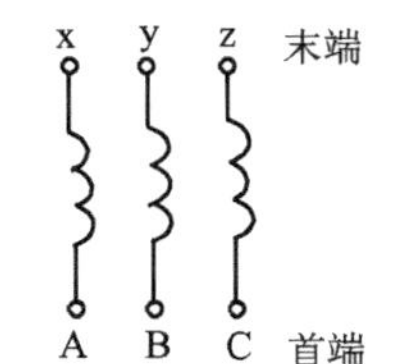

图 14-14　定子三相绕组

星形接法就是将三相绕组的首端作为引出线，分别为三相电源的三个相线，而它们的末端都接在一点上，如图 14-15（a）所示。外部接线如图 14-15（b）所示。

三角形接法就是将三相绕组依次首末端相连，并将每个相连的点引出，作为三相电源的三个相线，如图 14-16（a）所示。外部接线如图 14-16（b）所示。

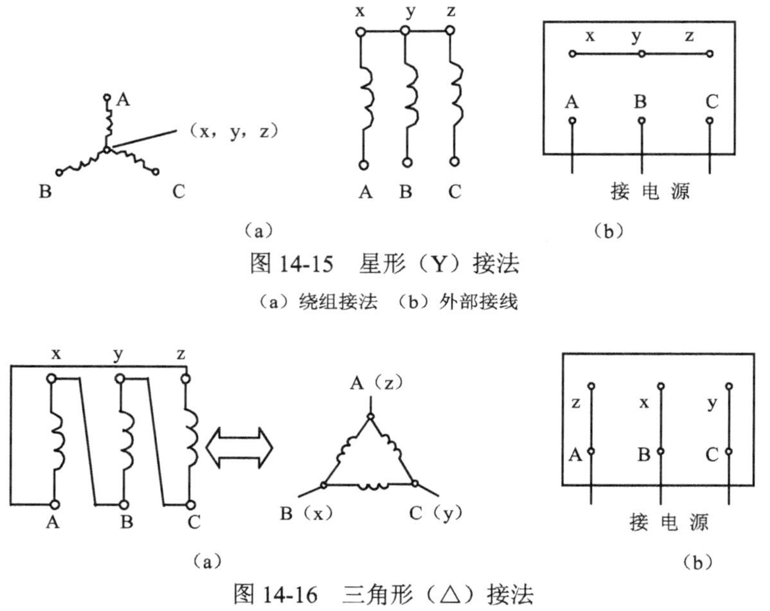

（a）　（b）

图 14-15　星形（Y）接法

（a）绕组接法　（b）外部接线

（a）　（b）

图 14-16　三角形（△）接法

（a）绕组接法　（b）外部接线

采用星形（Y）连接时，加在电动机每相绕组上的电压为额定电压值的 $1/\sqrt{3}$ 倍，其启动电流只有三角形（△）接法的 1/3 倍，所以电动机启动时，先把定子绕组接成星形，可以达到降压启动的目的。待电动机启动后，再把定子绕组改接为三角形，正常运行。

图 14-17 中，主电路由三套接触器的主触头进行控制，当 KM1、KM3 主触头闭合，电动机绕组连接成星形；KM1、KM2 主触头闭合，将电动机绕组连接成三角形。控制电路中，仍然用时间继电器来实现电动机绕组由星形向三角形连接的自动转换，其控制原理如下。

按下启动按钮 SB2，接触器 KM1 线圈得电，KM1 主触头闭合，辅助触头闭合并自锁，同时，时间继电器 KT、接触器 KM3 的线圈也得电，KM3 的主触头闭合，将电动机绕组连接成星形，电动机降压启动。待电动机转速接近额定转速时，KT 延时完毕，其通电延时断开的常闭触头动作断开，通电延时闭合的常开触头动作闭合，KM3 线圈失电，KM3 的主触头复位断开，辅助常闭触头复位闭合，KM2 线圈通电，KM2 主触头闭合，与 KM1 主触头共同将电动机绕组连接成三角形，电动机进入全压运行状态。按下停止按钮 SB2，所有线圈失电，所有触头复位，电机停。

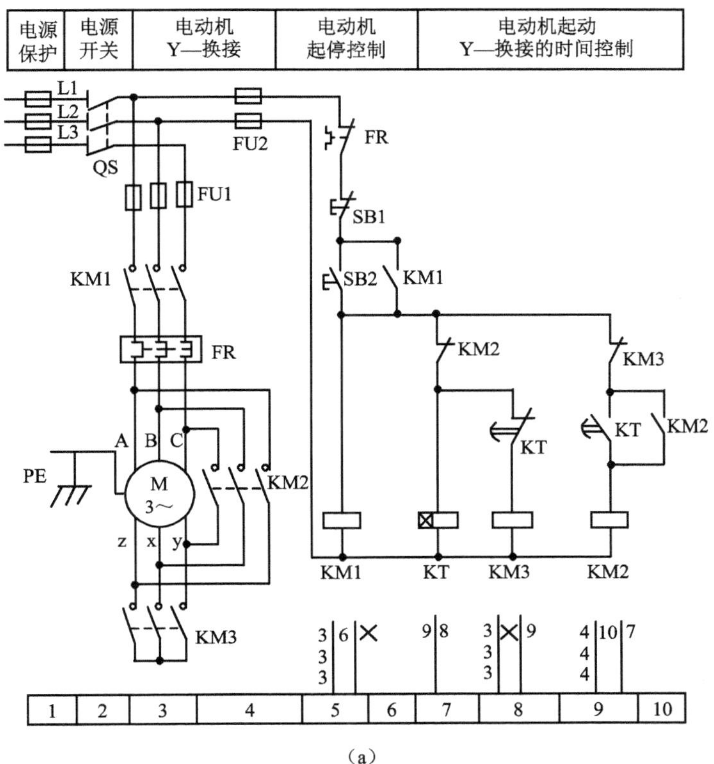

(a)

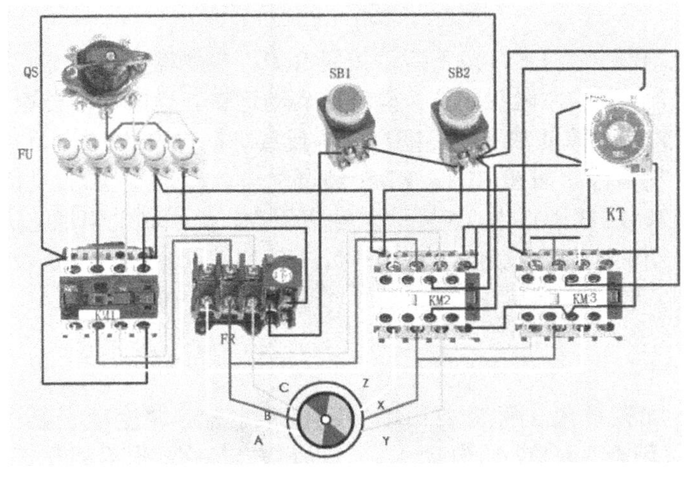

(b)

图 14-17　Y—△降压启动控制原理图及外部连线

(a) 控制原理图　(b) 外部连线

14.4 异步电动机制动控制

三相异步电动机从切除电源到完全停止运转，由于惯性，总要经过一段时间。为提高生产效率，或为了适应某些生产机械工艺的要求及准确停位，需要电动机迅速停车，即对电动机进行制动控制。

制动方法一般有两大类，机械制动和电气制动。机械制动是用机械装置来强迫电动机迅速停转，如抱闸制动，类似于自行车的制动装置，利用制动闸紧紧抱住与电动机同轴的制动轮使电动机迅速停转。电气制动是使电动机的电磁转矩方向与旋转方向相反，达到制动的目的，如反接制动、能耗制动等。

14.4.1 反接制动控制

反接制动通过改变异步电动机定子绕组中的三相电源相序，使定子绕组产生方向相反的旋转磁场，产生制动转矩，当电动机转速接近零时，再将三相电源切除。如果反接电源切除不及时，电动机又要从零反向转动，因此需要用速度继电器来“判断”电动机的停与转。

图 14-18 中，速度继电器的转子与电动机同轴连接，电动机高速转动时，速度继电器的常开触头闭合，电动机停止时常开触头会复位断开。主电路中，接触器 KM1 的主触头用来控制电动机的工作电源，KM2 的主触头用来提供电动机停车的制动电源。

总体来看，反接制动是正反转控制的一种应用。

1．控制过程

启动时，合上电源开关 QS，按下启动按钮 SB2，接触器 KM1 线圈通电，7 区的辅助常开触头闭合并自锁，3 区的主触头闭合，电动机启动运转。当电动机转速升高到设定数值时，速度继电器 KS 在 8 区的辅助常开触点闭合，为反接制动作准备。

需要停车时，按下停止按钮 SB1，KM1 线圈失电，KM1 主触头复位断开了电动机的工作电源；而接触器 KM2 线圈得电，4 区的主触头闭合，提供制动电源，进行反接制动，电动机转速迅速下降，当转速降至设定数值以下时，KS 的辅助常开触头复位断开，KM2 线圈断电，及时切断电源，防止反向启动。

2．控制缺陷

在停车期间，如果调整工件需要用手转动机床主轴，速度继电器的转子也会感应到，从而使其常开触点闭合，KM2 通电动作，电动机转动，因此不利于调整工作。将控制线路中停止按钮使用复合按钮，并在停止按钮的常开触头上并联 KM2 常开触头，使 KM2 能自锁，如图 14-19 所示。这样就解决了在用手转动电动机时的问题，保证了只有按下 SB1，制动电路才能接通。另外，因电动机反接制动电流非常大，故在主电路中串入电阻 R，防止制动时电动机绕组烧毁，并且注意与定子串电阻降压启动的主电路区别开。

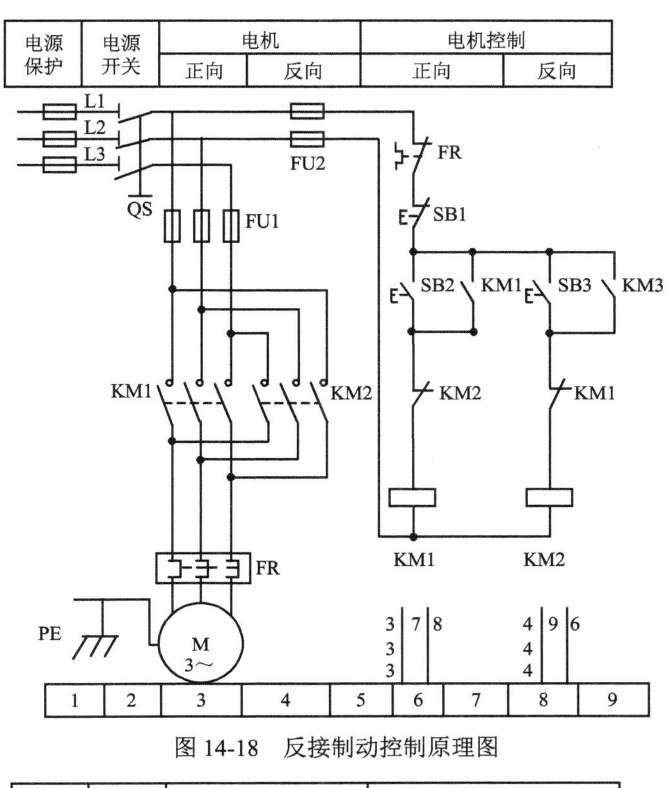

图 14-18 反接制动控制原理图

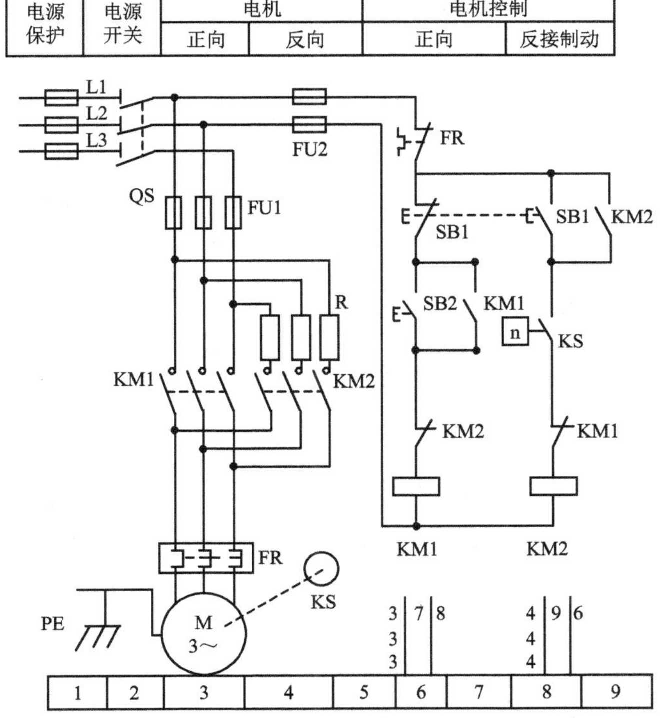

图 14-19 反接制动控制改进原理图

14.4.2 能耗制动控制

能耗制动原理如图 14-20 所示，在三相电动机停车切断三相交流电源的同时，将一直流电源引入定子绕组，产生静止磁场。电动机转子由于惯性仍沿原方向转动，那么转子在静止磁场中切割磁场线，产生一个与惯性转动方向相反的电磁转矩（根据左手和右手定则判断），实现对转子的制动。这种制动方法将转子惯性转动的机械能转换成电能，又消耗在转子的制动上，所以称为能耗制动。

能耗制动按照设计原则不同可以有多种控制方法，下面介绍其中两种，按时间原则控制线路和按速度原则控制线路。

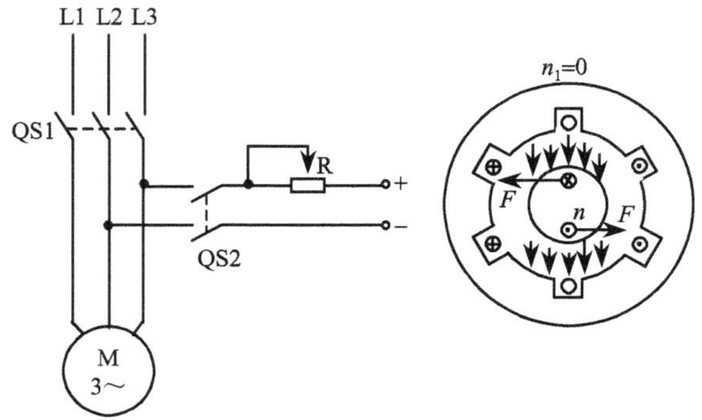

图 14-20　能耗制动原理图

1．按时间原则控制线路

图 14-21 中，变压器 TC、整流装置 VC 提供直流电源，接触器 KM1 的主触头控制接通三相电源，KM2 控制直流电源接入电动机定子绕组，控制过程如下。

按下启动按钮 SB2，接触器 KM1 线圈得电，其辅助常开触头闭合并自锁，辅助常闭触头打开并与 KM2 互锁，KM1 主触头闭合，电动机启动运行。停车时，采用时间继电器 KT 实现自动控制，按下复合按钮 SB1，KM1 线圈失电，KM1 所有触头复位，三相交流电源切断。同时，接触器 KM2 和 KT 的线圈通电并自锁，KM2 在主电路中的常开触头闭合，直流电 VC 被引入定子绕组，电动机开始能耗制动。经过一段时间，当时间继电器 KT 的延时时间到时，KT 的通电延时断开的常闭触头断开，KM_2 线圈失电，主电路中 KM2 的辅助触点断开，能耗制动结束。

KT 的瞬时常开触头的作用是当 KT 线圈断线或机械卡住故障时，在按下 SB1 后，KM2 线圈得电，能迅速制动，制动结束，松开 SB1，KM2 线圈失电，切断主回路中的直流电流，两相定子绕组不致长期接入能耗制动的直流电流。

能耗制动的制动转矩大小与通入直流电流的大小及电动机的转速 n 有关。同样转速，电流越大，制动作用越强。一般接入的直流电流为电动机空载电流的 3～5 倍，过大会烧坏电动机的定子绕组。因此，采用在直流电源回路中串接可调电阻 R 的方法调节制动电流的大小。能耗制动时制动转矩随电动机的惯性转速下降而减小，因而制动平稳。

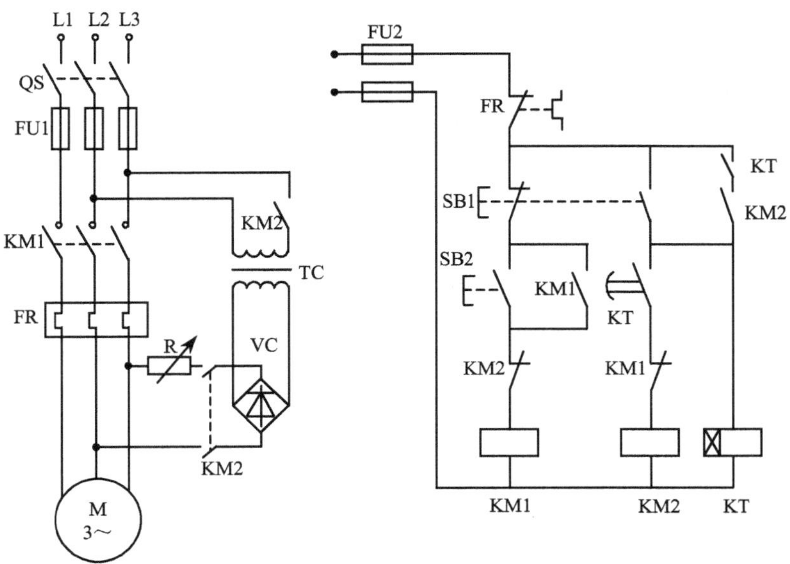

图 14-21　按时间原则能耗制动控制原理图

2．按速度原则控制线路

按速度原则控制的能耗制动控制线路与图 14-21 中的控制线路基本相同，如图 14-22 所示。仅是在控制电路中取消了时间继电器 KT 的线圈及其触头，在电动机转轴伸出端安装了速度继电器 KS，并且用 KS 的常开触点取代了 KT 延时常闭触点。这样，该线路中的电动机在刚刚脱离三相交流电源时，由于电动机转子的惯性速度仍很高，KS 的常开触点仍然处于闭合状态，所以，接触器 KM2 线圈在按下按钮 SB1 后通电自锁。于是，两相定子绕组获得直流电源，电动机进入能耗制动。当电动机转子的惯性速度接近零时，KS 常开触点复位，KM2 线圈断电而释放，能耗制动结束。

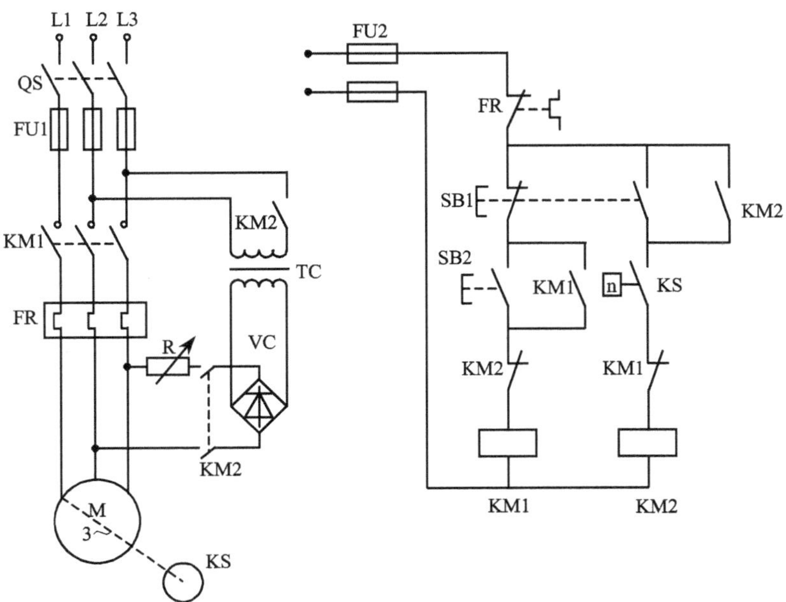

图 14-22　按速度原则能耗制动控制原理图

*14.5　顺序控制与自动循环控制

14.5.1　顺序控制

具有多台电动机拖动的机械设备，在操作时为了保证设备的运行和工艺过程的顺利进行，必须按一定顺序来控制电动机的启动、停止，称为电动机的顺序控制。

1．电动机 M2 必须在 M1 启动后才能启动

图 14-23 中，构成了满足上述要求的两台电动机顺序控制，其控制过程如下。

合上电源开关 QS，按下启动按钮 SB2，接触器 KM1 线圈通电并自锁，其主触头闭合，M1 启动运转，与 SB4 串联的 KM1 的常开触头闭合，为 KM2 线圈通电准备了条件。这时按下启动按钮 SB4，KM2 线圈通电并自锁，M2 启动运转，从而实现了 M1 先启动，M2 后启动的顺序控制。反过来说，如果 M1 未运行，即 KM1 线圈未得电，那么与 SB4 串联的触头也不会闭合，因此即使按下 SB4 按钮，KM2 线圈也不会得电，即 M2 不会运行。这种控制应用十分广泛，如多个皮带的运输控制等。

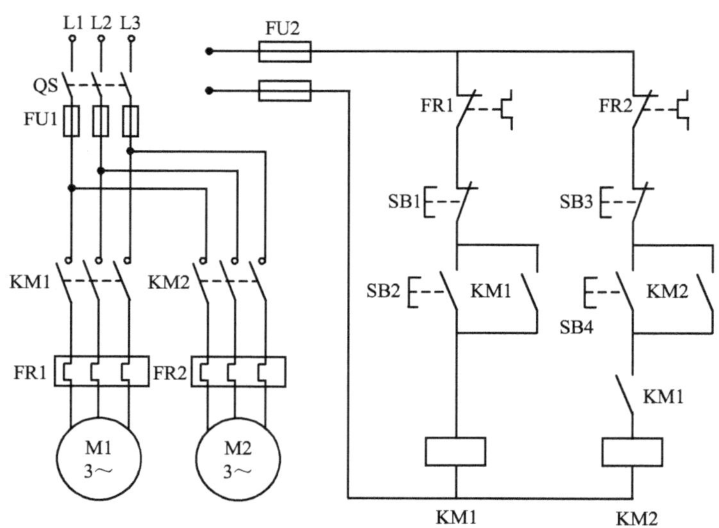

图 14-23　两台电机顺序启动控制原理图

2．M1 必须在 M2 停机后才能停机

图 14-24 中，构成了满足上述要求的两台电动机顺序控制，其顺序启动过程与图 14-23 所起到的控制过程是一样的，不同的是加入了顺序停止，其顺序停止的控制过程如下。

假定现在两台电机都在运行，按下停止按钮 SB3，接触器 KM2 线圈失电，KM2 所有触头复位，M2 停机，与 SB1 并联的辅助常开触头也复位断开，为 M1 的停机做好准备。再按下 SB1 按钮，KM1 线圈失电，KM1 所有触头复位，M1 停机。反过来说，如果 M2 未停机，即 KM2 线圈持续得电，那么与 SB1 并联的 KM2 辅助常开触头保持闭合，即使按下 SB1 按钮，KM1 线圈也不会失电，即 M1 不会停机。这种控制应用也十分广泛，如用于降温的油泵电机与主电机的顺序控制等。

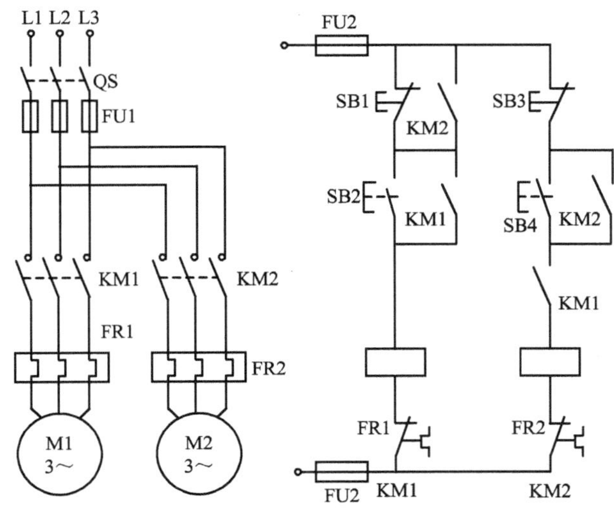

图 14-24　两台电机顺序启动、顺序停止控制原理图

14.5.2　自动循环控制

自动循环控制是利用行程开关按运动部件的位置或位置变化进行的控制，因此也叫做行程控制。生产中常见的自动循环控制有小车、工作台的自动往复控制等。自动循环控制的示意图如图 14-25 所示，其控制过程如下。

如图 14-26 所示，按下启动按钮 SB2，接触器 KM1 通电并自锁，其主触头闭合，电动机正转，带动工作台前进（向右运行），当工作台到达行程开关 SQ1 的位置时，SQ1 被压下，其常闭触头断开，KM1 线圈失电，其主触点复位断开，切断电动机的正转回路，同时，其常开触头闭合，接通接触器 KM2 线圈的回路，KM2 通电并自锁，其主触头闭合，电动机反转，带动工作台后退（向左运行）。当工作台到达行程开关 SQ2 的位置时，SQ2 被压下，切断电动机的反转回路，同时又接通电动机的正转回路，工作台又向右运行，实现工作台的自动往返。

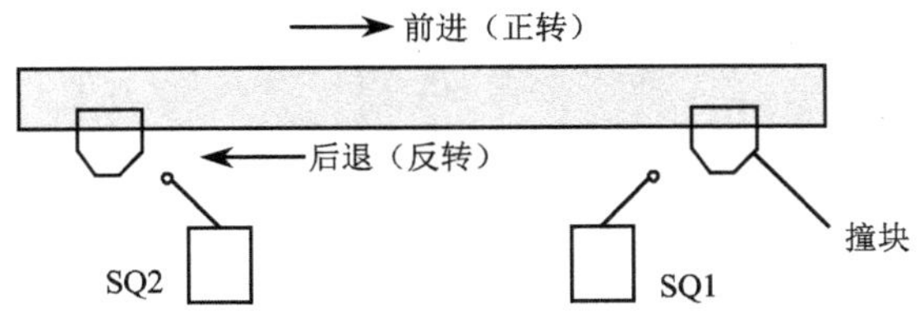

图 14-25　小车、工作台自动往复运动示意图

SQ3 和 SQ4 限位开关安装在工作台运动的极限位置，起限位保护作用。当由于某种故障，工作台到达 SQ1 和 SQ2 给定的位置，未能切断 KM1（或 KM2）线圈电路，继续运行达到 SQ3（或 SQ4）所处的极限位置时，将会压下限位保护开关，切断接触器线圈电路，使电动机停止转动，避免工作台超越允许位置。

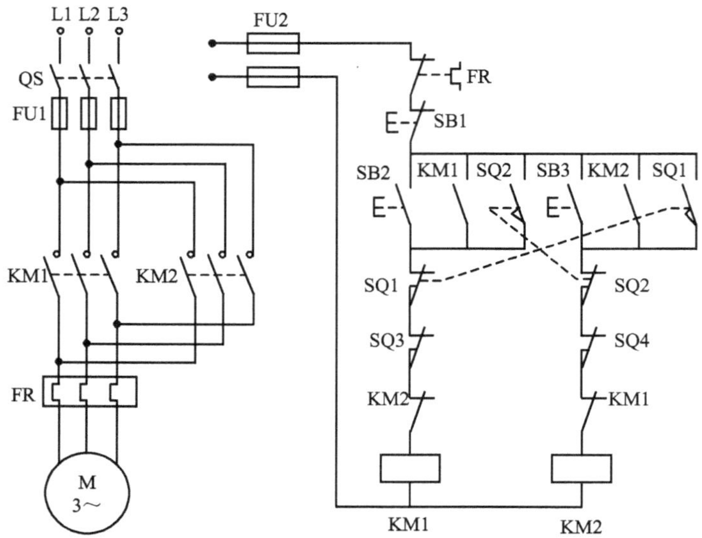

图 14-26　工作台自动往复运动控制原理图

习　题　14

1．在三相笼式电动机的反接制动控制电路中，为了避免电动机反转，需要用到什么元件？

2．自锁环节怎样组成？它起什么作用？具有什么功能？

3．什么是互锁环节，它起什么作用？

4．三相异步电动机的启动控制采用哪两种方式？

5．笼式异步电动机是如何改变转动方向的？

6．请分析题 6 图中的降压启动控制原理图。

1）原理图中，主电路中 FU1、FR 具有什么保护作用？

2）原理图中，控制电路中 8 区的 KM2 常开触点起什么控制作用？对于控制电路具有什么“保护”作用？

3）图中 KT 下的数据 7|× 表示什么意思？KM1 下的数据 3|6|×
3| |
3| | 表示什么意思？

4）根据原理图的控制原理，指出控制电路中的两个错误，然后提出改正意见。（用文字说明）

5）试考虑与 KT、KM1 线圈相连的 5 区、6 区的两个 KM2 的常闭触点是不是互锁触点。如何判断是否是互锁控制？

7．请分析题 7 图中的三相笼式异步电动机的原理图。

1）分析该原理图起到什么控制作用。

2）实现该控制作用的原理是什么？

3）根据电路的控制原理，先指出主电路中的三个错误，然后提出改正意见。（用文字说明）

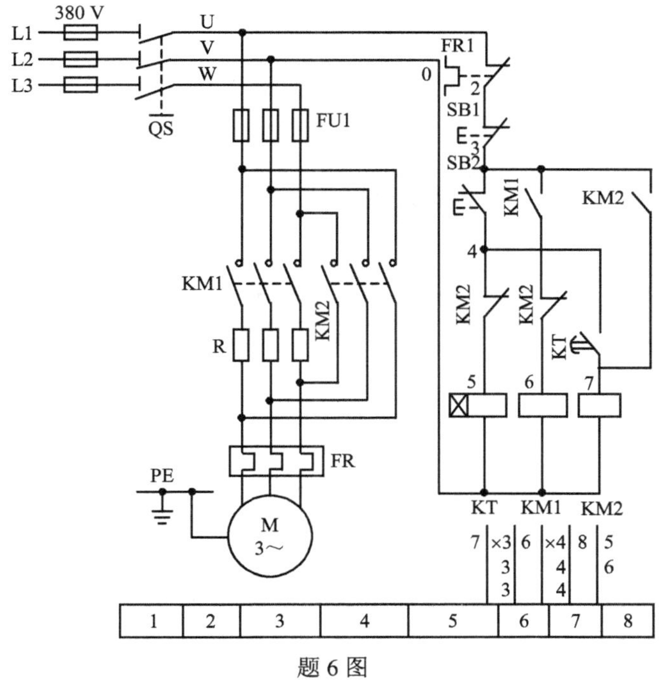

题 6 图

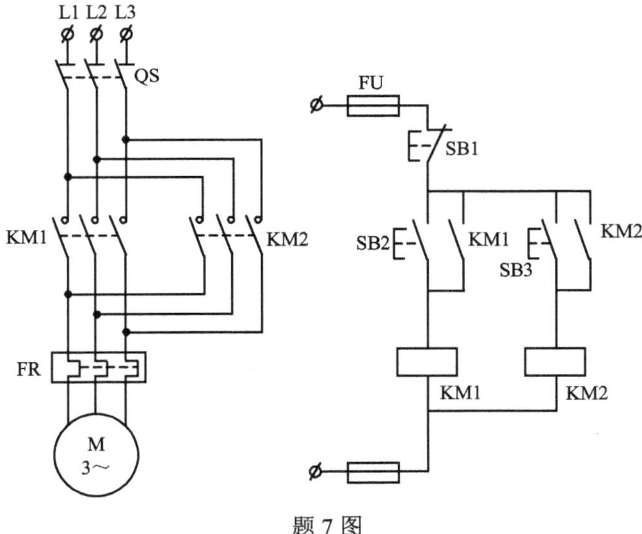

题 7 图

8．用继电接触器设计两台既能同时启动、同时停止，又能分别启动、分别停止的电机的控制线路。电路需具有必要的保护措施。请画出满足上述要求的控制线路图。

9．用继电接触器设计两台相隔一段时间顺序启动并且能够同时停止的交流电机的控制线路。不画主电路，但需具有必要的保护措施。请画出满足上述要求的控制线路图。

第 15 章　可编程控制器（PLC）的原理及应用

可编程控制器是集计算机技术、自动控制技术、通信技术为一体的新型自动控制装置，现已成为工业自动化的三大支柱（PLC、工业机器人、CAD/CAM）之一。因早期的可编程控制器主要用于代替继电器实现逻辑控制，因此称为 Programmable Logic Controller，简称 PLC。本书以西门子 PLC 的 S7—200 系列为例，具体内容包括可编程控制器的基本知识、S7—200 系列基本逻辑指令和编程应用举例，如交通信号灯系统设计、LED 灯系统设计等。

15.1　可编程控制器（PLC）的基本知识

15.1.1　可编程控制器的发展及应用

1．可编程控制器的产生

在可编程控制器出现以前，继电器控制在工业控制领域占主导地位，由此构成的控制系统都是按预先设定好的时间或条件顺序地工作，若要改变控制的顺序，就必须改变控制系统的硬件接线，这样使其应用在很多方面受到限制，通用性和灵活性都较差。

1968 年，美国最大的汽车制造商——通用汽车公司（GM）为了满足生产工艺不断更新的需要，要求寻找一种比继电器更可靠、功能更齐全、响应速度更快的新型工业控制器，并从用户角度提出了新一代控制器应具备的十大条件：①编程方便，可现场修改程序；②维修方便，采用插件式结构；③可靠性高于继电器控制装置；④体积小于继电器控制盘；⑤数据可直接送入管理计算机；⑥成本可与继电器控制盘竞争；⑦输入可为市电；⑧输出可为市电，容量要求在 2 A 以上，可直接驱动接触器等；⑨扩展时原系统改变最少；⑩用户存储器大于 4 kB。

这一需求立即引起了开发热潮，美国数字设备公司（DEC）首先响应，于 1969 年研制成第一台可编程序控制器，在美国通用汽车公司生产线上试用成功，并取得了满意的效果，可编程控制器自此诞生。可编程控制器自问世以来，在工业界产生了巨大反响，发展极为迅速。

2．可编程控制器的发展

1）20 世纪 70 年代初期，可编程序控制器仅具有逻辑运算、定时、计数等一些功能。

2）20 世纪 70 年代中期，随着电子技术和计算机技术的发展以及微处理技术的应用，PLC 增加了算术运算、数据传送和数据处理等功能。

3）20 世纪 80 年代以后，随着大规模、超大规模集成电路等微电子技术的迅速发展，16 位和 32 位微处理器应用于 PLC 中，使 PLC 得到迅速发展。PLC 不仅控制功能增强，可靠性提高，功耗、体积减小，成本降低，编程和故障检测更加灵活方便，而且具有通信和联网、数据处理和图像显示等功能。

3．可编程控制器的特点

（1）方便性

主要体现在硬件配置方便、维修方便（PLC 具有很多监控提示信号，故障诊断容易）、安装方便、使用方便、编程方便等方面。

（2）可靠性

应用于工业环境时，要求 PLC 可靠性高、抗干扰能力强。在硬件方面和软件方面上均采取了一系列抗干扰措施，采用扫描加中断的工作方式，避免竞争状态。为保证不超时，设有看门狗。另外，还有很多自检、自诊断工作，使 PLC 的工作和被控对象的工作更加可靠；防干扰和抗隔离的措施也很多。

4．可编程控制器的应用

可编程控制器的方便性和可靠性，使得它的应用范围极为广泛，可以说只要有工厂、有控制要求，就会有 PLC 的应用。PCL 从应用类型大致可归纳为以下几种。

（1）开关逻辑控制

开关逻辑控制是目前 PLC 最广泛应用的领域，通过进行“与”、“或”、“非”等逻辑运算，取代了传统的继电-接触器系统进行的定时、技术、顺序逻辑控制。

（2）运动控制

PLC 制造商目前已提供了拖动步进电动机或伺服电动机的单轴或多轴位置控制模块。在多数情况下，操作员用手动方式把轴移动到某个目标位置，模块就可以确定目标位置和运动参数，然后通过编辑程序来改变速度和加速度等运动参数，使运动平滑。PLC 可以使运动控制与顺序逻辑控制有机结合在一起，广泛应用于各种装配机械、机械手等。

（3）过程控制

PLC 能控制大量的物理参数（如温度、压力等），将这些模拟、数字量做 A/D 或 D/A 转换，并进行闭环 PID(Proportional Integral Derivative)控制，即一个具有 PID 控制能力的 PLC 可用于过程控制。当控制过程中某个变量出现偏差时，PID 控制算法会计算出正确的输出，并把变量保持在设定值上。这一控制广泛应用于锅炉、酿酒等方面。

（4）数据处理

随着科技的不断进步，有把支持顺序控制的 PLC 和计算机数值控制（CNC）设备紧密结合的趋向。将 CNC 控制功能作为 PLC 的一部分，PLC 可以对计算机数值控制进行数据处理。

（5）机器人控制

在某些危险性大的工作中普遍使用机器人，对机器人的控制同样采用了 PLC。通过编程控制机器人的动作，可以实现多个机器人协调配合，使其合作完成复杂的工作，如汽车制造业中的焊接机器人等。

（6）通信和联网控制

PLC 通信包括 PLC 之间、PLC 和上位机（如计算机）之间、PLC 与其他智能设备之间的通信，以满足国内外近几年来兴起的工厂自动化（FA）系统、柔性制造系统（FMS）以及集散系统等发展的需要。采用网络连接构成集中管理信息的分布式网络系统，能够达到实时控制的目的，并及时发现并解决问题。

15.1.2 可编程控制器的分类及结构

1．可编程控制器的分类

按输入/输出点数，一般根据 PLC 输入/输出（I/O）点数的多少可分为：小型机（I/O 总点数<256 点，用户程序存储器容量在 4 kB 左右）；中型机（256<I/O 总点数<2 048，用户程序存储器容量达到 8 kB 左右）；大型机（I/O 总点数>2 048，用户程序存储器容量达到 16 kB 以上）。

按结构形式可分为整体式（固定式）和模块式（组合式）两类。

按生产厂家可分为美国莫迪康（MODICON）、德国的西门子（SIEMENS）、法国的施耐德（SCHNEIDER）、日本欧姆龙（OMRON）和三菱等。

本书主要以小型整体式的德国西门子 S7—200 系列为例进行讲解。

2．可编程控制器的结构

可编程控制器硬件结构基本上与微型计算机相同，主要由主机模块和外围设备组成，如图 15-1 所示。

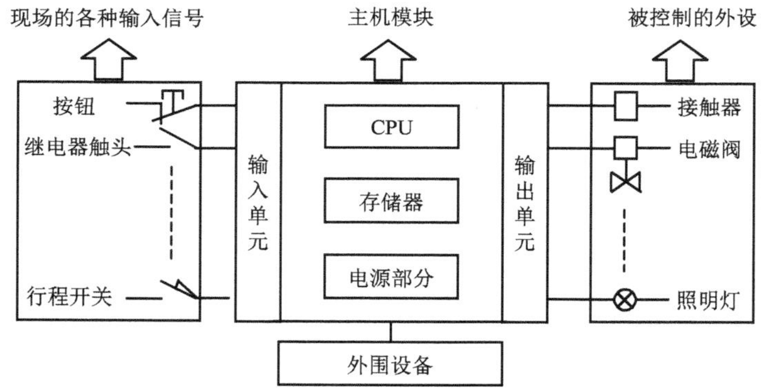

图 15-1　可编程控制器结构简图

（1）主机模块

主机模块主要包括中央处理单元（CPU，又称微处理器）、存储器、输入/输出单元（I/O）和电源。其外观与结构如图 15-2 所示。

CPU 是 PLC 的控制中枢，一般由控制器、运算器和寄存器组成，这些电路都集成在一个芯片上，可以单独完成一定的控制任务。它可以接收并存储用户输入的程序和数据，同时采用扫描工作方式接收现场输入信号，逐条读取并执行程序指令，也可以处理中断，最后根据运算结果实现输出控制。

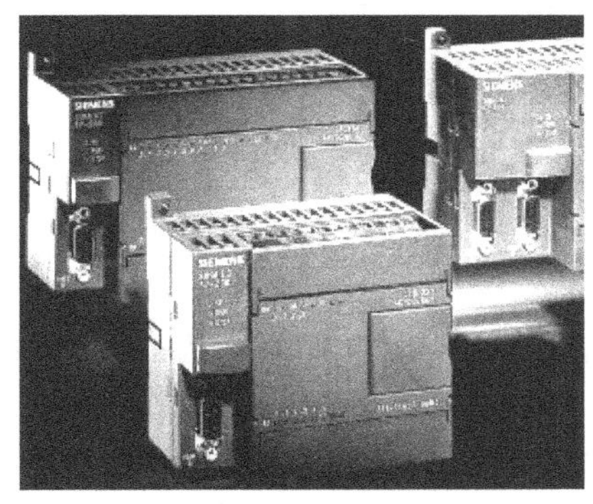

（a）

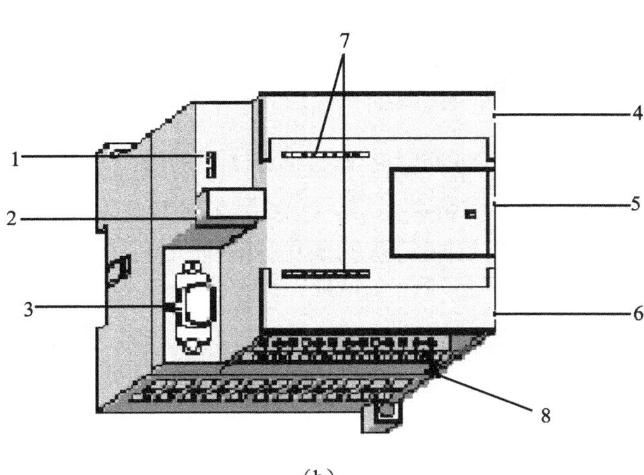

（b）

图 15-2　S7—200 系列主机模块外观及结构

（a）外观　（b）结构

1—系统状态显示灯；2—存储器卡；3—通信接口；4—顶部端子盖；

5—前盖；6—底部端子盖；7—I/O 点 LED 指示灯；8—接线端子排（可插拔）

存储器可以用来存放系统程序、用户程序、逻辑变量和其他信息。PLC 使用的存储器有三种：只读存储器（ROM），用于存放系统程序，具有开机自检、工作方式选择、信息传递和对用户程序的解释翻译功能；随机存储器（RAM），用于存放用户程序和逻辑变量；用户固化程序存储器（E2PROM），用于用户调试后的程序的长期存放。

输入/输出单元（I/O）是 PLC 与被控对象之间传送输入/输出信号的接口部件，有良好的电隔离和滤波功能，利于抗干扰。它还可以转换电平，将多样的外设和负载信号电平转化成 CPU 可识别的标准电平，同时指示状态使工作状况更直观，便于维护。

电源在整个系统中起着十分重要的作用，如果没有一个良好的、可靠的电源，系统是无法正常工作的。PLC 一般采用 220 V 交流电源，经整流、滤波、稳压后变换成供 CPU、存储器等电路工作所需的直流电压，有的 PLC 也采用 24 V 直流电源供电。为了保证 PLC 工作可靠，大都采用开关型稳压电源。

（2）外围设备

外围设备包括扩展单元（I/O 接口电路）、特殊功能模块、人机界面等。

扩展单元就是各种类型的输入/输出模块，如数字量I/O模块、模拟量I/O模块等。

特殊功能模块是完成某种特殊控制任务的一些装置，如PID模块、定位控制模块等。扩展单元和特殊功能模块不能单独完成一定的控制任务，必须和主机一起使用。

人机界面有编程器、文本显示器、操作员面板、触摸屏等。

外部设备通过在主机外壳上的通信接口和电缆线将可编程控制器、计算机、打印机、触摸屏等外部设备与主机模块配接。

除了硬件结构，S7—200还有许多与之配套的软件，如编程软件STEP7-Micro/WIN，人机界面的组态软件ProTool、WinCC。通过PLC的结构可知，PLC的实质就是一种专用于工业控制的计算机，它通过外围设备可以进行主机与生产机械之间、主机与人之间的信息交换，实现对工业生产过程以及对某些工艺参数的自动控制。

15.1.3 可编程控制器的工作方式

继电器控制系统本身就是一种“硬件逻辑系统”。如图15-3所示，按下按钮SB2，接触器KM1通电，KM1的一个触头闭合并自锁，接触器KM2、时间继电器KT的线圈同时通电，它们的触头也会动作。所以继电器控制系统采用的是并行工作方式。

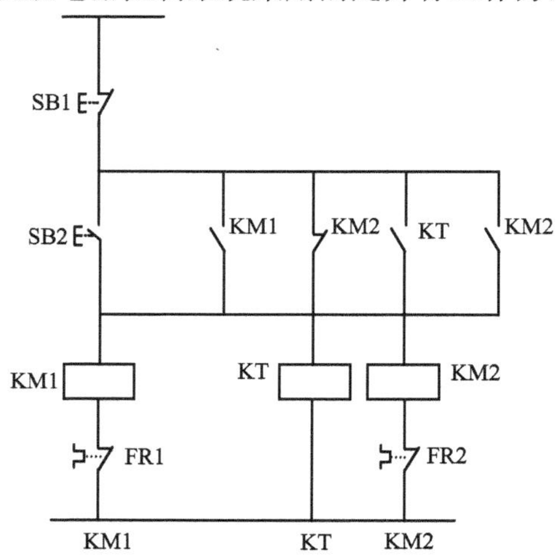

图15-3 继电-接触器系统控制系统简图

可编程控制器是一种工业控制计算机，它的工作原理是建立在计算机工作原理的基础上的，即通过执行用户程序来实现。计算机在每一瞬间只能做一件事，相应各电器的动作按程序的执行顺序依次完成，在时间上不是同时实现的。所以，PLC采用的是一个循环顺序扫描的工作方式。CPU从第一条指令开始，按顺序逐条地执行用户程序直到用户程序结束，然后返回第一条指令开始新的一轮扫描。PLC就是这样周而复始地重复上述循环扫描。每一次扫描所用的时间称为扫描周期或工作周期。PLC运行正常时，扫描周期的长短与CPU的运算速度有关，与I/O点的情况、用户应用程序的长短及程序指令等均有关。PLC整个运行工作可分为三部分，即上电处理、扫描过程和出错处理，如图15-4所示。

1．上电处理

可编程控制器上电后对PLC系统进行一次初始化工作，包括硬件初始化、I/O模块配置运行方式检查、停电保持范围设定以及其他初始化处理等。

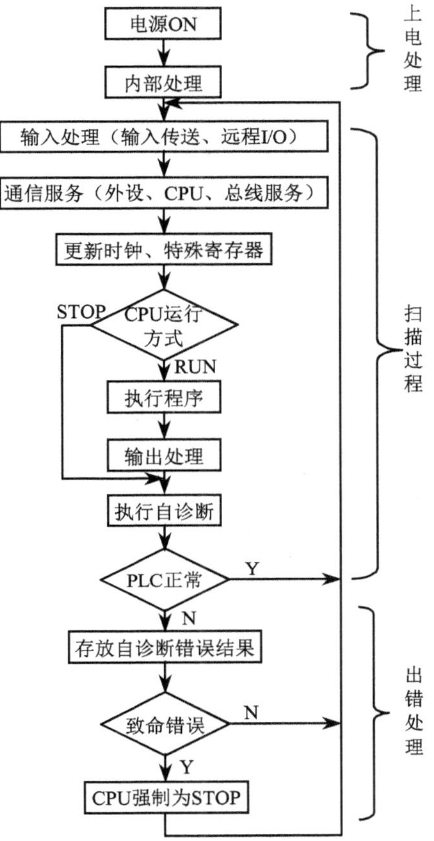

图 15-4　可编程控制器运行框图

2．扫描过程

可编程控制器上电处理完成后进入扫描工作过程。PLC 处于正常运行过程时，将不断地重复执行扫描过程，每次扫描过程又分为输入采样、程序执行和输出刷新三个部分，如图 15-5 所示。

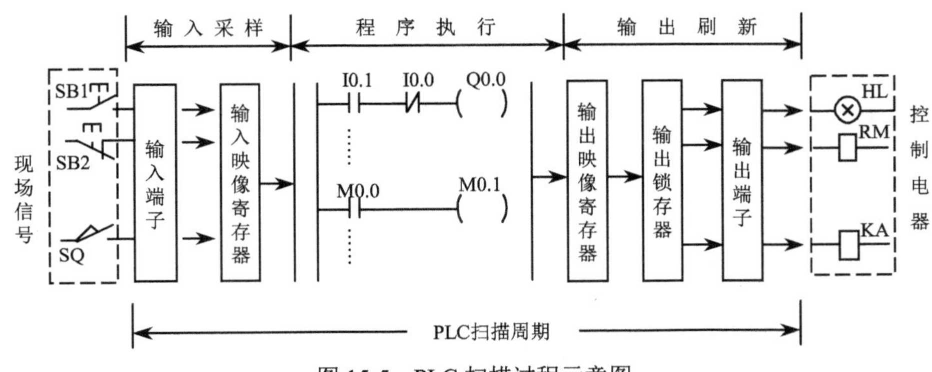

图 15-5　PLC 扫描过程示意图

（1）输入采样

PLC 开始周期工作时，CPU 首先以扫描方式读入所有输入端的开关信号状态（闭合为“1”，断开为“0”），并逐一存入输入映像寄存器。应该注意的是，有多少个输入端子就要占用多少个输入映像寄存器位数，输入采样结束后转入程序执行阶段。

（2）程序执行

根据 PLC 梯形图程序扫描原则，PLC 按先左后右、先上后下的顺序逐句扫描。但当遇到程序跳转指令时，则根据跳转条件是否满足来决定程序的跳转地址。当指令中涉及输入、输出状态时，PLC 就从输入映像寄存器“读入”上一阶段采用的对应输入端子状态，从元件映像寄存器“读入”对应元件的当前状态，然后进行相应的运算，并将运算结果存入输出映像寄存器中。

（3）输出刷新

所有指令执行完毕且已进入到输出刷新阶段时，PLC 才将输出映像寄存器中所有输出继电器的状态（接通或断开）转存到输出锁存器中，然后通过一定方式输出，以驱动外部负载，这种输出工作方式称为集中输出方式。集中输出方式在执行用户程序时不是得到一个输出结果就向外输出一个，而是把执行用户程序所得的所有输出结果先存放在输出映像寄存器中，执行完用户程序后再将所有输出结果一次性向输出端口或输出模块输出，使输出设备部件动作。

3．出错处理

PLC 每扫描一次执行一次自诊断检查，以确定 PLC 自身的动作是否正常，如 CPU、电池电压、程序存储器、I/O、通信等是否异常或出错。若检查出异常时，CPU 面板上的 LED 及异常继电器会接通，在特殊寄存器中会存入出错代码。当出现致命错误时，CPU 将被强制为 STOP 方式，所有的扫描停止。

15.1.4 可编程控制器内部元件和寻址方式

1．内部元件（软元件或软继电器）

程序设计时需要用到 PLC 的内部元件，这些元件都是以寄存器的形式出现的，每个元件对应一个或多个内存单元，而非实际的硬件元件，所以称为内部“软元件”，它们的功能是各自相互独立的。软元件看不见，摸不着，也不存在物理性的触点；每个软元件可提供无限多个常开触点和常闭触点，即它们的触点可以无限次使用。

西门子 S7—200 系列内部软元件有 12 类，在数据存储区为每一类软元件都分配一个存储区域并用字母为这些存储区命名，这些字母就是区域标识符。每个区域都有不同的标识符，如表 15-1 所示。下面主要介绍几种比较常用的软元件。

（1）输入继电器 I（Input Relay）

输入继电器由输入电路和输入映像寄存器组成，它的作用是接收外部的开关信号。

用户设备上的所有控制信号都接到 PLC 的输入端子上。一个输入端子对应一个输入继电器，当外部所接的开关处于闭合状态时，对应的输入继电器常开触点闭合，常闭触点断开。

使用输入继电器时要注意，输入继电器状态只受外部输入开关控制，不受 PLC 程序控制，即不能用程序指令驱动。PLC 只能读取输入继电器的状态程序，所以输入继电器没有线圈符号。外部输入开关只能直接控制输入继电器和它的触点，不能直接控制 PLC 中其他的继电器。

表 15-1 S7—200 软元件、区域标识符及常用寻址方式

区域标识符	存储的软元件
I	输入继电器（输入映像寄存器）
Q	输出继电器（输出映像寄存器）
M	辅助继电器（标志寄存器）
SM	特殊标志位存储器
S	顺序控制存储器（状态元件）
L	局部存储器
V	变量存储器
T	定时器
C	计数器
AC	累加器
AI/AQ	模拟量输入继电器/模拟量输出继电器
HC	高速计数器

（2）输出继电器 Q（Output Relay）

输出继电器由输出电路和输出映像寄存器组成，PLC 通过它向外部负载发出控制命令。PLC 的每一个输出端子都与一个输出继电器相对应。

使用输出继电器时要注意，PLC 输出接口的一个接线点对应一个输出继电器，输出继电器的线圈只能由程序驱动。

（3）辅助继电器 M(Auxiliary Relay)

辅助继电器 M 也称标志寄存器，相当于继电器控制系统中的中间继电器，使用时要注意该类元件不与输入点对应，也不与输出点相对应，它只用来存储 PLC 内部的中间变量。辅助继电器的线圈、常开触点、常闭触点在梯形图上的图形符号与输入、输出继电器相同，只是标志符不同。

（4）特殊继电器 SM（Special Memory）

特殊继电器是具有特殊功能的用来存储系统的状态变量、有关的控制参数和信息的存储单元。用户可以通过它来利用 PLC 与被控对象之间的信息实现一定的控制作用，也可以通过设置某些特殊继电器来使设备实现某些功能。

例如：SM0.0 PLC 运行时始终为“1”

SM0.1 PLC 首次扫描为“1”，之后一直为“0”

SM0.2 当机器执行数学运算的结果为负时置“1”

SM0.4 该位提供周期为一分钟、占空比为 0.5 的时钟

SM1.3 两数相除，除数为零时置“1”

（5）定时器 T(Timer)

S7—200 CPU 提供了 256 个定时器用于累计时间增量，相当于时间继电器，有三种类型：

通电延时定时器 TON（On-Delay Timer）、保持通电延时定时器 TONR（Retentive-On-Delay Timer）和断电延时定时器 TOF（Off-Delay Timer）。

2．寻址方式

通过上面的学习已经知道，由于同类软元件被分配到与之对应的同一个存储区域中，因此它们具有相同的标志符。在这个存储区域中它们不是杂乱无章随意存放的，而是存放在一个一个的存储单元里，存储单元由字节和位构成的数字序号来区分。因此，对于一个软元件来说，标志符与数字序号共同构成它所在的位置，即地址。找到软元件地址的方法称为寻址方式。

S7—200 数据寻址方式有立即寻址、直接寻址和间接寻址三大类。其中，直接寻址是 PLC 用户程序中使用最多、最普遍的方式，可以按位、字节、字、双字进行寻址。

直接指出存储区域和存储单元的寻址方式就是直接寻址，这种方法只需确定该软元件的存储区域标志符以及数字序号即可。按位寻址是指找到在该存储单元地址的方法，如图 15-6 所示。图中，MSB 表示该区域的最高位，LSB 表示该区域的最低位，如“I4.5”表示输入继电器区第 4 节的第 5 位。适用位寻址的存储区域有 I、Q、M、SM、S、L、V。但是，有的存储区域不支持位寻址，只支持字寻址，如 T、C、AC、Ai、AQ、HC。“T5”表示在定时器区的字类型数据，地址为 5。

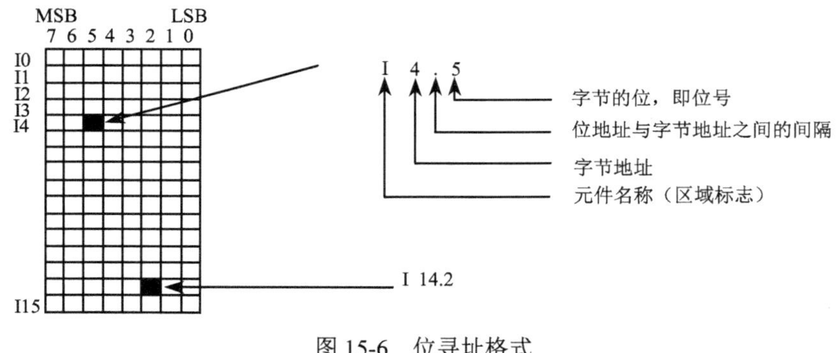

图 15-6　位寻址格式

15.2　PLC 的编程语言

西门子 S7—200 系列的 PLC 有四种编程语言，即梯形图 LAD（Ladder Diagram）、语句表 STL（Statement List）、顺序功能图 SFC（Sequential Function Chart）、功能块图 FBD（Function Block Diagram）。其中，顺序功能图 SFC、梯形图 LAD、功能块图 FBD 是图形编程语言，语句表 STL 是文字语言。

1．梯形图（LAD）

梯形图是表示 PLC 输入和输出之间逻辑关系的图形，它是借助继电器的常开（动合）触头、常闭（动断）触头、线圈以及各种术语符号，根据控制要求连接而成的。梯形图中的继电器不是“硬”继电器，是 PLC 存储器的一个存储单元。当写入该单元的逻辑状态为“1”时，表示相应继电器的线圈接通，其动合触点闭合，动断触点断开。由于输入继电器用于接收外部输入信号，而不能由 PLC 内部其他继电器的触点来驱动，所以，梯形图中只出现输入继电器的触点，而不出现其线圈，如图 15-7 所示。

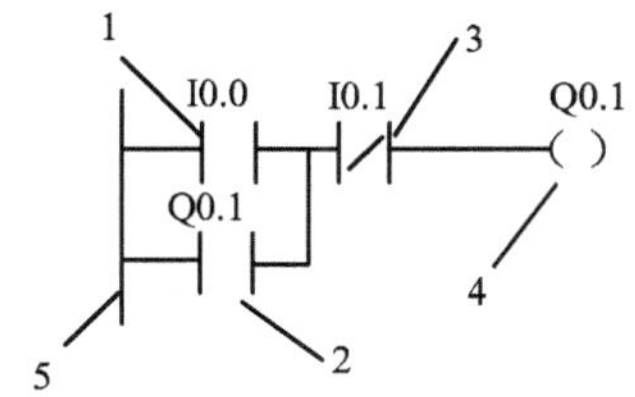

图 15-7　PLC 梯形图

1—输入继电器常开（动合）触点；2—输出继电器常开（动合）触点；
3—输入继电器常闭（动断）触点；4—输出继电器线圈；5—左母线

梯形图是在继电-接触器控制系统原理图的基础上演变而来的一种图形语言，它与继电-接触器控制系统的图形结构和逻辑关系相同。应该注意的是，与继电-接触器控制系统一样，梯形图中的同一元件也必须用同一名字命名，如图 15-8 所示。但它们又有以下本质的区别。

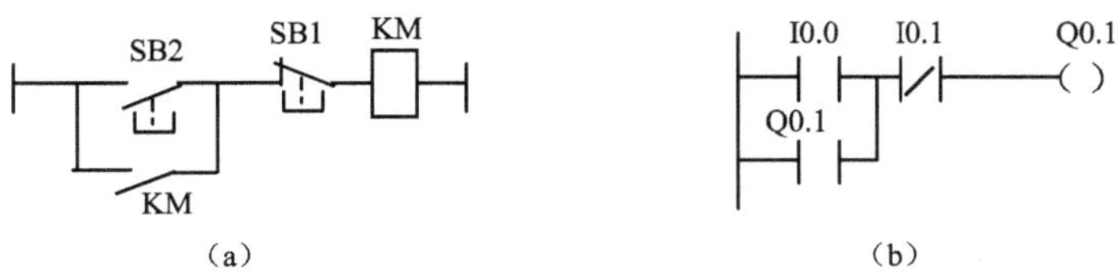

（a）　　　　　　　　　　（b）

图 15-8　电动机起—保—停电路图

（a）继电-接触器控制原理图　（b）PLC 梯形图

（1）元器件不同

继电-接触器控制电路是由真正的硬件低压电器组成；PLC 梯形图是软件实现的软继电器。

（2）工作方式不同

继电-接触器控制电路中的继电器采用并行工作状态，即可同步执行多项工作；PLC 梯形图中的软继电器都处于周期性循环扫描工作状态，自上而下按顺序执行指令并进行相应工作。

（3）元件触头数量不同

硬件继电器的触头数量有限，一般只有 4～8 对；PLC 梯形图中的软继电器的触头数在编程时可无限制使用，可常开又可常闭。

（4）控制电路实施方式不同

继电-接触器控制电路，控制功能固定，当要修改控制功能时必须重新接线；PLC 控制电路由软件编程来实施，可以灵活变化和在线修改程序。

（5）能流与电流不同

继电-接触器控制电路中通过的是真实的电流；PLC 梯形图中流过的不是物理电流，而是“概念电流”——能流，它从左流向右，其两端没有电源。这个“概念电流”只是用来形象地描述用户程序执行中满足线圈接通的条件。

使用 PLC 梯形图设计程序时，需要注意一定的编程规则及技巧。

（1）排列顺序

梯形图按自上而下、从左到右的顺序排列。每一逻辑行（或称梯级）起始于左母线，然后是触点的串、并联连接，最后是线圈与右母线（可省略）。

（2）上沉下轻、左沉右轻

当几条支路串联时，串联触头多的电路应尽量放在上部分；当几条支路并联时，并联触头多的电路应尽量靠近左母线，如图 15-9 和图 15-10 所示。

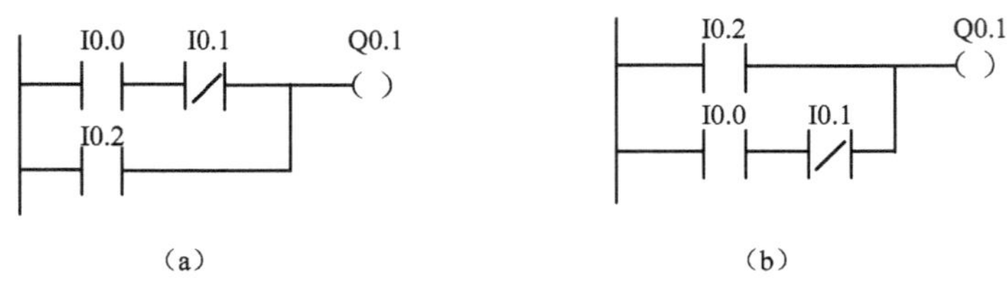

图 15-9 上沉下轻

（a）合理的梯形图 （b）不合理的梯形图

图 15-10 左沉右轻

（a）合理的梯形图 （b）不合理的梯形图

（3）垂直方向不能有触头

在两行并联的指令之间不能有垂直的触头，因为这类触头 PLC 不能识别，需将其等效为逻辑关系相同的梯形图，如图 15-11 所示。

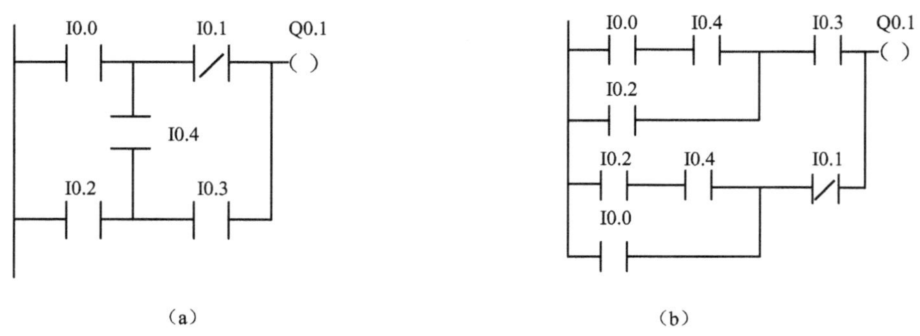

图 15-11 不能有垂直的触头

（a）错误的梯形图 （b）正确的梯形图

2．语句表（STL）

指令语句表是一种用指令助记符来编制 PLC 程序的语言，类似于计算机的汇编语言，但比汇编语言容易理解。一条典型指令往往由助记符、操作数或操作数地址组成。语句表语言更适合熟悉可编程序控制器和在逻辑编程方面有经验的编程人员。用这种语言可以编写出用梯形图或功能框图无法实现的程序。语句表与梯形图有一定的对应关系。

3．功能块图（FBD）

功能块图又称逻辑盒指令，是一种类似于数字逻辑门电路的 PLC 图形编程语言。它逻辑功能清晰，输入/输出关系明确，适用于熟悉数字电路系统设计人员采用智能型编程器编程。控制逻辑常用“与”、“或”、“非”三种逻辑功能进行表达，每种功能都有一个算法。具体运算功能由方框图内的符号确定，方框图的左边是逻辑运算的输入变量，右边是输出变量。例如，Y1=X0 •（X1+X2）的功能块图如图 15-12 所示。

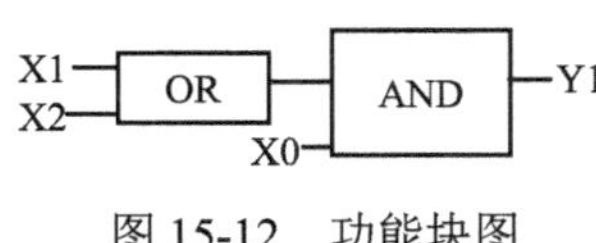

图 15-12　功能块图

15.3　S7—200 系列 PLC 的基本指令

S7—200 系列 PLC 指令集按功能分为基本指令和功能指令。功能指令是完成复杂的功能控制所需要的指令。本书主要讲解基本逻辑指令，在语句表语言中表现在对位存储单元的简单逻辑运算，在梯形图中表现在对触点的简单连接和对标准线圈的输出。

15.3.1　位逻辑指令

位逻辑指令是 PLC 中的一种基本指令，主要包括 LD、LDN、=、NOT、A、AN、O、ON 八种指令。

1．取指令、线圈输出指令

取指令与线圈输出指令主要是对存储器地址进行操作。触头分常开和常闭两种，S7—200 系列中用“LD”与“LDN”分别装载常开和常闭触头，用“=”作为输出指令。

（1）LD（Load）

取指令。对应梯形图从左母线开始连接常开触头，即逻辑运算由常开触头开始，与其对应的梯形图符号如图 15-13（a）所示。例如，LDI0.0 表示取输入寄存器第 0 位、第 0 字的常开触头，如图 15-13（b）所示。

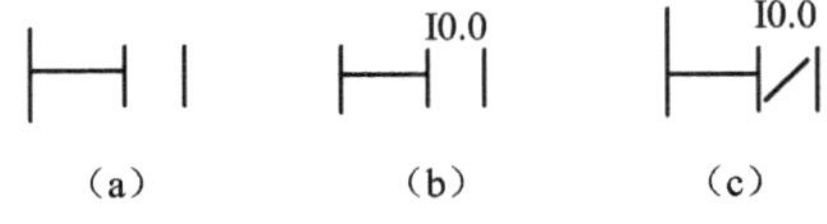

图 15-13　取指令对应的梯形图符号

（a）常开触头表示方法一　（b）常开触头表示方法二　（c）常闭触头

（2）LDN（Load Not）

取反指令。对应梯形图从左母线开始连接常闭触头，即逻辑运算由常闭触头开始，与 LD 类似，如图 15-13（c）所示。

（3）=（Out）

输出指令。对应梯形图则为线圈驱动，如图 15-14 所示。

（a）　　（b）

图 15-14　输出指令对应的梯形图符号

（a）线圈表示方法一　（b）线圈表示方法二

例 15-1　将图 15-15 中的点动控制分别使用 PLC 梯形图、基本指令实现。

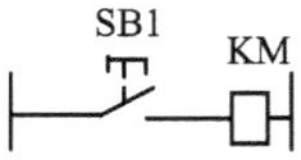

图 15-15　继电-接触器的点动控制

解：梯形图如图 15-16（a）所示，基本指令如图 15-16（b）所示。

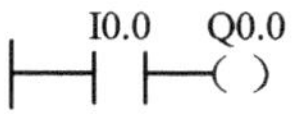

```
LD   I0.0
=    Q0.0
```

（a）　　（b）

图 15-16　PLC 点动控制

（a）梯形图　（b）指令表

（4）LD、LDN、输出指令使用时需要注意的问题

LD、LDN 指令用于与输入公共线（输入母线）相连的触点，在分支电路块的开始处也要使用 LD、LDN 指令，与后面介绍的 OLD、ALD 指令配合完成块电路的编程。

输出指令用于输出继电器、辅助继电器、定时器及计数器等，可作为逻辑梯级的结束指令，当 PLC 输出端不带负载时，尽量使用其他控制线圈；输出指令不能用于输入继电器，即不可驱动输入寄存器 I；在同一程序中不要使用双线圈输出，即同一个元器件在同一程序中只使用一次输出指令；并联的不同元件的输出指令可以连续使用多次。

2．逻辑结果取反指令 NOT

NOT 指令用于将 NOT 指令左端的逻辑运算结果取非，且 NOT 指令无操作数，如图 15-17 所示。

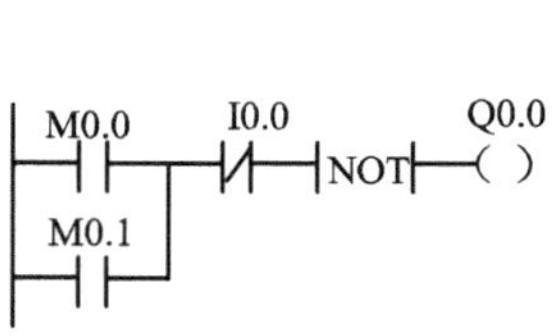

```
LD    M0.0
O     M0.1
AN    I0.0
NOT
=     Q0.0
```

（a）　　（b）

图 15-17　NOT 指令

（a）梯形图　（b）指令表

3．触点串、并指令

（1）串指令

A（And）：与指令，用于串联单个常开触点；AN（And Not）：与反指令，用于串联单个常闭触点，如图 15-18 所示。

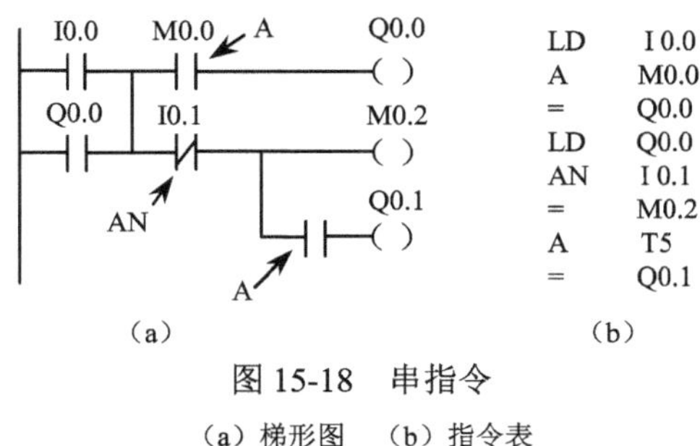

（a）　　　　（b）

图 15-18　串指令

（a）梯形图　（b）指令表

（2）并指令

O（Or）：或指令，用于并联单个常开触点；ON（Or Not）：或反指令，用于并联单个常闭触点，如图 15-19 所示。

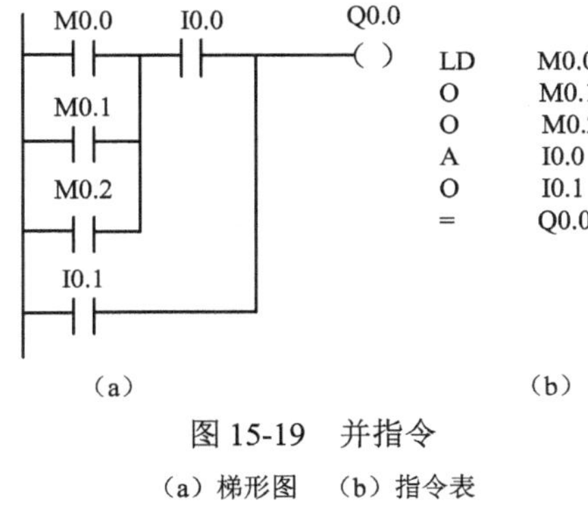

（a）　　　　（b）

图 15-19　并指令

（a）梯形图　（b）指令表

（3）串并指令使用时需要注意的问题

串并指令都是单个触点连接指令，可连续使用。但 S7—200 PLC 的编程软件中规定的串联触点使用上限为 11 个。若要串联或者并联多个触点组合块时，须采用 ALD、OLD 指令。

15.3.2　逻辑块操作指令

1．串联电路块的指令 ALD

ALD（And Load）：当串联的触点不是单个，而是一个并联电路块时使用，如图 15-20 所示。

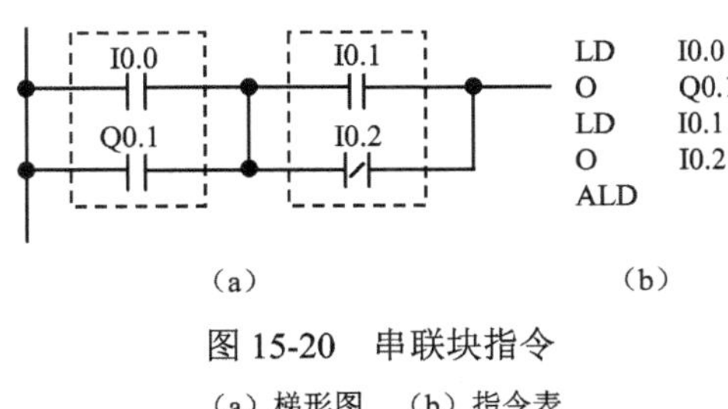

（a）　　　　（b）

图 15-20　串联块指令

（a）梯形图　（b）指令表

2．并联电路块的指令 OLD

OLD（Or Load）：当并联的触点不是单个，而是一个串联电路块时使用，如图 15-21 所示。

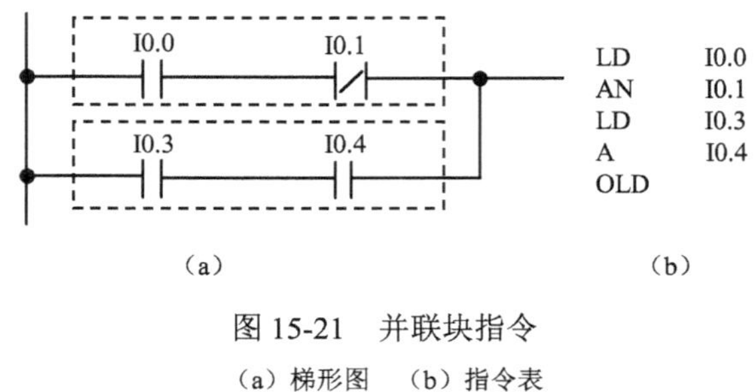

图 15-21 并联块指令

（a）梯形图 （b）指令表

3．块指令使用时需要注意的问题

分支电路（并联或者串联电路块）在分支的起始点用 LD 或 LDN 指令，电路块结束后，使用块指令（ALD 或 OLD）与前面电路实现串并联；如果有多个电路块连接，顺次以块指令与前面支路连接，支路数量没有限制；块指令无操作数，如图 15-22 所示。

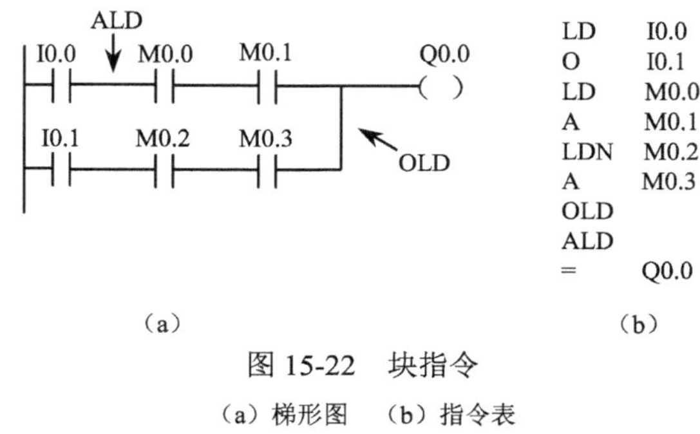

图 15-22 块指令

（a）梯形图 （b）指令表

15.3.3 堆栈指令

在梯形图中，如果所有的触点都是简单的串联、并联关系时，可以使用前面所介绍的位逻辑指令。然而，如果梯形图中的触点呈现比较复杂的连接关系，就要设计堆栈操作，如上面所讲的块操作指令。除了块操作指令以外，还有几种常见的栈操作指令。

1．逻辑入栈指令 LPS（Logic Push）

在梯形图的分支结构中，LPS 指令用于生成一条新的母线，其左侧为原来的主逻辑块，右侧为新的从逻辑块，可直接编程。

2．逻辑出栈指令 LPP（Logic Pop）

在梯形图的分支结构中，LPP 指令是分支电路结束指令。

3．逻辑读栈指令 LRD（Logic Read）**指令**

在梯形图的分支结构中，LRD 指令是分支电路中间读取指令。

4．LPS、LPP 指令使用时需要注意的问题

LPS 与 LPP 必须成对使用，用于处理梯形图中分支结构程序，LPS 用于分支开始，LPP 用于分支结束，中间读取需用 LRD 指令；注意与 LD 指令相区别，也可以与之结合使用；栈指令无操作数。

例 15-2　写出图 15-23 中梯形图对应的指令表。

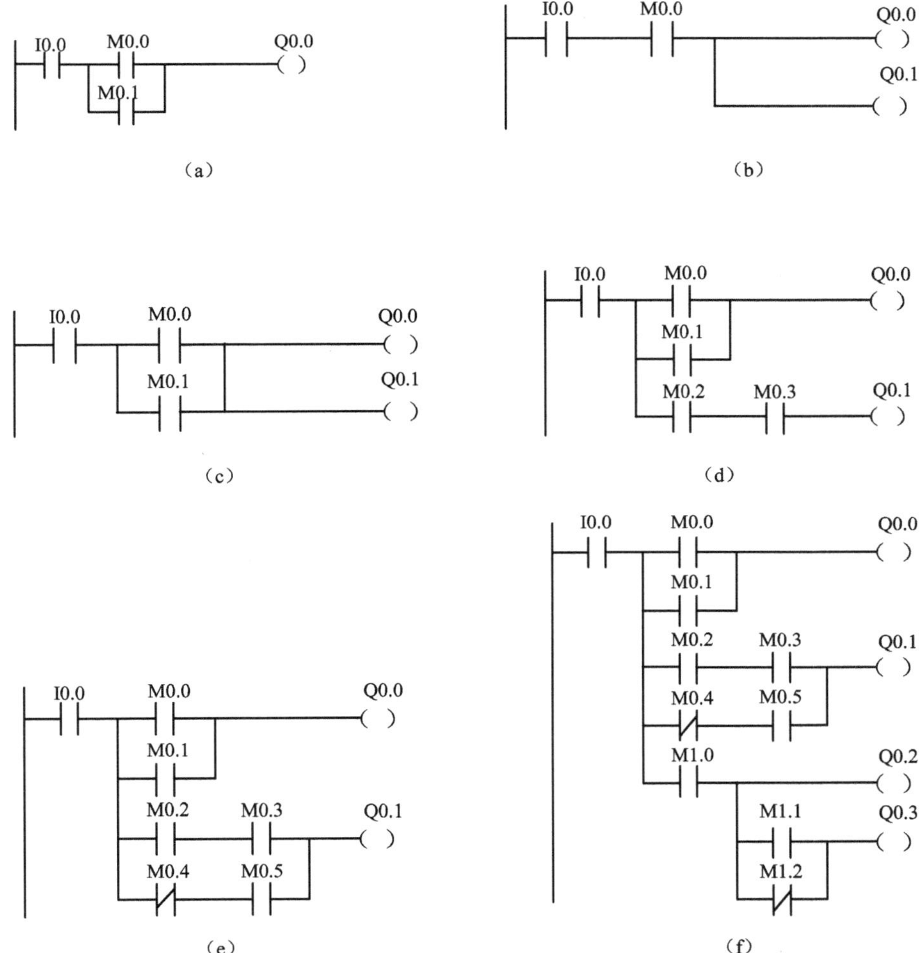

图 15-23　例 15-2 图

题（a）图对应的指令表为：

LD	I0.0LD
M0.0	
O	M0.1
ALD	
=	Q0.0

题（b）图对应的指令表为：

LD	I0.0
A	M0.0
=	Q0.0
=	Q0.1

题（c）图对应的指令表为：

LD	I0.0
LD	M0.0
O	M0.1
ALD	
=	Q0.0
=	Q0.1

题（d）图对应的指令表为：

LD	I0.0LPS

```
LD      M0.0
O       M0.1
ALD
=       Q0.0
LPP
A       M0.2
A       M0.3
=       Q0.1
```

题（e）图对应的指令表为：

```
LD      I0.0
LPS
LD      M0.0
O       M0.1
ALD
=       Q0.0
LPP
LD      M0.2
A       M0.3
LDN     M0.4
A       M0.5
OLD
ALD
=       Q0.1
```

题（f）图对应的指令表为：

```
LD      I0.0
LPS
LD      M0.0
O       M0.1
ALD
=       Q0.0
LRD
LD      M0.2
A       M0.3
LDN     M0.4
A       M0.5
OLD
ALD
=       Q0.1
LPP
A       M1.0
=       Q0.2
LD      M1.1
ON      M1.2
ALD
=       Q0.3
```

15.3.4 触发器指令

1．置位（S）/复位（R）指令

1）置位/复位指令符号及功能如下。S（Set）为置位指令，R（Reset）为复位指令，其功能与符号如表 15-2 和图 15-24 所示。

表 15-2 置位/复位指令功能

	指令表（STL）	梯形图（LAD）	功 能
置位指令	S bit，N	S-bit ——（S） N	从 S-bit 开始的 *N* 个元件置 1 并保持
复位指令	R bit，N	S-bit ——（R） N	从 S-bit 开始的 *N* 个元件清 0 并保持

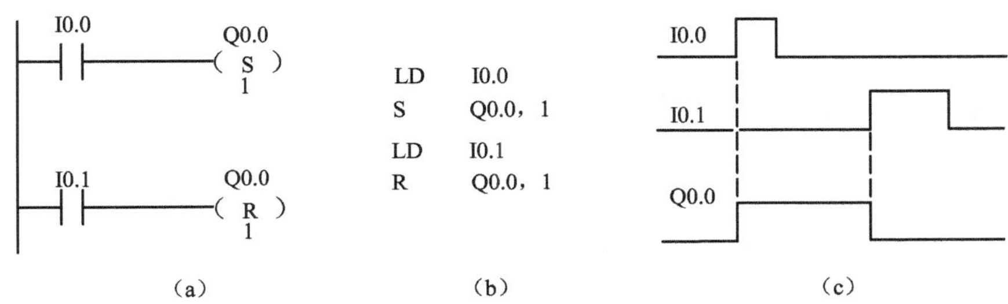

图 15-24 置位/复位指令

（a）梯形图 （b）指令表 （c）波形图

2）S/R 指令可构成 S-R 触发器，或者用 R/S 指令构成 R-S 触发器，PLC 的循环扫描的工作方式，使得执行后面的指令具有优先权。

3）置位/复位指令使用时需要注意的问题：与输出指令不同，对同一元件可以多次使用 S/R 指令；用 S 指令被置“1”之后必须通过 R 指令清“0”。

2．边沿脉冲指令（EU/ED）

1）EU 是上升沿触发指令，检测信号的上升沿，当有正跳变时产生“一个”扫描周期宽度的脉冲；ED 是下降沿触发指令，检测信号的下降沿，当有负跳变时产生“一个”扫描周期宽度的脉冲。其功能与符号如表 15-3 和图 15-25 所示。

表 15-3 EU/ED 指令功能

指令名称	STL	LAD	功能	操作元件
上升沿脉冲	EU	┤P├（ ）	上升沿微分输出	无
下降沿脉冲	ED	┤N├（ ）	下降沿微分输出	无

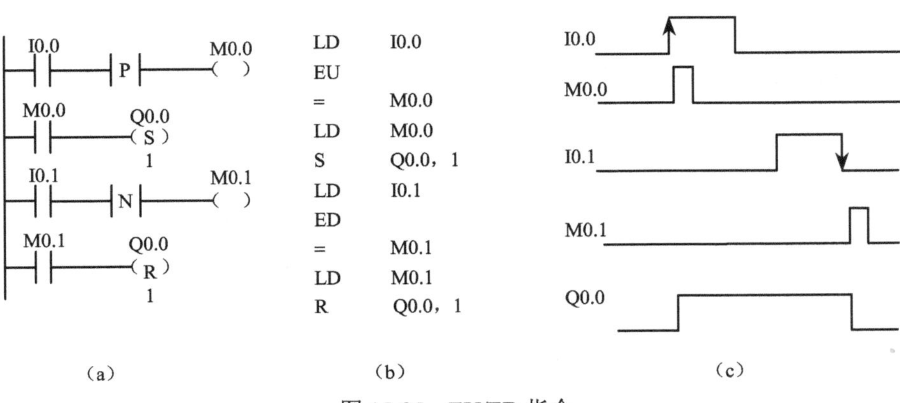

图 15-25 EU/ED 指令

（a）梯形图 （b）指令表 （c）波形图

2）EU/ED 指令使用时需要注意的问题：EU/ED 指令只检测信号状态的变化（消失或出

现）；且激活后只保持一个周期的信号；EU/ED 指令无操作数。

15.3.5 定时器指令

S7—200 系列 PLC 提供了三种类型的定时器，即通电延时定时器 TON、断电延时定时器 TOF 和保持型通电延时定时器 TONR，其指令功能如表 15-4 所示。

无论哪种定时器都有两个输入端，一个为 *IN* 端，是启动定时器的输入端（使能端）；另一个为 *PT* 端，是定时器的设定值输入端。此外，定时器还有一个值为当前计时值，当定时器输入条件满足时，当前值从 0 开始增加，当前值大于等于预置值后，状态位会翻转，最大计数值为 32 767。

定时器的定时时间 $T=PT\times S$，其中，*PT*（Preset Time）为时间设定值；*S* 为时间基准，又称分辨率，可以表征定时器的精度。S7—200 共有三种分辨率（1 ms，10 ms，100 ms）。

例如，使用某分辨率为 10 ms 的定时器，其设定值为 100，则实际定时时间 T=100×10 ms=1 000 ms=1 s。

表 15-4　3 类定时器指令

	通电延时定时器	断电延时定时器	保持型通电延时定时器
LAD	???? / IN TON / ???? — PT	???? / IN TOF / ???? — PT	???? / IN TONR / ???? — PT
STL	TON　T***，PT	TOF　T***，PT	TONR　T***，PT

（注：问号？）表示指令要填的参数。

1. 通电延时定时器 TON

IN（使能端）未上电时，定时器不工作，位为 OFF（所有触点为原始状态，即常开触点断开，常闭触点闭合），当前值为 0。IN 接通时，定时器位仍为 OFF，但当前值从 0 开始计时递增。当前值达到 PT 端的设定值时，定时器位变为 ON，梯形图中对应定时器的常开触点闭合，常闭触点断开，当前值仍连续计数，直到 32 767。当 IN 端断开，定时器自动复位，当前值被清零，定时器位为 OFF，所有触点复位。其过程如图 15-26 所示。

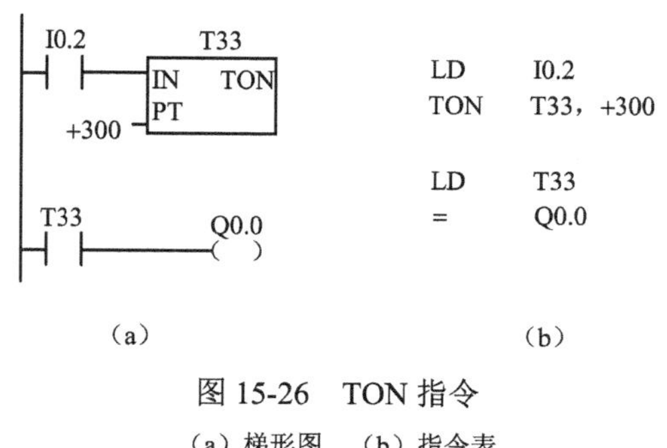

图 15-26　TON 指令

（a）梯形图　（b）指令表

2．断电延时定时器 TOF

IN（使能端）未上电时，定时器不工作，位为 OFF，当前值为 0。IN 接通时，定时器位变为 ON，当前值仍为 0。当使能端再次断开时，定时器开始定时，当前值达到 PT 端的设定值时，定时器位变为 OFF，当前值等于设定值，停止计时，直到输入电路接通。其过程如图 15-27 所示。

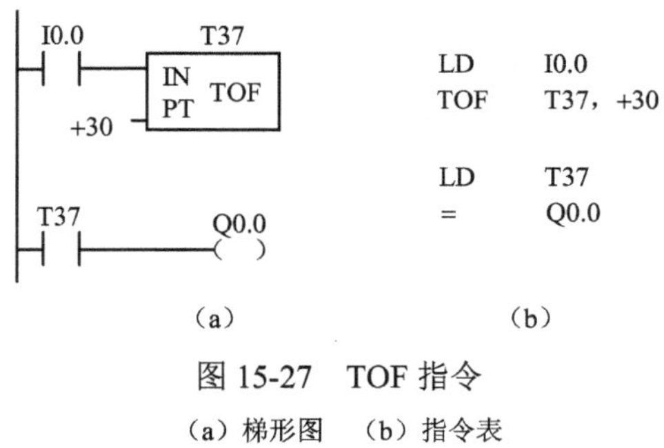

图 15-27　TOF 指令

（a）梯形图　（b）指令表

3．保持型通电延时定时器 TONR

IN 未上电时，定时器不工作，位为 OFF，当前值保持在掉电前的值。IN 接通时，当前值从上次的保持值开始继续计时，当累计当前值达到设定值时，定时器位变为 ON，当前值可继续计数到 32 767。TONR 指令只能用复位指令 R 对其进行复位。其过程如图 15-28 所示。

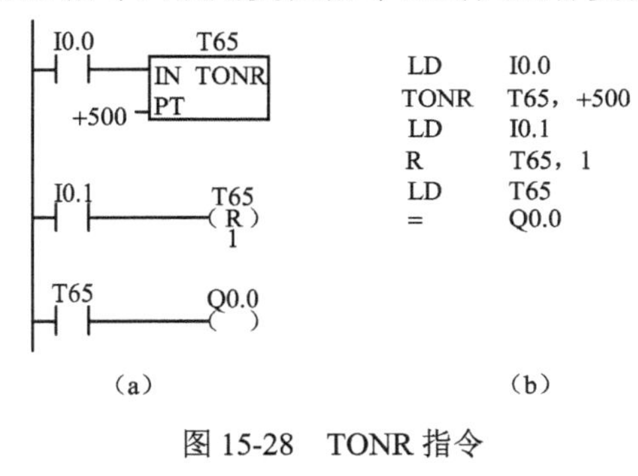

图 15-28　TONR 指令

（a）梯形图　（b）指令表

4．定时器应用举例

图 15-29 为定时器的梯形图，根据图 15-30 中给出的信号 I0.0，画出三个定时器的当前值与位。

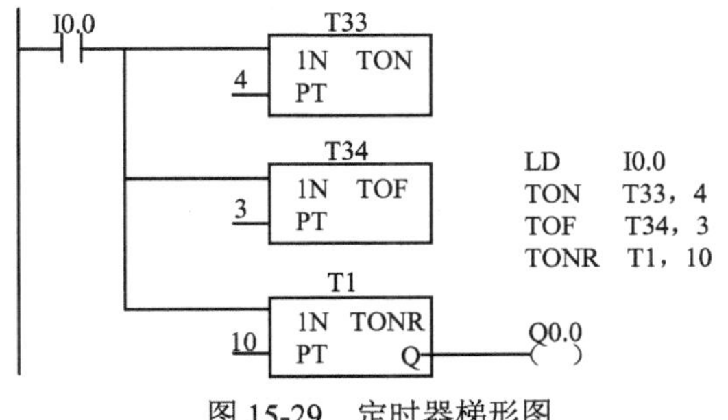

图 15-29　定时器梯形图

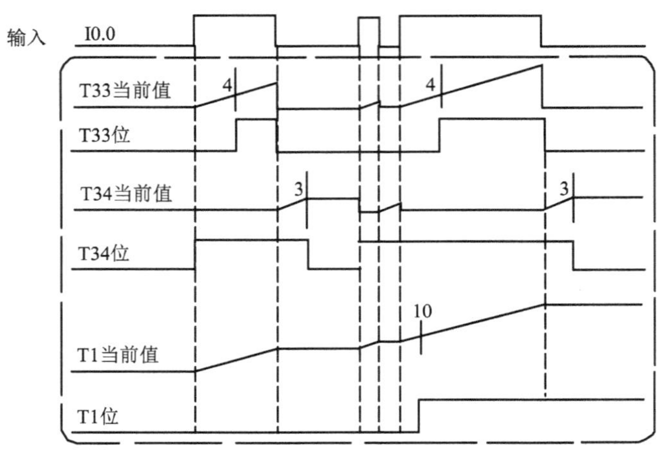

图 15-30　各种定时器指令波形图

15.4　PLC 应用举例

15.4.1　闪烁电路

如图 15-31 所示，I0.0 的常开触点接通后，T37 的 IN 输入端为 1，T37 开始计时，2 s 后定时器翻转，T37 的常开触点闭合，使得 Q0.0 得电，驱使灯（负载）亮起，同时 T38 开始计时。3 s 后 T38 的定时到，它的常闭触点断开，使得 T37 的 IN 输入端变为 0，T37 复位，Q0.0 失电，灯熄灭，同时使 T38 的 IN 输入端也变为 0，T38 触点复位闭合，T37 又开始定时，如此周而复始，形成指示灯闪烁的效果。闪烁电路运用十分广泛，如十字路口的交通灯、彩灯、LED 显示等。

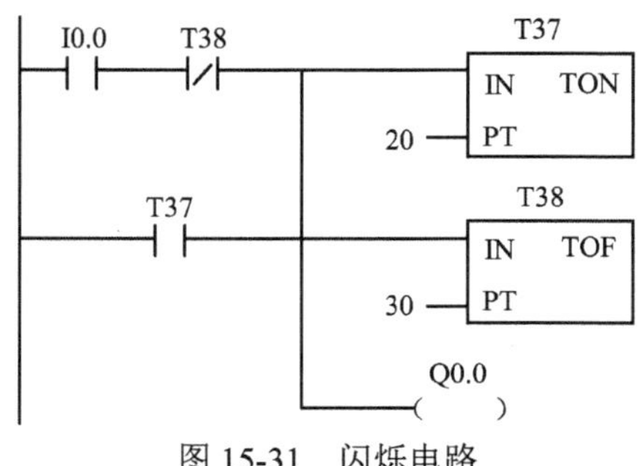

图 15-31　闪烁电路

15.4.2　小车自动往复运动

在继电器-接触器控制中讲解了小车自动往复运动。现在可以通过编写梯形图用 PLC 进行相同的逻辑控制。编写梯形图之前需将对应的 I/O 分配表列出，如表 15-5 所示。

表 15-5 小车自动往复运动 I/O 分配表

输入信号			输出信号		
名 称	代 号	输入点编号	名 称	代 号	输出点编号
停止按钮	SB1	I0.0	正转接触器	KM1	Q0.0
正转启动按钮	SB2	I0.1	反转接触器	KM2	Q0.1
反转启动按钮	SB3	I0.2			
前进终端返回行程开关	SQ1	I0.3			
后退终端返回行程开关	SQ2	I0.4			
前进终端安全保护行程开关	SQ3	I0.5			
后退终端安全保护行程开关	SQ4	I0.6			
热继电器	FR	I0.7			

根据 I/O 分配表，编写梯形图时应注意编写原则，不可照搬继电器-接触器控制图。编好的小车自动往复梯形图如 15-32 所示。

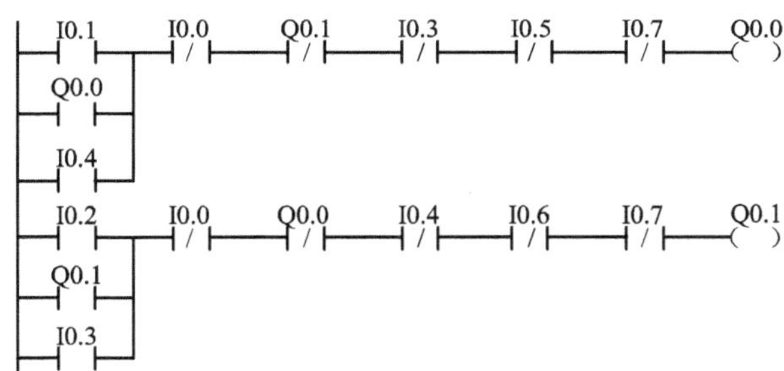

图 15-32 小车自动往复梯形图

习 题 15

1．可编程序逻辑控制器简称__________。
2．可编程序逻辑控制器的工作方式是__________。
3．PLC 机的__________输出是无触点输出，用于控制高频小功率的直流负载。
4．PLC 一般采用__________电路与现场输入信号相连。
5．S7—200 数据寻址方式有__________、__________和__________三大类。
6．T 与 SM 分别是哪两个存储器的标志符？
7．S7—200 定时器的三种类型分别是__________、__________和__________。
8．画出下列指令或元件的梯形图语言符号：
1）I0.0 并联 M0.2；
2）下降沿触发器；

3）对 Q0.1 一个元件的复位指令；

4）读栈指令；

5）保持型通电延迟定时器。

9．说明下列指令的功能：

1）TON　T33，100（T33 时基基准 10 ms）

2）S Q0.6，1

10．将下列指令语转换成梯形图。

```
LD      I0.0
LPS
LD      M0.0
O       M0.1
ALD
=       Q0.0
LRD
LD      M0.2
A       M0.3
LDN     M0.4
A       M0.5
OLD
ALD
=       Q0.1
LPP
A       M1.0
=       Q0.2
LD      M1.1
ON      M1.2
ALD
=       Q0.3
```

11．有电动机三台，希望能够同时启动同时停车。设 Q0.0、Q0.1、Q0.2 分别驱动电动机的接触器。I0.0 为启动按钮，I0.1 为停车按钮，试编写程序。

附　　录

附录 A　Multisim 电路仿真

Multisim 是 Interactive Image Technologies （Electronics Workbench）公司推出的以 Windows 为基础的仿真工具，适用于模拟/数字电路板的设计工作。它包含了电路原理图的图形输入和电路硬件描述语言输入方式，具有丰富的仿真分析能力。为适应不同的应用场合，Multisim 推出了许多版本。下面以教育版 Multisim 2001 为例简要地介绍该软件及其使用方法。

Multisim 软件以图形界面为主，采用菜单、工具栏和热键相结合的方式，具有一般 Windows 应用软件的界面风格，用户可以根据自己的习惯和熟悉程度自如使用。

1．Multisim 的主窗口界面

启动 Multisim 2001 后，将出现如图 A-1 所示的界面。

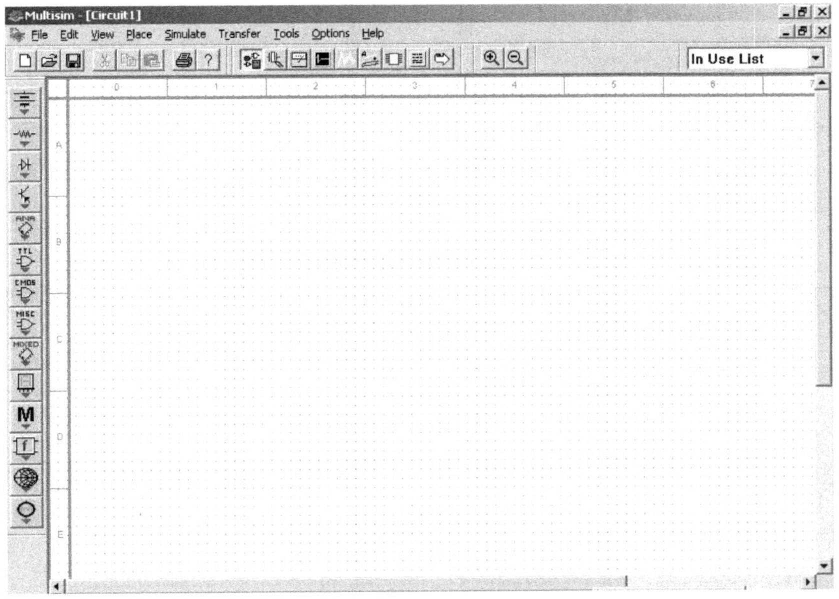

图 A-1　Multisim 的主窗口界面

界面由多个区域构成，包括菜单栏、工具栏、电路输入窗口、状态条以及列表框等。通过对各部分的操作可以实现电路图的输入和编辑，并根据需要对电路进行相应的观测和分析。用户可以通过菜单或工具栏改变主窗口的视图内容。

2．菜单栏

菜单栏位于界面的上方，如图 A-2 所示，通过菜单可以对 Multisim 的所有功能进行操作。

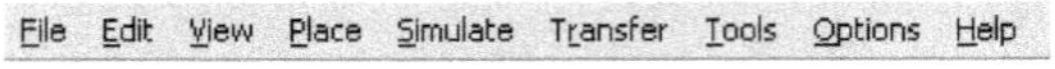

File Edit View Place Simulate Transfer Tools Options Help

图 A-2 菜单栏

不难看出菜单中有一些与大多数 Windows 平台上的应用软件一致的功能选项，如“File”菜单，“Edit”菜单，“View”菜单，“Options”菜单，“Help”菜单。此外，还有一些 EDA 软件专用的选项，如“Place”菜单，“Simulation”菜单，“Transfer”菜单及“Tools”菜单。

（1）“File”菜单

“File”菜单中包含了对文件和项目的基本操作以及打印等命令，如表 A-1 所示。

表 A-1 “File”菜单的命令及功能

命令	功能	命令	功能
New	建立新文件	Close Project	关闭项目
Open	打开文件	Version Control	版本管理
Close	关闭当前文件	Print Circuit	打印电路
Save	保存	Print Report	打印报表
Save As	另存为	Print Instrument	打印仪表
New Project	建立新项目	Recent Files	最近编辑过的文件
Open Project	打开项目	Recent Project	最近编辑过的项目
Save Project	保存当前项目	Exit	退出 Multisim

（2）“Edit”菜单

“Edit”菜单中提供了类似于图形编辑软件的基本编辑功能，用于对电路图进行编辑。其命令及功能如表 A-2 所示。

表 A-2 “Edit”菜单的命令及功能

命令	功能	命令	功能
Undo	撤消编辑	Flip Horizontal	将所选的元件左右翻转
Cut	剪切	Flip Vertical	将所选的元件上下翻转
Copy	复制	90 ClockWise	将所选的元件顺时针 90 度旋转
Paste	粘贴	90 ClockWiseCW	将所选的元件逆时针 90 度旋转
Delete	删除	Component Properties	元器件属性
Select All	全选		

（3）“View”菜单

通过“View”菜单可以决定使用软件时的视图，对一些工具栏和窗口进行控制。其命令及功能如表 A-3 所示。

表 A-3 “View”菜单的命令及功能

命　令	功　能
Toolbars	显示工具栏
Component Bars	显示元器件栏
Status Bars	显示状态栏
Show Simulation Error Log/Audit Trail	显示仿真错误记录信息窗口
Show Xspice Command Line Interface	显示 Xspice 命令窗口
Show Grapher	显示波形窗口
Show Simulate Switch	显示仿真开关
Show Grid	显示栅格
Show Page Bounds	显示页边界
Show Title Block and Border	显示标题栏和图框
Zoom In	放大显示
Zoom Out	缩小显示
Find	查找

（4）“Options”菜单

通过“Option”菜单可以对软件的运行环境进行定制和设置，如表 A-4 所示。

表 A-4 “Option”菜单的命令及功能

命　令	功　能
Preference	设置操作环境
Modify Title Block	编辑标题栏
Simplified Version	设置简化版本
Global Restrictions	设定软件整体环境参数
Circuit Restrictions	设定编辑电路的环境参数

（5）“Help”菜单

“Help”菜单提供了对 Multisim 的在线帮助和辅助说明，如表 A-5 所示。

表 A-5 “Help”菜单的命令及功能

命　令	功　能	命　令	功　能
Multisim Help	Multisim 的在线帮助	Release Note	Multisim 的发行申明
Multisim Reference	Multisim 的参考文献	About Multisim	Multisim 的版本说明

（6）“Place”菜单

通过“Place”菜单中的命令可以输入电路图，如表 A-6 所示。

表 A-6 “Place”菜单的命令及功能

命　　令	功　　能
Place Component	放置元器件
Place Junction	放置连接点
Place Bus	放置总线
Place Input/Output	放置输入/输出接口
Place Hierarchical Block	放置层次模块
Place Text	放置文字
Place Text Description Box	打开电路图描述窗口，编辑电路图描述文字
Replace Component	重新选择元器件替代当前选中的元器件
Place as Subcircuit	放置子电路
Replace by Subcircuit	重新选择子电路替代当前选中的子电路

（7）“Simulate”

通过“Simulate”菜单可以执行仿真分析命令，如表 A-7 所示。

表 A-7 “Simulate”菜单的命令及功能

命　　令	功　　能
Run	执行仿真
Pause	暂停仿真
Default Instrument Settings	设置仪表的预置值
Digital Simulation Settings	设定数字仿真参数
Instruments	选用仪表（也可通过工具栏选择）
Analyses	选用各项分析功能
Postprocess	启用后处理
VHDL Simulation	进行 VHDL 仿真
Auto Fault Option	自动设置故障选项
Global Component Tolerances	设置所有器件的误差

（8）“Transfer”菜单

“Transfer”菜单提供的命令可以完成 Multisim 对其他 EDA 软件需要的文件格式的输出，如表 A-8 所示。

表 A-8 “Transfer”菜单的命令及功能

命　　令	功　　能
Transfer to Ultiboard	将所设计的电路图转换为 Ultiboard（Multisim 中的电路板设计软件）的文件格式
Transfer to Other PCB Layout	将所设计的电路图用其他电路板设计软件所支持的文件格式
Backannotate From Ultiboard	将在 Ultiboard 中所作的修改标记到正在编辑的电路中
Export Simulation Results to MathCAD	将仿真结果输出到 MathCAD
Export Simulation Results to Excel	将仿真结果输出到 Excel
Export Netlist	输出电路网表文件

（9）“Tools”菜单

“Tools”菜单主要是对元器件的编辑与管理的命令，如表 A-9 所示。

表 A-9 “Tools”菜单的命令及功能

命　　令	功　　能
Create Components	新建元器件
Edit Components	编辑元器件
Copy Components	复制元器件
Delete Component	删除元器件
Database Management	启动元器件数据库管理器，进行数据库的编辑管理工作
Update Component	更新元器件

3．工具栏

Multisim 2001 提供了多种工具栏，并以层次化的模式加以管理，用户可以通过“View”菜单中的选项方便地将顶层的工具栏打开或关闭，再通过顶层工具栏中的按钮来管理和控制下层的工具栏。通过工具栏，用户可以方便直接地使用软件的各项功能。

顶层的工具栏有“Standard”工具栏、“Design”工具栏、“Zoom”工具栏以及“Simulation”工具栏。

1）“Standard”工具栏包含了常见的文件操作和编辑操作。

2）“Design”工具栏是 Multisim 的核心工具栏，通过对该工作栏按钮的操作可以完成对电路从设计到分析的全部工作。其中的按钮可以直接开关下层的工具栏，如“Component”选项中的“Multisim Master”工具栏和“Instrument”工具栏。

①“Multisim Master”工具栏如图 A-2 所示，作为元器件（Component）工具栏中的一项，可以在“Design”工具栏中通过按钮来开关。该工具栏有 14 个按钮，每一个按钮都对应一类元器件，其分类方式与 Multisim 元器件数据库中的分类相对应，通过按钮上的图标就可大致清楚该类元器件的类型。具体的内容可以从 Multisim 的在线文档中获取。

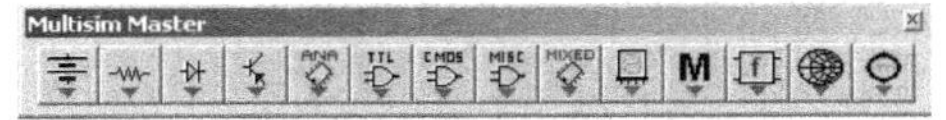

图 A-2 “Multisim Master”工具栏

这个工具栏作为元器件的顶层工具栏，每一个按钮又可以开关下层的工具栏。下层工具栏是对该类元器件更细致的分类工具栏。以第一个按钮为例，通过这个按钮可以开关电源和信号源类的 Sources 工具栏，如图 A-3 所示。

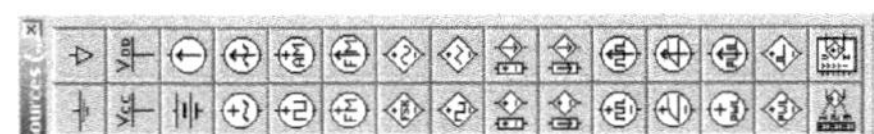

图 A-3 “Sources”工具栏

② “Instruments”工具栏如图 A-4 所示，它集中了 Multisim 为用户提供的所有虚拟仪器仪表，用户可以通过按钮选择自己需要的仪器对电路进行观测。

图 A-4 “Instruments”工具栏

3）用户可以通过“Zoom”工具栏方便地调整所编辑电路的视图大小。

4）“Simulation”工具栏可以控制电路仿真的开始、结束和暂停。

4．Multisim **对元器件的管理**

EDA 软件所能提供的元器件的多少以及元器件模型的准确性都直接决定了该 EDA 软件的质量和易用性。Multisim 为用户提供了丰富的元器件，并以开放的形式管理元器件，使得用户能够自己添加所需要的元器件。

Multisim 以库的形式管理元器件，通过菜单 Tools/ Database Management 打开“Database Management”（数据库管理）对话框（见图 A-5），对元器件库进行管理。

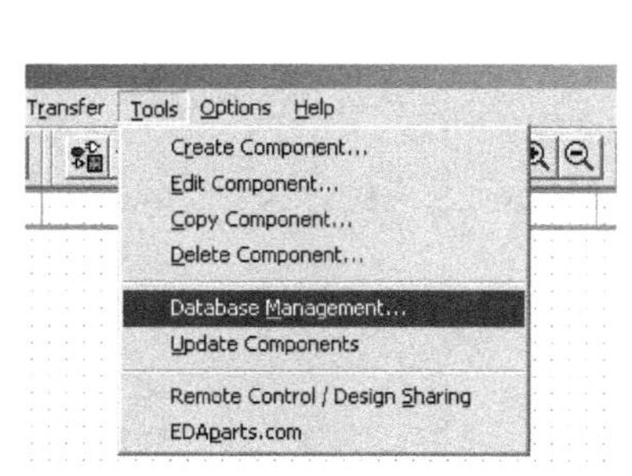

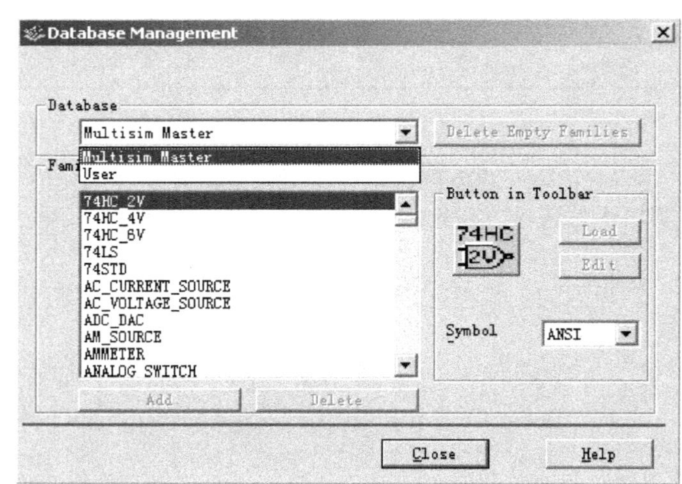

图 A-5 打开“Database Management”对话框

在“Database Management”对话框中的“Daltabase”列表中有两个数据库；“Multisim Master”和“User”。其中，“Multisim Master”库中存放的是软件为用户提供的元器件，“User”是为用户自建元器件准备的数据库。用户对“Multisim Master”数据库中的元器件和表示方式没有编辑权。当选中“Multisim Master”时，窗口中对库的编辑按钮全部失效而变成灰色，如图 A-6 所示。但用户可以通过这个对话窗口中的“Button in Toolbar”显示框，查找库中不同类别器件在工具栏中的表示方法。

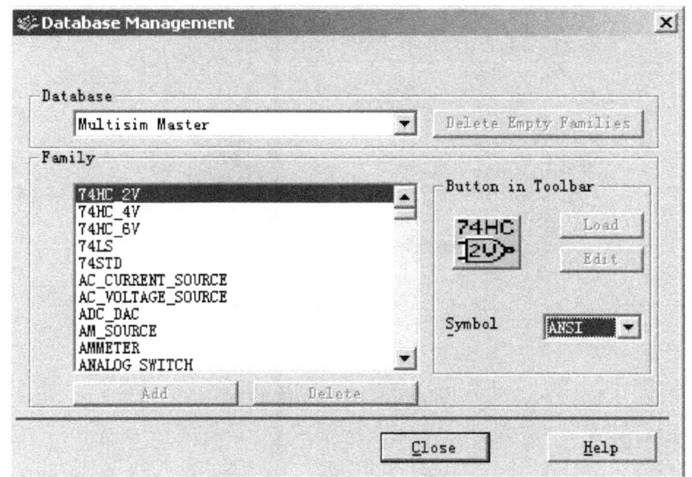

图 A-6 选中“Multisim Master”数据库

用户可以通过选择“User”数据库，进而对自建元器件进行编辑管理。

在“Multisim Master”中有实际元器件和虚拟元器件，它们之间根本差别在于，一种是与实际元器件的型号、参数值以及封装都相对应的元器件，在设计中选用此类器件，不仅可以使设计仿真与实际情况有良好的对应性，还可以直接将设计导出到“Ultiboard”中进行 PCB 的设计；另一种器件的参数值是该类器件的典型值，不与实际器件对应，用户可以根据需要改变器件模型的参数值，只能用于仿真，这类器件称为虚拟器件。它们在工具栏和对话窗口中的表示方法也不同。在元器件工具栏中，虽然代表虚拟器件的按钮的图标与该类实际器件的图标形状相同，但虚拟器件的按钮有底色，而实际器件没有，如图 A-7 所示。

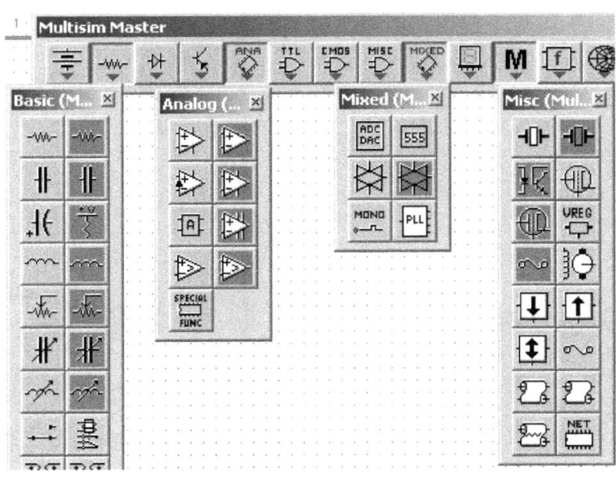

图 A-7 “Multisim Master”中的实际元器件和虚拟元器件

从图中可以看到，相同类型的实际元器件和虚拟元器件的按钮并排排列，并非所有的实际元器件都设有虚拟类的器件。

在元器件类型列表中，虚拟元器件类的后缀标有“Virtual”，如图 A-8 所示。

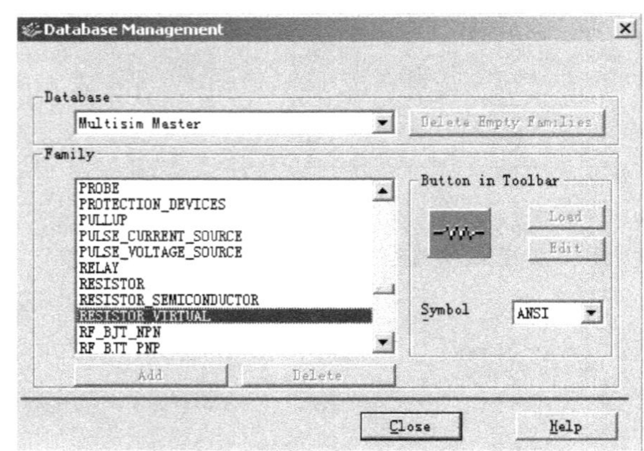

图 A-8　虚拟元件后缀

5．输入并编辑电路

输入电路图是分析和设计工作的第一步，用户从元器件库中选择需要的元器件放置在电路图中并连接起来，为分析和仿真作准备。

（1）设置 Multisim 的通用环境变量

为了适应不同的需求和用户习惯，用户可以用菜单“Option/Preferences”打开“Preferences”对话框，如图 A-9 所示。

通过该窗口的 6 个标签选项，用户可以编辑界面颜色、电路尺寸、缩放比例、自动存储时间等内容作相应的设置。

以标签“Workspace”为例，当选中该标签时，“Preferences”对话框如图 A-10 所示。在这个对话窗口中有 3 个分项。

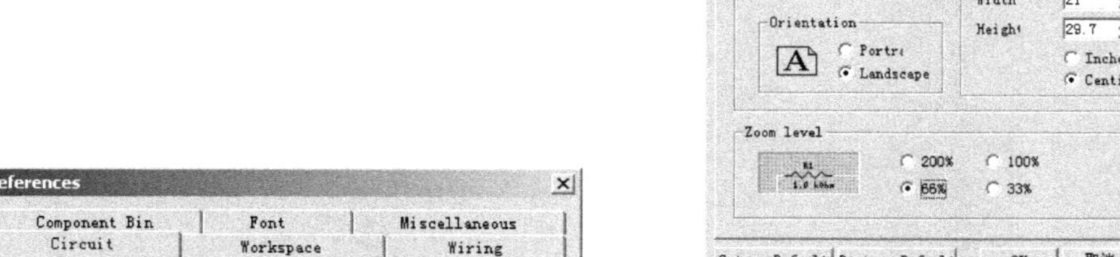

图 A-9　“Preferences”对话框

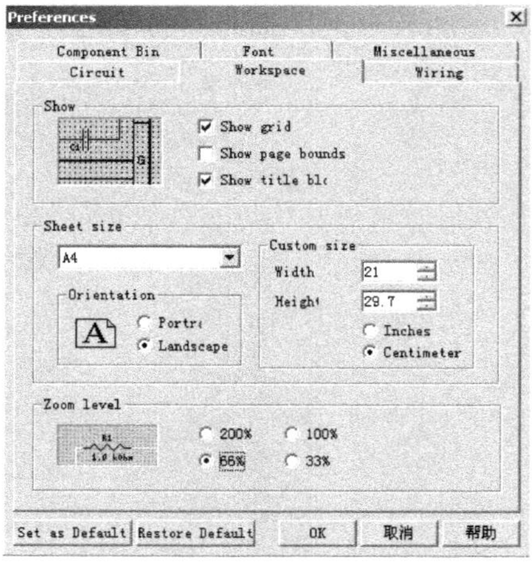

图 A-10　“Preferences”对话框中的“Workspace”标签

1）Show：可以设置是否显示网格、页边界以及标题框。

2）Sheet size：设置电路图页面大小。

3）Zoom level：设置缩放比例。

（2）取用元器件

取用元器件的方法有两种：从工具栏取用或从菜单取用。下面以 74LS00 为例说明两种方法。

1）从工具栏取用："Design"工具栏→"Multisim Master"工具栏→"TTL"工具栏→"74LS"按钮。从"TTL"工具栏中选择"74LS"按钮打开这类器件的"Component Browser"对话框，如图 A-11 所示。其中，包含的字段有"Database Name"（数据库名称）、"Component Family"（元器件类型）、"Component Name List"（元器件名细表）、"Manufacturer Name"（生产厂家）和"Model Level-ID"（模型层次）等内容。

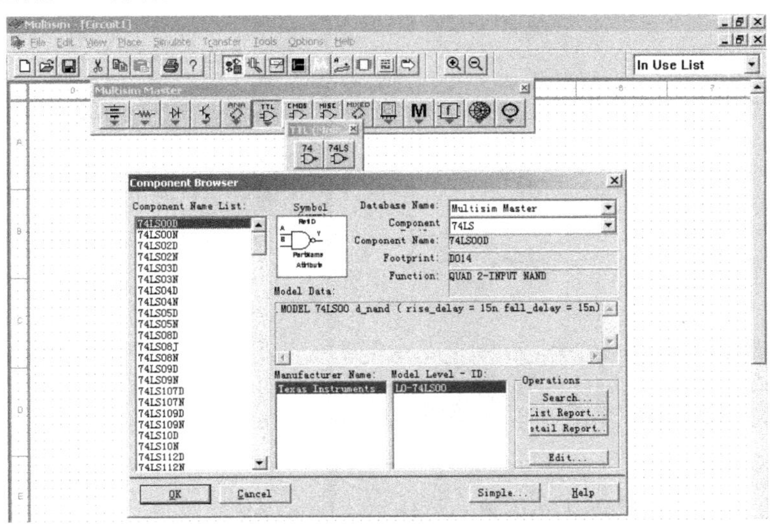

图 A-11　打开"Component Browser"对话框

2）从菜单取用：通过"Place/ Place Component"命令打开"Component Browser"对话框。该对话框与图 A-11 一样。

3）选中相应的元器件。在"Component Family Name"中选择 74LS 系列，在"Component Name List"中选择"74LS00D"。单击"OK"按钮就可以选中"74LS00D"，出现如图 A-12 所示的窗口。7400 是四/二输入与非门，在窗口中的"Section A/B/C/D"分别代表其中的一个与非门，用鼠标选中其中的一个放置在电路图编辑窗口中。器件在电路图中显示的图形符号，用户可以在"Component Browser"对话框中的"Symbol"选项框中预览到。当器件放置到电路编辑窗口中后，用户就可以进行移动、复制、粘贴等编辑工作了。

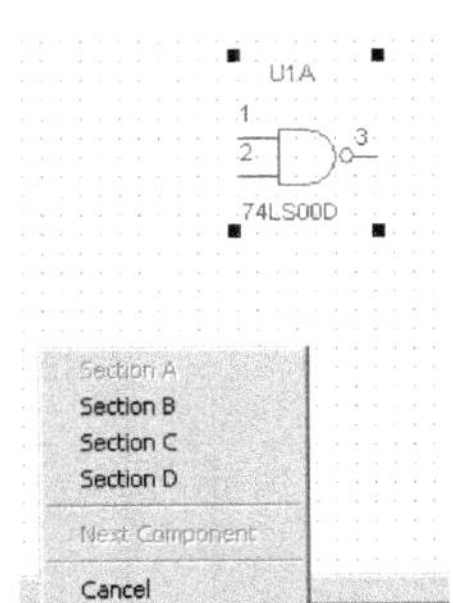

图 A-12　选中相应元器件

（3）将元器件连接成电路

在将电路需要的元器件放置在电路编辑窗口后，用鼠标就可以方便地将器件连接起来。方法是用鼠标单击连线的起点并拖动鼠标至连线的终点。在 Multisim 中连线的起点和终点不能悬空。

6．虚拟仪器及其使用

对电路进行仿真运行，通过对运行结果的分析，判断设计是否正确合理，是 EDA 软件的一项主要功能。为此，Multisim 为用户提供了类型丰富的虚拟仪器，可以从“Design”工具栏→“Instruments”工具栏，或用菜单命令（Simulate/ Instruments）选用这 11 种仪表，如图 A-13 所示。在选用后，各种虚拟仪表都以面板的方式显示在电路中。

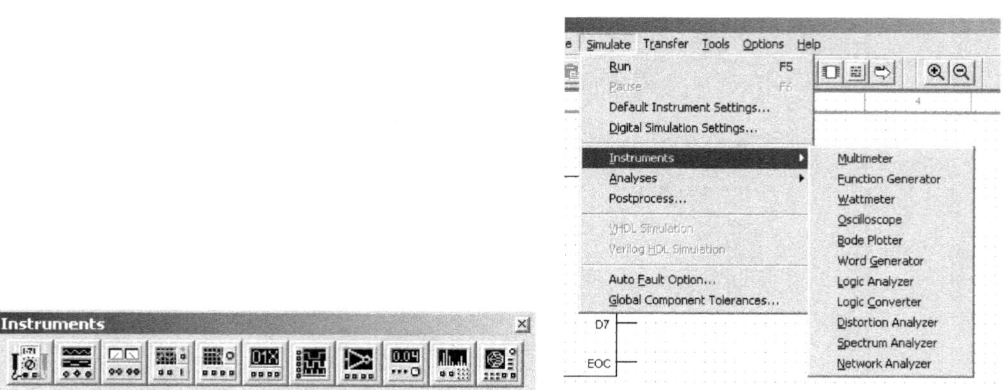

图 A-13 选用仪表

下面将 11 种虚拟仪器的名称及表示方法示于表 A-10 中。

表 A-10 虚拟仪器

菜单上的表示方法	仪器工具栏上的对应按钮	仪 器 名 称	电路中的仪器符号
Multimeter		万用表	XMM1
Function Generator		波形发生器	XFG1
Wattermeter		瓦特表	XWM1
Oscilloscope		示波器	XSC1
Bode Plotter		波特图图示仪	XBP1
Word Generator		字元发生器	XWG1
Logic Analyzer		逻辑分析仪	XLA1
Logic Converter		逻辑转换仪	XLC1
Distortion Analyzer		失真度分析仪	XDA1

续表

菜单上的表示方法	仪器工具栏上的对应按钮	仪 器 名 称	电路中的仪器符号
Spectrum Analyzer		频谱仪	XSA1
Network Analyzer		网络分析仪	XNA1

注：①该软件中用“'”代替“¯”表示反变量，如 $\overline{A}=A'$。

②该软件没有异或符号，处理方式是将异或运算写成 $A\oplus B=A'B+AB'$。

在电路中选用了相应的虚拟仪器后，将需要观测的电路点与虚拟仪器面板上的观测口相连（见图 A-14），可以用虚拟示波器同时观测电路中两点的波形。

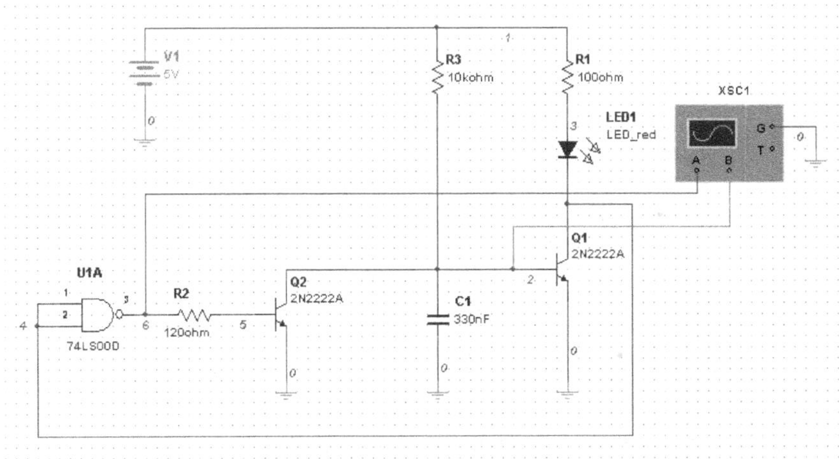

图 A-14　连接电路

双击虚拟仪器就会出现仪器面板，面板为用户提供观测窗口和参数设定按钮。以图 A-14 为例，双击图中的示波器，就会出现示波器的面板。通过“Simulation”工具栏启动电路仿真，示波器面板的窗口中就会出现被观测点的波形，如图 A-15 所示。

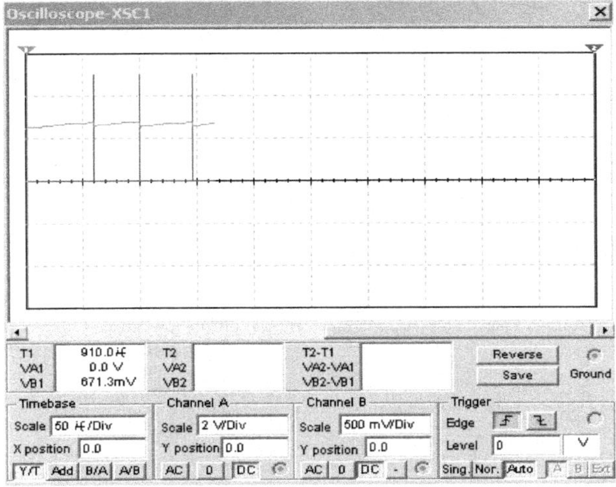

图 A-15　被观测点波形

7．电路实例

Multisim 的基础是正向仿真，为用户提供一个软件平台，允许用户在进行硬件实现以前，对电路进行观测和分析。

例 A-1 构造同步十六进制计数器，并用七段数码管进行观测。通过运行仿真验证电路功能。在这个电路的基础上将计数器改为十进制，并通过仿真验证修改结果是否正确（注：显示 0～9）。

首先选用 T 触发器和带译码的七段数码管和与门一起构成 4 位十六进制计数器，如图 A-16 所示。在电路中选用 1 Hz 矩形波发生器，通过仿真观测运行的情况。

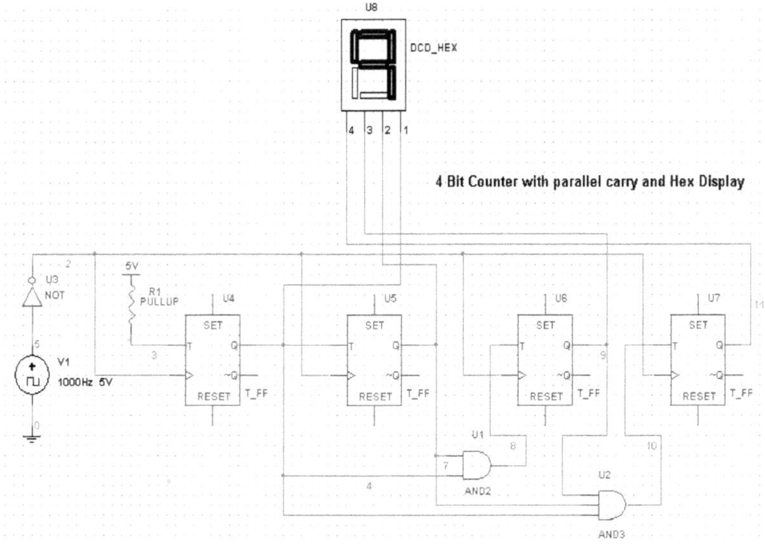

图 A-16　4 位十六进制计数器

使用异步置零法，在图中加入反馈电路，当触发器的状态变为 1010 时通过 Reset 端对触发器进行清零。电路设计结果如图 A-17 所示。通过仿真可以观测到电路已经成为十进制计数器。

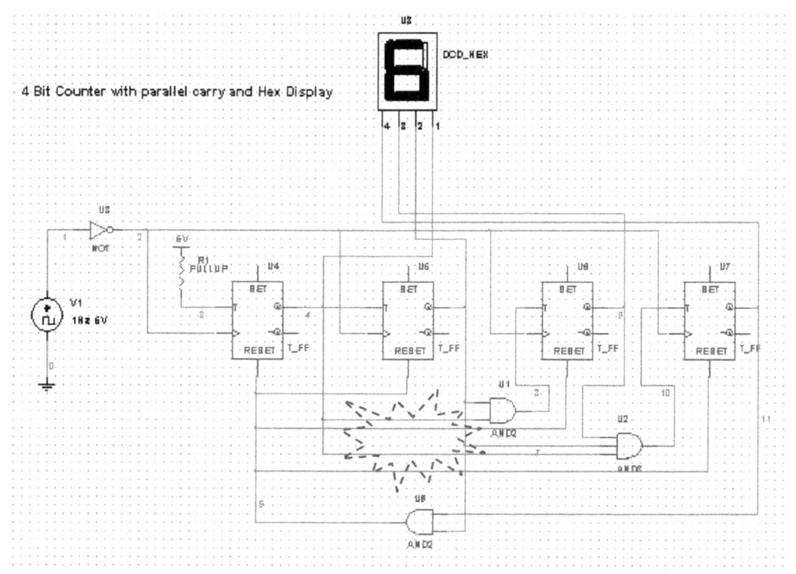

图 A-17　电路设计结果

例 A-2 分析图 A-18 给出的电路，并通过仿真观测电路的功能。

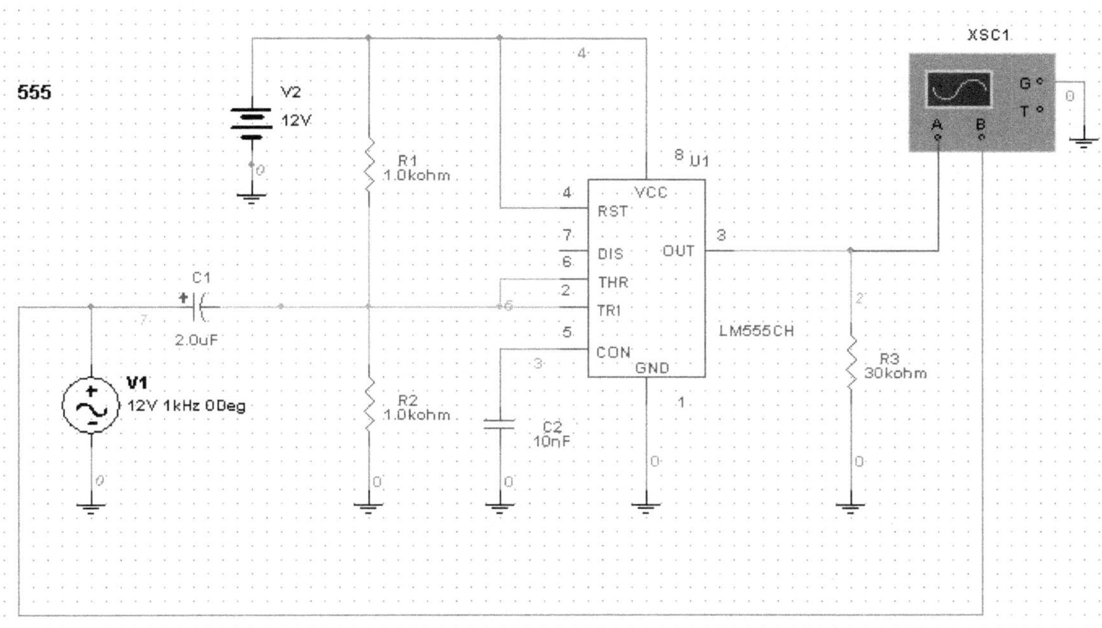

图 A-18 例 A-2 电路图

在电路中将 555 的两个输入端 2 和 5 号连在一起作为信号输入端，输入为正弦波信号。整个电路的功能为施密特触发器，它将输入的正弦信号变换为矩形波信号。通过示波器观测到 3 号脚输出为矩形波电路的运行情况如图 A-19 所示。

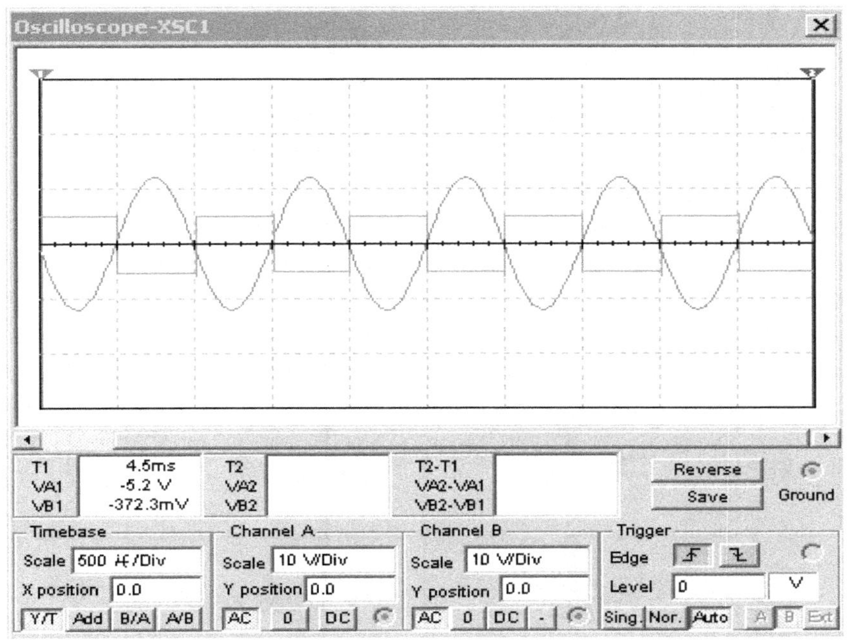

图 A-19 电路运行情况

附录B 电气常用图形与文字符号对照表

名称		图形符号	文字符号	名称		图形符号	文字符号
一般三相电源开关			QK	低压断路器			QF
位置开关	常开触点		SQ	按钮	启动		SB
	常闭触点				停止		
	复合触点				复合触点		
接触器	线圈		KM	时间继电器	线圈		KT
	主触点				通电延时闭合触点		
	常开辅助触点				断电延时打开触点		
	常闭辅助触点				通电延时闭触点		
速度继电器	常开触点		KS		断电延时闭触点		
	常闭触点			熔断器			FU
热继电器	热元件		FR	旋动开关			SA
	常闭触点			电磁离合器			YC

续表

名称		图形符号	文字符号	名称		图形符号	文字符号
继电器	中间继电器线圈		KA	保护接地			PE
	欠电压继电器线圈			桥式整流装置			VC
	欠电流继电器线圈		KI	照明灯			EL
	过电流继电器线圈			信号灯			HL
	常开触点		相应继电器符号	电动机	直流电动机		M
	复合触点				交流电动机		

附录C S7—200系列常用指令速查表

布尔指令	LD	N	装载（开始的常开触点）
	LDI	N	立即装载
	LDN	N	取反后装载（开始的常闭触点）
	LDNI	N	取反后立即装载
	A	N	与（串联的常开触点）
	AI	N	立即与
	AN	N	取反后与（串联的常开触点）
	ANI	N	取反后立即与
	O	N	或（并联的常开触点）
	OI	N	立即或
	ON	N	取反后或（并联的常开触点）
	ONI	N	取反后立即与
	LDBx	N1，N2	装载字节比较结果N1（x：<，<=，=，>=，>，<>）N2
	ABx	N1，N2	与字节比较结果N1（x：<，<=，=，>=，>，<>）N2
	OBx	N1，N2	或字节比较结果N1（x：<，<=，=，>=，>，<>）N2
	LDWx	N1，N2	装载字比较结果N1（x：<，<=，=，>=，>，<>）N2
	AWx	N1，N2	与字比较结果N1（x：<，<=，=，>=，>，<>）N2
	OWx	N1，N2	或字比较结果N1（x：<，<=，=，>=，>，<>）N2
	LDDx	N1，N2	装载双字比较结果N1（x：<，<=，=，>=，>，<>）N2
	ADx	N1，N2	与双字比较结果N1（x：<，<=，=，>=，>，<>）N2
	ODx	N1，N2	或双字比较结果N1（x：<，<=，=，>=，>，<>）N2

续表

布尔指令	LDRx	N1，N2	装载实数比较结果 N1（x：<，<=，=，>=，>，<>）N2
	ARx	N1，N2	与实数比较结果 N1（x：<，<=，=，>=，>，<>）N2
	ORx	N1，N2	或实数比较结果 N1（x：<，<=，=，>=，>，<>）N2
	NOT		栈顶值取反
	EU		上升沿检测
	ED		下降沿检测
	=	N	赋值（线圈）
	=I	N	立即赋值
	S	S_BIT，N	置位一个区域
	R	S_BIT，N	复位一个区域
	SI	S_BIT，N	立即置位一个区域
	RI	S_BIT，N	立即复位一个区域
传送、移位和填充指令	MOVB	IN，OUT	字节传送
	MOVW	IN，OUT	字传送
	MOVD	IN，OUT	双字传送
	MOVR	IN，OUT	实数传送
	BIR	IN，OUT	立即读取物理输入字节
	BIW	IN，OUT	立即写物理输出字节
传送、移位、循环和填充指令	BMB	IN，OUT，N	字节块传送
	BMW	IN，OUT，N	字块传送
	BMD	IN，OUT，N	双字块传送
	SWAP	IN	交换字节
	SHRB	DATA，S_BIT，N	移位寄存器
	SRB	OUT，N	字节右移 N 位
	SRW	OUT，N	字右移 N 位
	SRD	OUT，N	双字右移 N 位
	SLB	OUT，N	字节左移 N 位
	SLW	OUT，N	字循环左移 N 位
	SLD	OUT，N	双字左移 N 位
	RRB	OUT，N	字节循环右移 N 位
	RRW	OUT，N	字循环右移 N 位
	RRD	OUT，N	双字循环右移 N 位
	RLB	OUT，N	字节循环左移 N 位
	RLW	OUT，N	字循环左移 N 位
	RLD	OUT，N	双字循环左移 N 位
	FILL	IN，OUT，N	用指定的元素填充存储器空间
逻辑操作指令	ALD		电路块串联
	OLD		电路块并联
	LPS		入栈
	LRD		读栈
	LPP		出栈
	LDS		装载堆栈

续表

逻辑操作指令	AENO		对 ENO 进行与操作
	ANDB	IN1，OUT	字节逻辑与
	ANDW	IN1，OUT	字逻辑与
	ANDD	IN1，OUT	双字逻辑与
	ORB	IN1，OUT	字节逻辑或
	ORW	IN1，OUT	字逻辑或
	ORD	IN1，OUT	双字逻辑或
	XORB	IN1，OUT	字节逻辑异或
	XORW	IN1，OUT	字逻辑异或
	XORD	IN1，OUT	双字逻辑异或
	INVB	OUT	字节取反（1 的补码）
	INVW	OUT	字取反
	INVD	OUT	双字取反
表查找和转换指令	ATT	TABLE，DATA	把数据加到表中
	LIFO	TABLE，DATA	从表中取数据，后入先出
	FIFO	TABLE，DATA	从表中取数据，先入先出
	FND=	TBL，PATRN，INDX	在表中查找符合比较条件的数据
	FND< >	TBL，PATRN，INDX	
	FND <	TBL，PATRN，INDX	
	FND >	TBL，PATRN，INDX	
表查找和转换指令	BCDI	OUT	BCD 码转换成整数
	IBCD	OUT	整数转换成 BCD 码
	BTI	IN，OUT	字节转换成整数
	IBT	IN，OUT	整数转换成字节
	ITD	IN，OUT	整数转换成双整数
	TDI	IN，OUT	双整数转换成整数
	DTR	IN，OUT	双整数转换成实数
	TRUNC	IN，OUT	实数四舍五入为双整数
	ROUND	IN，OUT	实数截位取整为双整数
	ATH	IN，OUT，LEN	ASCII 码 →十六进制数
	HTA	IN，OUT，LEN	十六进制数→ASCII 码
	ITA	IN，OUT，FMT	整数→ASCII 码
	DTA	IN，OUT，FMT	双整数→ASCII 码
	RTA	IN，OUT，FMT	实数→ASCII 码
	DECO	IN，OUT	译码
	ENCO	IN，OUT	编码
	SEG	IN，OUT	七段译码
中断指令	CRETI		从中断程序有条件返回
	ENI		允许中断
	DISI		禁止中断
	ATCH	INT，EVENT	给事件分配中断程序
	DTCH	EVENT	解除中断事件

续表

通信指令	XMT	TABLE，PORT	自由端口发送
	RCV	TABLE，PORT	自由端口接收
	NETR	TABLE，PORT	网络读
	NETW	TABLE，PORT	网络写
	GPA	ADDR，PORT	获取端口地址
	SPA	ADDR，PORT	设置端口地址
高速计数器指令	HDEF	HSC，MODE	定义高速计数器模式
	HSC	N	激活高速计数器
	PLS	X	脉冲输出
数学指令和加1减1指令	+I	IN1，OUT	整数、双整数或实数法
	+D	IN1，OUT	IN1+OUT=OUT
	+R	IN1，OUT	
	–I	IN1，OUT	整数、双整数或实数法
	–D	IN1，OUT	OUT–IN 1 =OUT
	–R	IN1，OUT	
	MUL	IN1，OUT	整数乘整数得双整数
	*R	IN1，OUT	实数、整数或双整数乘法
	*I	IN1，OUT	IN1×OUT=OUT
	*D	IN1，OUT	
	MUL	IN 1，OUT	整数除整数得双整数
	/R	IN 1，OUT	实数、整数或双整数除法
	/I	IN 1，OUT	OUT/IN1=OUT
	/D	IN 1，OUT	
	SQRT	IN，OUT	平方根
	LN	IN，OUT	自然对数
	LXP	IN，OUT	自然指数
	SIN	IN，OUT	正弦
	COS	IN，OUT	余弦
	TAN	IN，OUT	正切
	INCB	OUT	字节加 1
	INCW	OUT	字加 1
	INCD	OUT	双字加 1
	DECB	OUT	字节减 1
	DECW	OUT	字减 1
	DECD	OUT	双字减 1
	PID	Table，Loop	PID 回路
定时器和计数器指令	TON	Txxx，PT	通电延时定时器
	TOF	Txxx，PT	断电延时定时器
	TONR	Txxx，PT	保持型通电延时定时器
	CTU	Txxx，PV	加计数器
	CTD	Txxx，PV	减计数器
	CTUD	Txxx，PV	加/减计数器
实时时钟指令	TODR	T	读实时时钟
	TODW	T	写实时时钟

续表

程序控制指令	END		程序的条件结束
	STOP		切换到 STOP 模式
	WDR		看门狗复位（300 ms）
	JMP	N	跳到指定的标号
	LBL	N	定义一个跳转的标号
	CALL	N（N1，…）	调用子程序，可以有 16 个可选参数
	CRET		从子程序条件返回
	FOR FINAL NEXT	INDX，INIT，	For/Next 循环
	LSCR	N	顺控继电器段的启动
	SCRT	N	顺控继电器段的转换
	SCRE		顺控继电器段的结束

参考文献

[1] 刘国林．电工学[M]．北京：高等教育出版社，2007．

[2] 秦曾煌．电工技术（上册）[M]．6版．北京：高等教育出版社，2003．

[3] 许信玉．电路分析[M]．2版．北京：机械工业出版社，2009．

[4] 刘蕴陶．电工电子技术[M]．北京：高等教育出版社，2006．

[5] 汪红．电子技术[M]．北京：电子工业出版社，2003．

[6] 殷瑞祥．电路与模拟电子技术[M]．2版．北京：高等教育出版社，2009．

[7] 郝波．数字电路[M]．北京：电子工业出版社，2003．

[8] 张友汉．数字电子技术基础[M]．北京：高等教育出版社，2004．

[9] 赵淑范，王宪伟．电子技术实验与课程设计[M]．北京：清华大学出版社，2006．

[10] 陈梓城．模拟电子技术基础[M]．北京：高等教育出版社，2003．

[11] 魏汉勇．模拟电子技术基础[M]．武汉：华中理工大学出版社，2004．

[12] 沙晓菁．电工与电子技术基础技能实训[M]．北京：清华大学出版社，2005．